Deepen Your Mind

D M
Deep Mind
Deepen Your Mind

洪錦魁簡介

一位跨越電腦作業系統與科技時代的電腦專家，著作等身的作家。

- ❑ DOS 時代他的代表作品是 IBM PC 組合語言、C、C++、Pascal、資料結構。
- ❑ Windows 時代他的代表作品是 Windows Programming 使用 C、Visual Basic。
- ❑ Internet 時代他的代表作品是網頁設計使用 HTML。
- ❑ 大數據時代他的代表作品是 R 語言邁向 Big Data 之路。
- ❑ 人工智慧時代他的代表作品是機器學習彩色圖解 + 基礎數學與基礎微積分 + Python 實作

除了作品被翻譯為簡體中文、馬來西亞文，2000 年作品更被翻譯為 Mastering HTML 英文版行銷美國，近年來作品則是在北京清華大學和台灣深智同步發行：

1：C、Java、Python 最強入門邁向頂尖高手之路王者歸來

2：OpenCV 影像創意邁向 AI 視覺王者歸來

3：Python 網路爬蟲：大數據擷取、清洗、儲存與分析王者歸來

4：Python 操作 Excel 邁向辦公室自動化之路王者歸來

5：matplotlib 從 2D 到 3D 資料視覺化

7：網頁設計 HTML+CSS+JavaScript+jQuery+Bootstrap+Google Maps 王者歸來

6：機器學習彩色圖解 + 基礎數學、基礎微積分 + Python 實作王者歸來

7：R 語言邁向 Big Data 之路王者歸來

8：Excel 完整學習、Excel 函數庫、Excel VBA 應用王者歸來

9：Power BI 最強入門 – 大數據視覺化 + 智慧決策 + 雲端分享王者歸來

他的近期著作分別登上天瓏、博客來、Momo 電腦書類暢銷排行榜前幾名，他的著作最大的特色是，所有程式語法或是功能解說會依特性分類，同時以實用的程式範例做解說，讓整本書淺顯易懂，讀者可以由他的著作事半功倍輕鬆掌握相關知識。

演算法
圖解邏輯思維 + Python 程式實作
王者歸來

第 3 版序

這本書的第一版曾經獲得博客來與天瓏暢銷排行榜第 1 名。

市面上已經有許多演算法的書籍，這些書籍普遍的缺點如下：

- 紙上談兵不切實際，只介紹演算法原理，只有很少的片段程式碼。讀者學會哪些書籍所述的演算法原理，最後依舊沒有實作能力，其實演算法的原理不困難，如何將原理用程式實作才是演算法的精髓。
- 書籍不是使用 Python 實作，與當前最熱門的 Python 程式脫鉤，未來無法融入企業電腦環境。

撰寫這本演算法書籍，筆者時時記住下列 2 個原則：

1：用彩色圖片引導讀者認識演算法的邏輯思維，方便讀者輕鬆學習，這本書包含了約 650 張演算法的邏輯思維圖片，這也是目前演算法書籍有最多彩色邏輯思維圖片的書籍。

2：教導讀者使用 Python 實作演算法理論，全書共有 149 個程式實例 + 71 個習題實作，這也是目前演算法書籍有最多 Python 程式實例的書籍。

這本書是筆者所著演算法書籍的第 3 版，相較前一版，主要增加下列內容：

- 獨家彩色圖解河內塔移動過程的步驟與原理
- 自動販賣機
- 基數轉換
- 重新詮釋歐幾里德演算法
- 網頁排名 Page Rank 演算法
- 增加 LeetCode 考題
- 棒球比賽得分總計
- 判斷 2 個矩形是否相交

- ❑ 分糖果問題
- ❑ 記錄機器人行走路徑
- ❑ 設計滿足小孩分餅乾的問題
- ❑ 賣檸檬汁找錢的問題
- ❑ 小細節修訂約 100 處

這是一本使用 Python 從零開始指導讀者的演算法入門書籍，從基礎資料結構與演算法開始，同時解說資訊安全演算法，網頁排名演算法，人工智慧入門的 KNN 和 K-means 演算法，最後則精選著名的 LeetCode 考題演算法。整本書的特色是彩色圖片引導演算法理論的邏輯思維與Python 實作同步解說，讓讀者可以很輕鬆掌握相關知識。

全書內容包含 149 個程式實例，使用約 650 張完整圖表或圖例，完整解說 7 種資料結構，數十種演算法相關知識，這本書包含下列主要內容。

- ❑ 時間複雜度
- ❑ 空間複雜度
- ❑ 7 大資料結構完整圖說與程式實例
- ❑ 特別使用二元樹和堆疊解圖形解說遞迴中序、前序和後序列印
- ❑ 7 大排序法完整圖說與程式實例
- ❑ 二分搜尋與遍歷
- ❑ 分治法 (Divide and Conquer)
- ❑ 遞迴與回溯演算法
- ❑ 八皇后與河內塔
- ❑ 碎形與 VLSI 設計應用
- ❑ 圖形理論
- ❑ 深度、寬度優先搜尋
- ❑ Bellman-Ford 演算法
- ❑ Dijkstra's 演算法
- ❑ 貪婪演算法
- ❑ 動態規劃演算法
- ❑ 資訊安全演算法
- ❑ 摩斯與凱薩密碼
- ❑ 金鑰系統觀念，也解說設計金鑰方法或是應用目前市面上成熟的金鑰。
- ❑ 訊息鑑別碼 (Message authentication code)
- ❑ 數位簽章 (Digital Signature)

- 數位憑證 (Digital certificate)
- 基礎機器學習 KNN 演算法，不過讀者不用擔心這是分類與迴歸的數學或是統計問題，筆者將拋棄數學公式，用很平實語句敘述搭配程式實例，讓讀者徹底了解此演算法。
- 在機器學習的無監督學習中，K-means 演算法常被用來做特徵學習，筆者也將拋棄數學公式，用很平實語句敘述搭配程式實例，讓讀者徹底了解此演算法。
- 網頁排名演算法
- 常見的演算法考題與 Leetcode 考題

一本書的誕生最重要價值是有系統傳播知識，讀者可以從有系統知識架構，輕鬆、快速學會想要的知識。

寫過許多的電腦書著作，本書沿襲筆者著作的特色，程式實例豐富，相信讀者只要遵循本書內容必定可以在最短時間使用 Python 精通演算法應用，編著本書雖力求完美，但是學經歷不足，謬誤難免，尚祈讀者不吝指正。

洪錦魁 2022/10/10

jiinkwei@me.com

教學資源說明

教學資源有教學投影片和習題解答。

本書習題實作題約 71 題均有習題解答，如果您是學校老師同時使用本書教學，歡迎與本公司聯繫，本公司將提供習題解答與教學投影片。請老師聯繫時提供任教學校、科系、Email、和手機號碼，以方便本公司業務單位協助您。

深智數位股份有限公司

臉書粉絲團

歡迎加入：王者歸來電腦專業圖書系列

歡迎加入：台灣派神讀書會 (Python)

歡迎加入：iCoding 程式語言讀書會 (Python, Java, C, C++, C#, JavaScript, 大數據 , 人工智慧等不限)，讀者可以不定期獲得本書籍和作者相關訊息。

歡迎加入：穩健精實 AI 技術手作坊

讀者資源說明

請至本公司網頁 deepmind.com.tw 下載本書程式實例與偶數題習題解答。

目錄

第四章　佇列 (Queue)

第五章　堆疊 (Stack)

第六章　二元樹 (Binary Tree)

第七章　堆積樹 (Heap Tree)

第八章　雜湊表 (Hash Table)

第九章 排序

第十章 數據搜尋

第十一章 堆疊、回溯演算法與迷宮

第十二章 從遞迴看經典演算法

第十三章 圖形 (Graph) 理論

第十四章 圖形理論之最短路徑演算法

第十五章 貪婪演算法 (Greedy Algorithm)

第十六章　動態規劃演算法

第十七章　資料加密到資訊安全演算法

第十八章　人工智慧破冰之旅 -KNN 和 K-means 演算法演算法

第十九章　常見職場面試的演算法

第二十章 精選 LeetCode 考題演算法

第一章

演算法基本觀念

在生活上我們常常會使用一些流程觀念，處理日常生活一些事件，例如：生活上碰上客廳的燈泡不亮，我們可能使用下列方法應對此事件。

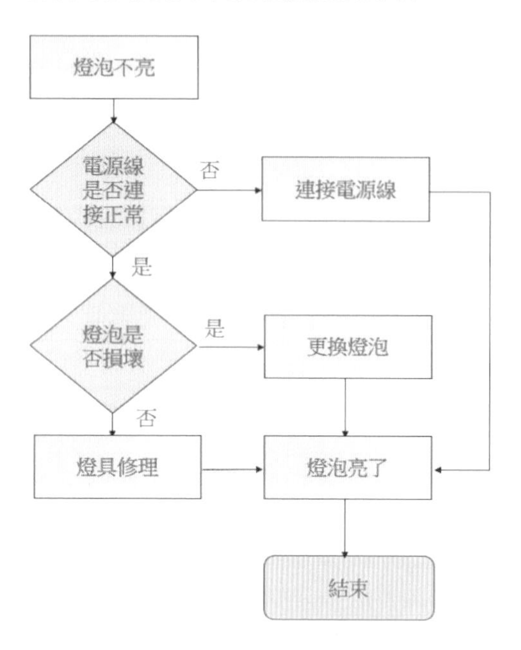

其實我們可以稱上述是生活中的演算法 (Algorithm)，從上述流程可以看到有明確的輸入，此輸入是燈泡不亮、也有明確的輸出，輸出是燈泡亮了、同時每個步驟很明確、步驟數量是有限、步驟是有效、是可以執行以及獲得結果。我們可以將上述生活中的演算法觀念應用在電腦程式設計。

本書重點是講解演算法，基本上不對 Python 語法做介紹，所以讀者需有 Python 知識才適合閱讀本書，如果讀者未有 Python 觀念，建議讀者可以先閱讀筆者所著下列書籍，相信必可以建立完整的 Python 知識。

或是

1-1 電腦的演算法

在科技時代，我們常使用電腦解決某些問題。為了讓電腦可以了解人類的思維，我們將解決問題的思維、方法，用特定方式告訴電腦，這個特定方式就是電腦可以理解的程式語言。電腦會依據程式語言的指令，一步一步完成工作。

當使用程式語言解決工作上的問題時，下一步我們面臨應該使用什麼方法，可以更快速、有效地完成工作。

例如：有一系列數字，我們想要找到特定數字，是否有更好的方法？

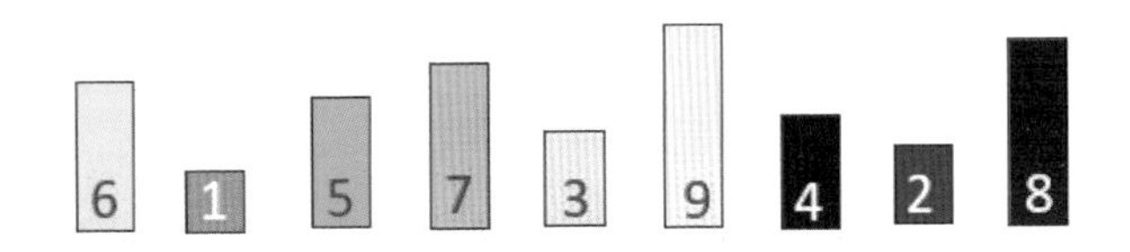

假設上述我們要找的數字是 3，如果我們從左到右找尋，需要找尋 5 次，如果我們從中間找尋只要 1 次就可以找到，其實找尋的方法，就是演算法。

例如：有一系列數字，我們想將這一系列從小到大排序。

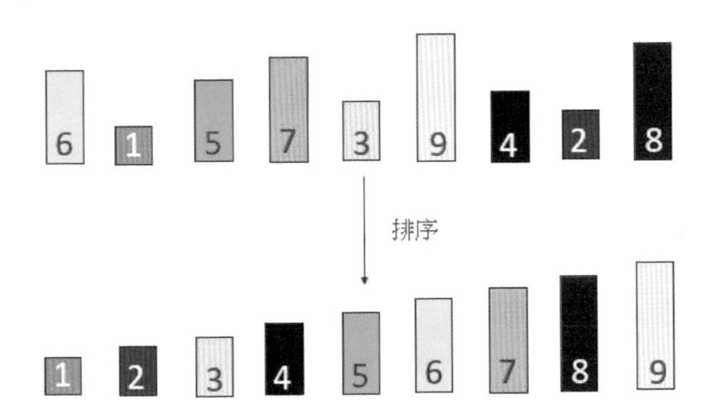

為了完成上述從小到大將數字排列，也有許多方法，這些方法也可以稱是演算法。

目前世界公認第一個演算法是歐幾里德演算法，在歐幾里德 (Euclid，公元前 325 – 前 265 年) 所著的幾何原本 (古希臘語：Στοιχεῖα，*Stoicheia*)，這是數學著作，也是現在數學起源的基礎。著作共有 13 卷，在第 8 卷中就有討論歐幾里德演算法，這個演算法又稱輾轉相除法。歐幾里德是古希臘數學家，又被稱為幾何學之父。

現代美國有一位非常著名的電腦科學家高德納 (Donald Ervin Knuth，1931-) 是美國史丹福大學榮譽教授退休，1972 年圖靈獎 (Turing Award) 得主，在他所著電腦程式設計的藝術 (The Art of Computer Programming)，對演算法 (algorithm) 有做特徵歸納：

1：輸入：一個演算法必須有 0 個或更多的輸入。

2：有限性：一個演算法的步驟必須是有限的步驟。

3：明確性：是指演算法描述必須是明確的。

4：有效性：演算法的可行性可以獲得正確的執行結果。

5：輸出：所謂輸出就是計算結果，一個演算法必須要有 1 個或更多的輸出。

註　高納德的著作 The Art of Computer Programming 曾被科學美國人 (Scientific American) 雜誌評估為與愛因斯坦的相對論並論為 20 世紀最重要的 12 本物理科學專論之一。

所以我們也可以將演算法過程與結果，歸納做下列的定義：

輸入 + 演算法 = 輸出

1-2 遞迴函數設計

坦白說遞迴函數觀念很簡單，但是不容易學習，而這又是學習演算法非常重要的基礎知識，因為計算機科學的經典演算法皆是使用遞迴函數方式設計程式，本節將從最簡單說起。一個函數本身，可以呼叫本身的動作，稱遞迴函數呼叫，遞迴函數呼叫有下列特性。

1：遞迴函數在每次處理時，都會使問題的範圍縮小。

2：必須有一個終止條件來結束遞迴函數。

遞迴函數可以使程式變得很簡潔，但是設計這類程式如果一不小心很容易掉入無限迴圈的陷阱，所以使用這類函數時一定要特別小心。

1-2-1 從掉入無限遞迴說起

如前所述一個函數可以呼叫自己，這個工作稱遞迴，設計遞迴最容易掉入無限遞迴的陷阱，下列將用實例解說。

程式實例 ch1_1.py：設計一個遞迴函數，因為這個函數沒有終止條件，所以變成一個無限迴圈，這個程式會一直輸出 5, 4, 3, … 。為了讓讀者看到輸出結果，這個程式會每隔 1 秒輸出一次數字。

```
1  # ch1_1.py
2  import time
3  def recur(i):
4      print(i, end='\t')
5      time.sleep(1)        # 休息 1 秒
6      return recur(i-1)
7
8  recur(5)
```

執行結果 讀者可以看到數字遞減在螢幕輸出。

```
===================== RESTART: D:\Algorithm\ch1\ch1_1.py =====================
5       4       3       2       1       0       -1      -2      -3      -4
-5      -6      -7      -8      -9      -10     -11     -12     -13     -14
-15     -16
```

註 上述第 5 行呼叫 time 模組的 sleep( ) 函數，參數是 1，可以休息 1 秒。

上述會一直輸出，在 Python Shell 環境可以按 Ctrl + C 件讓程式停止。上述第 6 行雖然是用 recur(i-1)，讓數字範圍縮小，但是最大的問題是沒有終止條件，所以造成了無限遞迴。為此，我們在設計遞迴時需要使用 if 條件敘述，註明終止條件。

程式實例 ch1_2.py：這是最簡單的遞迴函數，列出 5, 4, … 1 的數列結果，這個問題很清楚了，結束條件是 1，所以可以在 recur( ) 函數內撰寫結束條件。

```
1   # ch1_2.py
2   import time
3   def recur(i):
4       print(i, end='\t')
5       time.sleep(1)           # 休息 1 秒
6       if (i <= 1):            # 結束條件
7           return 0
8       else:
9           return recur(i-1)   # 每次呼叫讓自己減 1
10
11  recur(5)
```

執行結果

```
===================== RESTART: D:\Algorithm\ch1\ch1_2.py =====================
5       4       3       2       1
```

上述當第 9 行 recur(i-1)，當參數是 i-1 是 1 時，進入 recur( ) 函數後會執行第 7 行的 return 0，所以遞迴條件就結束了。

程式實例 ch1_3.py：設計遞迴函數輸出 1, 2, …, 5 的結果。

```
1  # ch1_3.py
2  def recur(i):
3      if (i < 1):              # 結束條件
4          return 0
5      else:
6          recur(i-1)           # 每次呼叫讓自己減 1
7      print(i, end='\t')
8
9  recur(5)
```

執行結果

```
===================== RESTART: D:\Algorithm\ch1\ch1_3.py =====================
1       2       3       4       5
```

Python 語言或是說一般有提供遞迴功能的程式語言，是採用堆疊方式儲存遞迴期間尚未執行的指令，所以上述程式在每一次遞迴期間皆會將第 7 行先儲存在堆疊，一直到遞迴結束，再一一取出堆疊的資料執行。

這個程式第 1 次進入 recur( ) 函數時，因為 i 等於 5，所以會先執行第 6 行 recur(i-1)，這時會將尚未執行的第 7 行 printf( ) 推入 (push) 堆疊。第 2 次進入 recur( ) 函數時，因為 i 等於 4，所以會先執行第 6 行 recur(i-1)，這時會將尚未執行的第 7 行 printf( ) 推入堆疊。其他依此類推，所以可以得到下列圖形。

第1次遞迴 i = 5	第2次遞迴 i = 4	第3次遞迴 i = 3	第4次遞迴 i = 2	第5次遞迴 i = 1
				print(i=1)
			print(i=2)	print(i=2)
		print(i=3)	print(i=3)	print(i=3)
	print(i=4)	print(i=4)	print(i=4)	print(i=4)
print(i=5)	print(i=5)	print(i=5)	print(i=5)	print(i=5)

這個程式第 6 次進入 recur( ) 函數時，i 等於 0，因為 i < 1 時會執行第 4 行 return 0，這時函數會終止。接著函數會將儲存在堆疊的指令一一取出執行，執行時是採用後進先出，也就是從上往下取出執行，整個圖例說明如下。

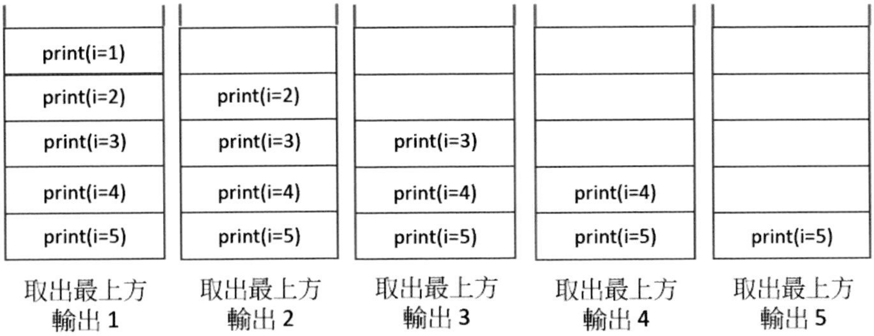

print(i=1)				
print(i=2)	print(i=2)			
print(i=3)	print(i=3)	print(i=3)		
print(i=4)	print(i=4)	print(i=4)	print(i=4)	
print(i=5)	print(i=5)	print(i=5)	print(i=5)	print(i=5)
取出最上方 輸出 1	取出最上方 輸出 2	取出最上方 輸出 3	取出最上方 輸出 4	取出最上方 輸出 5

註 上圖取出英文是 pop。

上述由左到右，所以可以得到 1, 2, …, 5 的輸出。下一個實例是計算累加總和，比上述實例稍微複雜，讀者可以逐步推導，累加的基本觀念如下：

$$sum(n) = \underbrace{1 + 2 + ... + (n-1)}_{sum(n-1)} + n = n + sum(n-1)$$

將上述公式轉成遞迴公式觀念如下：

$$sum(n) = \begin{cases} 1 & n = 1 \\ n+sum(n-1) & n >= 1 \end{cases}$$

程式實例 ch1_4.py：使用遞迴函數計算 1 + 2 + … + 5 之總和。

```
1  # ch1_4.py
2  def sum(n):
3      if (n <= 1):                    # 結束條件
4          return 1
5      else:
6          return n + sum(n-1)
7
8  print(f"total(5) = {sum(5)}")
```

執行結果

```
===================== RESTART: D:\Algorithm\ch1\ch1_4.py =====================
total(5) = 15
```

1-2-2 非遞迴式設計階乘數函數

這一節將以階乘數作解說，階乘數觀念是由法國數學家克里斯蒂安．克蘭普 (Christian Kramp, 1760-1826) 所發表，他是學醫但是卻同時對數學感興趣，發表許多數學文章。

在數學中，正整數的階乘 (factorial) 是所有小於及等於該數的正整數的積，對於 n 的階乘，表達方法如下：

n!

同時也定義 0 和 1 的階乘是 1。

0! = 1
1! = 1

實例 1：n 是 3，下列是階乘數的計算方式。

n! = 1 * 2 * 3

結果是 6

實例 2：列出 n 是 5 的階乘的結果。

5! = 5 * 4 * 3 * 2 * 1 = 120

我們可以使用下列定義階乘公式。

$$\text{factorial}(n) = \begin{cases} 1 & n = 0 \\ 1*2*\ldots n & n >= 1 \end{cases}$$

程式實例 ch1_5.py：設計非遞迴式的階乘函數，計算當 n = 5 的值。

```
1  # ch1_5.py
2  def factorial(n):
3      """ 計算n的階乘, n 必須是正整數 """
4      fact = 1
5      for i in range(1,n+1):
6          fact *= i
7      return fact
8
9  value = 3
10 print(f"{value} 的階乘結果是 = {factorial(value)}")
11 value = 5
12 print(f"{value} 的階乘結果是 = {factorial(value)}")
```

執行結果

```
====================== RESTART: D:\Algorithm\ch1\ch1_5.py ======================
3 的階乘結果是 = 6
5 的階乘結果是 = 120
```

1-2-3 從一般函數進化到遞迴函數

如果針對階乘數 n >= 1 的情況，我們可以將階乘數用下列公式表示：

$$\text{factorial(n)} = \underbrace{1*2* \ldots *(n-1)}_{\text{factorial(n-1)}}*n = n*\text{factorial(n-1)}$$

有了上述觀念後，可以將階乘公式改成下列公式。

$$\text{factorial(n)} = \begin{cases} 1 & n = 0 \\ n*\text{factorial(n-1)} & n >= 1 \end{cases}$$

上述每一步驟呼叫 factorial( ) 時會傳遞 (n-1)，這可以讓問題變小，這就是遞迴函數的觀念。

程式實例 ch1_6.py：使用遞迴函數執行階乘 (factorial) 運算。

```
1  # ch1_6.py
2  def factorial(n):
3      """ 計算n的階乘, n 必須是正整數 """
4      if n == 1:
5          return 1
6      else:
7          return (n * factorial(n-1))
8
9  value = 3
10 print(f"{value} 的階乘結果是 = {factorial(value)}")
11 value = 5
12 print(f"{value} 的階乘結果是 = {factorial(value)}")
```

執行結果

```
====================== RESTART: D:\Algorithm\ch1\ch1_6.py ======================
3 的階乘結果是 = 6
5 的階乘結果是 = 120
```

上述 factorial( ) 函數的終止條件是參數值為 1 的情況，由第 4 行判斷然後傳回 1，下列是正整數為 3 時遞迴函數的情況解說。

上述程式筆者介紹了遞迴式呼叫 (Recursive call) 計算階乘問題，上述程式中雖然沒有很明顯的說明記憶體儲存中間數據，不過實際上是有使用記憶體，筆者將詳細解說，下列是遞迴函數呼叫的過程。

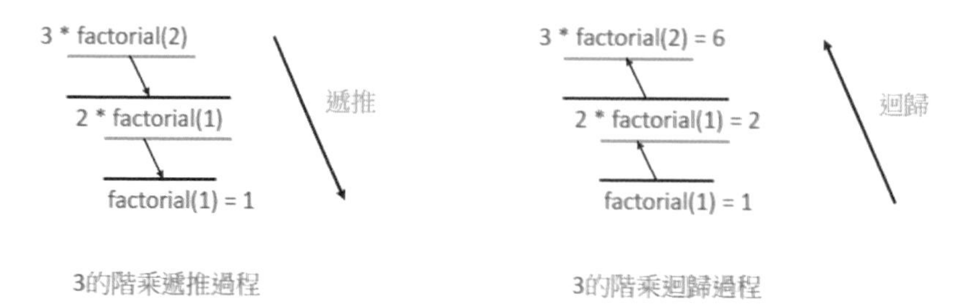

在直譯程式是使用堆疊 (stack) 處理上述遞迴式呼叫，這是一種後進先出 (last in first out) 的資料結構，下列是直譯程式實際使用堆疊方式的記憶體內容。

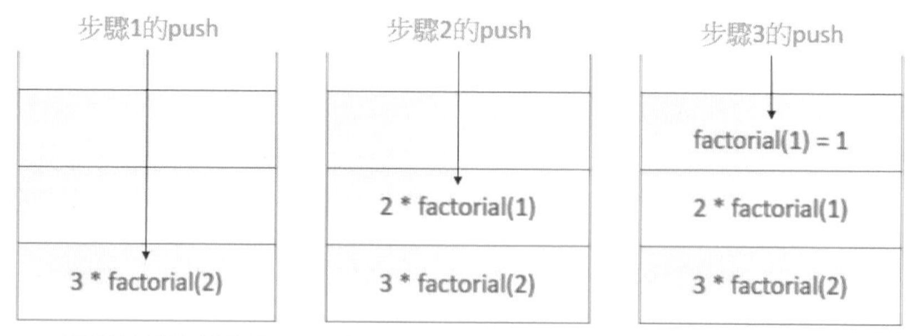

階乘計算使用堆疊(stack)的說明，這是由左到右進入堆疊push操作過程

在計算機術語又將資料放入堆疊稱堆入 (push)。

對於 3 的階乘，直譯程式實際迴歸處理過程，其實就是將數據從堆疊中取出，此動作在計算機術語稱取出 (pop)，整個觀念如下：

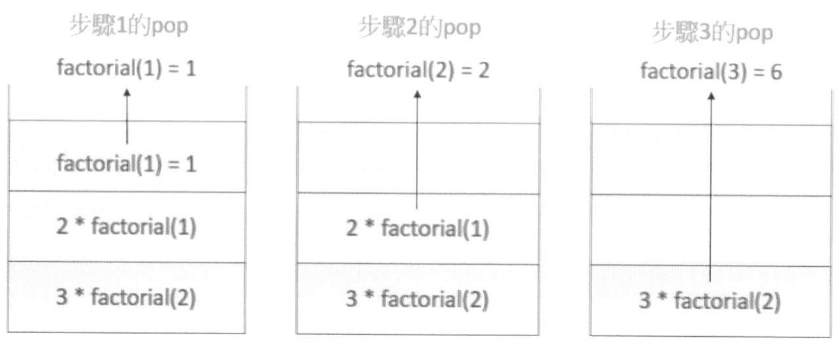

階乘計算使用堆疊(stack)的說明，這是由左到右離開堆疊的pop過程

1-3 好的演算法與不好的演算法

1-3-1 不好的演算法

一個好的演算法可能不需一秒鐘就可以得到解答，相同的問題用了一個不好的演算法，電腦執行了上千億年也得不到答案。

假設有個數列有 2 筆資料，假設數列值分別是 1 和 2，這個數列的排序方式有下列 2 種。

1 2　　或　　2 1

假設數列有 3 筆資料，假設數列值分別是 1、2 和 3，這個數列的排序方式有下列 6 種。

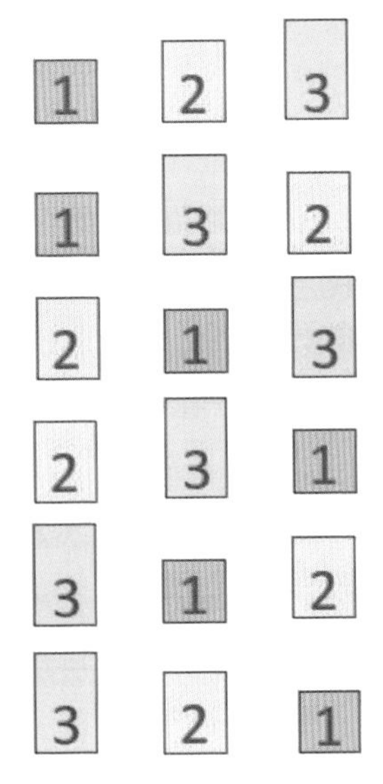

上述實例的排列組合可以列出所有排列的可能稱枚舉方法(Enumeration method)，特色是如果有 n 筆資料，就會有 n! 組合方式，這也是前一節所介紹的階乘數觀念。例如：下列是 2 筆資料和 3 筆資料排列組合方式的計算。

2! = 2 * 1 = 2
3! = 3 * 2 * 1 = 6

上述 n! 又稱階乘數。

程式實例 ch1_7.py：輸入階乘數 n，程式可以列出階乘數的結果，這個程式相當於可以列出數列內含 n 個數的組合方式有多少種方式。

```
1  # ch1_7.py
2  def factorial(n):
3      """ 計算n的階乘, n 必須是正整數 """
4      if n == 1:
5          return 1
6      else:
7          return (n * factorial(n-1))
8
9  N = eval(input("請輸入階乘數 : "))
10 print(f"{N} 的階乘結果是 = {factorial(N)}")
```

執行結果

```
===================== RESTART: D:\Algorithm\ch1\ch1_7.py =====================
請輸入階乘數 : 3
3 的階乘結果是 = 6
```

註 本書 5-5 節還會針對此程式更進一步拆解有關堆疊記憶體的變化解說。

假設有一個數列內含 30 筆資料，則有下列次數的組合方式：

```
===================== RESTART: D:\Algorithm\ch1\ch1_7.py =====================
請輸入階乘數 : 30
30 的階乘結果是 = 265252859812191058636308480000000
```

假設一個數列有 30 筆資料，排列恰好是 30, 29, … 1，我們要將數列從小到大排列 1, 2, … 30，假設所使用的方法是枚舉方法，一個一個處理，如果不是從小排到大，則使用下一個數列，直到找到從小排到大的數列。在 ch1_7.py 的第 2 個執行結果筆者已經列出有一個天文數字的排列組合方式，這個數字就是將數列資料從小排到大，最差狀況需要核對的次數。

註 枚舉方法的特色是一定可以找到答案。

程式實例 ch1_8.py：延續前面觀念，假設超級電腦每秒可以處理 10 兆個數列，運氣最差狀況，請計算需要多少年才可以得到從小排到大的數列。

```
1  # ch1_8.py
2  def factorial(n):
3      """ 計算n的階乘, n 必須是正整數 """
4      if n == 1:
5          return 1
6      else:
7          return (n * factorial(n-1))
8
9  N = eval(input("請輸入數列的資料個數 : "))
```

```
10  times = 10000000000000           # 電腦每秒可處理數列數目
11  day_secs = 60 * 60 * 24          # 一天秒數
12  year_secs = 365 * day_secs       # 一年秒數
13  combinations = factorial(N)      # 組合方式
14  years = combinations / (times * year_secs)
15  print(f"資料個數 {N}, 數列組合數 = {combinations}")
16  print(f"需要 {years} 年才可以獲得結果")
```

執行結果

```
==================== RESTART: D:\Algorithm\ch1\ch1_8.py ====================
請輸入數列的資料個數 : 30
資料個數 30, 數列組合數 = 265252859812191058636308480000000
需要 841111300774 年才可以獲得結果
```

從上述執行結果可知僅僅 30 筆資料的排序需要 8411 億年才可以得到結果，讀者可能覺得不可思議，筆者也覺得不可思議。一個程式，跑了宇宙誕生至今仍無法獲得解答。

1： 宇宙誕生，宇宙 0 年，大霹靂時代

2： 銀河系誕生，宇宙約 7 億年

圖片是智利伯瑞納天文台拍攝，取材自下列網址

https://zh.wikipedia.org/zhtw/%E9%93%B6%E6%B2%B3%E7%B3%BB#/media/File:Milky_Way_Arch.jpg

3：地球誕生，宇宙約 90 億年

4：現代的我們，約 137 億年

Python 有一個 itertools 模組，此模組內有 permutations( ) 方法，這個方法可以枚舉列出元素所有可能位置的組合。

程式實例 ch1_9.py：列出串列元素 1, 2, 3，所有可能的組合。

```
1  # ch1_9.py
2  import itertools
3
4  x = ['1', '2', '3']
5  perm = itertools.permutations(x)
6  for i in perm:
7      print(i)
```

執行結果

```
==================== RESTART: D:\Algorithm\ch1\ch1_9.py ====================
('1', '2', '3')
('1', '3', '2')
('2', '1', '3')
('2', '3', '1')
('3', '1', '2')
('3', '2', '1')
```

1-3-2 好的演算法

相同問題如果使用好的演算法，可能不用 1 秒就可以得到答案。下列是筆者使用選擇排序法，處理相同問題所需時間。

註 本書 9-4 節會完整解說選擇排序法。

第 1 迴圈是從 n 個數列中找出最小值，放到新的數列內，此時需要確認 n 個數字。第 2 迴圈是從 n-1 個數列中找出最小值，然後放到新的數列內，此時需要確認 n-1 個數字。第 3 迴圈是從 n-2 個數列中找出最小值，然後放到新的數列內，此時需確認 n-2 個數字。最後執行 n 迴圈就可以產生新的從小排到大的數列。整個迴圈過程的數學觀念如下：

$$n + (n-1) + (n-2) + \cdots + 2 + 1$$

上述是所需確認數字個數，也可以用下列表示：

$$\frac{n(n+1)}{2} = n + (n-1) + (n-2) + \ldots + 2 + 1$$

從上述公式也可以得到下列結果：

$$n^2 \geq \frac{n(n+1)}{2}$$

假設這個數列有 30 個數值，相當於 n 等於 30，可以得到 n^2 等於 900，前一小節我們假設每秒可以處理 10 兆 (10^{13}) 個數列，所需時間如下：

$$\frac{900}{10^{13}}$$

遠遠低於 1 秒，所以在設計與使用演算法則時我們得到一個好的演算法可以帶領各位上天堂，不好的演算法將帶領各位下地獄。

1-4 程式執行的時間量測方法 – 時間複雜度

1-4-1 基本觀念

現在程式語言的功能很強，我們可以使用程式語言的時間函數紀錄一個程式執行所需時間，這種方法最大的缺點是程式執行的時間會隨著電腦的不同，所需執行程式的時間會有差異，所以使用絕對時間觀念一般不被電腦科學家採用。

程式執行時間的量測方法是採用步驟次數表示程式的執行時間，基本量測單位是 1 個步驟，由步驟次數量測程式執行所需時間，我們又將此步驟次數稱時間複雜度。

- 時間量測場景 1

假設騎腳踏車每 2 分鐘可以騎 1 公里，請問 10 公里的路需要多少時間？

答案是 2 * 10，相當於需要 20 分鐘。

假設想騎 n 公里，需要多少時間，答案是 2 * n，，相當於需要 2n 分鐘。

在時間量測方法中，我們可以使用 T( ) 函數表達所需時間，騎腳踏車 n 公里所需時間可以用下列數學公式表達：

T(n) = 2n

- 時間量測場景 2

假設有 16 公里的路段，騎腳踏車每 3 分鐘可以騎一半路程，請問騎剩 1 公里需要多少時間？

答案是第 1 個 3 分鐘可以騎 8 公里，第 2 個 3 分鐘可以騎 4 公里，第 3 個 3 分鐘可以騎 2 公里，第 4 個 3 分鐘可以騎 1 公里，可以用對數 log 表達這個解答。

$$3 * log_2 16$$

未來筆者將 log 的底數 2 省略，所以表達式是 3 * log16，像一般數學公式一樣可以省略乘法 * 符號，3log16 分鐘，結果是 12 分鐘。

假設距離 n 公里，需要多少時間，答案是 3 * log n 分鐘。騎腳踏車 n 公里所需時間可以用下列數學公式表達：

T(n) = 3log n

使用 Python 可以用 import math 方式導入模組 math，計算 log 的值，語法如下：

```
math.log(x[, base])            # base 預設是 e
```

參數 base 預設是 e(約 2.718281828459)，所以如果省略第 2 個參數，相當於 base 是 e。對於其他底數則須在第 2 個參數指出底數，所以對於底數是 2，公式如下：

```
math.log(x, 2)
```

實例 1：計算 3*log16 的結果。

```
>>> import math
>>> x = 3 * math.log(16, 2)
>>> x
12.0
```

另外，math 模組也可以使用 log2( ) 方法處理 2 為底數的對數、使用 log10( ) 方法處理 10 為底數的對數。

實例 2：重複實例 1，計算 3*log16 的結果。

```
>>> import math
>>> x = 3 * math.log2(16)
>>> x
12.0
```

- 時間量測場景 3

假設騎腳踏車第 1 公里需要 1 分鐘，第 2 公里需要 2 分鐘，第 3 公里需要 3 分鐘，相當於每一公里所需時間比前 1 公里需要多 1 分鐘，請問騎剩 10 公里需要多少時間？

上述答案是 1+2+ … + 10，可以得到 55，所以需要 55 分鐘。

如果距離是 n 公里，則所需時間計算方式如下：

1 + 2 + … + (n-1) + n

其實這也是 1-3-2 節選擇排序方法所述的數學公式，我們也可以用下列數學公式表達：

$$T(n) = 0.5n^2 + 0.5n$$

- 時間量測場景 4

假設騎腳踏車每 2 分鐘可以騎 1 公里，喝一杯飲料是 2 分鐘，請問喝一杯飲料需要多少時間？

此問題與騎腳踏車無關，答案是 2 分鐘。

假設再問距離是 10 公里，喝一杯飲料需要多少時間？

此問題依舊與騎腳踏車無關，答案是 2 分鐘，所以可以用下列數學公式表達所需時間，這是一個常數的結果。

T(n) = 2

1-4-2 時間量測複雜度

在電腦科學領域實際上是將程式執行的時間量測簡化為一個數量級數，簡化的結果也稱做時間複雜度，此時間複雜度使用 O(f(n)) 表示，一般將 O 唸作 Big O，也稱 Big O 表示法。

簡化的原則如下：

- 時間複雜度簡化原則 1

如果時間複雜度是常數，用常數 1 表示，所以 1-4-1 節的時間測量場景 4 可以用下列方式表達：

T(n) = 2 # 常數

表達方式如下：

T(n) = O(1)

- 時間複雜度簡化原則 2

省略係數，所以 1-4-1 節的時間測量場景 1 可以用下列觀念方式表達：

T(n) = 2n

表達方式如下：

T(n) = O(n)

1-4-1 節的時間測量場景 2 可以用下列方式表達：

T(n) = 3log n

表達方式如下：

T(n) = O(log n)

- 時間複雜度簡化原則 3

保留最高階項目，同時也省略係數，所以 1-4-1 節的時間測量場景 3 可以用下列觀念方式表達：

$$T(n) = 0.5n^2 + 0.5n$$

表達方式先省略低階 0.5n，再省略最高階係數 0.5，結果如下：

$$T(n) = O(n^2)$$

當 n 值夠大時，在上述執行的時間複雜度結果，我們必須知道相對時間關係如下：

$$O(1) < O(\log n) < O(n) < O(n^2)$$

由於時間效率 $O(n^2)$ 相較前 3 個差很多，所以下列實例筆者先用繪製 O(1)、O(log n)、O(n) 圖形程式做說明。

程式實例 ch1_10.py：繪製 O(1)、O(log n)、O(n) 圖形，讀者可以了解當 n 是從 1-10 時，所需要程式執行時間的關係圖。

```
1  # ch1_10.py
2  import matplotlib.pyplot as plt
3  import numpy as np
4
5  xpt = np.linspace(1, 10, 10)                    # 建立含10個元素的陣列
6  ypt1 = xpt / xpt                                # 時間複雜度是 O(1)
7  ypt2 = np.log2(xpt)                             # 時間複雜度是 O(logn)
8  ypt3 = xpt                                      # 時間複雜度是 O(n)
9  plt.plot(xpt, ypt1, '-o', label="O(1)")
10 plt.plot(xpt, ypt2, '-o', label="O(logn)")
11 plt.plot(xpt, ypt3, '-o', label="O(n)")
12 plt.legend(loc="best")                          # 建立圖例
13 plt.show()
```

執行結果

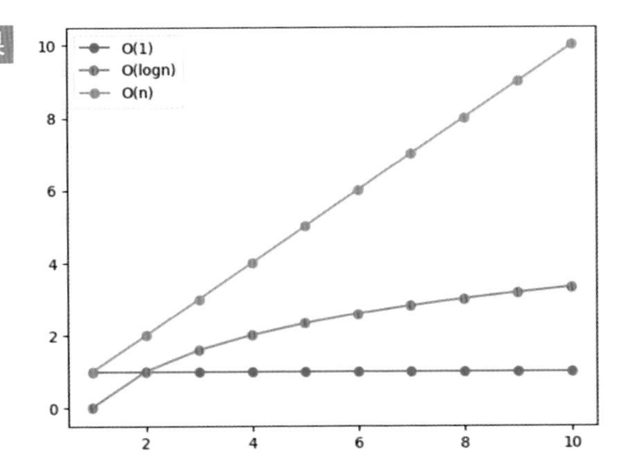

註 numpy 模組在使用底數為 2 的對數 log 時，與 math 一樣使用 log2( ) 方法，可以參考上述第 7 行。

其實在程式時間量測另一個常會遇見的時間複雜度是 O(nlog n)，這個時間複雜度與先前的時間複雜度關係如下：

$$O(1) < O(\log n) < O(n) < O(n \log n) < O(n^2)$$

至於 ch1_8.py 使用枚舉法列出所有排列組合，再找出從小到大的排列方式的時間複雜度是 O(n!)，則整個時間複雜度關係如下：

$$O(1) < O(\log n) < O(n) < O(n \log n) < O(n^2) < O(n!)$$

程式實例 ch1_11.py：繪製 $O(1)$、$O(\log n)$、$O(n)$、$O(n \log n)$、$O(n^2)$ 圖形，讀者可以了解當 n 是從 1-10 時，所需要的程式執行時間關係圖。

```
1  # ch1_11.py
2  import matplotlib.pyplot as plt
3  import numpy as np
4
5  xpt = np.linspace(1, 10, 10)                    # 建立含10個元素的陣列
6  ypt1 = xpt / xpt                                # 時間複雜度是 O(1)
7  ypt2 = np.log2(xpt)                             # 時間複雜度是 O(logn)
8  ypt3 = xpt                                      # 時間複雜度是 O(n)
9  ypt4 = xpt * np.log2(xpt)                       # 時間複雜度是 O(nlogn)
10 ypt5 = xpt * xpt                                # 時間複雜度是 O(n*n)
11 plt.plot(xpt, ypt1, '-o', label="O(1)")
12 plt.plot(xpt, ypt2, '-o', label="O(logn)")
13 plt.plot(xpt, ypt3, '-o', label="O(n)")
14 plt.plot(xpt, ypt4, '-o', label="O(nlogn)")
15 plt.plot(xpt, ypt5, '-o', label="O(n*n)")
16 plt.legend(loc="best")                          # 建立圖例
17 plt.show()
```

執行結果

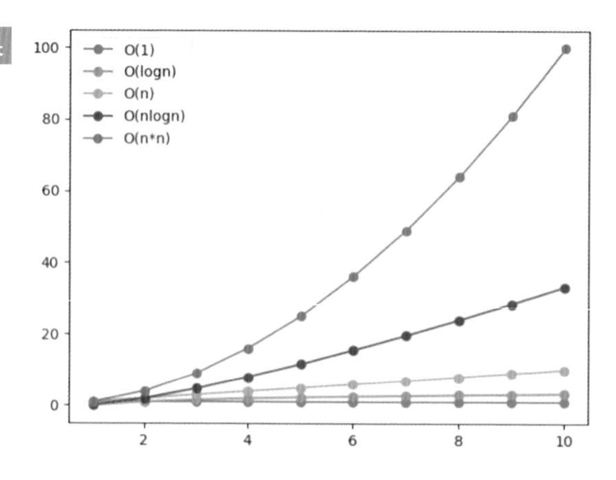

註　其實我們也可以將執行演算法時間複雜度所耗損的時間稱時間成本。下表是當 n 是 2、4、16，假設每秒可以操作 100 次步驟，各種演算法所需時間。

n 值	O(1)	O(log n)	O(n)	O(nlog n)	$O(n^2)$	O(n!)
2	0.01 秒	0.01 秒	0.02 秒	0.02 秒	0.04 秒	0.02 秒
8	0.01 秒	0.03 秒	0.08 秒	0.24 秒	0.64 秒	403.2 秒
16	0.01 秒	0.04 秒	0.16 秒	0.64 秒	2.56 秒	約 6634 年

1-5 記憶體的使用 – 空間複雜度

1-5-1 基本觀念

程式演算法在執行時會需要 2 種空間如下：

1：程式輸入 / 輸出所需空間。

2：程式執行過程，需要暫時儲存中間數據所需的空間。

程式輸入與輸出是必需的，所以可以不用計算，所謂的空間複雜度 (Space Complexity) 是指，執行演算法暫時儲存中間數據所需的空間，這裡所謂的空間是指記憶體空間，也可以稱空間成本。

例如：程式執行時，有時需要一些額外的記憶體暫時儲存中間數據，以便可以方便未來程式碼的執行，儲存中間數據所需的記憶體空間多寡，就是所謂的空間複雜度。

假設有一個數列，內含一系列數字，此系列數字有一個是重複出現，我們要找出一個重複出現的數字，如下所示：

1	3	4	5	2	3

如果我們採用重複遍歷方法，這個方法的演算步驟如下：

1：如果這是第一筆數字，不用比較，跳至下一筆數字。

2：取數字，將此數字和前面的數字比較，檢查是否有重複，如果有重複，則找到重複數字，程式結束。如果沒有重複，則跳至下一筆數字。

3：重複步驟 2。

整個執行過程如下：

過程 1：

取第一筆數字 1，不用比較。

1 3 4 5 2 3

過程 2：

取下一筆數字 3，將 3 和前面的 1 做比較，沒有重複。

1 3 4 5 2 3

過程 3：

取下一筆數字 4，將 4 和前面的 1、3 做比較，沒有重複。

1 3 4 5 2 3

過程 4：

取下一筆數字 5，將 5 和前面的 1、3、4 做比較，沒有重複。

1 3 4 5 2 3

過程 5：

取下一筆數字 2，將 2 和前面的 1、3、4、5 做比較，沒有重複。

1 3 4 5 2 3

過程 6：

取下一筆數字 3，將 3 和前面的 1、3、4、5、2 做比較，發現重複。

1 3 4 5 2 3

上述過程雖可以得到解答，但是這個程式的時間複雜度是 $O(n^2)$。為了要提高效率，我們可以使用額外的記憶體儲存中間數據，這個使用額外記憶體就是空間複雜度。

我們來看相同的數據，假設在遍歷每個數據時，就將此數據放在一個字典型式的雜湊表 (Hash Table) 內 (也稱哈希表)，筆者將在第 8 章說明雜湊表建立方式，如下所示：

1 3 4 5 2 3

Key	Value
1	1
3	1
4	1
5	1
2	1

字典的雜湊表

上述的字典雜湊表左邊欄位 Key 是鍵值 (Key)，右邊欄位 Value 是該鍵值出現的次數 (Value)，每次遍歷一個數值時，先檢查該值在字典是否出現，如果沒有就將此數值依雜湊表規則放入字典內。如果遍歷到最後一個數值時 3，可以發現該值出現過，這時就獲得我們所要的解答了。

1 3 4 5 2 3

Key	Value
1	1
3	2
4	1
5	1
2	1

字典的雜湊表

上述時間複雜度則是 O(n)，效率大大提高了，而使用額外暫時儲存的字典雜湊表空間是 n，相當於空間複雜度：

S(n) = O(f(n))

有的人也將空間複雜度的 f( ) 省略表示為：

S(n) = O(n)

而原先使用重複遍歷找尋重複數字的空間複雜度是 O(1)，但是時間複雜度則是 $O(n^2)$，其實在兩者取捨時，時間複雜度是優先於空間複雜度，因為演算法的時間成本更重要，相當於用記憶體空間去換取節省演算法時間，甚至有的演算法書籍根本沒有提空間複雜度的觀念。

1-5-2 常見的空間複雜度計算

- 空間複雜度場景 1

使用 Python 語言，可以使用下列語法執行 x,y 兩個數字對調。

```
>>> x,y = 1,2
>>> x,y = y,x
>>> x
2
>>> y
1
>>>
```

在記憶體內部，實際上是使用下列方式執行數值對調。

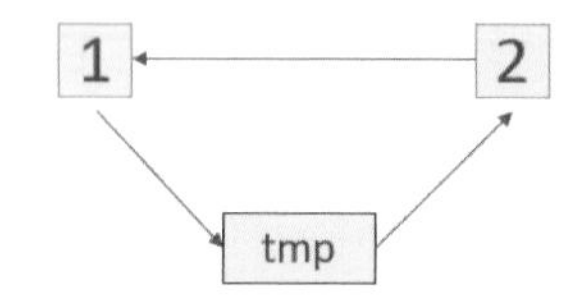

這個演算法使用一個 tmp 記憶體空間，整個空間複雜度是 O(1)，我們也可以將此空間複雜度稱常數空間。

- 空間複雜度場景 2

暫時儲存中間數據所需的空間與數據規模 n 呈線性正比例，例如：前一小節我們使用字典雜湊表找尋重複的數據，此字典雜湊表所使用的記憶體空間與原先數據是呈線性正比例，這時的空間複雜度是 O(n)，我們也可以將此空間複雜度稱線性空間。

- 空間複雜度場景 3

如果一個數據 n，演算法儲存中間數據所需的空間是 n*n 正比例時，這時空間複雜度是$O(n^2)$，我們也可以將此空間複雜度稱二維空間。

- 空間複雜度場景 4

程式實例 ch1_6.py 介紹了遞迴式呼叫 (Recursive call) 計算階乘問題，在該程式中雖然沒有很明顯的說明記憶體儲存的過程，不過實際上是有使用記憶體。

直譯程式是使用堆疊 (stack) 處理遞迴式呼叫，這是一種後進先出 (last in first out) 的資料結構，下列是直譯程式實際使用堆疊方式的記憶體圖形。

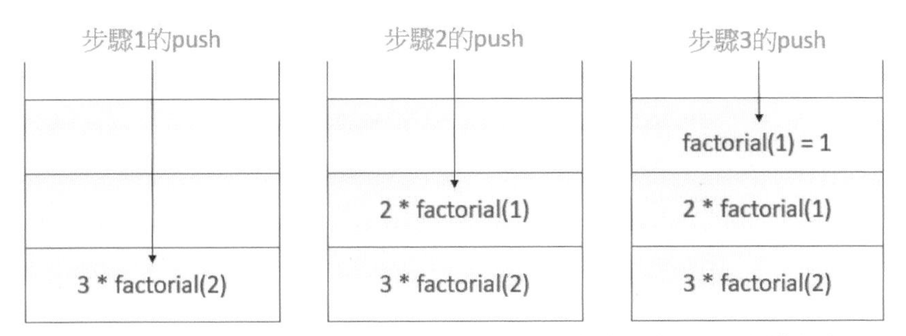

階乘計算使用堆疊(stack)的說明，這是由左到右進入堆疊push操作過程

從上述執行結果可以看到，堆疊所需的記憶體空間和遞迴式的深度有關，如果遞迴式呼叫深度是 n，則空間複雜度就是 O(n)。

1-6 資料結構

所謂的資料結構是指資料在記憶體中的擺放位置，不同的擺放位置將直接影響未來我們存取資料的時間或是排序資料所需時間。下列是陣列 (array) 與鏈結串列 (linked list) 的記憶體圖形。

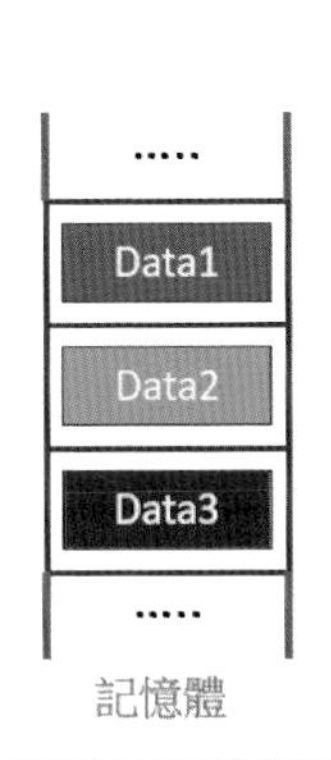

陣列，資料在記憶體順序排列

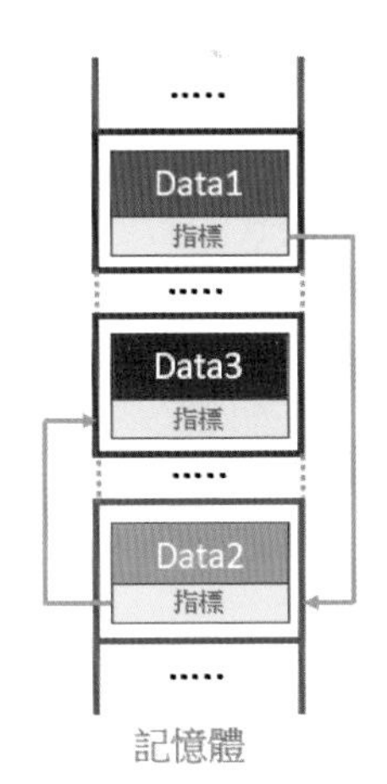

鏈結串列，資料分散在記憶體各處

常見的基本資料結構有下列幾項：

第 2 章：陣列 (Array)。

第 3 章：鏈結串列 (Linked list)。

第 4 章：佇列 (Queue)。

第 5 章：堆疊 (Stack)。

第 6 章：二元樹 (Binary Tree)。

第 7 章：堆積樹 (Heap Tree)。

第 8 章：雜湊表 (Hash Table)。

由於沒有一個資料結構適合所有資料型態，未來章節筆者將一步一步介紹上述資料結構，同時解說上述資料結構有關的演算法。

1-7 習題

1： 使用遞迴呼叫計算下列串列的總和。

[5, 7, 9, 15, 21, 6]

```
===================== RESTART: D:\Algorithm\ex\ex1_1.py =====================
mysum = 63
```

2：請設計遞迴式函數計算下列數列的和。

f(i) = 1 + 1/2 + 1/3 + … + 1/n

請輸入 n，然後列出 n = 1 … n 的結果。

```
===================== RESTART: D:\Algorithm\ex\ex1_2.py =====================
請輸入整數 : 5
1) = 1.000
2) = 1.500
3) = 1.833
4) = 2.083
5) = 2.283
```

3：請設計遞迴式函數計算下列數列的和。

f(i) = 1/2 + 2/3 + … + n/(n+1)

請輸入 n，然後列出 n = 1 … n 的結果。

```
===================== RESTART: D:\Algorithm\ex\ex1_3.py =====================
請輸入整數 : 5
1 = 0.500
2 = 1.167
3 = 1.917
4 = 2.717
5 = 3.550
```

4： 假設有一個數列有 20 筆資料，請計算他的排列組合有多少個方法。

```
===================== RESTART: D:\Algorithm\ex\ex1_4.py =====================
排列組合有 2432902008176640000 個方法
```

5： 擴充上一個程式，假設產生一個排列組合需要 0.0000000001 秒，請問產生所有排列組合需要多少時間。

```
===================== RESTART: D:\Algorithm\ex\ex1_5.py =====================
排列組合需要 243290200 秒
```

6： 請參考 ch1_3.py，列出串列元素 a, b, c, d, e, f 的組合方式。

```
===================== RESTART: D:\Algorithm\ex\ex1_6.py =====================
('a', 'b', 'c', 'd', 'e', 'f')
('a', 'b', 'c', 'd', 'f', 'e')
('a', 'b', 'c', 'e', 'd', 'f')

                    ...............

('f', 'e', 'd', 'b', 'c', 'a')
('f', 'e', 'd', 'c', 'a', 'b')
('f', 'e', 'd', 'c', 'b', 'a')
總共有 720 組合方式
```

7： 有一位業務員想要拜訪北京、天津、上海、廣州、武漢，請問有幾種拜訪順序，同時列出所有拜訪順序。

```
===================== RESTART: D:\Algorithm\ex\ex1_7.py =====================
('北京', '天津', '上海', '廣州', '武漢')
('北京', '天津', '上海', '武漢', '廣州')
('北京', '天津', '廣州', '上海', '武漢')

                    ...............

('武漢', '廣州', '天津', '上海', '北京')
('武漢', '廣州', '上海', '北京', '天津')
('武漢', '廣州', '上海', '天津', '北京')
總共有 120 拜訪方式
```

第二章
陣列 (Array)

2-1 基本觀念

電腦記憶體其實是一個連續的儲存空間，如果陣列 (array) 資料有 1 個元素 5，記憶體的內容如下方左圖，如果陣列資料有 3 個元素 5、3、9，則記憶體的內容如下方右圖：

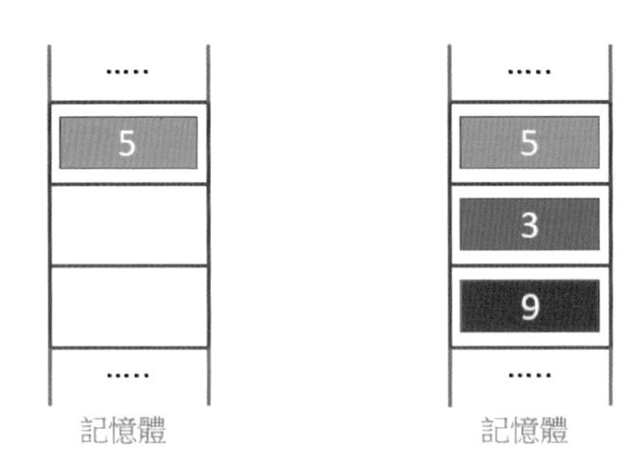

所謂的陣列 (array) 就是指資料是放在連續的記憶體空間，如同上方右圖所示，在陣列中我們可以將陣列資料稱元素。

2-2 使用索引存取陣列內容

由於陣列資料是在連續空間，存取是用索引方式存取，通常又將第 1 筆資料稱索引 0 位置，第 2 筆資料稱索引 1 位置，其他資料則依此類推，假設陣列變數是 x，我們可以用下圖表示。

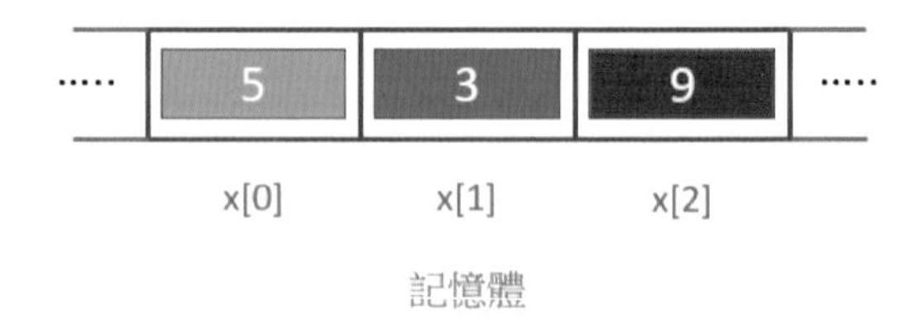

記憶體

在上述陣列結構內，如果我們想要取得 9 的內容，可以不用從頭開始找尋，直接使用索引 2 取得，此時語法是 x[2]，這個讀取方式在計算機領域稱隨機存取 (random access)，可以知道陣列適合常常需要讀取數據多的場景。

由於只要一個步驟就可以取得陣列元素內容，所以時間複雜度是 O(1)。

2-3 新資料插入陣列

陣列結構雖然好用，但是如果要將新資料插入陣列或是刪除陣列元素，則需要較多的時間，本節是講解將新資料插入陣列。

2-3-1 假設當下有足夠的連續記憶體空間

陣列結構雖然好用，但是如果要將新資料插入陣列內容則需要較多的時間，下列是假設有一個記憶體內含陣列 x，此陣列有 5、3、9 等 3 筆資料。

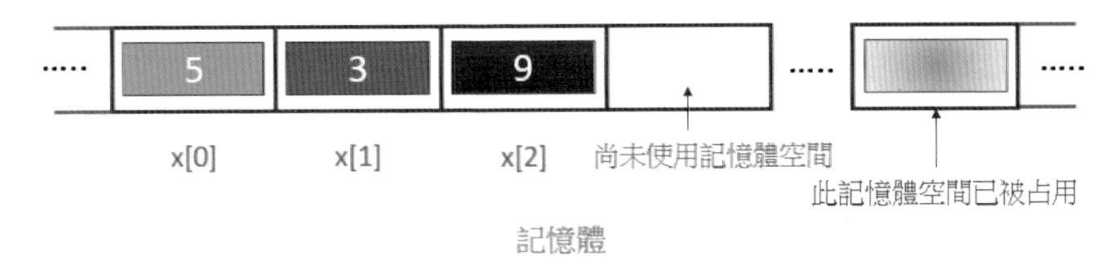

假設現在想要在索引 1 位置插入一筆資料 2，陣列處理方式步驟如下：

❑ 步驟 1

先確定陣列有足夠的空間容納新元素。此時記憶體空間概念圖如下：

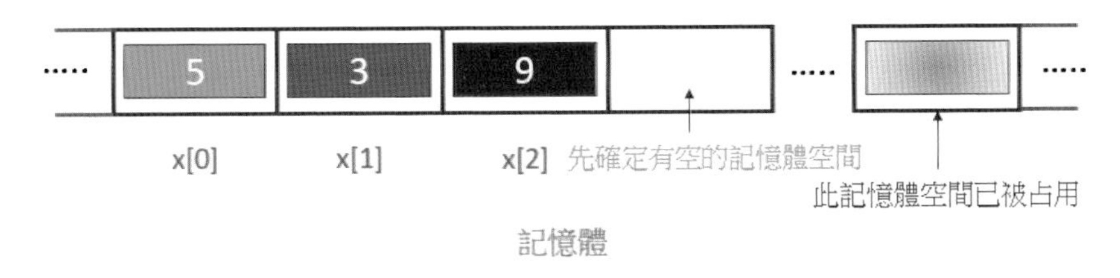

❑ 步驟 2

由於新資料要放在 x[1] 索引位置，所以要先將原先 x[1] 以後的元素往後移動，下列是移動過程與結果。

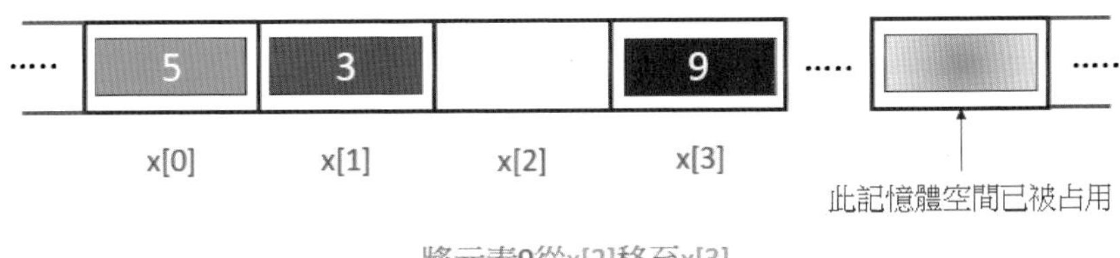

將元素9從x[2]移至x[3]

下列是另一筆元素 3 的移動過程。

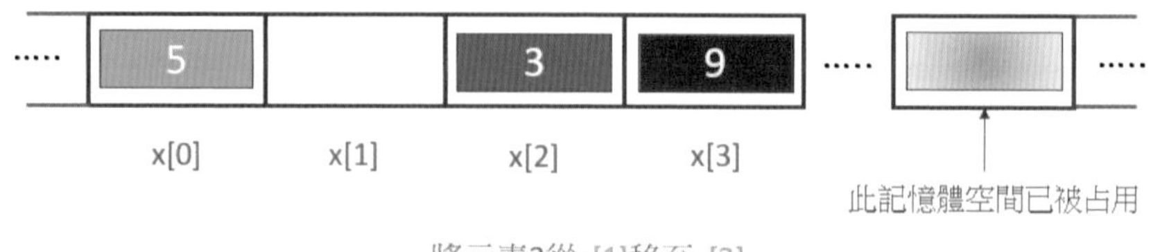

將元素3從x[1]移至x[2]

- 步驟 3

將資料 2 插入索引 1 位置。

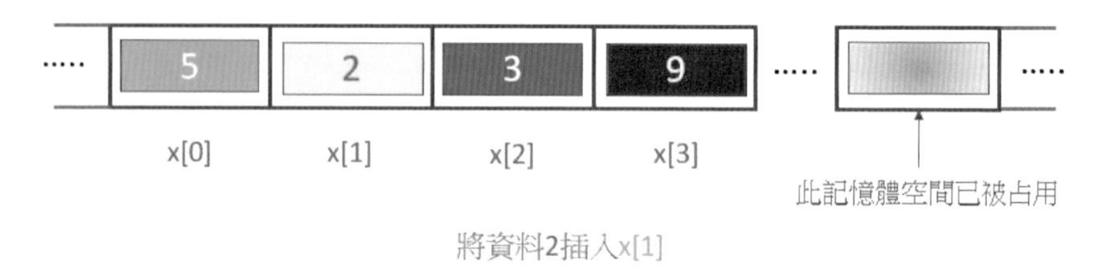

將資料2插入x[1]

上述在插入資料時，可能要移動所有陣列元素，所以時間複雜度是 O(n)。

2-3-2 假設當下沒有足夠的連續記憶體空間

讀者可以想像，有幾個朋友相邀去看電影，當坐下來後，如果有一位朋友插入想一起坐下看電影，可是當下區間座位有限，這時只好在電影院找尋更大的座位區間，大家一起看電影。

假設有一個陣列，此陣列內含 3 筆資料，此陣列在記憶體空間的位置如下：

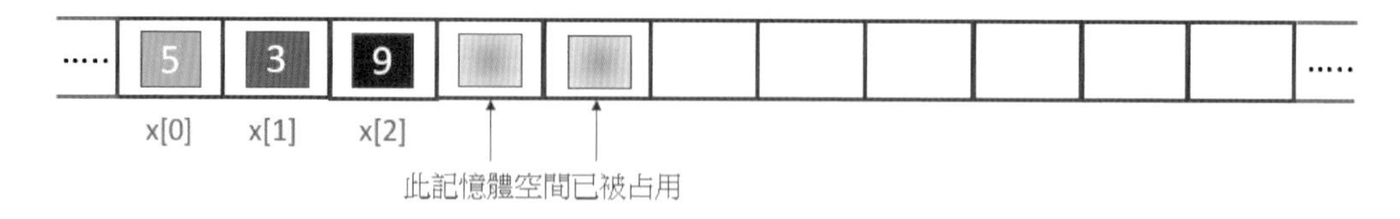

假設現在想要在索引 1 位置插入一筆資料 2，這時發生陣列連續空間不足的現象，這時發生需要向計算機要新的可以容納陣列的連續空間，然後將所有陣列內容移至新的記憶體空間，下列是移動與插入結果。

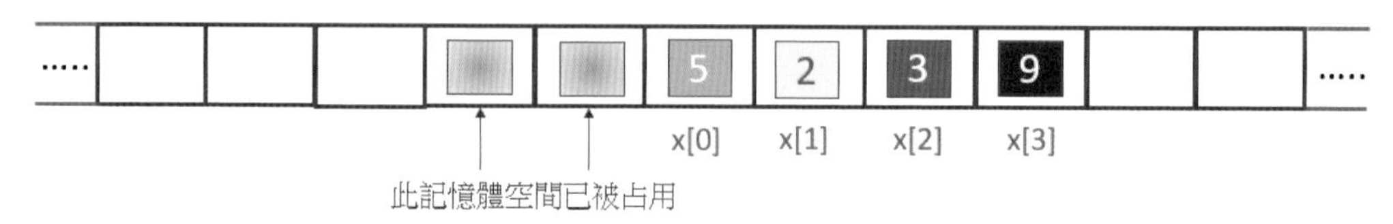

上述在沒有足夠記憶體空間插入資料時，可能要移動所有陣列元素，所以時間複雜度是 O(n)。

2-4 刪除陣列元素

在處理刪除某一陣列元素時，需要將所刪除元素後面的元素往前移動，移回空的記憶體空間，讓陣列保持在連續空間。假設有一個陣列在記憶體空間如下所示：

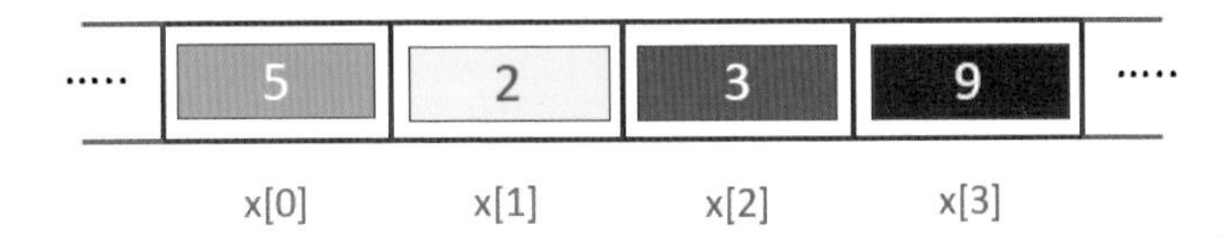

假設現在想要移除 x[1] 的元素 2，陣列處理方式步驟如下：

- 步驟 1

刪除 x[1] 的元素 2，此時記憶體內容如下所示：

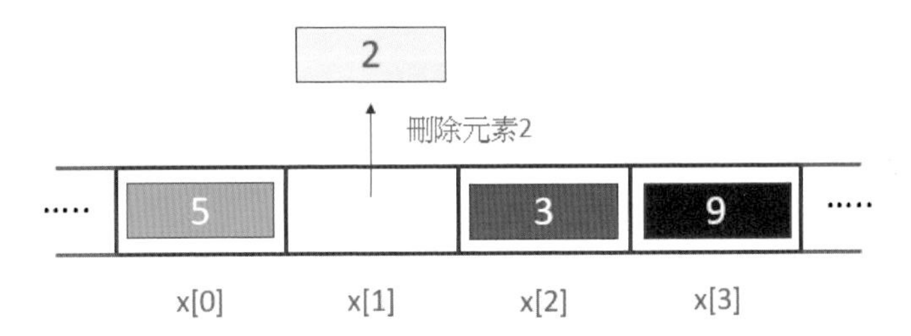

- 步驟 2

將所刪除元素後面的元素往前移動，將 x[2] 元素 3 移至前面 x[1] 索引位置。

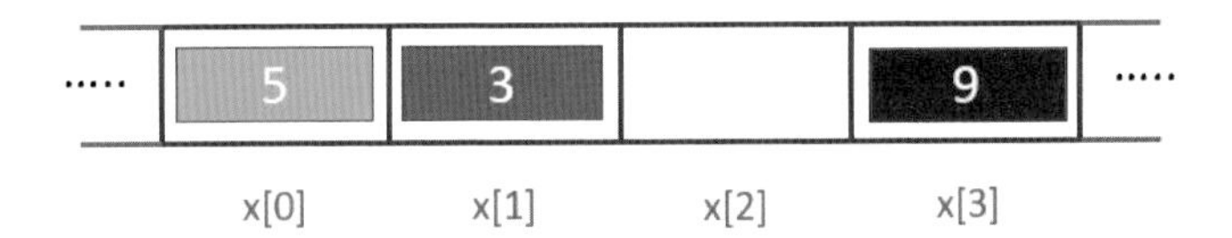

- 步驟 3

將 x[3] 元素 9 移至前面 x[2] 索引位置。

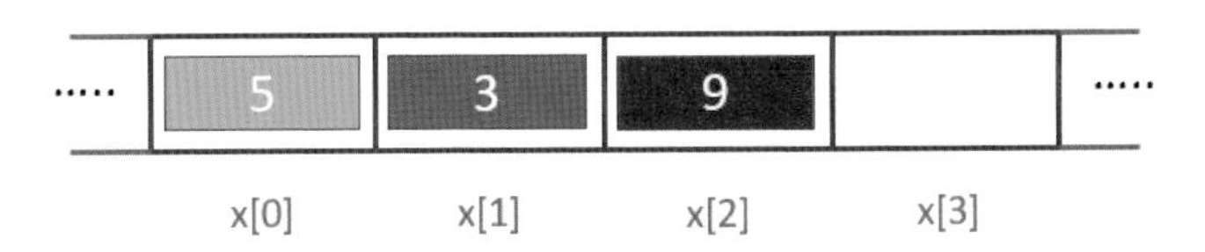

經過以上步驟就可以刪除陣列的某個元素，由於刪除某個元素後，要將所有後面的元素往前移動，所以時間複雜度是 O(n)。

2-5 思考陣列的優缺點

在 2-3-2 節筆者解說當發生陣列空間不足時，必須搬移整個陣列到新的記憶體空間，如果常常搬動陣列會造成程式的執行效率降低，為了避免這類情況常常發生，可以在建立陣列時，多預留一些空間。

例如：假設有 5 筆資料，我們可以要求先預留 10 筆資料的記憶體空間給此陣列使用，這樣就不會為了要插入新的資料就必須將陣列資料搬家，至少可以容納 10 筆資料。不過這時也會有下列缺點：

1：如果未來陣列擴充至超過 10 筆資料時，此陣列資料仍必須在記憶體內搬家。

2：如果未來程式沒有使用到多餘的記憶體空間，此記憶體空間就會被浪費，因為別的程式也無法使用。

所以雖然陣列資料結構簡單好用、容易理解、讀取陣列內容速度很快所需時間是 O(1)，相當於是瞬間就可以找到列資料，但是仍不是最好的方法。下列是陣列結構關於時間複雜度的表。

陣列結構	讀取	插入	刪除	搜尋
時間複雜度	O(1)	O(n)	O(n)	O(log n)

至於計算機科學常會使用的搜尋功能，如果我們不對陣列做任何處理，所需的搜尋時間是 O(n)，但是如果先將陣列執行排序，使用二分法做搜尋所需的時間是 O(log n)，未來第 10 章筆者會用程式說明。假設有一排序 1, 2, … , 99 的陣列如下：

1, 2, … , 50, 51, …, 99

所謂的二分法是將欲搜尋的數字與中間 50 做比較，如果大於 50 就往右與 75 做比較，如果小於 50 就往左與 25 做比較，依此觀念持續下去，就可以很快找到所搜尋的數字。這時所需要搜尋時間的時間複雜度是 O(log n)。

2-6 與陣列有關的 Python 程式

其實前幾節是有關陣列的相關知識，對於想進一步學資訊科學的人很有幫助，其實 Python 語言對於常用的陣列數據處理已經有內建的方法，例如：建立、插入、刪除資料，本節將做說明。

在 Python 程式語言的資料結構中，串列 (list) 與我們所提的陣列非常類似，不過串列結構允許陣列元素含不同資料型態，所以使用上更具彈性，不過也會造成執行速度較差以及需要較多的系統資源。如果資料量少，其實也可以將串列當作陣列使用。

Python 內建有 array 模組，使用這個模組可以建立整數、浮點數的陣列，在應用上可以用一個字元的 type code，指定陣列的資料型態。

Type code	資料型態	長度 (byte)	說明
'b'	int	1	1 個 byte 有號整數
'B'	int	1	1 個 byte 無號整數
'h'	int	2	有號短整數 signed short
'H'	int	2	無號短整數 unsigned short
'i'	int	2	有號整數 signed int
'I'	int	2	無號整數 unsigned int
'l'	int	4	有號長整數 signed long
'L'	int	4	無號長整數 unsigned long
'q'	int	8	有號長長整數 signed long long
'Q'	int	8	無號長長整數 unsigned long long
'f'	float	4	浮點數 float
'd'	double	8	浮點數 double

在使用上述 array 模組前，必須導入此模組：

```
from array import *
```

2-6-1 建立陣列

可以使用 array( ) 方法。

array(typecode[, initializer])

typecode 是指所建立陣列的資料型態，第 2 個參數是所建的陣列內容。

程式實例 ch2_1.py：建立陣列然後列印。

```
1  # ch2_1.py
2  from array import *
3  x = array('i', [5, 15, 25, 35, 45])
4  for data in x:
5      print(data)
```

執行結果

```
======================= RESTART: D:/Algorithm/ch2_1.py =======================
5
15
25
35
45
```

2-6-2 存取陣列內容

我們可以直接使用索引值存取陣列內容。

程式實例 ch2_2.py：建立陣列然後存取陣列內容。

```
1  # ch2_2.py
2  from array import *
3  x = array('i', [5, 15, 25, 35, 45])
4
5  print(x[0])
6  print(x[2])
7  print(x[4])
```

執行結果

```
===================== RESTART: D:/Algorithm/ch2/ch2_2.py =====================
5
25
45
```

2-6-3 將資料插入陣列

可以使用 insert( ) 方法，將資料插入陣列。

insert(i, x)

在索引 i 位置插入資料 x。

程式實例 ch2_3.py：先建立陣列，然後在索引 2 位置插入 100。

```
1  # ch2_3.py
2  from array import *
3  x = array('i', [5, 15, 25, 35, 45])
4
5  x.insert(2, 100)
6  for data in x:
7      print(data)
```

執行結果

```
===================== RESTART: D:/Algorithm/ch2/ch2_3.py =====================
5
15
100
25
35
45
```

append( ) 則是可以將資料插入陣列末端。

程式實例 ch2_4.py：先建立陣列，然後在陣列末端插入 100。

```
1  # ch2_4.py
2  from array import *
3  x = array('i', [5, 15, 25, 35, 45])
4
5  x.append(100)
6  for data in x:
7      print(data)
```

執行結果

```
===================== RESTART: D:/Algorithm/ch2/ch2_4.py =====================
5
15
25
35
45
100
```

2-6-4 刪除陣列元素

可以使用 remove(x) 方法刪除指定的陣列第一個出現的元素 x。

程式實例 ch2_5.py：先建立陣列，然後刪除陣列元素 25。

```
1  # ch2_5.py
2  from array import *
3  x = array('i', [5, 15, 25, 35, 45])
4
5  x.remove(25)
6  for data in x:
7      print(data)
```

執行結果

```
==================== RESTART: D:/Algorithm/ch2/ch2_5.py ====================
5
15
35
45
```

pop(i) 可以回傳和刪除索引 i 的元素，若省略 i 相當於 i=-1，此時可以回傳和刪除最後一個元素。

程式實例 ch2_6.py：先建立陣列然後第 1 次使用 pop( )，第 2 次使用 pop(2) 回傳和刪除陣列元素。

```
1  # ch2_6.py
2  from array import *
3  x = array('i', [5, 15, 25, 35, 45])
4  n = x.pop()
5  print('刪除 ', n)
6  for data in x:
7      print(data)
8
9  n = x.pop(2)
10 print('刪除 ', n)
11 for data in x:
12     print(data)
```

執行結果

```
==================== RESTART: D:\Algorithm\ch2\ch2_6.py ====================
刪除  45
5
15
25
35
刪除  25
5
15
35
```

2-6-5 搜尋陣列元素

可以使用 index(x) 方法搜尋指定陣列元素 x 的索引。

程式實例 ch2_7.py：先建立陣列，然後找出陣列元素 35 的索引值。

```
1  # ch2_7.py
2  from array import *
3  x = array('i', [5, 15, 25, 35, 45])
4
5  i = x.index(35)
6  print(i)
```

執行結果

```
==================== RESTART: D:/Algorithm/ch2/ch2_7.py ====================
3
```

2-6-6 更新陣列內容

這一節主要是更改陣列某索引內容。

程式實例 ch2_8.py：更改索引 2 的內容為 100。

```
1  # ch2_8.py
2  from array import *
3  x = array('i', [5, 15, 25, 35, 45])
4
5  x[2] = 100
6  for data in x:
7      print(data)
```

執行結果

```
==================== RESTART: D:/Algorithm/ch2/ch2_8.py ====================
5
15
100
35
45
```

2-6-7 Numpy

Python 是一個應用範圍很廣的程式語言，為了因應高速運算，在科學和人工智能領域常用 Numpy 模組執行相關的陣列 (array) 運算，有關這方面的應用讀者可以參考筆者所著，深智公司發行，Python 最強入門邁向數據科學之路王者歸來。

2-7 習題

1. 請為 1.0, 2.0, 5.0, 6.5, 7.0 建立陣列。

```
==================== RESTART: D:/Algorithm/ex/ex2_1.py ====================
1.0
2.0
5.0
6.5
7.0
```

2. 請使用 1, 11, 22, 33, 44, 55 數列建立一個陣列，然後要求使用者輸入 0-5 間的索引數字，如果不是輸入此範圍則回應輸入錯誤，然後刪除此索引數字。

```
==================== RESTART: D:/Algorithm/ex/ex2_2.py ====================
陣列內容如下:
1
11
22
33
44
55
請輸入欲刪除的索引 : 3
1
11
22
44
55
```

3. 請使用 1, 11, 22, 33, 44, 55 數列建立一個陣列，然後要求使用者輸入 0-5 間的索引數字和欲插入的數字，如果不是輸入此範圍則回應輸入錯誤，然後插入此索引的數字。

```
==================== RESTART: D:/Algorithm/ex/ex2_3.py ====================
陣列內容如下:
1
11
22
33
44
55
請輸入欲插入的索引 : 1
請輸入欲插入的數值 : 8
1
8
11
22
33
44
55
```

第三章

鏈結串列 (Linked list)

鏈結串列 (linked list) 表面上看是一串的數據，但是串列內的數據可能是散佈在記憶體的各個地方。更明確的說，鏈結串列與陣列最大不同是，陣列資料元素是在記憶體的連續空間，鏈結串列資料元素是散佈在記憶體各個地方。

3-1 鏈結串列資料形式與記憶體觀念

在鏈結串列中每個節點元素有 2 個區塊，一個區塊是資料區主要是存放數據，另一個區塊是指標區主要是指向下一個節點元素，下列是一個鏈結串列內有 3 個節點元素，元素內容分別是 Grape、Apple、Mango，一般人看鏈結串列的外觀。

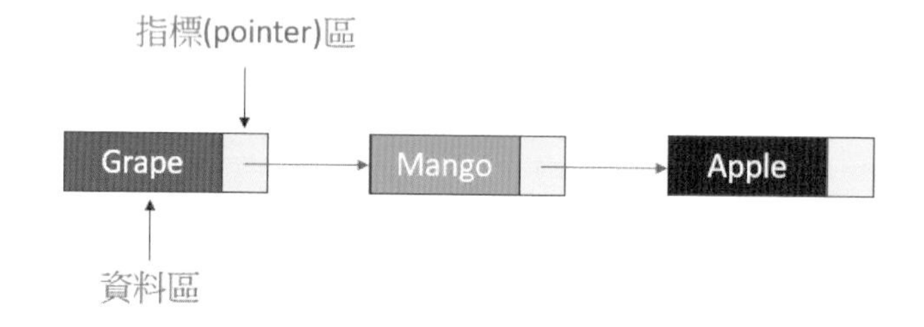

上述最後一個節點元素 (內容是 Apple) 的指標區沒有指向任何位置，代表這是鏈結串列的最後一個節點。在鏈結串列中，因為節點元素不必在連續記憶體空間，所以在記憶體內實際的儲存位置可能如下圖所示：

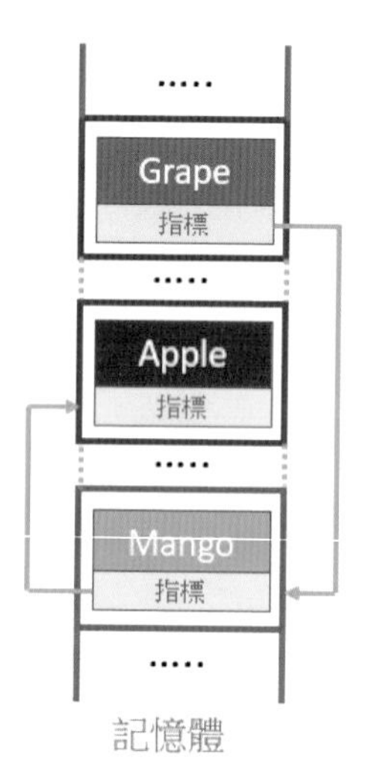

鏈結串列，資料分散在記憶體各處

3-2 鏈結串列的資料讀取

鏈結串列讀取資料是使用順序讀取 (sequential access)，例如：如果要讀取 Apple 資料，首先要從第一個節點 Grape 節點開始，然後經過 Mango 節點，最後連上 Apple 節點才可取得 Apple 資料。

由上圖可以知道，要讀取鏈結串列內容必須從頭開始搜尋數據，所以整個執行的時間複雜度是 O(n)。

3-3 新資料插入鏈結串列

在鏈結串列中，如果要在任意位置新增加節點元素，只要將前一個節點指標指向此新節點，然後將新節點指標指向下一個節點就可以了。例如：想要在鏈結串列內的 Mango 節點和 Apple 節點間增加 Orange，整個步驟如下：

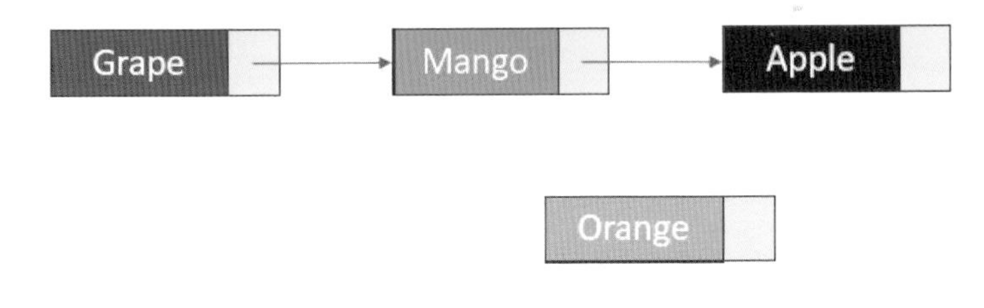

❑ 步驟 1

將 Mango 節點的指標指向 Orange 節點。

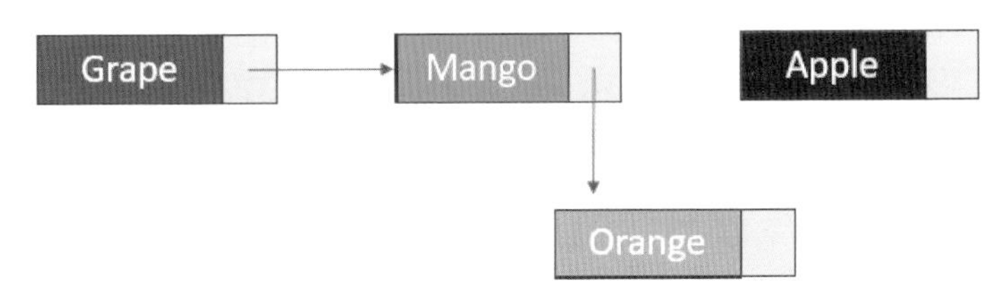

❑ 步驟 2

將 Orange 節點的指標指向 Apple 節點。

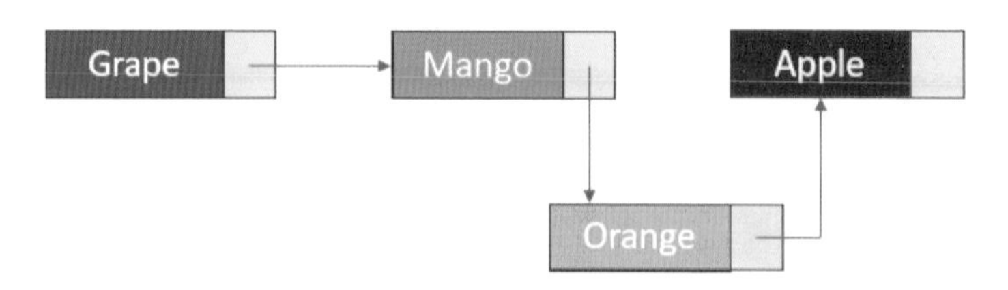

上述就算是插入節點資料完成，由於上述只有更改 2 個指標就完成插入資料，不需要遍歷 n 個節點，所以可以知道執行時間複雜度是 O(1)。

3-4 刪除鏈結串列的節點元素

在鏈結串列中，如果想要刪除某個節點元素，例如：想要刪除 Mango 節點元素，只要將 Mango 前一個節點的指標從指向 Mango 改為指向 Mango 的下一個節點 Orange 即可。

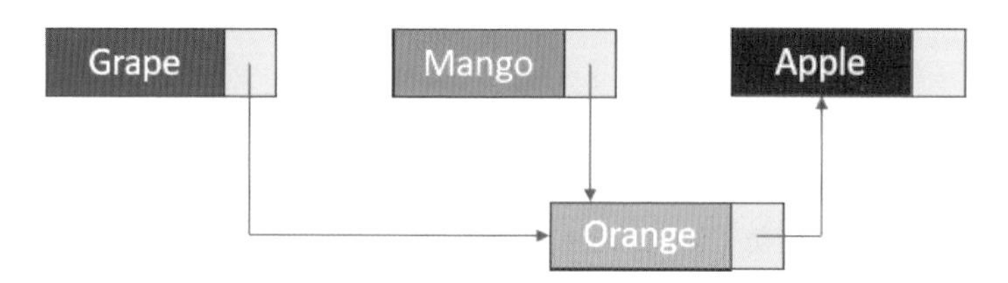

由上圖看這個鏈結串列，雖然 Mango 節點仍存在記憶體中，因為此鏈結串列已經無法到達 Mango 節點，所以這個節點就算是刪除了。

由於不需要遍歷 n 個節點就可以刪除節點元素，所以執行時間複雜度是 O(1)。

3-5 循環鏈結串列 (circle linked list)

在鏈結串列中，有頭尾觀念，要找尋一個節點必須從頭到尾搜尋，有一個鏈結串列在設計時是將末端節點的指標指向第一個節點，這樣就成了循環鏈結串列，特色是未來不管目前指標是指向哪一個節點，皆可以搜尋整個串列。

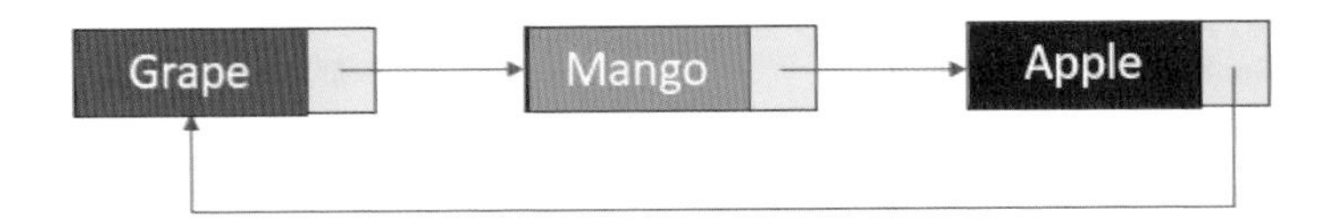

3-6 雙向鏈結串列

截至目前為止，所有鏈結串列皆是單向搜尋，如果我們將每個節點多增加一個指標區，其中一個指標指向前面節點，另一個指標指向後面節點，這樣就成了雙向鏈結串列 (double linked list)，未來目前指標可以往前搜尋，也可以往後搜尋。

3-7 陣列與鏈結串列基本操作時間複雜度比較

下表是當陣列與鏈結串列在相同操作環境下，執行讀取、插入、刪除時的執行時間複雜度比較。

時間複雜度	陣列	鏈結串列
讀取	O(1)	O(n)
插入	O(n)	O(1)
刪除	O(n)	O(1)

由上述可知，2 個資料結構應用在不同的操作各有優缺點，未來所設計的程式應用何種演算法儲存資料，應視使用的操作決定。

3-8 與鏈結串列有關的 Python 程式

這一節筆者將教導讀者學習使用 Python 建立鏈結串列指標，以及遍歷鏈結串列。

3-8-1 建立鏈結串列

想要建立鏈結串列，首先要建立此鏈結串列的節點，我們可以使用下列 Node 類別建立此節點。

```
class Node():
    ''' 節點 '''
    def __init__(self, data=None):
        self.data = data               # 資料
        self.next = None               # 指標
```

由上述可知 Node 類別基本上有 2 個屬性，其中 data 是儲存節點資料，next 是儲存指標，此指標未來是指向下一個節點，在尚未設定前我們可以使用 None。

程式實例 ch3_1.py：建立一個含 3 個節點的鏈結串列，然後列印此鏈結串列。

```
 1  # ch3_1.py
 2  class Node():
 3      ''' 節點 '''
 4      def __init__(self, data=None):
 5          self.data = data               # 資料
 6          self.next = None               # 指標
 7
 8  n1 = Node(5)                           # 節點 1
 9  n2 = Node(15)                          # 節點 2
10  n3 = Node(25)                          # 節點 3
11  n1.next = n2                           # 節點 1 指向節點 2
12  n2.next = n3                           # 節點 2 指向節點 3
13  ptr = n1                               # 建立指標節點
14  while ptr:
15      print(ptr.data)                    # 列印節點
16      ptr = ptr.next                     # 移動指標到下一個節點
```

執行結果

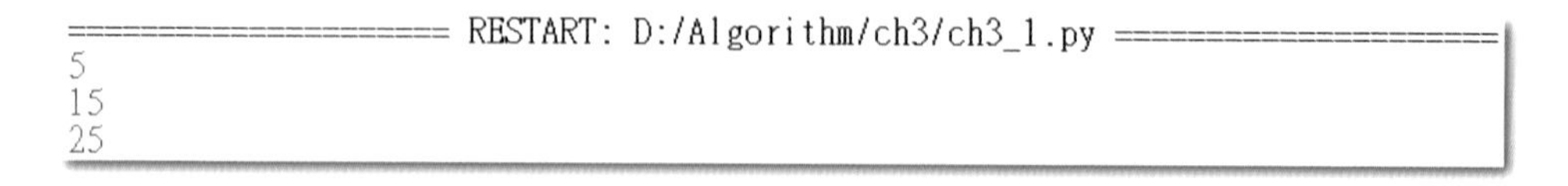
```
==================== RESTART: D:/Algorithm/ch3/ch3_1.py ====================
5
15
25
```

上述執行第 8-10 行後，可以在記憶體內建立下列 3 個節點。

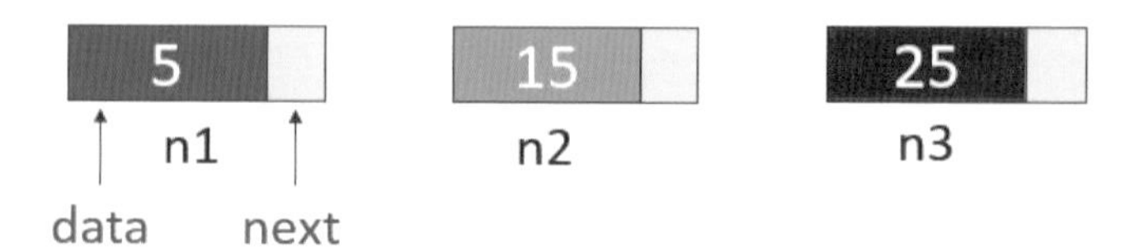

執行第 11 行後鏈結串列節點內容如下：

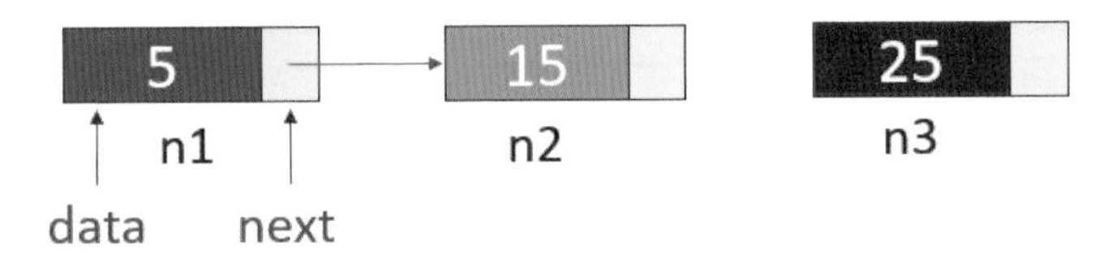

執行第 12 行後鏈結串列節點內容如下：

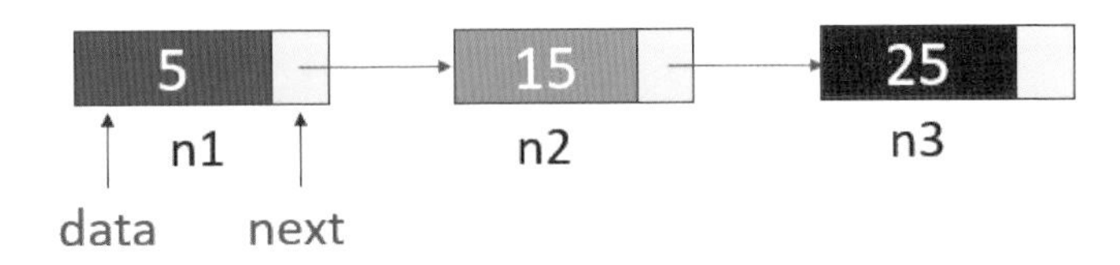

執行第 13 行後多一個指標 ptr 如下：

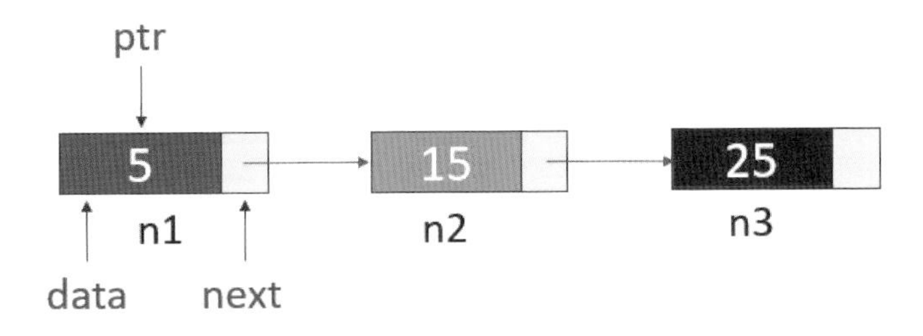

所以第 14-16 行可以列印此鏈結串列，可以得到 5, 15, 25。

3-8-2 建立鏈結串列類別和遍歷此鏈結串列

其實前一小節筆者已經用實例講解建立鏈結串列方式，也說明了遍歷鏈結串列，這一節主要是建立一個鏈結串列 Linked_list 類別，在這個類別內我們使用 __init__( ) 設計鏈結串列的第一個節點，同時也設計 print_list( ) 可以列印串列。

程式實例 ch3_2.py：以建立 Linked_list 類別方式重新設計 ch3_1.py。

```
1  # ch3_2.py
2  class Node():
3      ''' 節點 '''
4      def __init__(self, data=None):
5          self.data = data                # 資料
6          self.next = None                # 指標
7
8  class Linked_list():
9      ''' 鏈結串列 '''
```

```
10      def __init__(self):
11          self.head = None              # 鏈結串列第 1 個節點
12
13      def print_list(self):
14          ''' 列印鏈結串列 '''
15          ptr = self.head               # 指標指向鏈結串列第 1 個節點
16          while ptr:
17              print(ptr.data)           # 列印節點
18              ptr = ptr.next            # 移動指標到下一個節點
19
20  link = Linked_list()
21  link.head = Node(5)
22  n2 = Node(15)                         # 節點 2
23  n3 = Node(25)                         # 節點 3
24  link.head.next = n2                   # 節點 1 指向節點 2
25  n2.next = n3                          # 節點 2 指向節點 3
26  link.print_list()                     # 列印鏈結串列 link
```

執行結果 與 ch3_1.py 相同。

3-8-3　在鏈結串列第一個節點前插入一個新的節點

在鏈結串列的應用中，常常需要插入新節點資料，這一節重點是將新節點插入鏈結串列第一個節點之前，也就是插在鏈結串列頭的位置。

程式實例 ch3_3.py：擴充 ch3_2.py，新建資料是 100 的節點，同時將 100 插入鏈結串列頭的位置。

```
1   # ch3_3.py
2   class Node():
3       ''' 節點 '''
4       def __init__(self, data=None):
5           self.data = data              # 資料
6           self.next = None              # 指標
7
8   class Linked_list():
9       ''' 鏈結串列 '''
10      def __init__(self):
11          self.head = None              # 鏈結串列第 1 個節點
12
13      def print_list(self):
14          ''' 列印鏈結串列 '''
15          ptr = self.head               # 指標指向鏈結串列第 1 個節點
16          while ptr:
17              print(ptr.data)           # 列印節點
18              ptr = ptr.next            # 移動指標到下一個節點
19
```

```
20     def begining(self, newdata):
21         ''' 在第 1 個節點前插入新節點 '''
22         new_node = Node(newdata)     # 建立新節點
23         new_node.next = self.head    # 新節點指標指向舊的第1個節點
24         self.head = new_node         # 更新鏈結串列的第一個節點
25
26 link = Linked_list()
27 link.head = Node(5)
28 n2 = Node(15)                        # 節點 2
29 n3 = Node(25)                        # 節點 3
30 link.head.next = n2                  # 節點 1 指向節點 2
31 n2.next = n3                         # 節點 2 指向節點 3
32 link.print_list()                    # 列印鏈結串列 link
33 print("新的鏈結串列")
34 link.begining(100)                   # 在第 1 個節點前插入新的節點
35 link.print_list()                    # 列印新的鏈結串列 link
```

執行結果

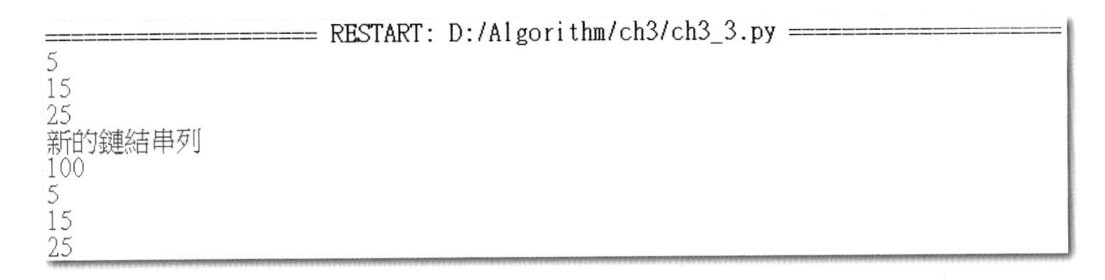

```
==================== RESTART: D:/Algorithm/ch3/ch3_3.py ====================
5
15
25
新的鏈結串列
100
5
15
25
```

上述程式第 34 行是呼叫 beginning( ) 方法，同時傳遞新節點值 100，當執行第 22 行後，鏈結串列節點內容如下：

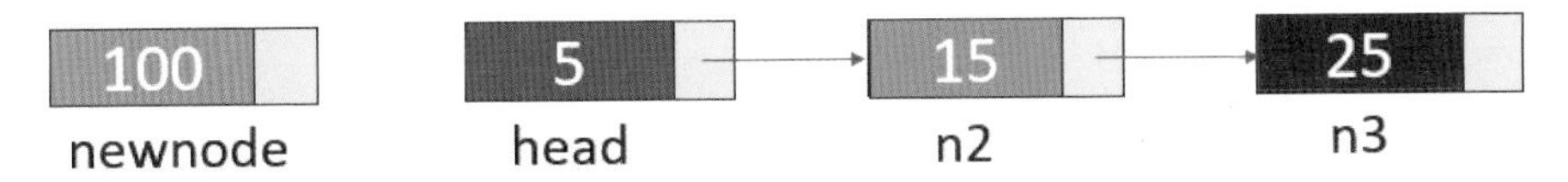

當執行第 23 行後，鏈結串列節點內容如下：

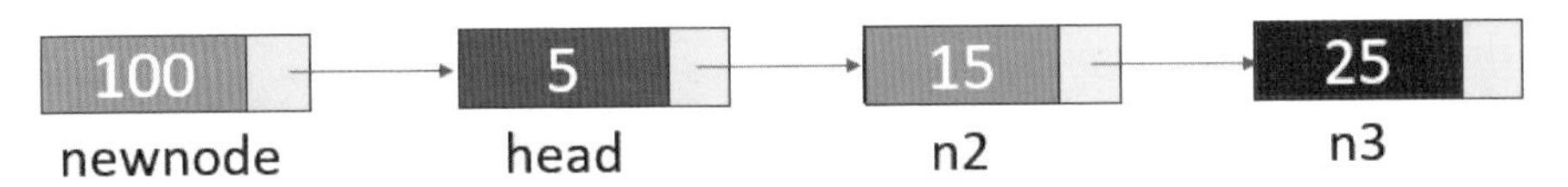

當執行第 24 行後，鏈結串列節點內容如下：

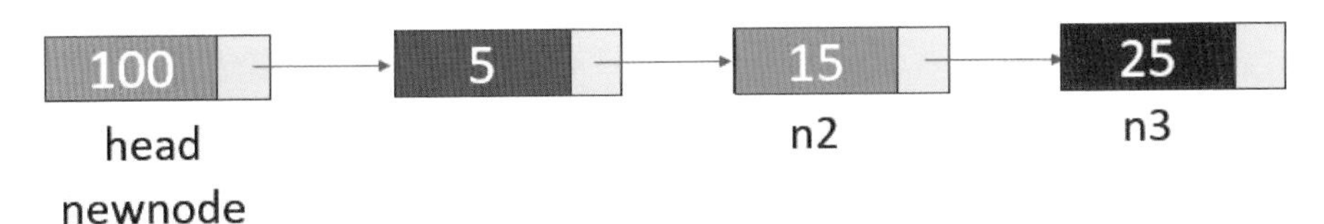

3-8-4　在鏈結串列末端插入新的節點

程式實例 ch3_4.py：在鏈結串列的末端插入新的節點。

```
1  # ch3_4.py
2  class Node():
3      ''' 節點 '''
4      def __init__(self, data=None):
5          self.data = data               # 資料
6          self.next = None               # 指標
7
8  class Linked_list():
9      ''' 鏈結串列 '''
10     def __init__(self):
11         self.head = None               # 鏈結串列第 1 個節點
12
13     def print_list(self):
14         ''' 列印鏈結串列 '''
15         ptr = self.head                # 指標指向鏈結串列第 1 個節點
16         while ptr:
17             print(ptr.data)            # 列印節點
18             ptr = ptr.next             # 移動指標到下一個節點
19
20     def ending(self, newdata):
21         ''' 在串列末端插入新節點 '''
22         new_node = Node(newdata)       # 建立新節點
23         if self.head == None:          # 如果是True, 表示鏈結串列是空的
24             self.head = new_node       # 所以head就可以直接指向此新節點
25             return
26         last_ptr = self.head           # 設定最後指標是鏈結串列頭部
27         while last_ptr.next:           # 移動指標直到最後
28             last_ptr = last_ptr.next
29         last_ptr.next = new_node       # 將最後一個節點的指標指向新節點
30
31 link = Linked_list()
32 link.head = Node(5)
33 n2 = Node(15)                          # 節點 2
34 n3 = Node(25)                          # 節點 3
35 link.head.next = n2                    # 節點 1 指向節點 2
36 n2.next = n3                           # 節點 2 指向節點 3
37 link.print_list()                      # 列印鏈結串列 link
38 print("新的鏈結串列")
39 link.ending(100)                       # 在串列末端插入新的節點
40 link.print_list()                      # 列印新的鏈結串列 link
```

執行結果

```
==================== RESTART: D:/Algorithm/ch3/ch3_4.py ====================
5
15
25
新的鏈結串列
5
15
25
100
```

上述對於在鏈結串列末端插入節點，程式在第 20-29 行使用了 ending( ) 方法，當執行第 26 行後，鏈結串列節點內容如下：

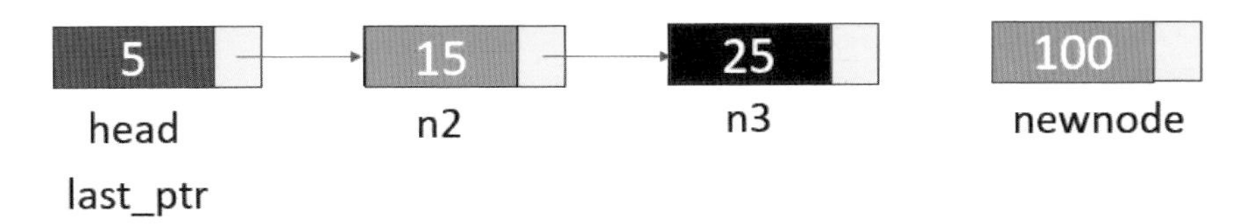

當執行第 27-28 行後，鏈結串列節點內容如下：

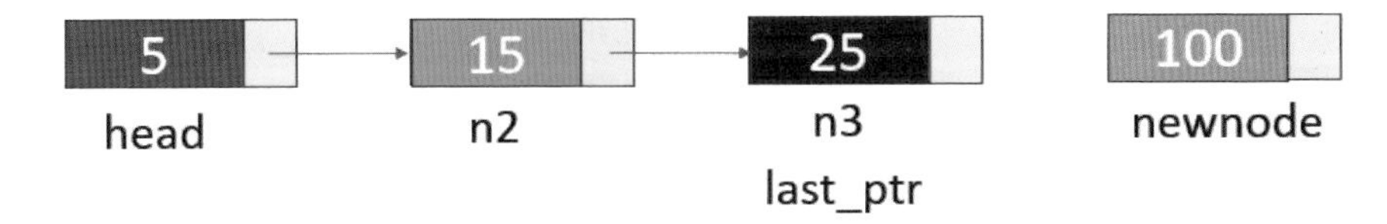

當執行第 29 行後，鏈結串列節點內容如下：

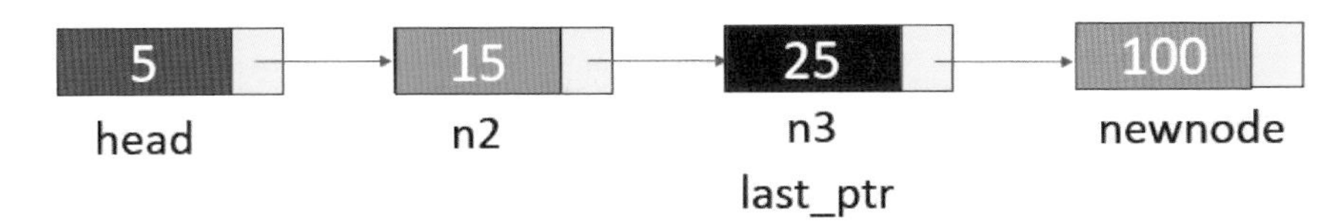

3-8-5 在鏈結串列中間插入新的節點

程式實例 ch3_5.py：在鏈結串列 n2 節點的後面插入新的節點。

```
1  # ch3_5.py
2  class Node():
3      ''' 節點 '''
4      def __init__(self, data=None):
5          self.data = data              # 資料
6          self.next = None              # 指標
7
```

```
 8  class Linked_list():
 9      ''' 鏈結串列 '''
10      def __init__(self):
11          self.head = None                # 鏈結串列第 1 個節點
12
13      def print_list(self):
14          ''' 列印鏈結串列 '''
15          ptr = self.head                 # 指標指向鏈結串列第 1 個節點
16          while ptr:
17              print(ptr.data)             # 列印節點
18              ptr = ptr.next              # 移動指標到下一個節點
19
20      def between(self, pre_node, newdata):
21          ''' 在串列兩個節點間插入新節點 '''
22          if pre_node == None:
23              print("缺插入節點的前一個節點")
24              return
25          # 建立和插入新節點
26          new_node = Node(newdata)        # 建立新節點
27          new_node.next = pre_node.next # 新建節點指向前一節點的下一節點
28          pre_node.next = new_node        # 前一節點指向新建節點
29
30  link = Linked_list()
31  link.head = Node(5)
32  n2 = Node(15)                           # 節點 2
33  n3 = Node(25)                           # 節點 3
34  link.head.next = n2                     # 節點 1 指向節點 2
35  n2.next = n3                            # 節點 2 指向節點 3
36  link.print_list()                       # 列印鏈結串列 link
37  print("新的鏈結串列")
38  link.between(n2, 100)                   # 在串列n2插入新的節點
39  link.print_list()                       # 列印新的鏈結串列 link
```

執行結果

```
==================== RESTART: D:/Algorithm/ch3/ch3_5.py ====================
5
15
25
新的鏈結串列
5
15
100
25
```

上述對於在鏈結串列中間插入節點，程式在第 20-28 行使用了 between( ) 方法，呼叫這個方法需要使用 2 個參數，第 1 個參數 pre_node 是指出要將新資料插入哪一個節點，第 2 個參數是新節點的值，當執行第 26 行後，鏈結串列節點內容如下：

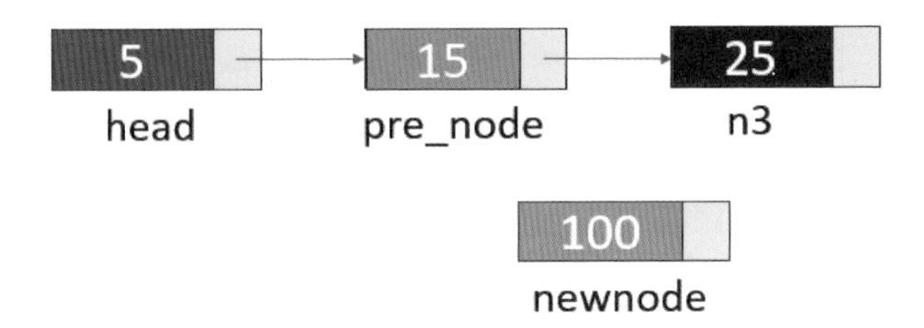

當執行第 27 行後，鏈結串列節點內容如下：

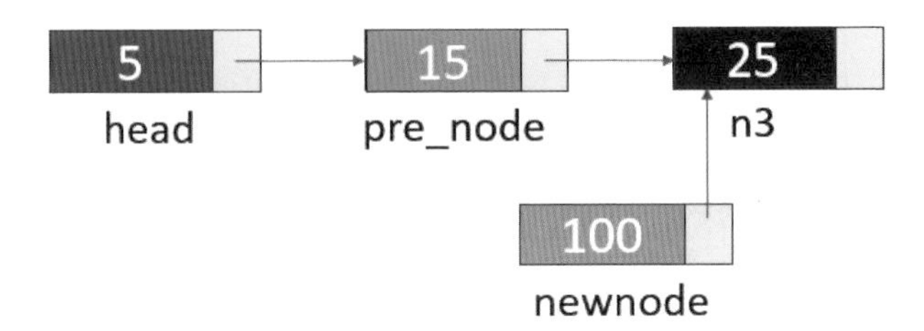

當執行第 28 行後，鏈結串列節點內容如下：

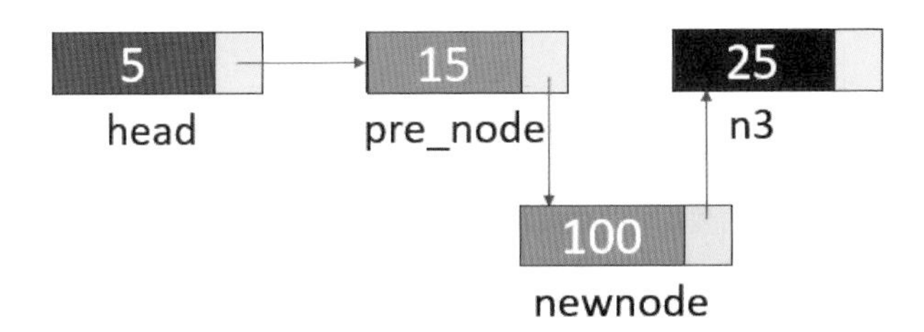

3-8-6 在鏈結串列中移除指定內容的節點

程式實例 ch3_6.py：在鏈結串列中刪除指定的節點，這個程式會建立鏈結串列，此鏈結串列含有 5, 15, 25 等 3 個節點，然後刪除 15 的節點。

```
1   # ch3_6.py
2   class Node():
3       ''' 節點 '''
4       def __init__(self, data=None):
5           self.data = data                # 資料
6           self.next = None                # 指標
7
8   class Linked_list():
9       ''' 鏈結串列 '''
10      def __init__(self):
11          self.head = None                # 鏈結串列第 1 個節點
12
13      def print_list(self):
```

```
14          ''' 列印鏈結串列 '''
15          ptr = self.head                # 指標指向鏈結串列第 1 個節點
16          while ptr:
17              print(ptr.data)            # 列印節點
18              ptr = ptr.next             # 移動指標到下一個節點
19
20      def ending(self, newdata):
21          ''' 在串列末端插入新節點 '''
22          new_node = Node(newdata)       # 建立新節點
23          if self.head == None:          # 如果是True, 表示鏈結串列是空的
24              self.head = new_node       # 所以head就可以直接指向此新節點
25              return
26          last_ptr = self.head           # 設定最後指標是鏈結串列頭部
27          while last_ptr.next:           # 移動指標直到最後
28              last_ptr = last_ptr.next
29          last_ptr.next = new_node       # 將最後一個節點的指標指向新節點
30
31      def rm_node(self, rmkey):
32          ''' 刪除值是rmkey的節點 '''
33          ptr = self.head                # 暫時指標
34          if ptr:
35              if ptr.data == rmkey:
36                  self.head = ptr.next   # 將第1個指標指向下一個節點
37                  return
38          while ptr:
39              if ptr.data == rmkey:
40                  break
41              prev = ptr                 # 設定前一節點指標
42              ptr = ptr.next             # 移動指標
43          if ptr == None:                # 如果ptr已經是末端
44              return                     # 找不到所以返回
45          prev.next = ptr.next           # 找到了所以將前一節點指向下一個節點
46
47  link = Linked_list()
48  link.ending(5)
49  link.ending(15)
50  link.ending(25)
51  link.print_list()                      # 列印鏈結串列 link
52  print("新的鏈結串列")
53  link.rm_node(15)                       # 刪除值是15的節點
54  link.print_list()                      # 列印新的鏈結串列 link
```

執行結果

```
==================== RESTART: D:/Algorithm/ch3/ch3_6.py ====================
5
15
25
新的鏈結串列
5
25
```

上述程式第 33 行是建立暫時指標 ptr 指向鏈結串列的第一個節點，第 41-42 行是建立暫時指標的前一個指標 prev，未來找到刪除節點時 (ptr 所指的節點)，prev.next 指向 ptr.next，這樣就算是刪除暫時指標 ptr 所指的節點了，可以參考第 45 行。第 43-44 行主要是用在找不到指定節點時，可以直接返回。

3-8-7 建立循環鏈結串列

如果想要建立循環鏈結串列，只要將鏈結串列末端節點指向第 1 個節點即可。

程式實例 ch3_7.py：建立循環鏈結串列，此串列有 3 個節點，印 6 次。

```
1  # ch3_7.py
2  class Node():
3      ''' 節點 '''
4      def __init__(self, data=None):
5          self.data = data                # 資料
6          self.next = None                # 指標
7
8  n1 = Node(5)                            # 節點 1
9  n2 = Node(15)                           # 節點 2
10 n3 = Node(25)                           # 節點 3
11 n1.next = n2                            # 節點 1 指向節點 2
12 n2.next = n3                            # 節點 2 指向節點 3
13 n3.next = n1                            # 末端節點指向起始節點
14 ptr = n1                                # 建立指標節點
15 counter = 1
16 while counter <= 6:
17     print(ptr.data)                     # 列印節點
18     ptr = ptr.next                      # 移動指標到下一個節點
19     counter += 1
```

執行結果

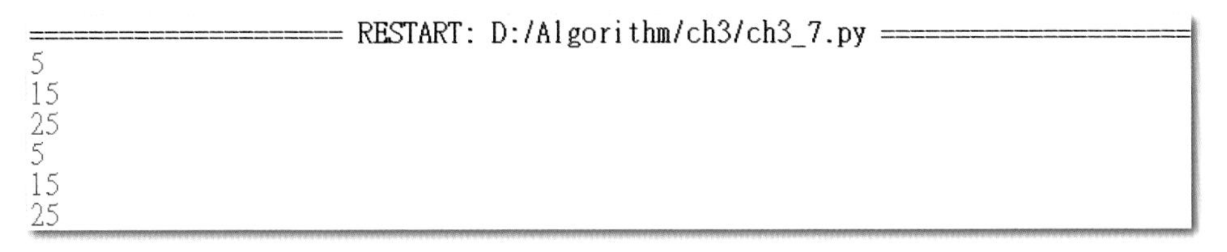

```
==================== RESTART: D:/Algorithm/ch3/ch3_7.py ====================
5
15
25
5
15
25
```

上述執行第 12 行後鏈結串列節點如下所示：

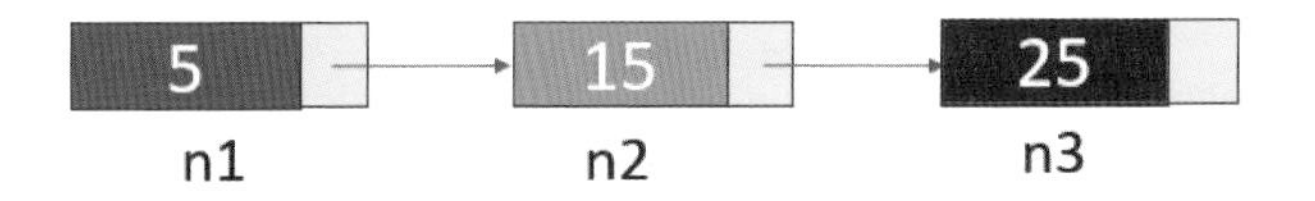

上述執行第 13 行後鏈結串列節點如下所示：

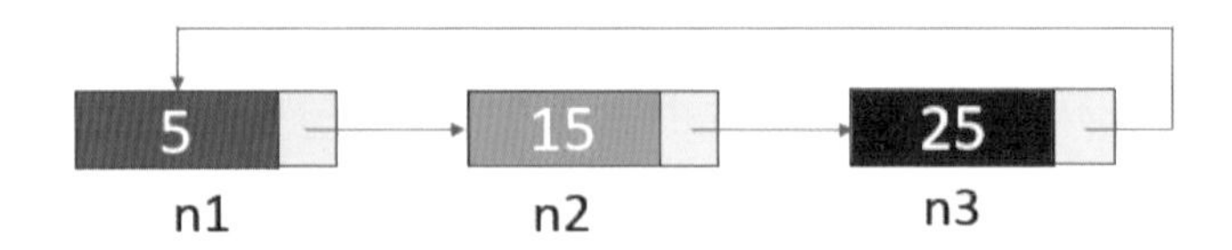

上述相當於完成了循環鏈結串列。

3-8-8　雙向鏈結串列

如果要建立雙向鏈結串列，每個節點必須有向前指標和向後指標，可以使用下列方式定義此節點。

```
class Node():
    ''' 節點 '''
    def __init__(self, data=None):
        self.data = data                    # 資料
        self.next = None                    # 向後指標
        self.previous = None                # 向前指標
```

程式實例 ch3_8.py：建立雙向鏈結串列，在建立節點過程每次均從頭部列印一次雙向鏈結串列，最後從尾部列印一次雙向鏈結串列。

```
1  # ch3_8.py
2  class Node():
3      ''' 節點 '''
4      def __init__(self, data=None):
5          self.data = data                    # 資料
6          self.next = None                    # 向後指標
7          self.previous = None                # 向前指標
8
9  class Double_linked_list():
10     ''' 鏈結串列 '''
11     def __init__(self):
12         self.head = None                    # 鏈結串列頭部的節點
13         self.tail = None                    # 鏈結串列尾部的節點
14
15     def add_double_list(self, new_node):
16         ''' 將節點加入雙向鏈結串列 '''
17         if isinstance(new_node, Node):          # 先確定這item是節點
18             if self.head == None:               # 處理雙向鏈結串列是空的
19                 self.head = new_node            # 頭是new_node
20                 new_node.previous = None        # 指向前方
21                 new_node.next = None            # 指向後方
22                 self.tail = new_node            # 尾節點也是new_node
23             else:                               # 處理雙向鏈結串列不是空的
```

```
24                  self.tail.next = new_node    # 尾節點指標指向new_node
25                  new_node.previous = self.tail # 新節點前方指標指向先前尾節點
26                  self.tail = new_node         # 新節點成為尾部節點
27          return
28
29      def print_list_from_head(self):
30          ''' 從頭部列印鏈結串列 '''
31          ptr = self.head                 # 指標指向鏈結串列第 1 個節點
32          while ptr:
33              print(ptr.data)             # 列印節點
34              ptr = ptr.next              # 移動指標到下一個節點
35
36      def print_list_from_tail(self):
37          ''' 從尾部列印鏈結串列 '''
38          ptr = self.tail                 # 指標指向鏈結串列尾部節點
39          while ptr:
40              print(ptr.data)             # 列印節點
41              ptr = ptr.previous          # 移動指標到前一個節點
42
43  double_link = Double_linked_list()
44  n1 = Node(5)                            # 節點 1
45  n2 = Node(15)                           # 節點 2
46  n3 = Node(25)                           # 節點 3
47
48  for n in [n1, n2, n3]:
49      double_link.add_double_list(n)
50      print("從頭部列印雙向鏈結串列")
51      double_link.print_list_from_head()  # 從頭部列印雙向鏈結串列
52
53  print("從尾部列印雙向鏈結串列")
54  double_link.print_list_from_tail()  # 從尾部列印雙向鏈結串列
```

執行結果

```
==================== RESTART: D:/Algorithm/ch3/ch3_8.py ====================
從頭部列印雙向鏈結串列
5
從頭部列印雙向鏈結串列
5
15
從頭部列印雙向鏈結串列
5
15
25
從尾部列印雙向鏈結串列
25
15
5
```

這個程式使用第 15-27 行的 add_double_list( ) 方法，將每個節點加入鏈結串列，第 17 行主要是確定所增加的資料是雙向鏈結串列的節點，才執行 18-26 行的敘述。其中 19-22 行是處理增加第一個節點，當執行完第 19 行，鏈結串列節點內容如下：

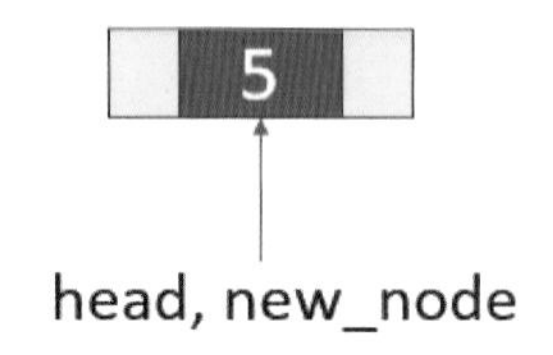

當執行完第 20 行，鏈結串列節點內容如下：

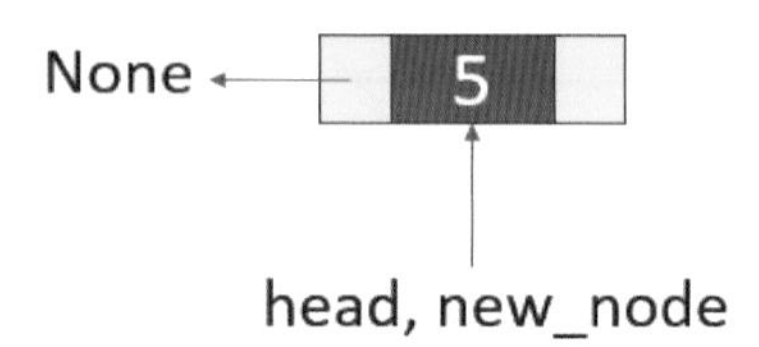

當執行完第 21 行，鏈結串列節點內容如下：

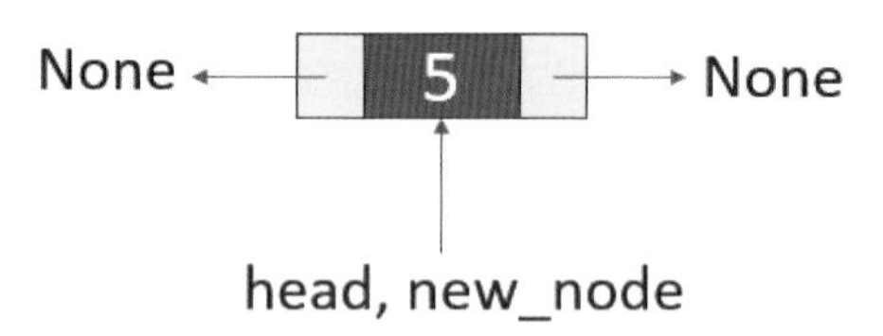

當執行完第 22 行，鏈結串列節點內容如下：

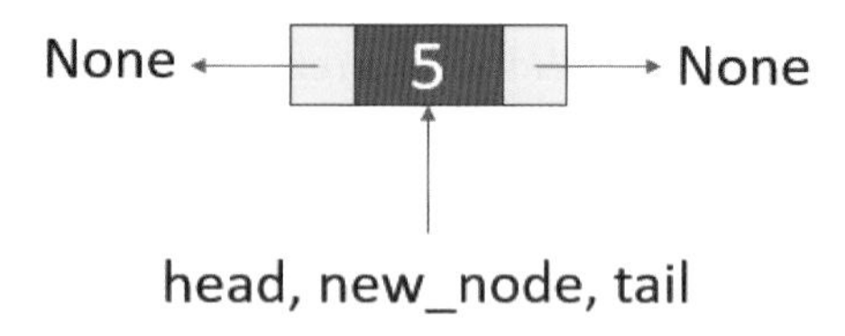

上述就是建立雙向鏈結串列的第一個節點過程。程式第 24-26 行是建立雙向鏈結串列第 2 個 (含) 以後的節點過程，當執行完第 24 行，鏈結串列節點內容如下：

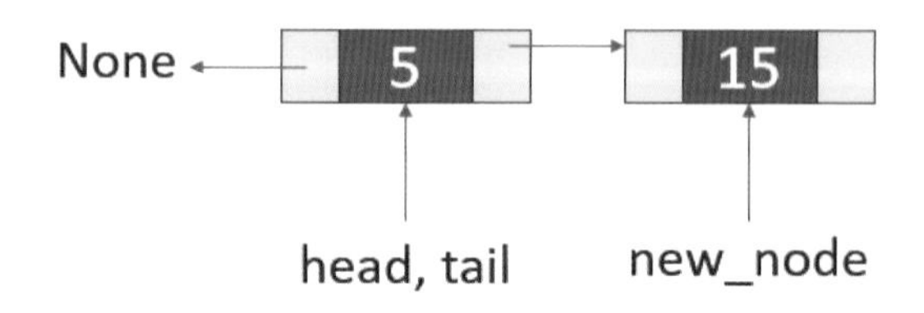

當執行完第 25 行，鏈結串列節點內容如下：

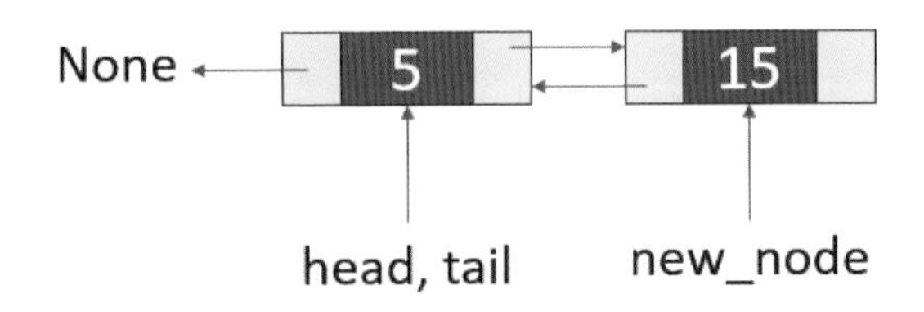

當執行完第 26 行，鏈結串列節點內容如下：

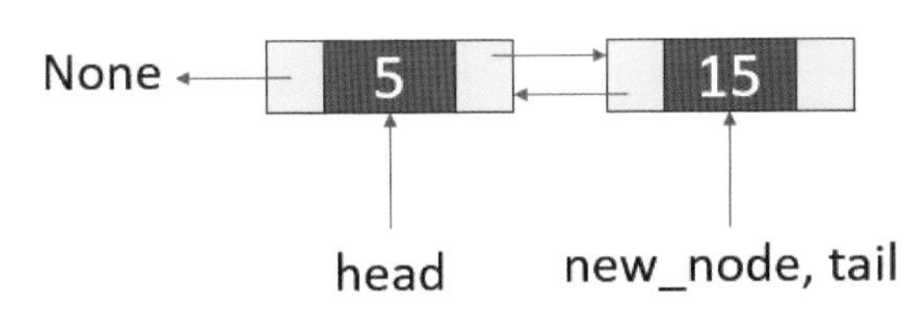

程式第 29-34 行的 print_list_from_head( ) 是設計從雙向鏈結的串列前端列印到末端，程式第 36-41 行的 print_list_from_tail( ) 是設計從雙向鏈結的串列末端列印到前端。

3-9 習題

1. 請修改 ch3_2.py，在 Linked_list 類別內增加 length( ) 方法，計算鏈結串列的長度 (也可想成節點數量)。

```
==================== RESTART: D:/Algorithm/ex/ex3_1.py ====================
鏈結串列長度是 :  3
```

2. 請建立鏈結串列，串列節點有 3 個，內容分別是 5, 15, 15，同時設計一個搜尋方法，然後用參數 5, 15, 20 測試此搜尋方法，此程式會列出 5, 15, 20 在鏈結串列內各出現幾次。

```
==================== RESTART: D:/Algorithm/ex/ex3_2.py ====================
所建的鏈結串列
5
15
5
分別列出數值5, 15, 20的出現次數
5  出現 2 次
15 出現 1 次
20 出現 0 次
```

3. 為星期的英文 Sun, Mon, … , Sat 等建立雙向鏈結串列，然後分別從頭列印和從尾列印。

```
==================== RESTART: D:/Algorithm/ex/ex3_3.py ====================
從頭部列印雙向鏈結串列
Sun
Mon
Tue
Web
Thu
Fri
Sat
從尾部列印雙向鏈結串列
Sat
Fri
Thu
Web
Tue
Mon
Sun
```

第四章

佇列 (Queue)

佇列 (queue) 也是一個線性的資料結構，特色是從一端插入資料至佇列，插入資料至佇列動作稱 enqueue。從佇列另一端讀取 (或稱取出) 資料，讀取佇列資料稱 dequeue，資料讀取後就將資料從佇列中移除。由於每一筆資料皆從一端進入佇列，從另一端離開佇列，整個過程有先進先出 (first in first out) 的特徵。

佇列執行過程讀者可以想像，當進入麥當勞點餐時，櫃檯端接受不同客戶點餐，先點的餐點會先被處理，供客戶享用，同時此已供應的餐點就會從點餐流程中移除。

4-1 資料插入 enqueue

假設我們依序要插入 Grape、Mango、Apple 等 3 種水果，目前資料與整個步驟說明如下：

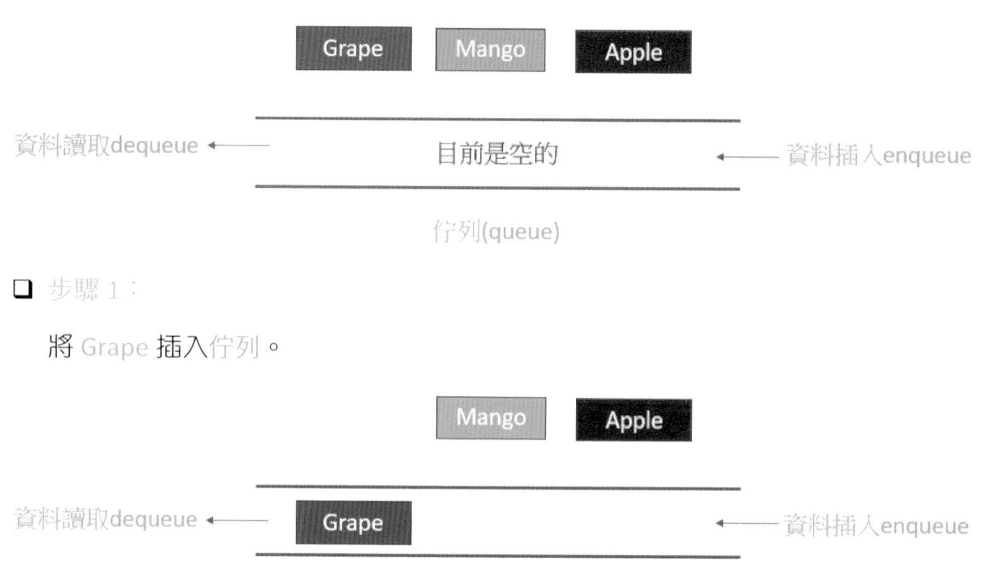

❑ 步驟 1：

將 Grape 插入佇列。

- 步驟 2：

  將 Mango 插入佇列。

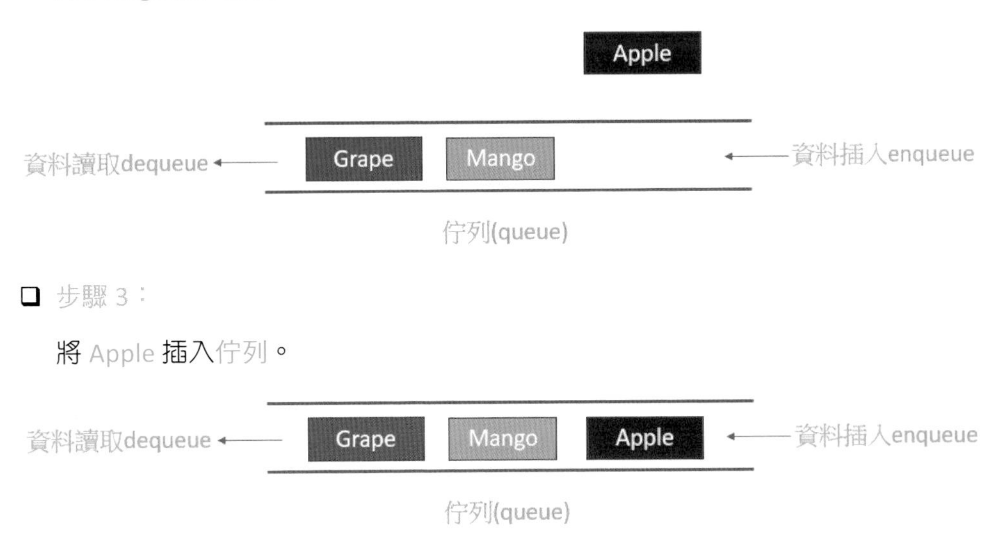

- 步驟 3：

  將 Apple 插入佇列。

4-2 資料讀取 dequeue

在佇列讀取資料，整個觀念是讀取資料然後將此資料從佇列中移除，我們也可以稱此為取出資料，下列是依序讀取佇列資料的整個步驟說明：

- 步驟 1：

  讀取佇列，可以得到 Grape，同時 Grape 將從佇列中被移除。

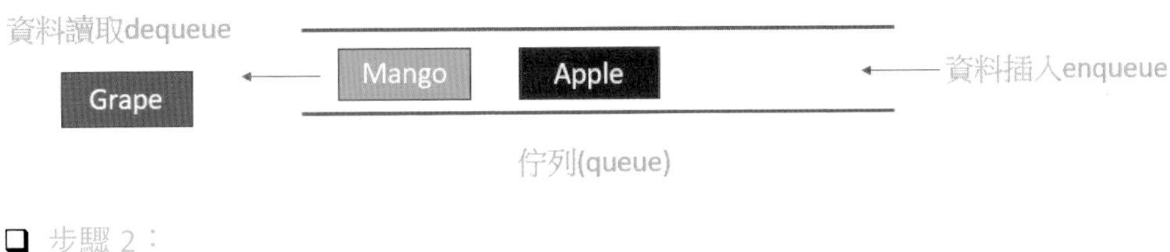

- 步驟 2：

  讀取佇列，可以得到 Mango，同時 Mango 將從佇列中被移除。

❑ 步驟 3：

讀取佇列，可以得到 Apple，同時 Apple 將從佇列中被移除。

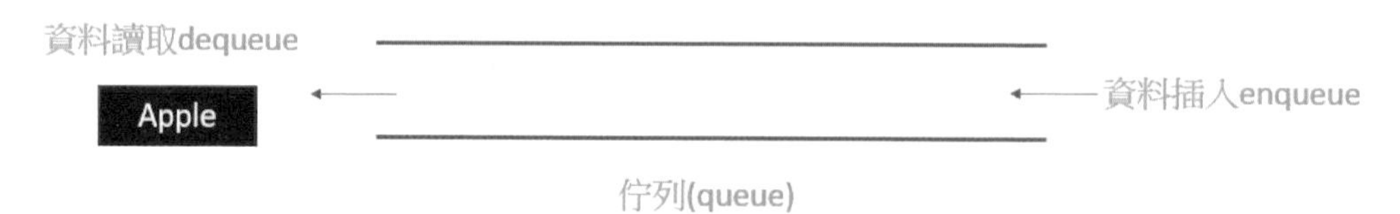

這種資料結構的特色是必須讀取先進入的資料，無法讀取中間資料。

4-3 使用串列模擬佇列的操作

我們可以使用串列模擬此佇列的操作，假設這個佇列是從頭部插入資料，可以使用 Python 內建方法 insert(0, data) 插入資料，達到 enqueue 的效果。當從頭部插入資料時就必須從尾部讀取資料，可以使用 pop( ) 方法。

註 insert(0, data) 第一個參數是插入的索引位置，第 2 個參數是所插入的值。

程式實例 ch4_1.py：為佇列建立 3 筆資料，然後列出佇列的長度。

```
1  # ch4_1.py
2  class Queue():
3      ''' Queue佇列 '''
4      def __init__(self):
5          self.queue = []                  # 使用串列模擬
6  
7      def enqueue(self, data):
8          ''' data插入佇列 '''
9          self.queue.insert(0, data)
10 
11     def size(self):
12         ''' 回傳佇列長度 '''
13         return len(self.queue)
14 
15 q = Queue()
16 q.enqueue('Grape')
17 q.enqueue('Mango')
18 q.enqueue('Apple')
19 print('佇列長度是 : ', q.size())
```

執行結果

```
===================== RESTART: D:/Algorithm/ch4/ch4_1.py =====================
佇列長度是 :  3
```

上述第 13 行的 len( ) 方法可以回傳串列的資料筆數。

程式實例 ch4_2.py：擴充 ch4_1.py，讀取 4 次佇列並觀察執行結果。

```
1   # ch4_2.py
2   class Queue():
3       ''' Queue佇列 '''
4       def __init__(self):
5           self.queue = []                 # 使用串列模擬
6   
7       def enqueue(self, data):
8           ''' data插入佇列 '''
9           self.queue.insert(0, data)
10  
11      def dequeue(self):
12          ''' 讀取佇列 '''
13          if len(self.queue):
14              return self.queue.pop()
15          return "佇列是空的"
16  
17  
18  q = Queue()
19  q.enqueue('Grape')
20  q.enqueue('Mango')
21  q.enqueue('Apple')
22  print("讀取佇列 : ", q.dequeue())
23  print("讀取佇列 : ", q.dequeue())
24  print("讀取佇列 : ", q.dequeue())
25  print("讀取佇列 : ", q.dequeue())
```

執行結果

```
===================== RESTART: D:/Algorithm/ch4/ch4_2.py =====================
讀取佇列 :  Grape
讀取佇列 :  Mango
讀取佇列 :  Apple
讀取佇列 :  佇列是空的
```

4-4 與佇列有關的 Python 模組

Python 內建有 queue 模組，在這個模組內可以使用 Queue( ) 建立物件，然後可以使用下列方法執行 queue 的操作。

put(data)：將資料 data 插入佇列，相當於 enqueue 的操作。

get( )：讀取佇列資料，相當於 dequeue 的操作。

empty( )：佇列是否空的，如果是回傳 True，否則回傳 False。

程式實例 ch4_3.py：建立與列印佇列。

```
1  # ch4_3.py
2  from queue import Queue
3
4  q = Queue()
5  for i in range(3):
6      q.put(i)
7
8  while not q.empty():
9      print(q.get())
```

執行結果

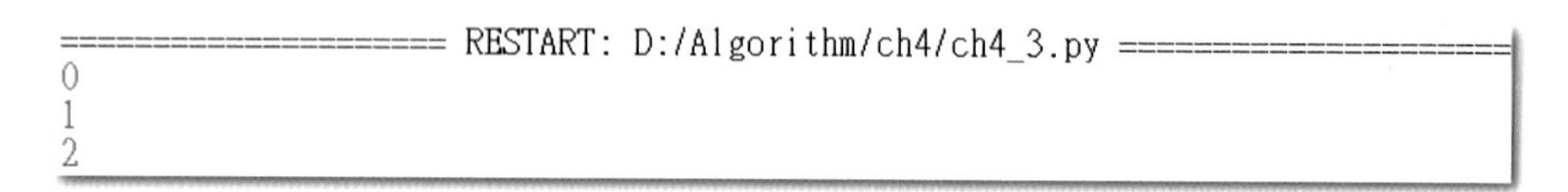

```
===================== RESTART: D:/Algorithm/ch4/ch4_3.py =====================
0
1
2
```

下列是上述說明圖。

4-5 習題

1. 重新設計 ch4_1.py，在插入資料至佇列時，須同時輸出 " 成功插入 xx 至佇列 "。

```
==================== RESTART: D:/Algorithm/ex/ex4_1.py ====================
成功插入 Grape 至佇列
成功插入 Mango 至佇列
成功插入 Apple 至佇列
佇列長度是 :  3
```

2. 請使用 4-4 節所介紹的 queue 模組，分別將漢堡、薯條、可樂輸入佇列，然後輸出漢堡、薯條、可樂。

```
==================== RESTART: D:/Algorithm/ex/ex4_2.py ====================
成功插入 漢堡 至佇列
成功插入 薯條 至佇列
成功插入 可樂 至佇列
佇列輸出
漢堡
薯條
可樂
```

第五章

堆疊 (Stack)

堆疊 (stack) 也是一個線性的資料結構，特色是由下往上堆放資料，如下所示：

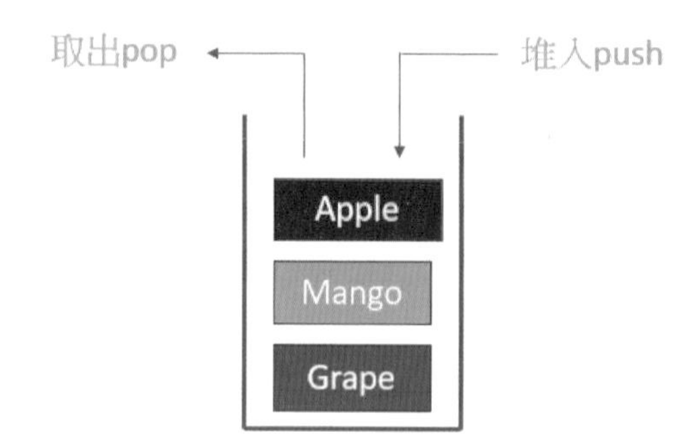

將資料插入堆疊的動作稱堆入 (push)，動作是由下往上堆放。將資料從堆疊中讀取的動作稱取出 (pop)，動作是由上往下讀取，資料經讀取後同時從堆疊中移除。由於每一筆資料皆同一端進入與離開堆疊，整個過程有先進後出 (first in last out) 的特徵。

每一個程式語言的遞迴式呼叫 (recursive call)，設計原理就是使用此堆疊結構，未來章節筆者還會做更多此堆疊應用的解析。

5-1 資料堆入 push

假設我們依序要堆入 Grape、Mango、Apple 等 3 種水果，目前資料與整個步驟說明如下：

❑ 步驟 1：

將 Grape 堆入堆疊。

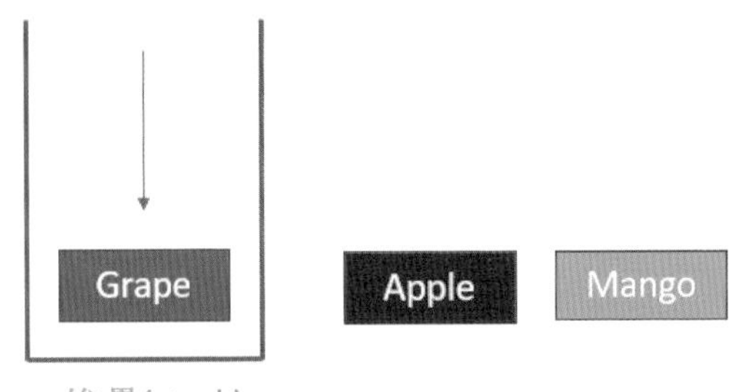

❑ 步驟 2：

將 Mango 堆入堆疊。

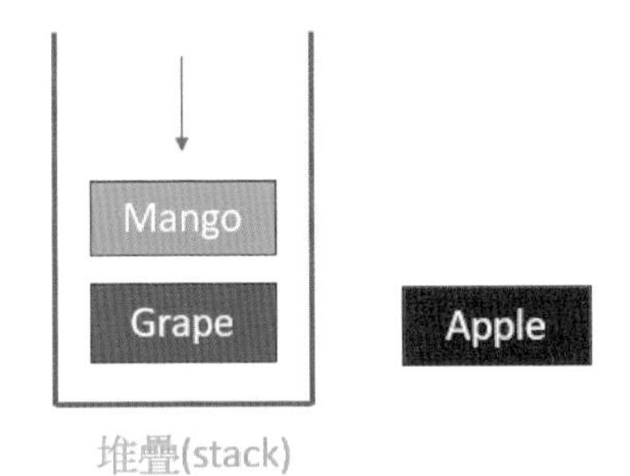

❑ 步驟 3：

將 Apple 堆入堆疊。

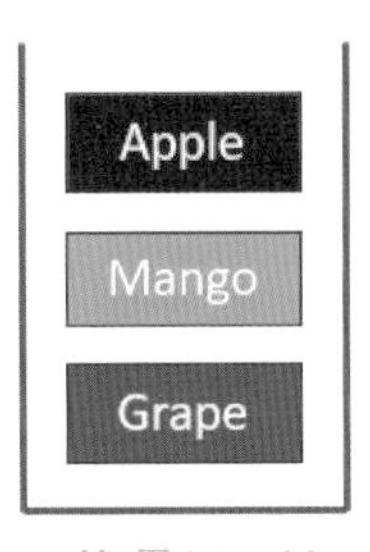

5-2 資料取出 pop

在堆疊取出資料，整個觀念是讀取資料然後將此資料從堆疊中移除，我們也可以稱此為讀取資料，下列是依序讀取堆疊資料的整個步驟說明：

- 步驟 1：

取出堆疊，可以得到 Apple，同時 Apple 將從堆疊中被移除。

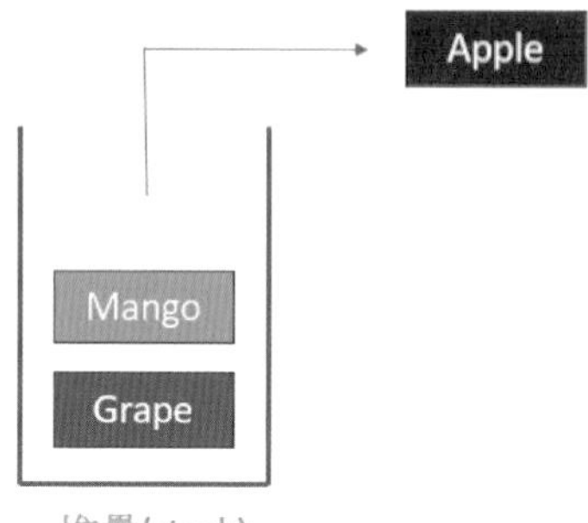

- 步驟 2：

取出堆疊，可以得到 Mango，同時 Mango 將從堆疊中被移除。

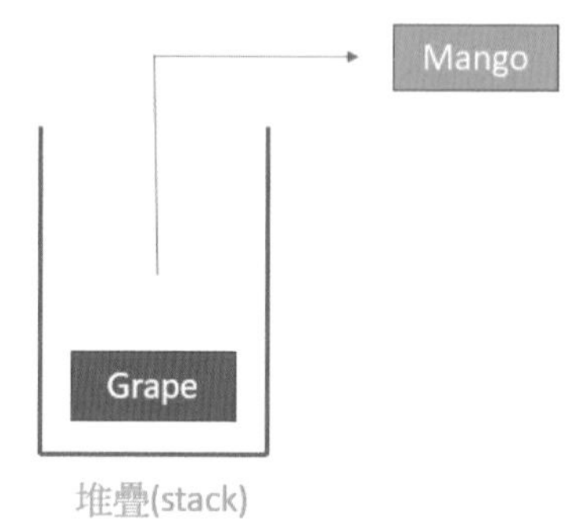

❑ 步驟 3：

取出堆疊，可以得到 Grape，同時 Grape 將從堆疊中被移除。

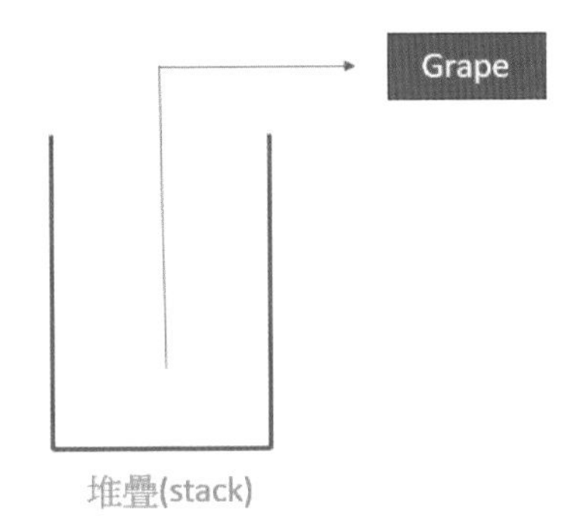

這種資料結構的特色是必須讀取最後進入的資料，無法讀取中間資料，未來我們還會用實例講解這類資料結構的應用。

5-3 Python 實作堆疊

Python 的串列 (list) 結構可以讓我們很方便實作前 2 節的堆疊操作，在這個章節筆者將分成使用 Python 內建串列直接模擬堆疊操作，與使用串列功能重新詮釋堆疊操作，同時我們也可以增加一些功能操作，下列將一一解說。

5-3-1 使用串列 (list) 模擬堆疊操作

在 Python 程式語言有關串列 (list) 有 2 個很重要的內建方法：

append( )：可以在串列末端加入資料，讀者可以想成是堆疊的 push 方法。

pop( )：可以讀取串列末端的資料同時刪除該資料，讀者可以想成是堆疊的 pop 方法。

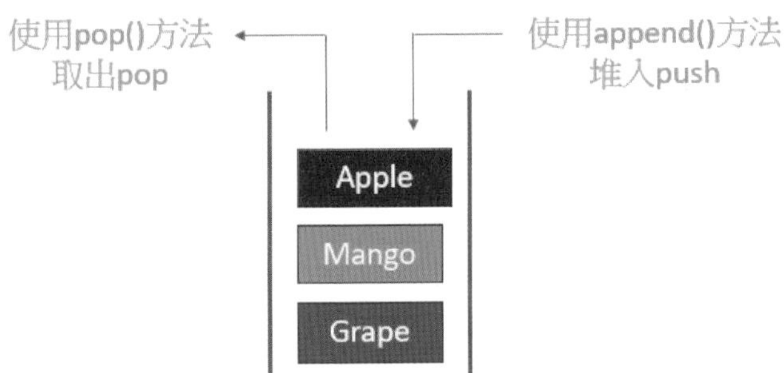

程式實例 ch5_1.py：使用 Python 的 append( ) 模擬堆疊的 push，使用 Python 的 pop( ) 模擬堆疊的 pop 操作。

```
1  # ch5_1.py
2  fruits = []
3  fruits.append('Grape')
4  fruits.append('Mango')
5  fruits.append('Apple')
6  print('列印 fruits = ', fruits)
7  print('pop操作 : ', fruits.pop())
8  print('pop操作 : ', fruits.pop())
9  print('pop操作 : ', fruits.pop())
```

執行結果

```
===================== RESTART: D:/Algorithm/ch5/ch5_1.py =====================
列印 fruits =  ['Grape', 'Mango', 'Apple']
pop操作 :  Apple
pop操作 :  Mango
pop操作 :  Grape
```

5-3-2 自行建立 Stack 類別執行相關操作

程式實例 ch5_2.py：將 Grape、Mango、Apple 分別 push 入堆疊，然後輸出有多少種水果在堆疊內。

```
1  # ch5_2.py
2  class Stack():
3      def __init__(self):
4          self.my_stack = []
5
6      def my_push(self, data):
7          self.my_stack.append(data)
8
9      def my_pop(self):
10         return self.my_stack.pop()
11
12     def size(self):
13         return len(self.my_stack)
14
15 stack = Stack()
16 fruits = ['Grape', 'Mango', 'Apple']
17 for fruit in fruits:
18     stack.my_push(fruit)
19     print(f'將 {fruit} 水果堆入堆疊')
20
21 print(f'堆疊有 {stack.size()} 種水果')
```

執行結果

```
==================== RESTART: D:\Algorithm\ch5\ch5_2.py ====================
將 Grape 水果堆入堆疊
將 Mango 水果堆入堆疊
將 Apple 水果堆入堆疊
堆疊有 3 種水果
```

程式實例 ch5_3.py：擴充設計 ch5_2.py，將資料 push 入堆疊後，輸出數量後，將資料 pop 出堆疊。在這個程式設計中為了要了解是否所有資料已經 pop 出來，可以在 Stack 類別內增加設計 isEmpty( ) 方法。

```
1  # ch5_3.py
2  class Stack():
3      def __init__(self):
4          self.my_stack = []
5
6      def my_push(self, data):
7          self.my_stack.append(data)
8
9      def my_pop(self):
10         return self.my_stack.pop()
11
12     def size(self):
13         return len(self.my_stack)
14
15     def isEmpty(self):
16         return self.my_stack == []
17
18 stack = Stack()
19 fruits = ['Grape', 'Mango', 'Apple']
20 for fruit in fruits:
21     stack.my_push(fruit)
22     print(f'將 {fruit} 水果堆入堆疊')
23
24 print(f'堆疊有 {stack.size()} 種水果')
25 while not stack.isEmpty():
26     print(stack.my_pop())
```

執行結果

```
==================== RESTART: D:\Algorithm\ch5\ch5_3.py ====================
將 Grape 水果堆入堆疊
將 Mango 水果堆入堆疊
將 Apple 水果堆入堆疊
堆疊有 3 種水果
Apple
Mango
Grape
```

5-4 函數呼叫與堆疊運作

電腦語言在執行函數呼叫時，內部其實是使用堆疊在運作，下列將以實例做說明。

程式實例 ch5_4.py：由函數呼叫了解程式語言的運作。

```
1  # ch5_4.py
2  def bye():
3      print("下回見!")
4
5  def system(name):
6      print(f"{name} 歡迎進入校友會系統")
7
8  def welcome(name):
9      print(f"{name} 歡迎進入明志科技大學系統")
10     system(name)
11     print("使用明志科技大學系統很棒")
12     bye()
13
14 welcome("洪錦魁")
```

執行結果

```
==================== RESTART: D:\Algorithm\ch5\ch5_4.py ====================
洪錦魁 歡迎進入明志科技大學系統
洪錦魁 歡迎進入校友會系統
使用明志科技大學系統很棒
下回見!
```

上述是一個簡單的呼叫函數程式，接下來我們看這個程式如何應用堆疊運作。程式第 14 行呼叫 welcome( ) 時，電腦內部會以堆疊方式配置一個記憶體空間。

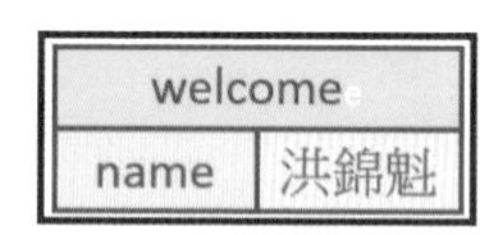

當有函數呼叫時，電腦會將呼叫的函數名稱與所有相關的變數儲存在記憶體內，然後進入 welcome( ) 函數，當執行第 9 行時會輸出 " 洪錦魁 歡迎進入明志科技大學系統 "。當執行第 10 行時是呼叫 system( )，電腦內部會以堆疊方式配置一個記憶體空間，同時堆放在前一次呼叫 welcome( ) 記憶體上方。

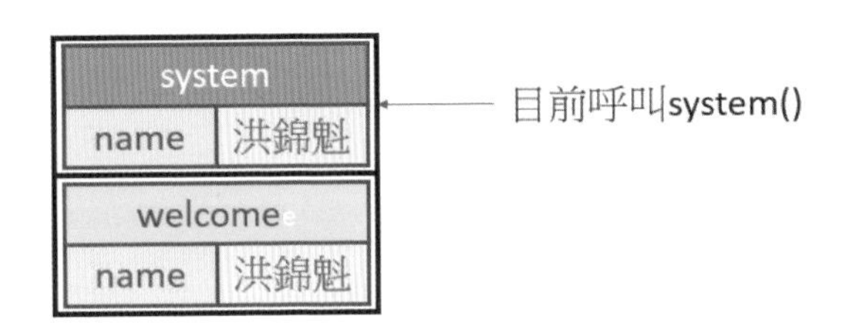

程式接著執行第 6 行，輸出 " 洪錦魁 歡迎進入校友會系統 "，然後 system( ) 函數執行結束，此時程式回返回 welcome( ) 函數，同時將上方的記憶體移除，回到 welcome( ) 函數。

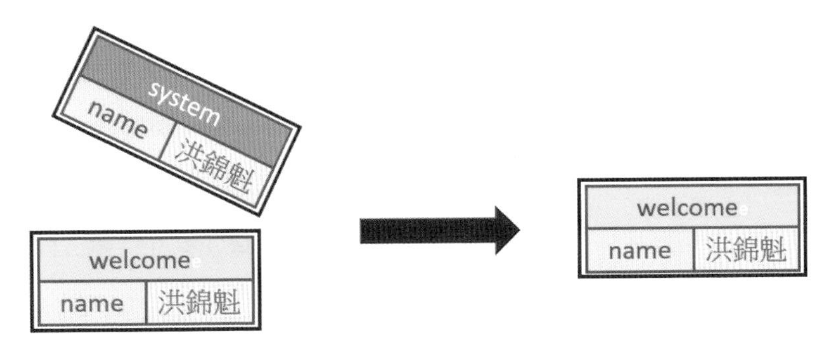

上圖有一個很重要的觀念是，welcome( ) 函數執行一半時，工作先暫停但是記憶體資料仍然保留，先去執行另一個函數 system( )，當 system( ) 工作結束時，可以回到 welcome( ) 函數先前暫停的位置繼續往下執行。接著執行第 11 行輸出 " 使用明志科技大學系統很棒 "。然後執行第 12 行呼叫 bye( ) 函數，這個呼叫沒有傳遞變數，堆疊記憶體如下所示：

系統會將 bye( ) 函數新增在堆疊上方，然後執行第 3 行輸出 " 下回見 !"，接著 bye( ) 函數執行結束。此時程式回返回 welcome( ) 函數，同時將上方的記憶體移除，回到 welcome( ) 函數。

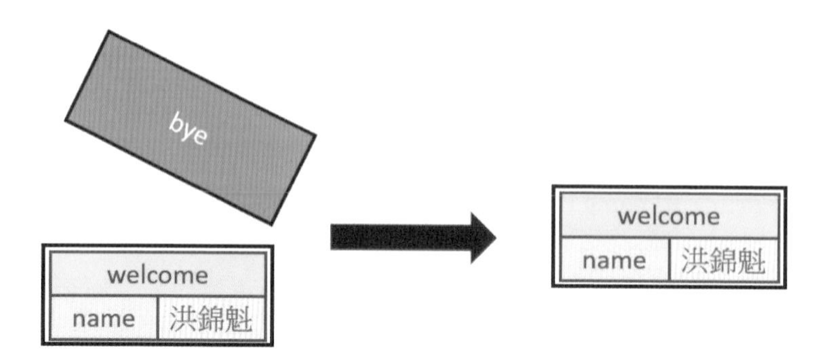

從呼叫 bye( ) 到返回 welcome( ) 函數後，由於 welcome( ) 函數也執行結束，所以整個程式就算執行結束了。

5-5 遞迴呼叫與堆疊運作

本書程式 ch1_7.py 是一個使用遞迴呼叫計算階乘，程式第 9 行輸入階乘數 n=3，然後程式第 10 行呼叫 factorial(n) 函數，此時堆疊記憶體內容如下：

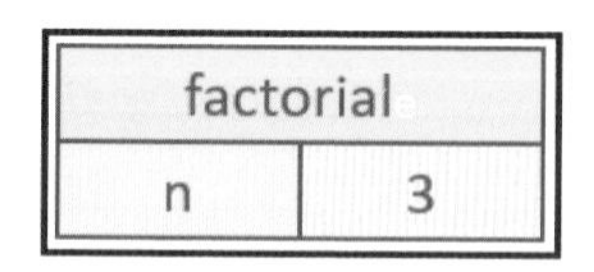

接著進入 factorial(3) 函數，此時程式碼與堆疊記憶體內容如下：

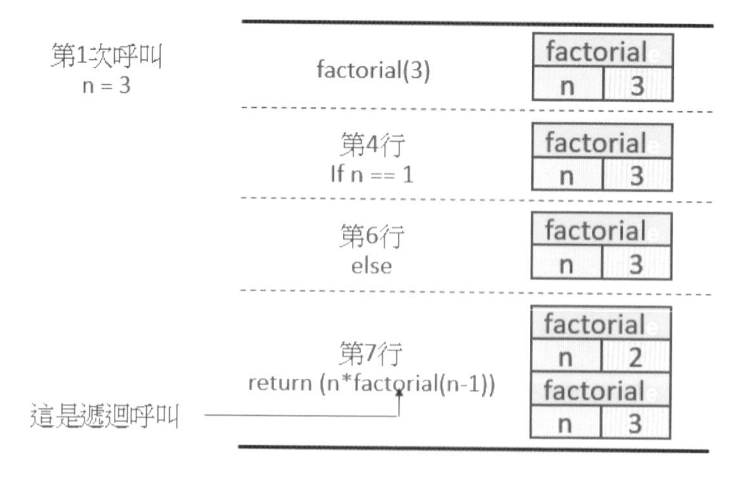

下列是第 2 次呼叫 factorial(2) 函數，此時程式碼與堆疊記憶體內容如下：

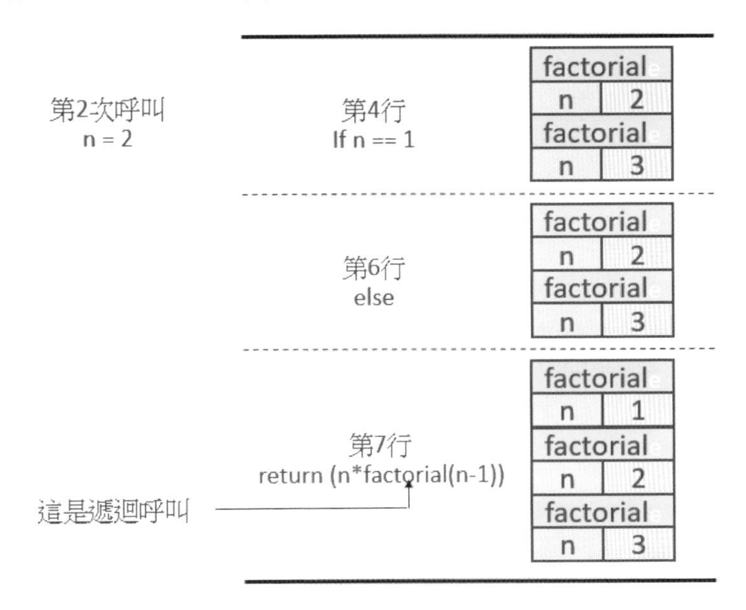

下列是第 3 次呼叫 factorial(1) 函數，此時程式碼與堆疊記憶體內容如下：

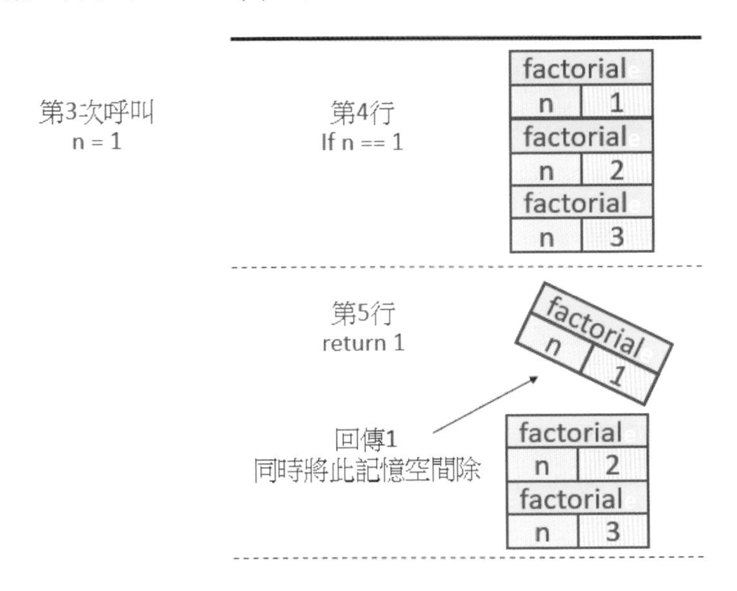

下列是返回的操作：

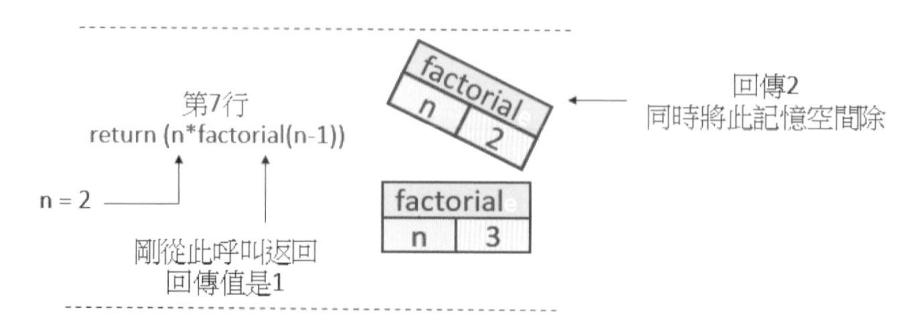

下列是再一次返回的操作：

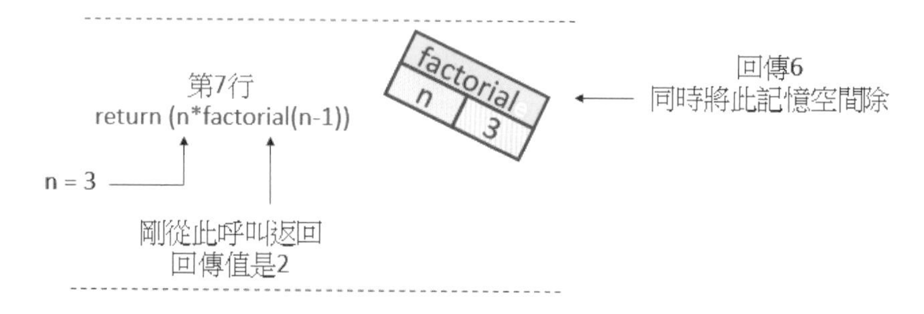

所以程式實例 ch1_7.py 可以得到 6 的結果，在演算法中有關遞迴呼叫與堆疊的應用仍有許多，本書未來還會有實例做說明。

程式實例 ch5_5.py：這是 ch1_7.py 的改良，主要是在 factorial( ) 函數內增加註解，讀者可以從此函數看到遞迴呼叫的計算過程。

```
1  # ch5_5.py
2  def factorial(n):
3      global fact
4      """ 計算n的階乘, n 必須是正整數 """
5      if n == 1:
6          print(f"factorial({n})呼叫前 {n}! = {fact}")
7          print("到達遞迴條件終止 n = 1")
8          fact = 1
9          print(f"factorial({n})返回後 {n}! = {fact}")
10         return fact
11     else:
12         print(f"factorial({n})呼叫前 {n}! = {fact}")
13         fact = n * factorial(n-1)
14         print(f"factorial({n})返回後 {n}! = {fact}")
15         return fact
16
17 fact = 0
18 N = eval(input("請輸入階乘數 : "))
19 print(f"{N} 的階乘結果是 = {factorial(N)}")
```

執行結果

```
==================== RESTART: D:\Algorithm\ch5\ch5_5.py ====================
請輸入階乘數 : 9
factorial(9)呼叫前 9! = 0
factorial(8)呼叫前 8! = 0
factorial(7)呼叫前 7! = 0
factorial(6)呼叫前 6! = 0
factorial(5)呼叫前 5! = 0
factorial(4)呼叫前 4! = 0
factorial(3)呼叫前 3! = 0
factorial(2)呼叫前 2! = 0
factorial(1)呼叫前 1! = 0
到達遞迴條件終止 n = 1
factorial(1)返回後 1! = 1
factorial(2)返回後 2! = 2
factorial(3)返回後 3! = 6
factorial(4)返回後 4! = 24
factorial(5)返回後 5! = 120
factorial(6)返回後 6! = 720
factorial(7)返回後 7! = 5040
factorial(8)返回後 8! = 40320
factorial(9)返回後 9! = 362880
9 的階乘結果是 = 362880
```

5-6 習題

1. 請為程式實例 ch5_3.py 的 Stack 類別設計方法 get( )，這個方法可以傳回堆疊頂端值，同時資料不刪除，請執行 3 次，然後再參考 ch5_3.py 將堆疊資料 pop 出來。

```
==================== RESTART: D:/Algorithm/ex/ex5_1.py ====================
將 Grape 水果堆入堆疊
將 Mango 水果堆入堆疊
將 Apple 水果堆入堆疊
堆疊有 3 種水果
堆疊取出 Apple 水果, 同時不刪除
堆疊取出 Apple 水果, 同時不刪除
堆疊取出 Apple 水果, 同時不刪除
Apple
Mango
Grape
```

2. 請為程式實例 ch5_3.py 的 Stack 類別設計方法 cls( )，這個方法可以刪除所有堆疊資料。請在 push 資料入堆疊後，先列出堆疊資料數量，然後呼叫 cls( ) 方法，最後保持原先第 25-26 行列印堆疊的設計，程式末端增加列印程式結束，這時可以看到列印堆疊時沒有資料顯示。

```
==================== RESTART: D:/Algorithm/ex/ex5_2.py ====================
將 Grape 水果堆入堆疊
將 Mango 水果堆入堆疊
將 Apple 水果堆入堆疊
堆疊有 3 種水果
程式結束
```

第六章

二元樹 (Binary Tree)

二元樹 (Binary Tree) 是一種樹狀的資料結構，每個節點可以儲存 3 個資料，分別是數據本身 (data)、左邊指標 (left)、右邊指標 (right)，如下所示：

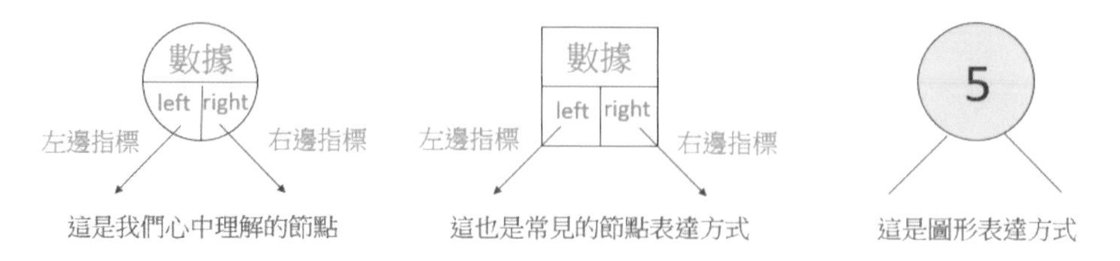

在二元樹狀結構中，最上方的節點稱根節點 (root node)，每個節點最多可以有 2 個子節點，也就是，可以只有一個子節點或是沒有子節點，這 2 個子節點就是用左邊指標和右邊指標做連結。如果一個節點沒有子節點，這個節點稱葉節點 (leaf node)。下列是二元樹的實例圖形。

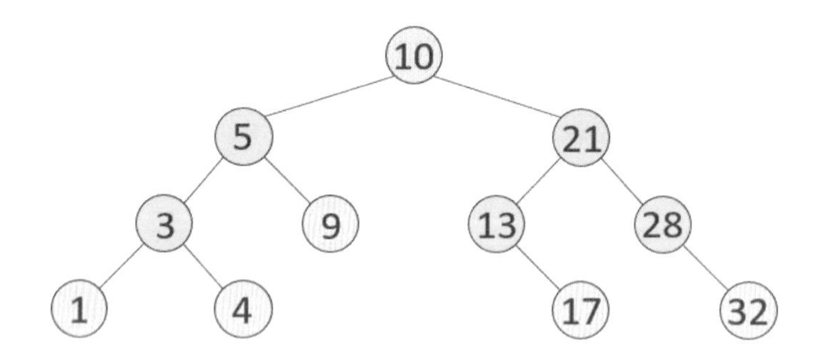

所謂的子節點是指，由某一個節點衍生的節點，點若以上圖為例，節點 5 和節點 21 是節點 10 的子節點。其中節點 5 和節點 21 皆是從節點 10 衍生而來，彼此關係稱兄弟節點。由於節點 10 衍生了節點 5 和節點 21，節點 10 是節點 5 和節點 21 的父節點。

對上圖而言數據 10 的節點稱根節點，數據 1、4、9、17、32 的節點由於底下沒有子節點這些節點稱葉節點。

6-1 建立二元樹

建立二元樹的規則如下：

1：第一個數據是根節點 (root node)。

2：以後新數據，如果新數據比目前節點數據大，將此新數據送到右邊子節點，如果右邊沒有子節點則以此數據內容建立此子節點。如果新數據比目前節點數據小，將此新數據送到左邊子節點，如果左邊沒有子節點則以此數據建立此子節點。

3：重複步驟 2。

有一系列數據分別是 10、21、5、9、13、28，假設我們要為這些數據建立二元樹，步驟如下：

- 步驟 1：

將 10 插入二元樹，由於是第一筆數據，這是根節點，所建的二元樹如下：

- 步驟 2：

將 21 插入二元樹，由於這個值比根節點 10 大，所以將此數據送往右邊，由於右邊沒有子節點，所以使用此值做子節點，所建的二元樹如下：

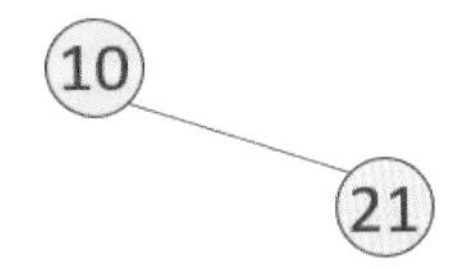

- 步驟 3：

將 5 插入二元樹，由於這個值比根節點 10 小，所以將此數據送往左邊，由於左邊沒有子節點，所以使用此值做子節點，所建的二元樹如下：

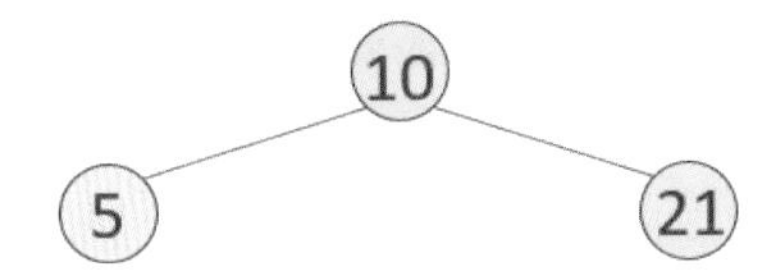

- 步驟 4：

將 9 插入二元樹，所建的二元樹如下：

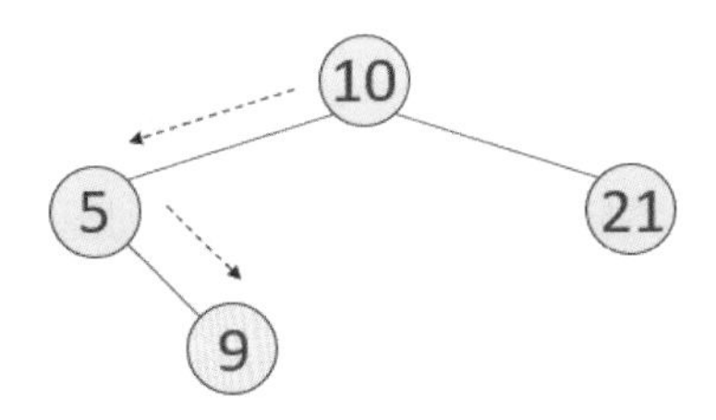

- 步驟 5：

將 13 插入二元樹，所建的二元樹如下：

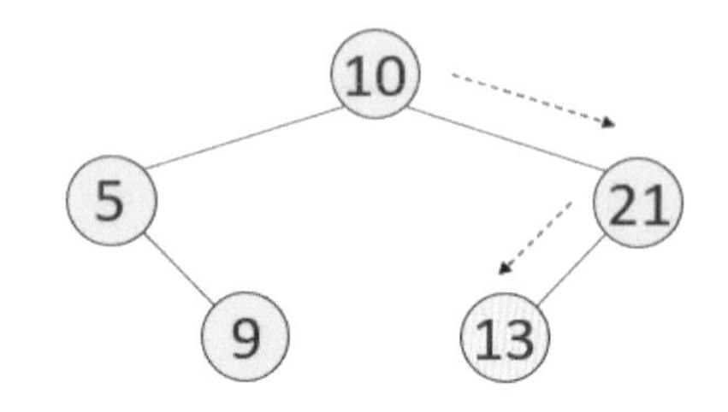

- 步驟 6：

將 28 插入二元樹，所建的二元樹如下：

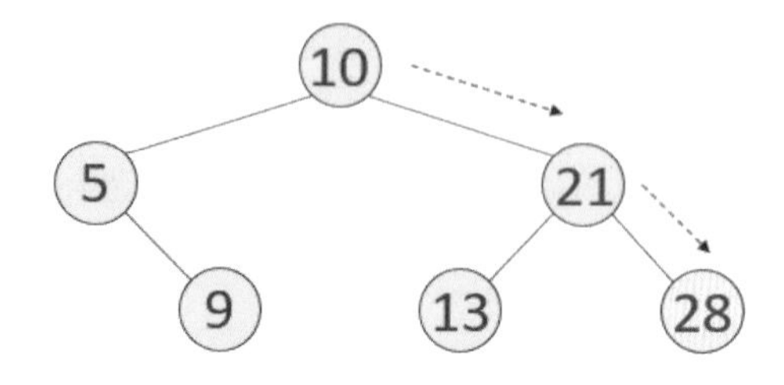

6-2 刪除二元樹的節點

在刪除二元樹的節點時，會碰上 3 種狀況，筆者將分別說明。

- 所刪除的節點是葉節點

假設有一個二元樹如下，假設要刪除數據是 17 的節點：

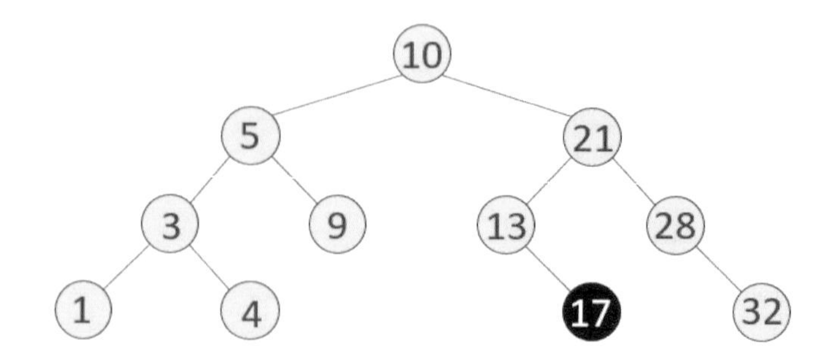

當這個節點底下沒有子節點，可以直接刪除，下列是執行結果。

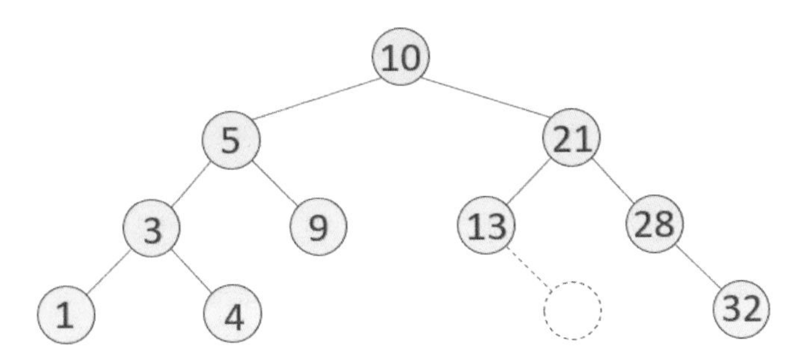

❑ 所刪除的節點有一個子節點

假設有一個二元樹如下，假設要刪除數據是 13 的節點：

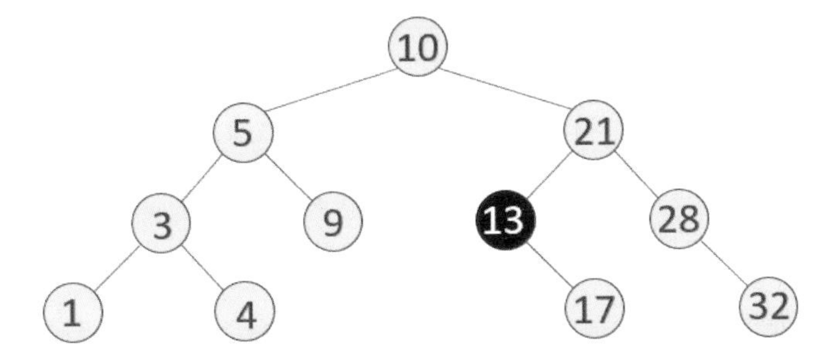

當這個節點底下有一個子節點，可以先直接刪除這個節點 13，下列是執行結果。

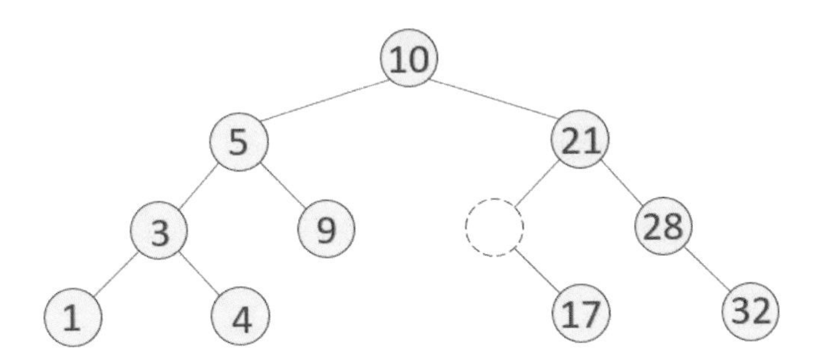

下一步是將其唯一的子節點 17 移至被刪除的節點位置即可。

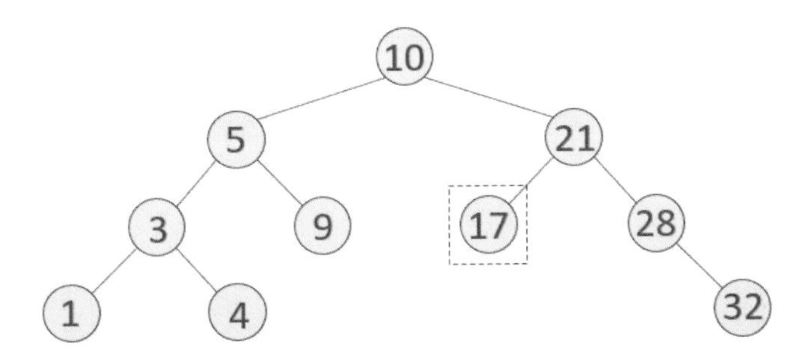

❑ 所刪除的節點有 2 個子節點

假設有一個二元樹如下，假設要刪除數據是 5 的節點：

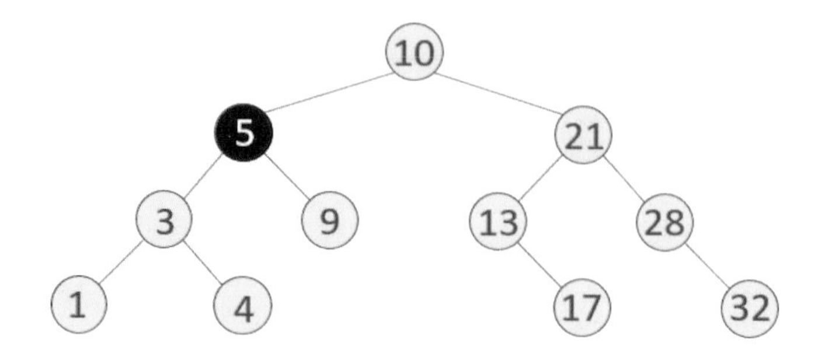

當這個節點底下有 2 個子節點，可以先直接刪除這個節點 5，下列是執行結果。

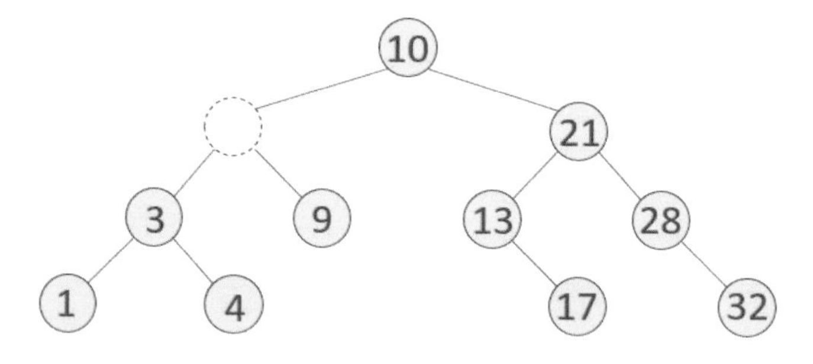

接著有 2 種解法：

方法 1：從左子樹找出最大節點

下一步是在此節點左邊的樹狀結構中找尋最大的節點，此例是節點 4。

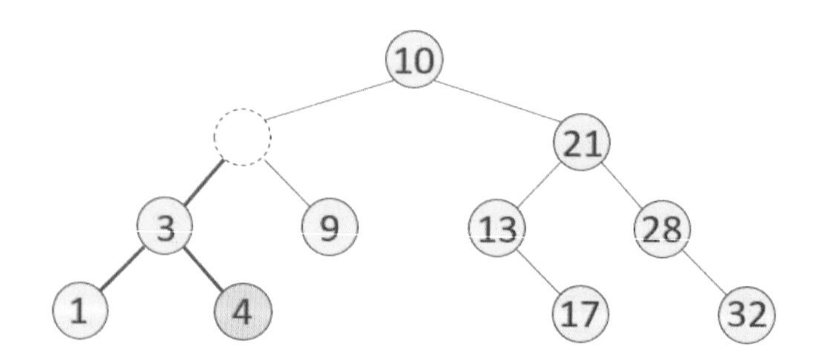

最後將此節點 4 移至原先被刪除節點 5 的位置即可。

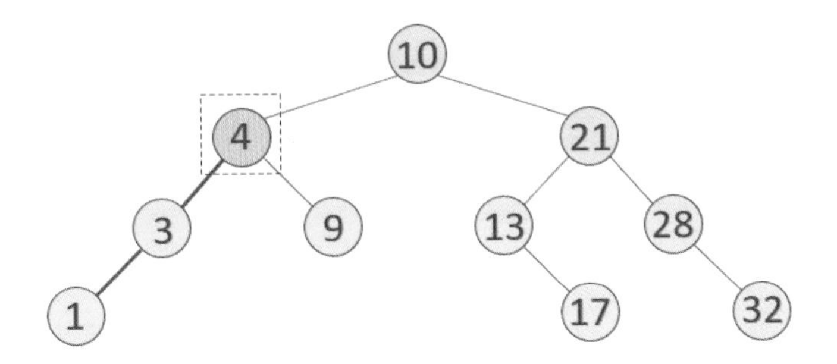

如果被移動的節點也有子節點，則需重複執行找尋此節點左邊的樹狀結構中最大的節點，將最大的節點移至原先移動的節點位置。

方法 2：從右子樹找出最小節點

下一步是在此節點右邊的樹狀結構中找尋最小的節點，此例是節點 9。

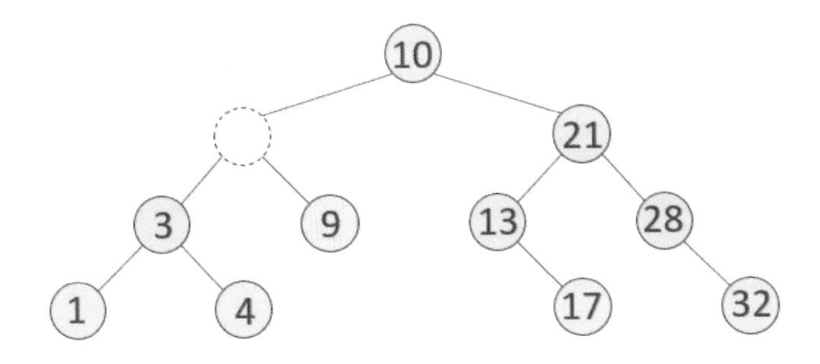

最後將此節點 9 移至原先被刪除節點 5 的位置即可。

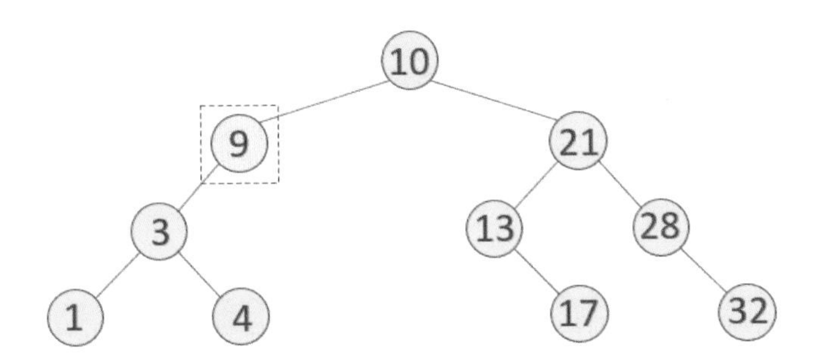

6-3 搜尋二元樹的數據

搜尋二元樹與將數據插入二元樹步驟類似，將搜尋的數據與二元樹節點的數據做比較，如果搜尋的數據較大，則往右邊子節點去搜尋，否則往左邊的子節點搜尋，直到找到此數據。如果往右邊或往左邊，沒有子節點，表示此搜尋數據不存在於二元樹中。

假設有一個二元樹如下，要找尋數據是 13 的節點：

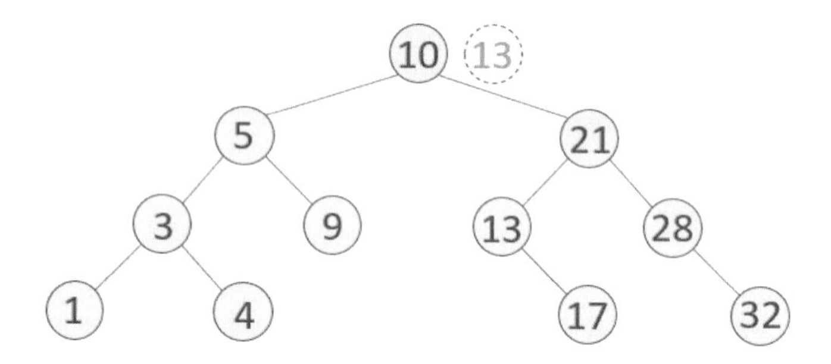

將 13 與根節點 10 做比較，由於 13 大於 10，所以往右邊移動。

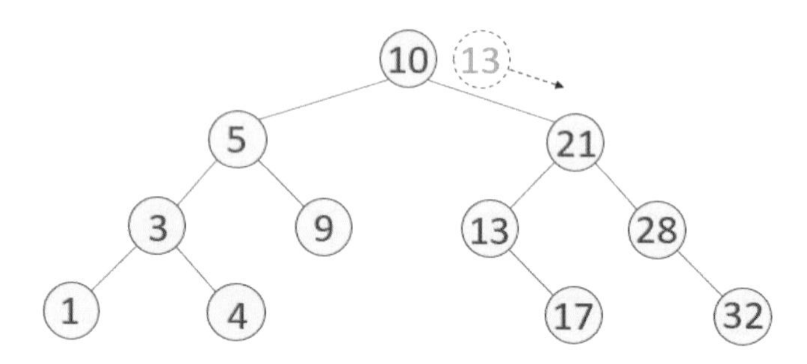

將 13 與節點 21 做比較，由於 13 小於 21，所以往左邊移動。

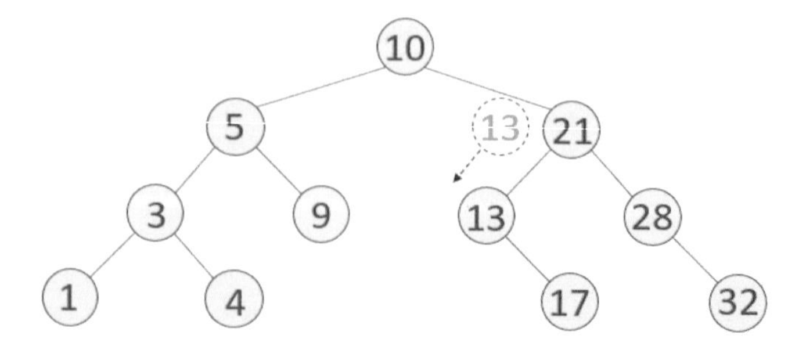

最後找到 13 了。

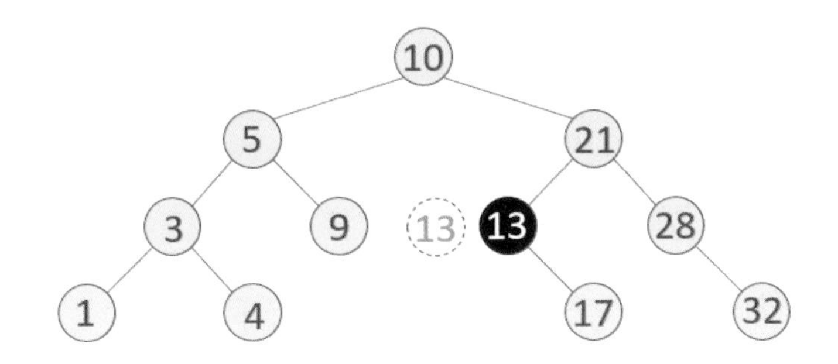

6-4 更進一步認識二元樹

❑ 二元樹的深度 (depth)

我們用層次來定義二元樹的深度，根節點稱第 1 層，觀念可以往下延伸。

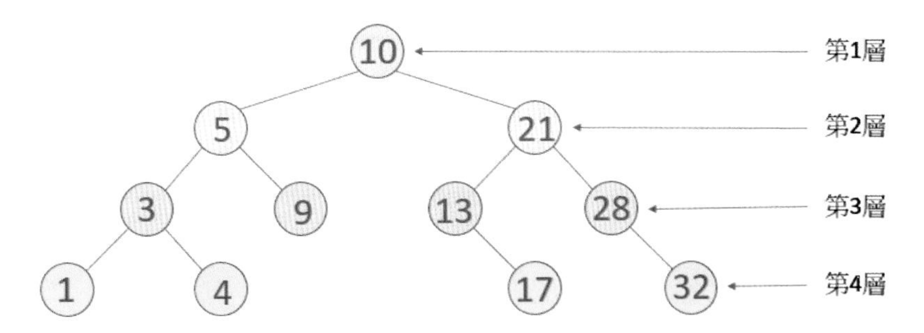

在二元樹中每 i 層最多有 2^{i-1} 個節點，例如：第 2 層最多有 $2^{2-1} = 2$ 個節點，第 3 層最多有 $2^{3-1} = 4$ 個節點，其他可以依此類推。

❑ 完全二元樹 (Complete Binary Tree)

所謂的完全二元樹 (Complete Binary Tree) 是指，除了最深層每一個節點均是滿的，同時最深層的最右節點左邊均是滿的。此例：最深層最右節點 9 的左邊是滿的。

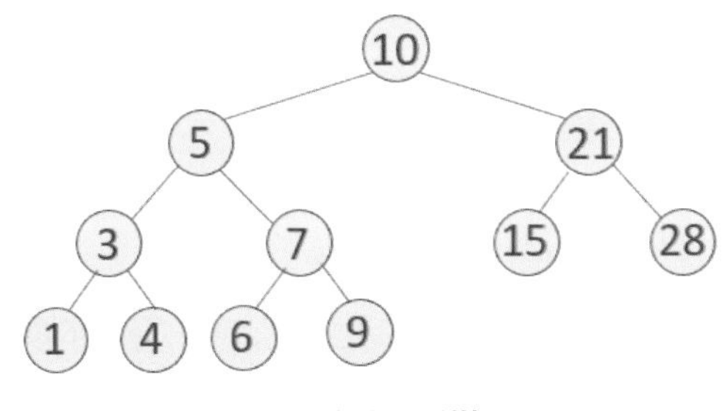

完全二元樹

- 平衡二元樹 (Balanced Binary Tree)

所謂的平衡二元樹 (Balanced Binary Tree) 是指，每個節點的 2 個子節點深度差異不可以超過 1。

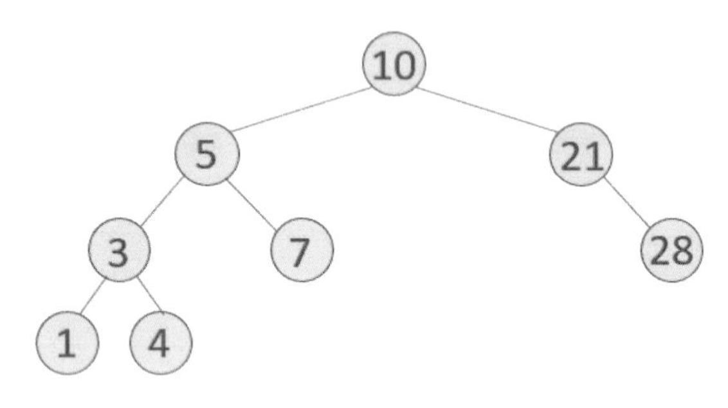

平衡二元樹

- 完美二元樹 (Perfect Binary Tree)

所謂的完美二元樹 (Perfect Binary Tree) 是指，除了最深層的節點外，每一層的子節點均是滿的。其實所有完美二元樹，皆是完全二元樹。

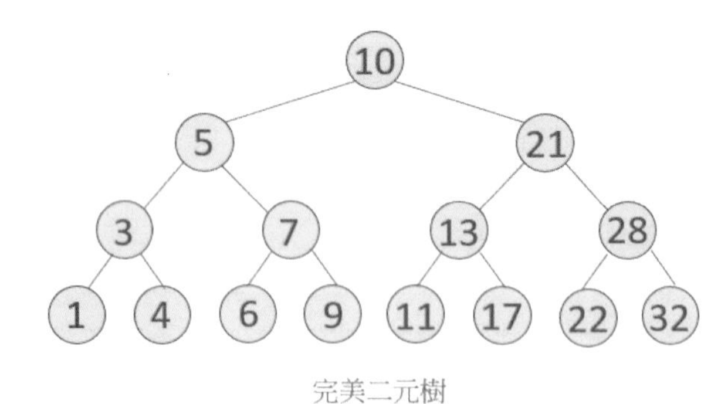

完美二元樹

一顆完美二元樹假設深度是 k，他的節點數量是 2^{k-1}，也可以說 n 個節點的完美二元樹有 $log_2(n+1)$ 層，在此可以如同第一章，將此 log 的底數 2 省略，簡化為 $log(n+1)$ 層。

假設有 7 和 15 個節點的完美二元樹，其深度層次計算如下：

$log(7+1) = 3$　　　# n = 7 個節點

$log(15+1) = 4$　　　# n = 15 個節點

這個觀念相當於在搜尋 n 個節點的完美二元樹時，搜尋的時間複雜度是 O(logn)。

6-5 記憶體儲存二元樹的方法

在電腦記憶體可以用陣列 (Array) 儲存二元樹時，他的方法如下：

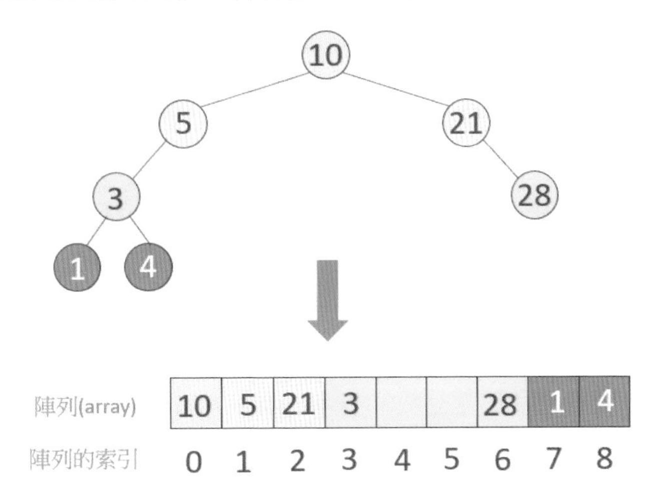

當使用陣列儲存二元樹時，會從第一層根節點開始，層次依據從上到下、同一層次則是從左到右方式儲存節點內容，碰上節點是空缺則保留空間。例如：上述節點 5 的右子節點是空的，此例保留索引 4 的空間。節點 21 的左子節點是空的，此例保留索引 5 的空間。這種設計最大優點是，可以很方便定位出每一個節點在陣列的位置。

假設一個節點的索引是 index，可以用下列方式計算此節點的左子節點索引和右子節點索引。

左子節點索引 = 2 * index + 1
右子節點索引 = 2 * index + 2

實例 1：計算節點 3(索引也是 3) 的左子節點索引。

左子節點索引 = 2 * 3 + 1 = 7

實例 2：計算節點 3(索引也是 3) 的右子節點索引。

右子節點索引 = 2 * 3 + 2 = 8

此外，一個左子節點的索引是 index，則他的父節點索引是：

父節點索引 = (index – 1) / 2

實例 3：計算節點 1(索引是 7) 的父節點索引。

父節點索引 = (7 – 1) / 2 = 3

這種使用陣列儲存二元樹的資料結構對於完全二元樹而言是很好，特別是下一章介紹的堆積樹就是使用陣列方式儲存資料。可是如果碰上稀疏二元樹 (缺許多節點的二元樹)，使用陣列儲存會浪費許多空間，請為數列 10、12、8、6、2、1 建立二元樹，可以參考建立結果。

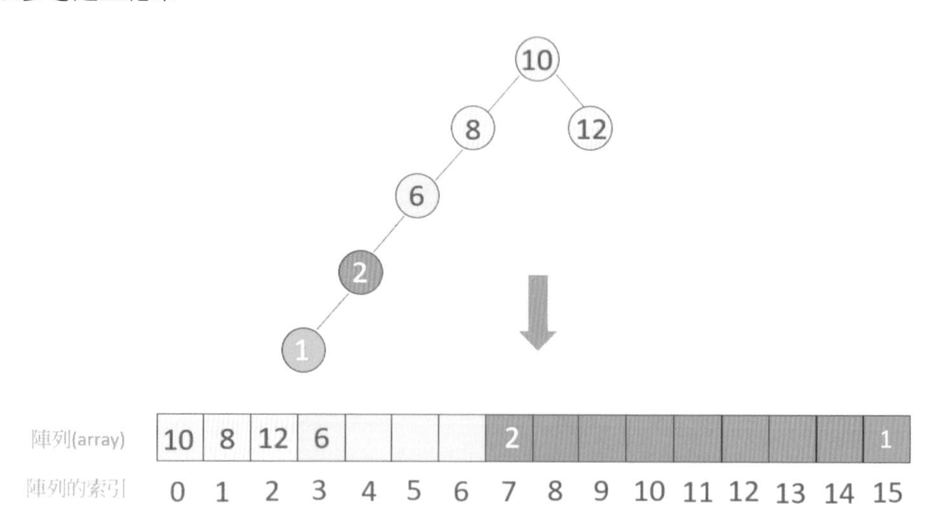

上述陣列內沒有數值的儲存格就是所浪費的空間，下一章將介紹另一種資料結構二元堆積樹 (Heap tree)，可以避開上述問題。

6-6 Python 實作二元樹

建立二元樹一般可以分為使用陣列建立二元樹或是使用鏈結串列建立二元樹，本節將分別說明。同時本節也會說明遍歷二元樹使用中序 (inorder)、前序 (preorder)、後序 (postorder)。

6-6-1　使用陣列建立二元樹

6-5 節筆者介紹了使用陣列建立了二元樹，這一節筆者將以實際的 Python 實作此實例。筆者在第 2 章有講解陣列的使用，但是本節將使用 Python 內建的串列 (list) 客串陣列，講解建立二元樹的方式。

程式實例 ch6_1.py：使用 Python 快速建立含 16 個元素的串列，同時將此串列內容設為 0，最後列出此串列的資料型態和內容。

```
1  # ch6_1.py
2  btree = [0] * 16
3  print(type(btree))
4  print(btree)
```

執行結果

```
===================== RESTART: D:/Algorithm/ch6/ch6_1.py =====================
<class 'list'>
[0, 0, 0, 0, 0, 0, 0, 0, 0, 0, 0, 0, 0, 0, 0, 0]
```

瞭解了上述程式實例後，接下來筆者將進入本節的主題。

程式實例 ch6_2.py：使用 10, 21, 5, 9, 13, 28 系列數字建立一個二元樹，這個程式列出執行結果時，同時會列出此陣列的索引值。

```
1  # ch6_2.py
2  def create_btree(tree, data):
3      ''' 使用data建立二元樹 '''
4      for i in range(len(data)):
5          level = 0                               # 程式的第0層相當於實體的第1層
6          if i == 0:                              # 第0索引資料放在第0層
7              tree[level] == data[i]
8          else:
9  # 當while迴圈結束表示找到存放數據的節點(索引)位置
10             while tree[level]:                  # 當陣列不是0表示這是有資料可以比較
11                 if data[i] > tree[level]:       # 如果資料大於節點索引, 往右找尋
12                     level = level * 2 + 2
13                 else:                           # 否則往左找尋
14                     level = level * 2 + 1
15         tree[level] = data[i]                   # 找到數據應存放的節點索引
16 #       print(i, tree)                          # 取消此註解可以看到建立二元樹的過程
17
18 btree = [0] * 8                                 # 二元樹陣列
19 data = [10, 21, 5, 9, 13, 28]
20 create_btree(btree, data)
21 for i in range(len(btree)):
22     print(f"二元樹陣列btree[{i}] = {btree[i]}")
```

執行結果

```
===================== RESTART: D:/Algorithm/ch6/ch6_2.py =====================
二元樹陣列btree[0] = 10
二元樹陣列btree[1] = 5
二元樹陣列btree[2] = 21
二元樹陣列btree[3] = 0
二元樹陣列btree[4] = 9
二元樹陣列btree[5] = 13
二元樹陣列btree[6] = 28
二元樹陣列btree[7] = 0
```

下圖是此程式實例所建立的二元樹結果與陣列的對照，讀者需留意上述程式 level 是二元樹的層次，我們用 level 第 0 層代表實體的第 1 層。

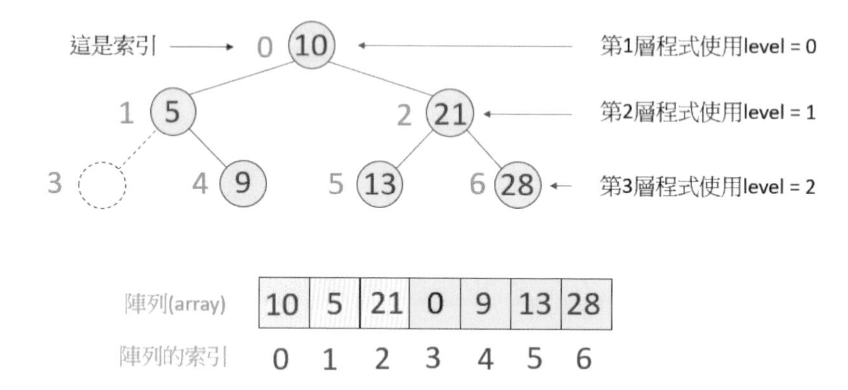

上述程式第 10 至 14 行的 while 迴圈，主要是找尋數字插入陣列的索引位置，如果所找的陣列位置內容是 0 ，相當於 tree[level] 是 False，此 while 迴圈才會結束，程式第 15 行是將數字插入陣列。程式第 16 行是筆者為寫此程式偵測了解每個數字插入與陣列變化過程，讀者可以自行取消註解觀察此過程。

6-6-2　鏈結串列方式建立二元樹的根節點

所謂的鏈結串列表示法就是使用動態的記憶體配置方法來建立二元樹，這時每個二元樹的節點結構觀念如下：

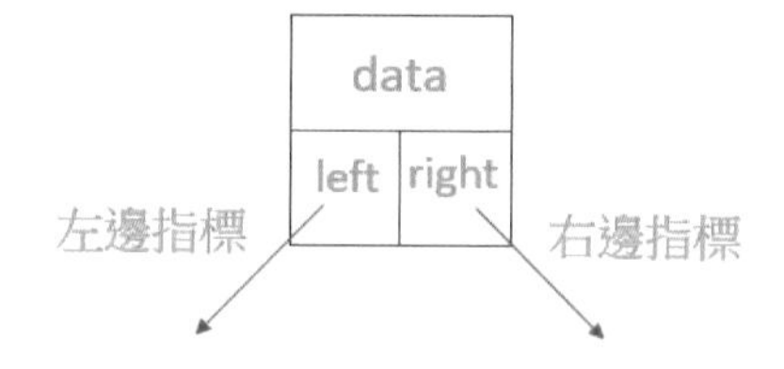

我們可以使用下列方式建立二元樹的節點。

```
class Node():
    def __init__(self, data):
        ''' 建立二元樹的節點 '''
        self.data = data
        self.left = None
        self.right = None
```

上述 data 欄位存放的是節點的基本資料，left 和 right 則是節點的指標。

程式實例 ch6_3.py：建立二元樹的節點，由於只有一個節點所以這是根節點，然後列印此節點。

```
1  # ch6_3.py
2  class Node():
3      def __init__(self, data):
4          ''' 建立二元樹的節點 '''
5          self.data = data
6          self.left = None
7          self.right = None
8  
9      def print_root(self):
10         print(self.data)
11 
12 root = Node(20)
13 root.print_root()
```

執行結果

```
==================== RESTART: D:/Algorithm/ch6/ch6_3.py ====================
20
```

6-6-3 使用鏈結串列建立二元樹

使用鏈結串列建立二元樹，基本上可以採用非遞迴呼叫方式或是使用遞迴呼叫的方式，其實使用遞迴呼叫方式所設計的程式可以更精簡，同時也很容易了解，如果您想成為程式設計高手更應該學會遞迴呼叫。

下列是遞迴呼叫方式建立二元樹的函數。

```
9      def insert(self, data):
10         ''' 建立二元樹 '''
11         if self.data:                        # 如果根節點存在
12             if data < self.data:             # 插入值小於目前節點值
13                 if self.left:
14                     self.left.insert(data)   # 遞迴呼叫往下一層
15                 else:
16                     self.left = Node(data)   # 建立新節點存放資料
17             else:                            # 插入值大於目前節點值
18                 if self.right:
19                     self.right.insert(data)
20                 else:
21                     self.right = Node(data)
22         else:                                # 如果根節點不存在
23             self.data = data                 # 建立根節點
```

上述函數的觀念是如果根節點不存在，則執行第 23 行，將目前資料設為根節點資料。否則執行第 12-21 行為所插入資料找尋位置在二元樹中建立此資料的節點，方法是如果小於目前節點資料則執行第 13-16 行，往左找尋，如果左邊節點存在則執行第 14 行遞迴呼叫繼續尋找，否則執行第 16 行建立新節點然後儲存資料。

如果執行第 12 行時，目前資料大於節點資料則執行第 18-21 行，往右找尋，如果右邊節點存在則執行第 19 行遞迴呼叫繼續尋找，否則執行第 21 行建立新節點然後儲存資料。

6-6-4　遍歷二元樹使用中序 (inorder) 列印

假設有一顆二元樹如下：

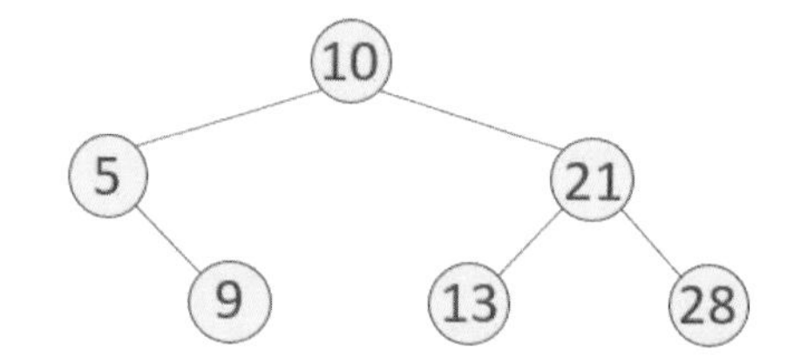

所謂中序列印是從左子樹往下走，直到無法前進就處理此節點，接著處理此節點的父節點，然後往右子樹走，如果右子樹無法前進則回到上一層。也可以用另一種解釋，遍歷左子樹 (Left，縮寫是 L)、根節點 (Root，縮寫是 D)、遍歷右子樹 (Right，縮寫是 R)，整個遍歷過程簡稱是 LDR。

用這個觀念遍歷上述二元樹可以得到下列結果：

5, 9, 10, 13, 21, 28

上述中序列印相當於可以得到由小到大的排序結果，如上所示，設計中序列印的遞迴函數步驟如下：

1：如果左子樹節點存在，則遞迴呼叫 self.left.inorder( )，往左子樹走。

2：處理此節點 (會執行此行，是因為左子樹已經不存在)。

3：如果右子樹節點存在，則遞迴呼叫 self.right.inorder( )，往右子樹走。

程式實例 ch6_4.py：使用 10, 21, 5, 9, 13, 28 系列數字建立一個二元樹，然後使用中序方式列印。

```
1  # ch6_4.py
2  class Node():
3      def __init__(self, data=None):
4          ''' 建立二元樹的節點 '''
5          self.data = data
6          self.left = None
7          self.right = None
8
9      def insert(self, data):
10         ''' 建立二元樹 '''
11         if self.data:                           # 如果根節點存在
12             if data < self.data:                # 插入值小於目前節點值
13                 if self.left:
14                     self.left.insert(data)      # 遞迴呼叫往下一層
15                 else:
16                     self.left = Node(data)      # 建立新節點存放資料
17             else:                               # 插入值大於目前節點值
18                 if self.right:
19                     self.right.insert(data)
20                 else:
21                     self.right = Node(data)
22         else:                                   # 如果根節點不存在
23             self.data = data                    # 建立根節點
24
25     def inorder(self):
26         ''' 中序列印 '''
27         if self.left:                           # 如果左子節點存在
28             self.left.inorder()                 # 遞迴呼叫下一層
29         print(self.data)                        # 列印
30         if self.right:                          # 如果右子節點存在
31             self.right.inorder()                # 遞迴呼叫下一層
32
33 tree = Node()                                   # 建立二元樹物件
34 datas = [10, 21, 5, 9, 13, 28]                  # 建立二元樹數據
35 for d in datas:
36     tree.insert(d)                              # 分別插入數據
37 tree.inorder()                                  # 中序列印
```

執行結果

```
===================== RESTART: D:/Algorithm/ch6/ch6_4.py =====================
5
9
10
13
21
28
```

下列二元樹節點左邊的數字是中序遍歷列出節點值的順序。

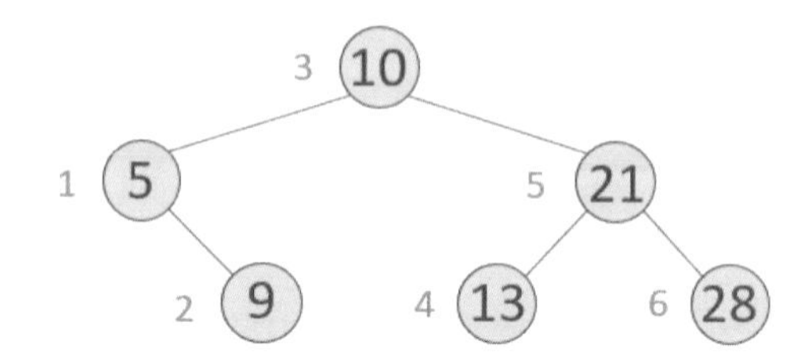

為了方便解說，筆者將節點改為英文字母，然後使用二元樹和堆疊分析整個第 25-31 行遞迴 inorder( ) 函數遍歷過程：

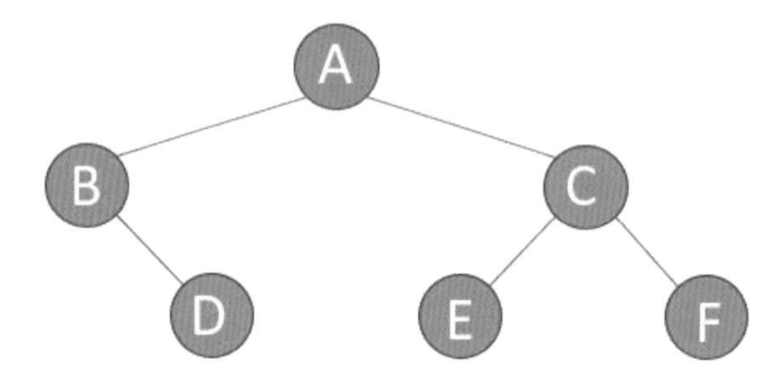

1：由 A 進入 inorder( )。

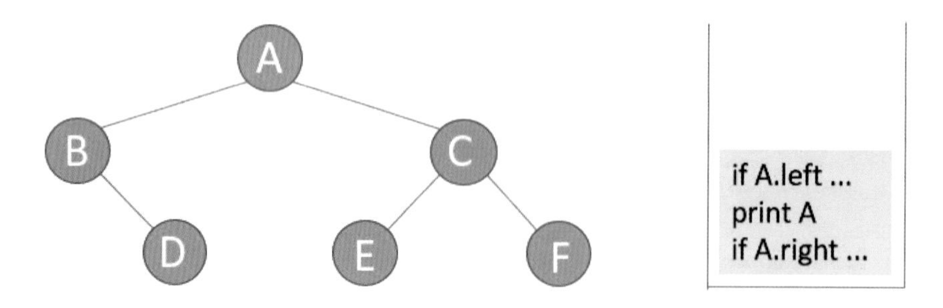

2：因為 A 的左子樹 B 存在，所以進入 B 的遞迴 inorder( )。

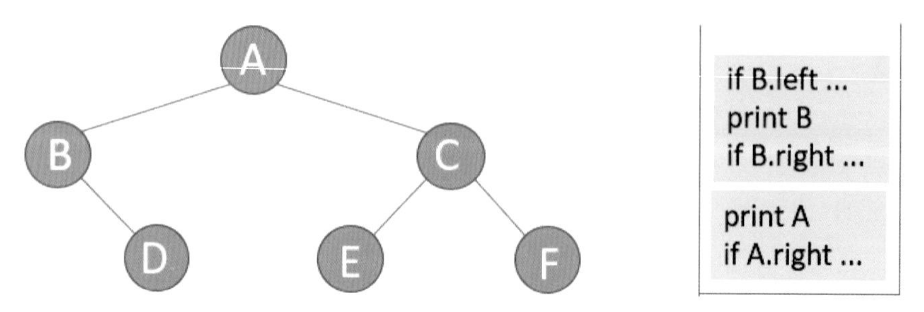

3：B 沒有左子樹，所以 if B.left … 執行結束，圖形如下：

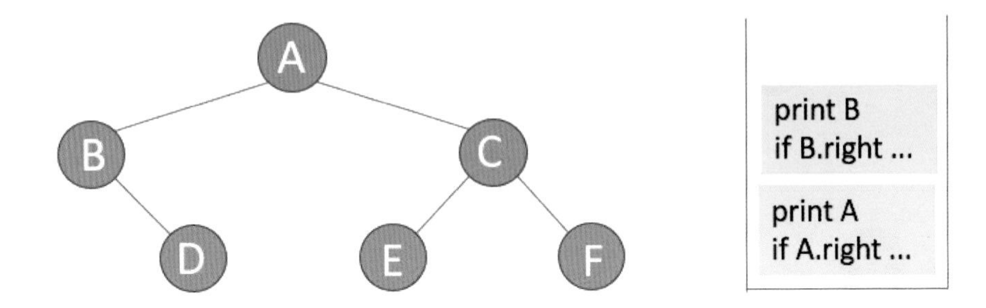

4：執行 print B。

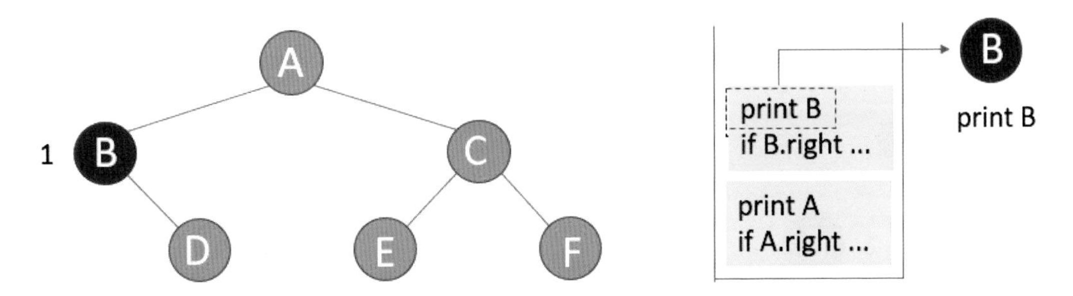

5：因為 B 的右子樹 D 存在，所以進入 D 的遞迴 inorder( )。

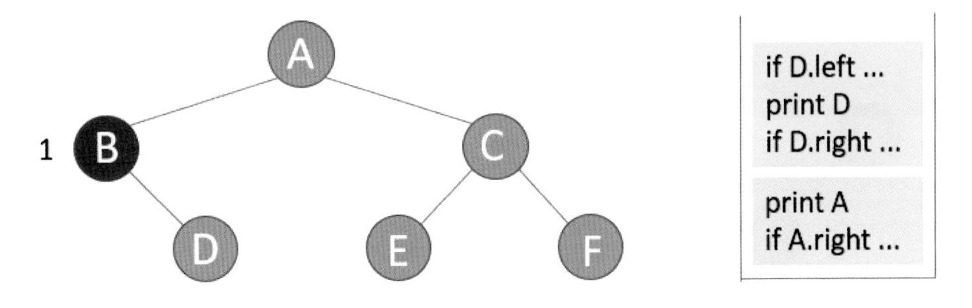

6：由於 D 沒有左子樹，所以 if D.left … 執行結束，執行 print D。

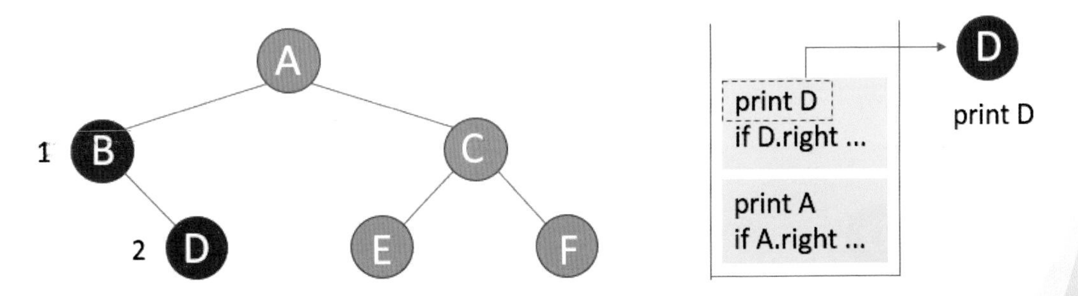

7：D 沒有右子樹，所以 if D.right … 執行結束，接下來執行 print A。

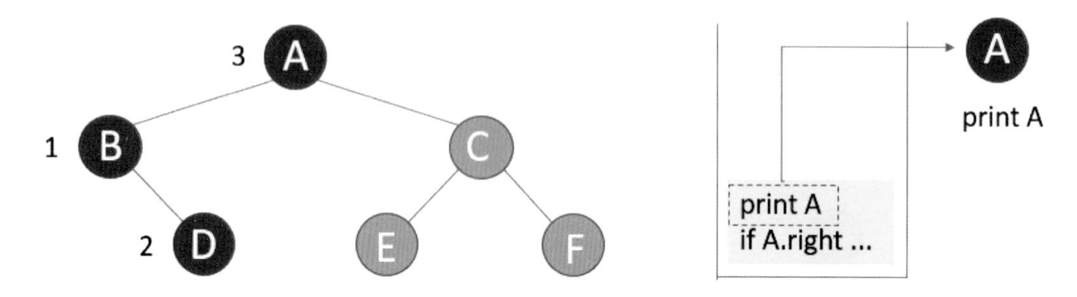

8：因為 A 的右子樹 C 存在，所以進入 C 的遞迴 inorder( )。

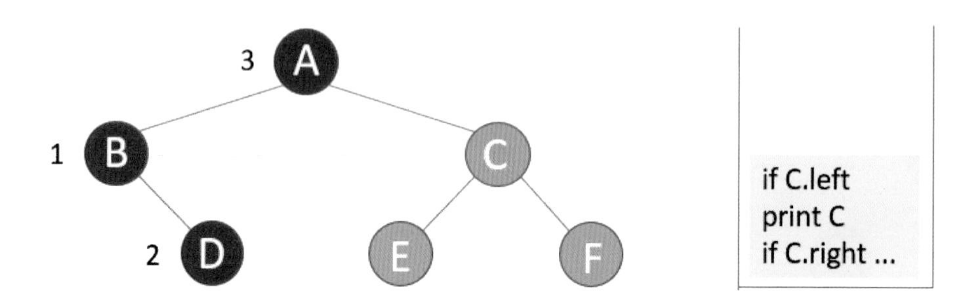

9：因為 C 的左子樹 E 存在，所以進入 E 的遞迴 inorder( )。

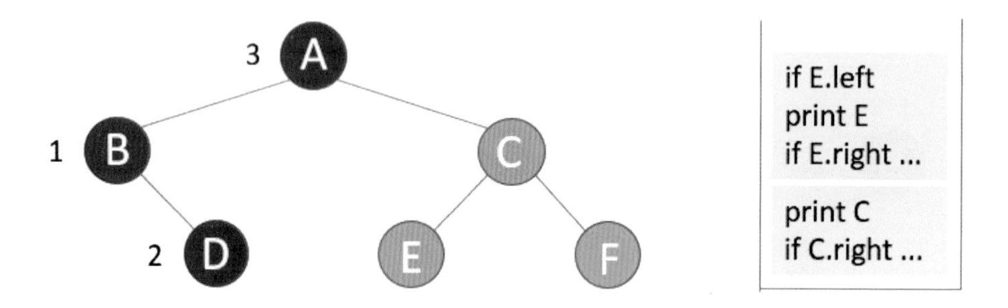

10： 由於 E 沒有左子樹，所以 if E.left … 執行結束，執行 print E。

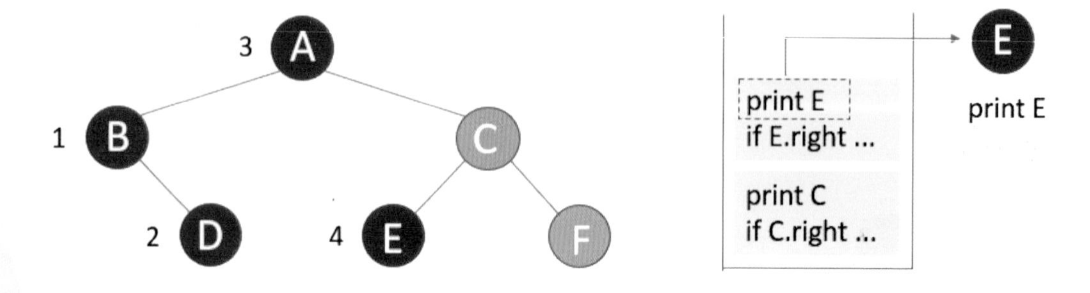

11： E 沒有右子樹，所以 if E.right … 執行結束，接下來執行 print C。

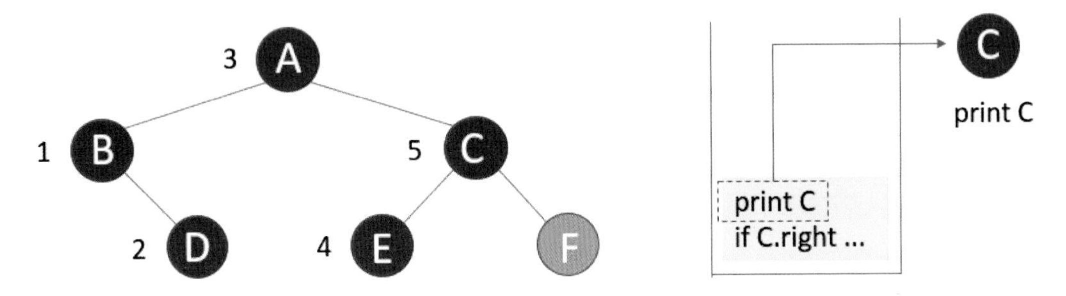

12： 因為 C 的右子樹 F 存在，所以進入 F 的遞迴 inorder( )。

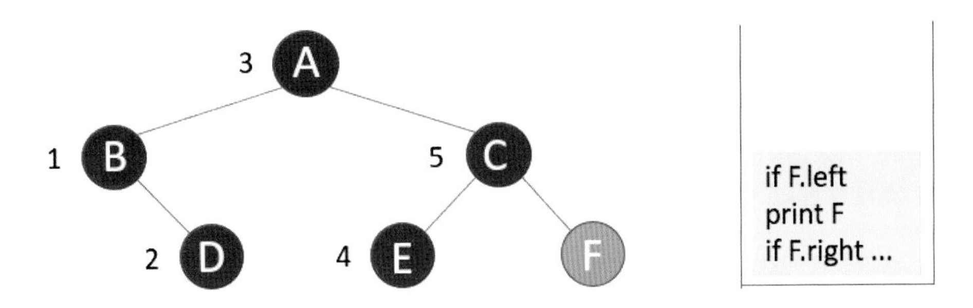

13： 由於 F 沒有左子樹，所以 if F.left … 執行結束，執行 print F。

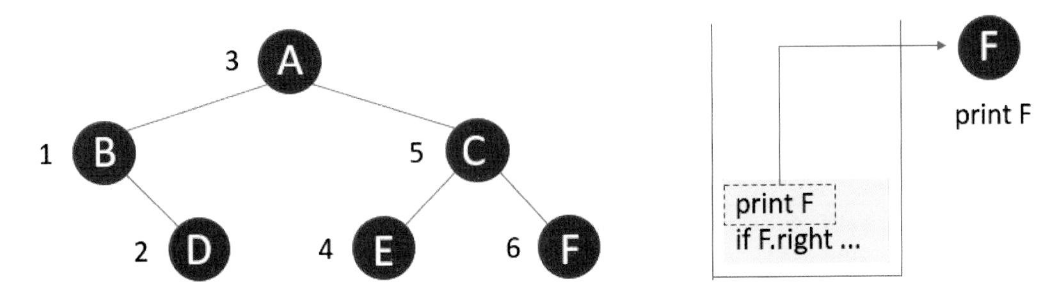

14： 由於 F 沒有右子樹，所以執行結束。

上述節點旁的數值則是列印的順序。

6-6-5 遍歷二元樹使用前序 (preorder) 列印

下列是與 6-6-4 節相同的二元樹結構：

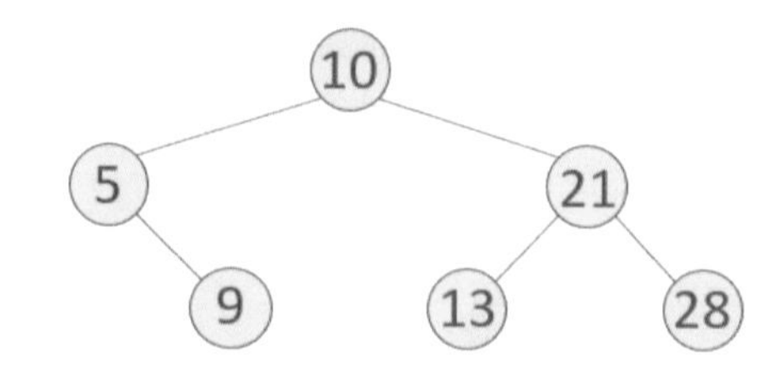

所謂前序列印是每當走訪一個節點就處理此節點，遍歷順序是往左子樹走，直到無法前進，接著往右走。也可以用另一種解釋，根節點 (Root，縮寫是 D)、遍歷左子樹 (Left，縮寫是 L)、遍歷右子樹 (Right，縮寫是 R) ，整個遍歷過程簡稱是 DLR。

用這個觀念遍歷上述二元樹可以得到下列結果：

10, 5, 9, 21, 13, 28

依上述觀念設計前序列印的遞迴函數步驟如下：

1：處理此節點。

2：如果左子樹節點存在，則遞迴呼叫 self.left.preorder( )，往左子樹走。

3：如果右子樹節點存在，則遞迴呼叫 self.right.preorder( )，往右子樹走。

程式實例 ch6_5.py：使用 10, 21, 5, 9, 13, 28 系列數字建立一個二元樹，然後使用前序方式列印。

```
1  # ch6_5.py
2  class Node():
3      def __init__(self, data=None):
4          ''' 建立二元樹的節點 '''
5          self.data = data
6          self.left = None
7          self.right = None
8
9      def insert(self, data):
10         ''' 建立二元樹 '''
11         if self.data:                               # 如果根節點存在
12             if data < self.data:                    # 插入值小於目前節點值
13                 if self.left:
14                     self.left.insert(data)          # 遞迴呼叫往下一層
15                 else:
16                     self.left = Node(data)          # 建立新節點存放資料
17             else:                                   # 插入值大於目前節點值
18                 if self.right:
19                     self.right.insert(data)
```

```
20                  else:
21                      self.right = Node(data)
22          else:                                           # 如果根節點不存在
23              self.data = data                            # 建立根節點
24
25      def preorder(self):
26          ''' 前序列印 '''
27          print(self.data)                                # 列印
28          if self.left:                                   # 如果左子節點存在
29              self.left.preorder()                        # 遞迴呼叫下一層
30          if self.right:                                  # 如果右子節點存在
31              self.right.preorder()                       # 遞迴呼叫下一層
32
33  tree = Node()                                           # 建立二元樹物件
34  datas = [10, 21, 5, 9, 13, 28]                          # 建立二元樹數據
35  for d in datas:
36      tree.insert(d)                                      # 分別插入數據
37  tree.preorder()                                         # 前序列印
```

執行結果

```
==================== RESTART: D:/Algorithm/ch6/ch6_5.py ====================
10
5
9
21
13
28
```

下列二元樹節點左邊的數字是前序遍歷列出節點值的順序。

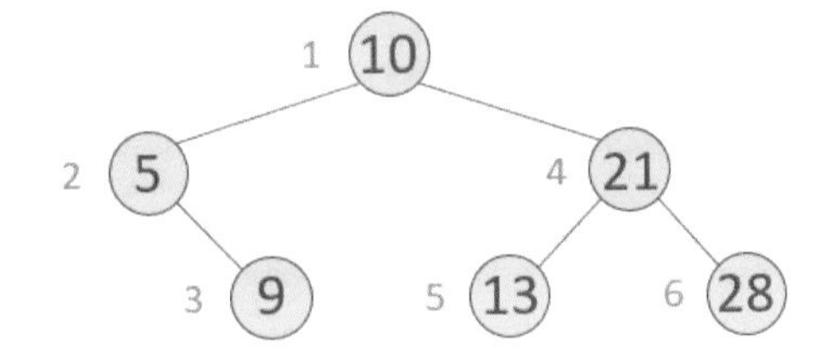

為了方便解說，筆者將節點改為英文字母，然後分析整個第 25-31 行遞迴 preorder( ) 函數遍歷過程：

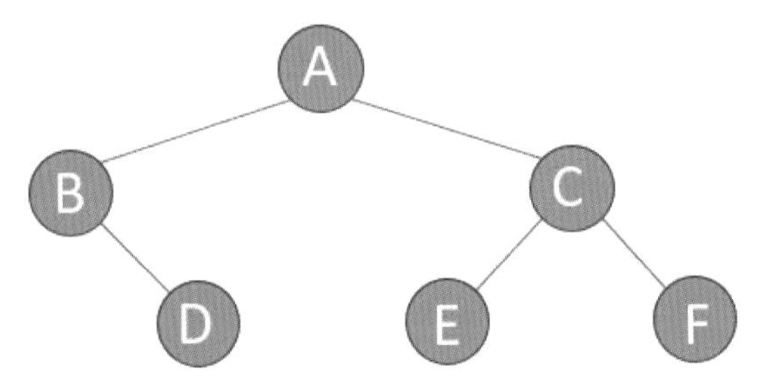

1：由 A 進入 preorder( )。

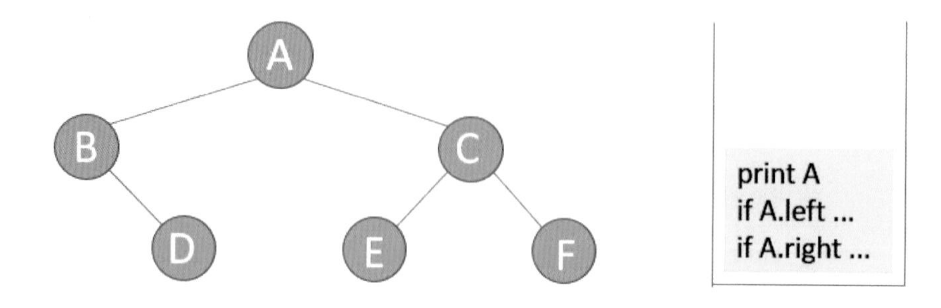

2：執行 print A。

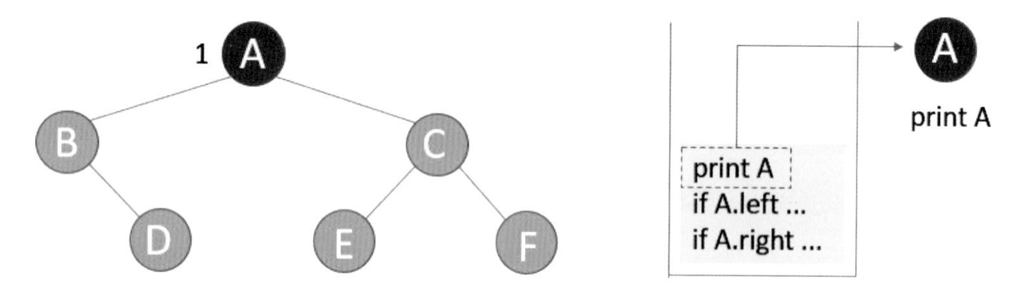

3：因為 A 的左子樹 B 存在，所以進入 B 的遞迴 preorder( )。

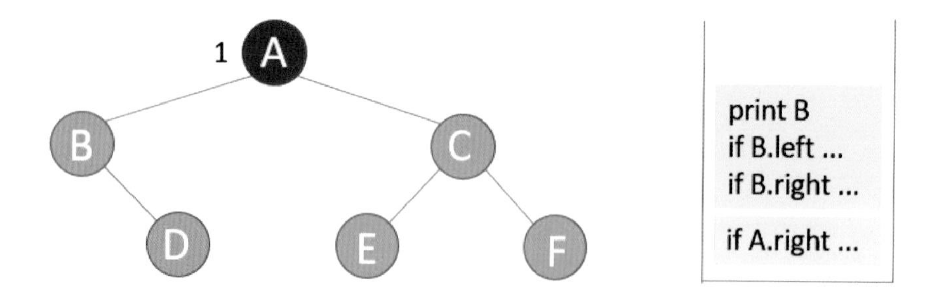

4：執行 print B。

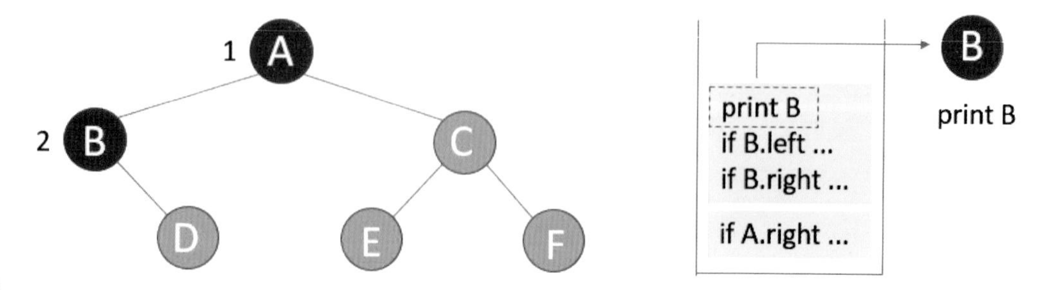

5：由於 B 沒有左子樹，所以 if B.left … 執行結束。

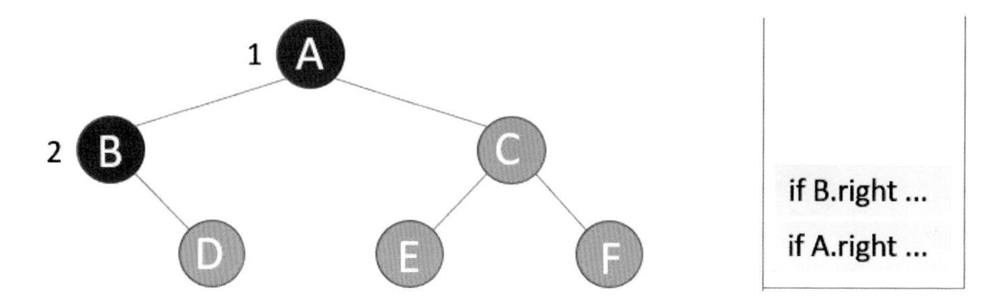

6：因為 B 的右子樹 D 存在，所以進入 D 的遞迴 preorder( )。

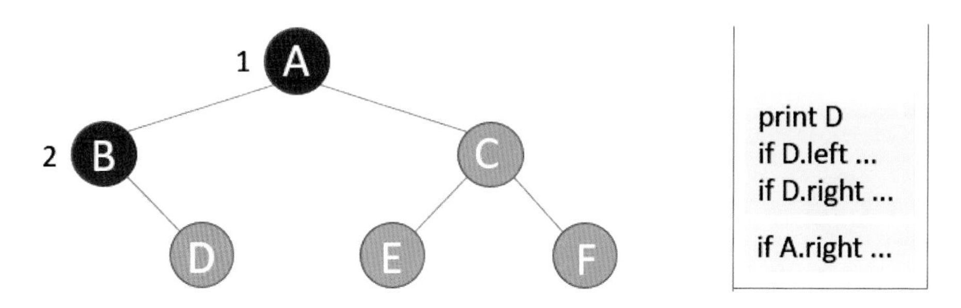

7：執行 print D。

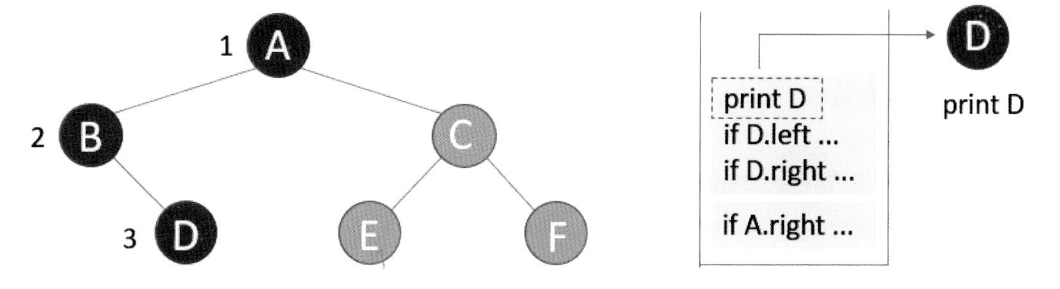

8：由於 D 沒有左子樹，所以 if D.left … 執行結束。

9：由於 D 沒有右子樹，所以 if D.right … 執行結束。

10：因為 A 的右子樹 C 存在，所以進入 C 的遞迴 preorder( )。

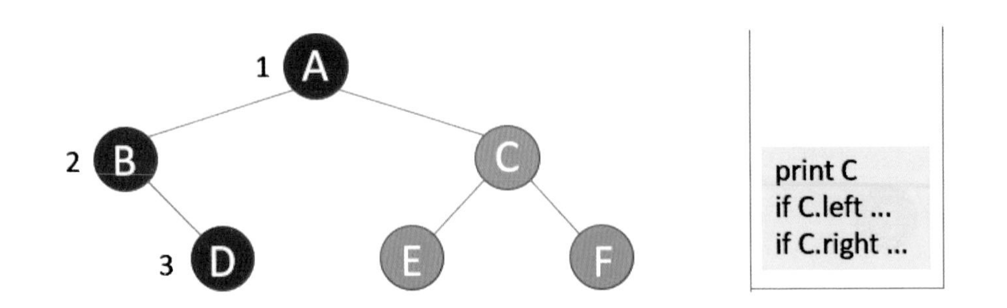

11：執行 print C。

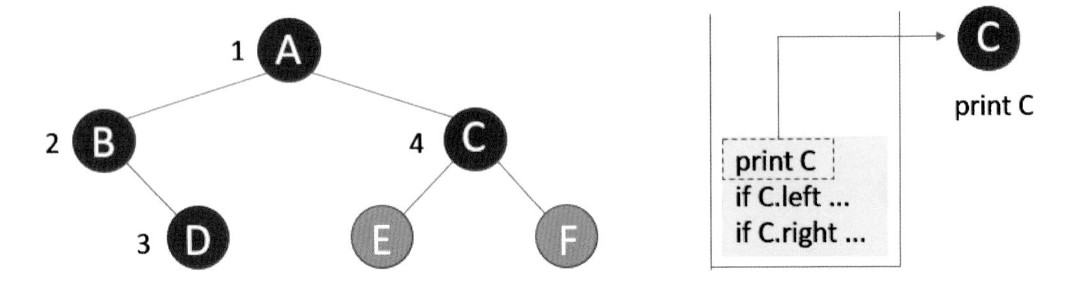

12：因為 C 的左子樹 E 存在，所以進入 E 的遞迴 preorder( )。

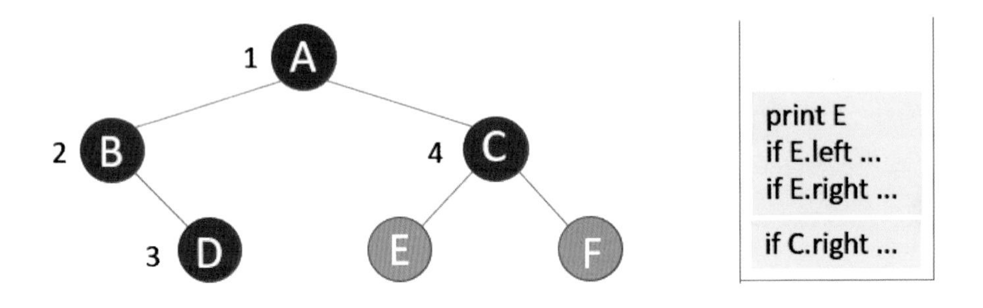

13：執行 print E。

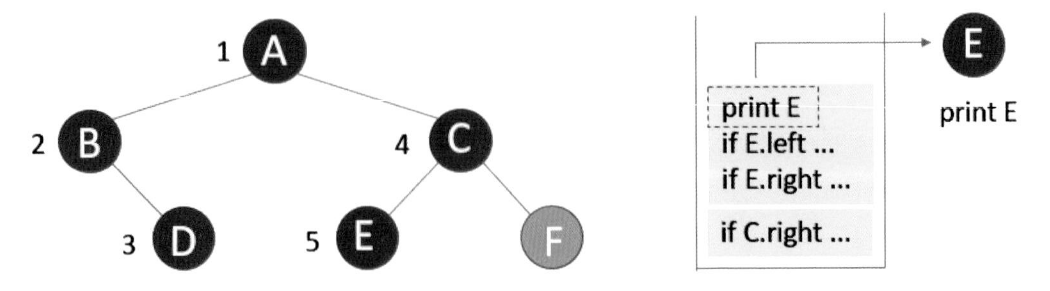

14：由於 E 沒有左子樹，所以 if E.left … 執行結束。

15：由於 E 沒有右子樹，所以 if E.right … 執行結束。

16：因為 C 的右子樹 F 存在，所以進入 F 的遞迴 preorder( )。

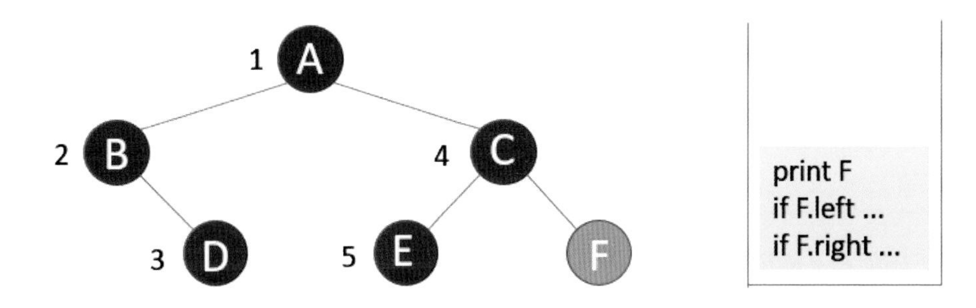

17：執行 print F。

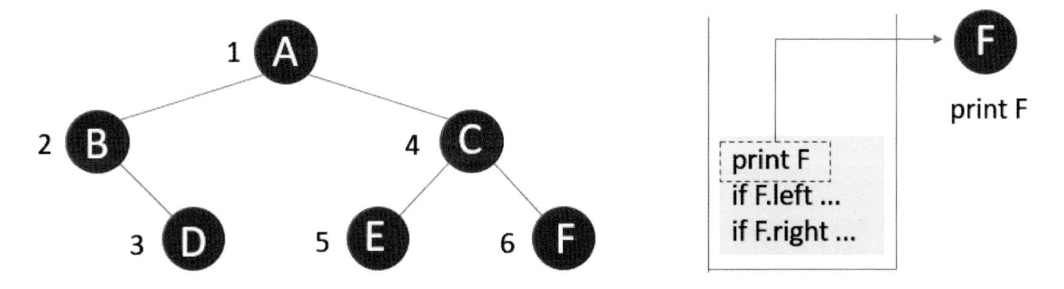

18：由於 F 沒有左子樹，所以 if F.left … 執行結束。

19：由於 F 沒有右子樹，所以 if F.right … 執行結束。

6-6-6　遍歷二元樹使用後序 (postorder) 列印

下列是與 6-6-4 節相同的二元樹結構：

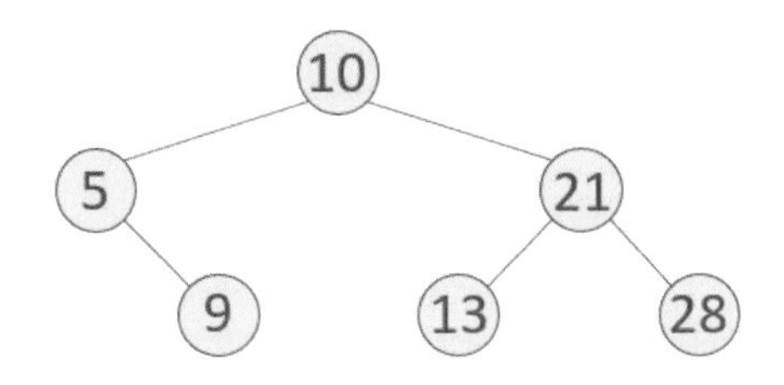

所謂後序列印和前序列印是相反的，每當走訪一個節點需要等到兩個子節點走訪完成，才處理此節點。也可以用另一種解釋，遍歷左子樹 (Left，縮寫是 L)、遍歷右子樹 (Right，縮寫是 R)、根節點 (Root，縮寫是 D)，整個遍歷過程簡稱是 LRD。

用這個觀念遍歷上述二元樹可以得到下列結果：

9, 5, 13, 28, 21, 10

依上述觀念設計後序列印的遞迴函數步驟如下：

1：如果左子樹節點存在，則遞迴呼叫 self.left.postorder( )，往左子樹走。

2：如果右子樹節點存在，則遞迴呼叫 self.right.preorder( )，往右子樹走。

3：處理此節點。

程式實例 ch6_6.py：使用 10, 21, 5, 9, 13, 28 系列數字建立一個二元樹，然後使用後序方式列印。

```
1  # ch6_6.py
2  class Node():
3      def __init__(self, data=None):
4          ''' 建立二元樹的節點 '''
5          self.data = data
6          self.left = None
7          self.right = None
8
9      def insert(self, data):
10         ''' 建立二元樹 '''
11         if self.data:                        # 如果根節點存在
12             if data < self.data:             # 插入值小於目前節點值
13                 if self.left:
14                     self.left.insert(data)   # 遞迴呼叫往下一層
15                 else:
16                     self.left = Node(data)   # 建立新節點存放資料
17             else:                            # 插入值大於目前節點值
18                 if self.right:
19                     self.right.insert(data)
20                 else:
21                     self.right = Node(data)
22         else:                                # 如果根節點不存在
23             self.data = data                 # 建立根節點
24
25     def postorder(self):
26         ''' 後序列印 '''
27         if self.left:                        # 如果左子節點存在
```

```
28                  self.left.postorder()          # 遞迴呼叫下一層
29              if self.right:                     # 如果右子節點存在
30                  self.right.postorder()         # 遞迴呼叫下一層
31              print(self.data)                   # 列印
32
33  tree = Node()                                  # 建立二元樹物件
34  datas = [10, 21, 5, 9, 13, 28]                 # 建立二元樹數據
35  for d in datas:
36      tree.insert(d)                             # 分別插入數據
37  tree.postorder()                               # 後序列印
```

執行結果

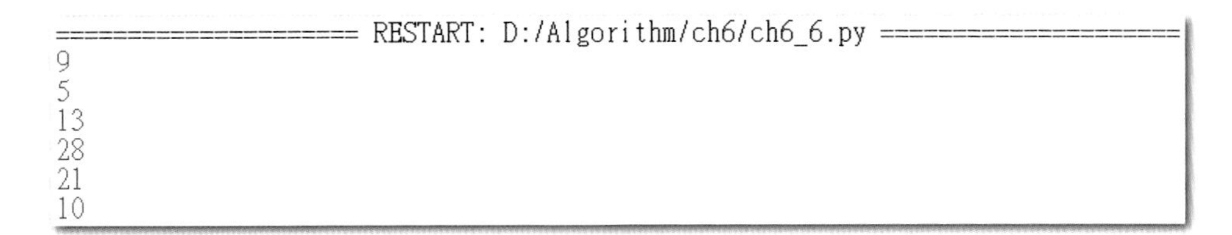

```
==================== RESTART: D:/Algorithm/ch6/ch6_6.py ====================
9
5
13
28
21
10
```

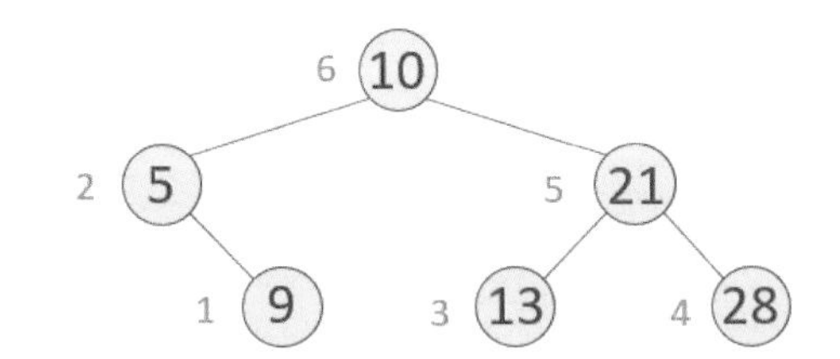

為了方便解說，筆者將節點改為英文字母，然後分析整個第 25-31 行遞迴 postorder( ) 函數遍歷過程：

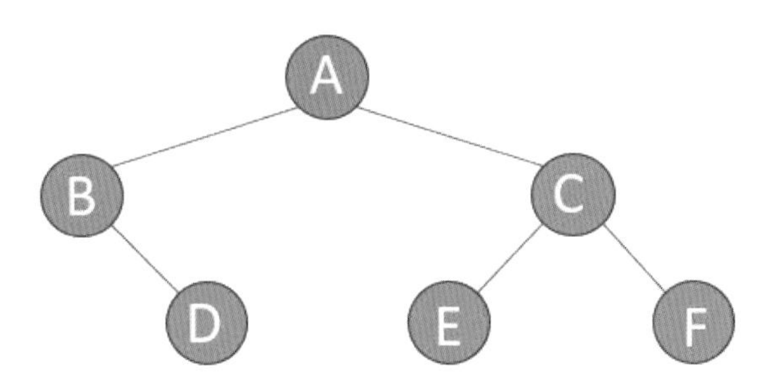

1：由 A 進入 postorder( )。

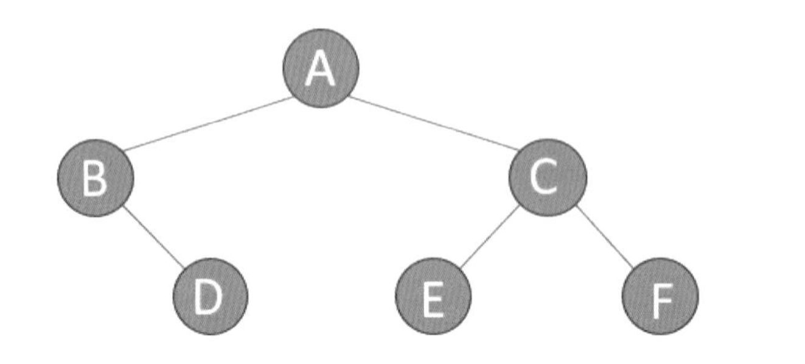


```
if A.left ...
if A.right ...
print A
```

2：因為 A 的左子樹 B 存在，所以進入 B 的遞迴 postorder( )。

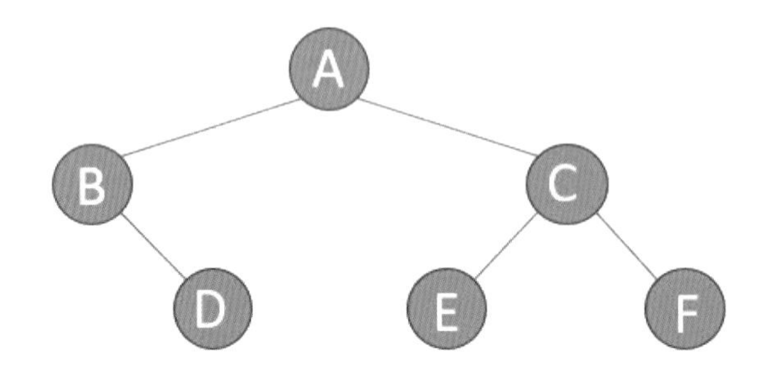


```
if B.left ...
if B.right ...
print B

if A.right ...
print A
```

3：由於 B 沒有左子樹，所以 if B.left … 執行結束。

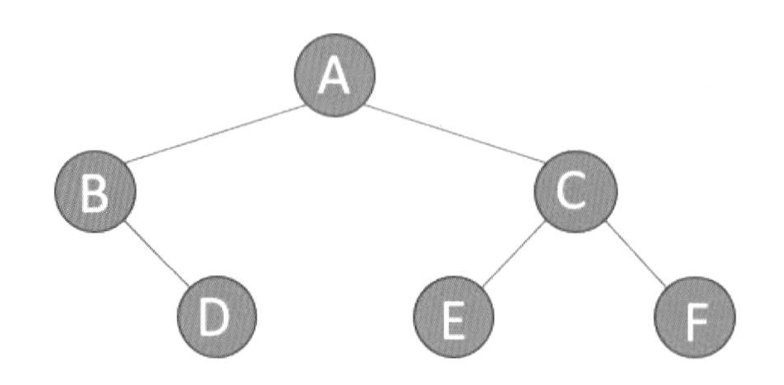


```
if B.right ...
print B

if A.right ...
print A
```

4：因為 B 的右子樹 D 存在，所以進入 D 的遞迴 postorder( )。

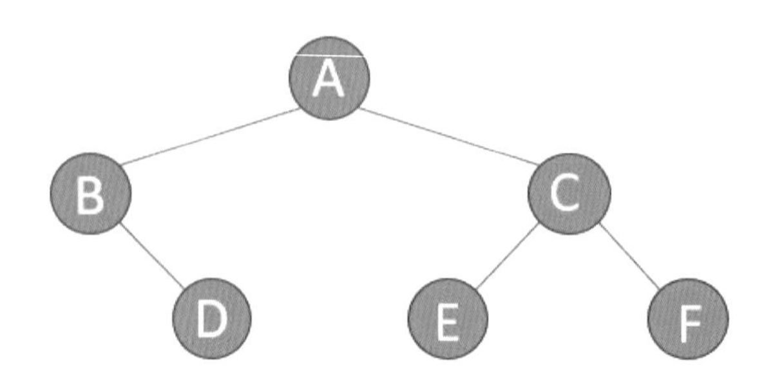


```
if D.left ...
if D.right ...
print D

print B

if A.right ...
print A
```

5：由於 D 沒有左子樹，所以 if D.left … 執行結束。

6：由於 D 沒有右子樹，所以 if D.right … 執行結束。

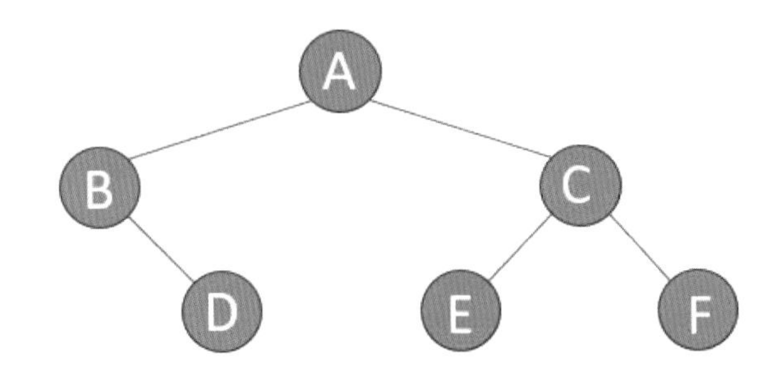

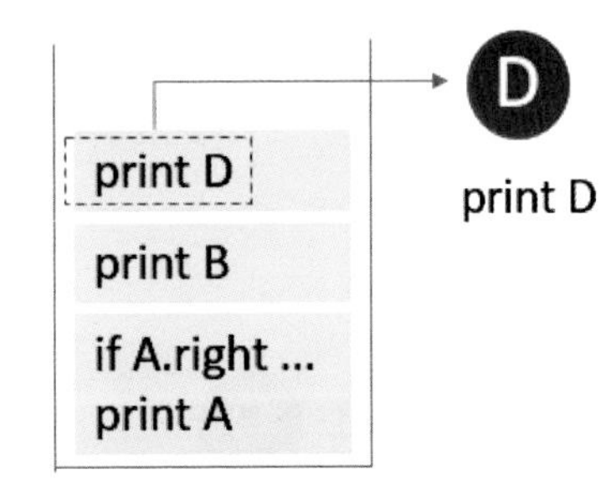

7：執行 print D。

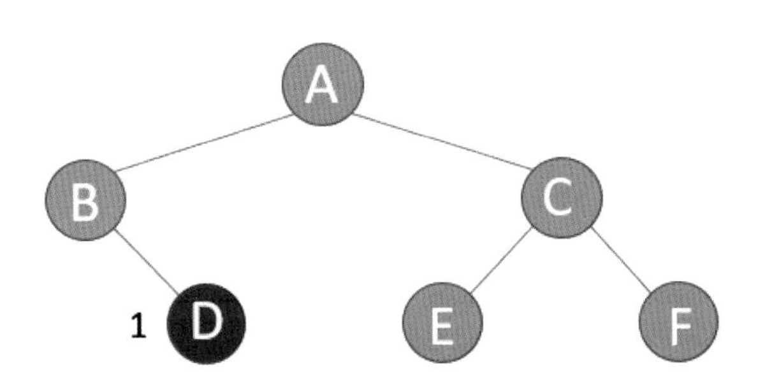

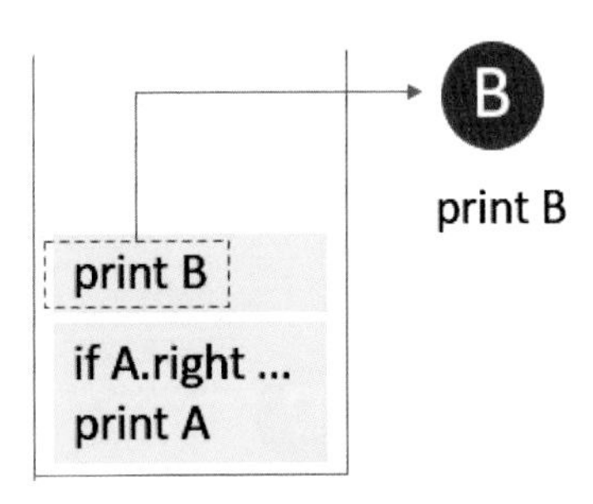

8：執行 print B。

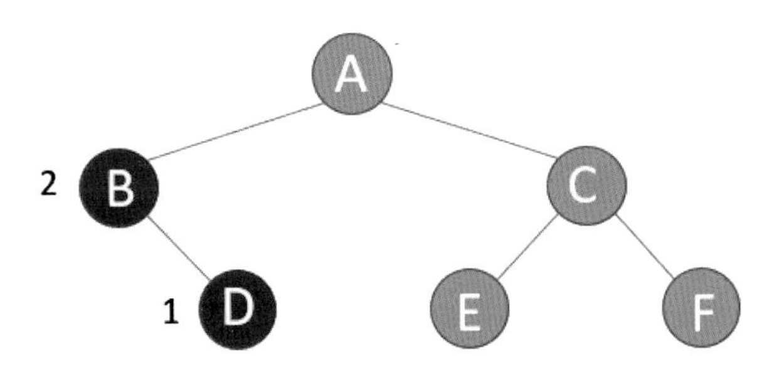

print B
if A.right ...
print A
B
print B

9：因為 A 的右子樹 C 存在，所以進入 C 的遞迴 postorder( )。

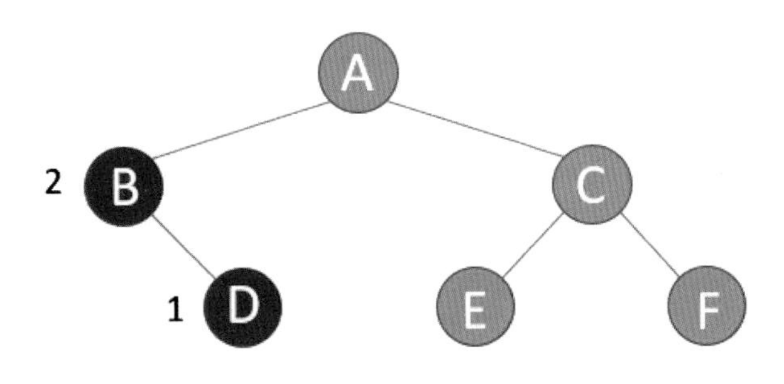

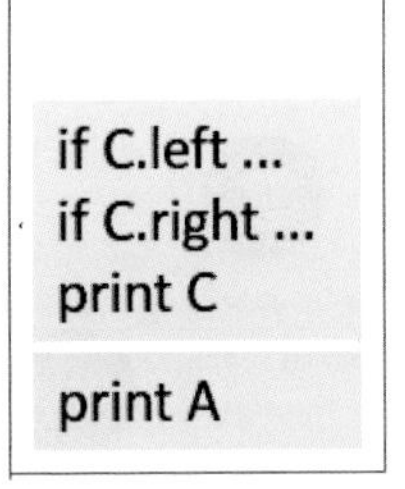

10：因為 C 的左子樹 E 存在，所以進入 E 的遞迴 postorder( )。

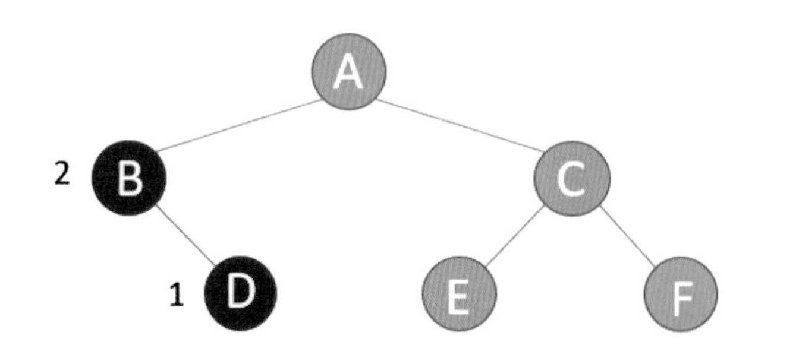

if E.left ...
if E.right ...
print E

if C.right ...
print C

print A

11：由於 E 沒有左子樹，所以 if E.left … 執行結束。

12：由於 E 沒有右子樹，所以 if E.right … 執行結束。

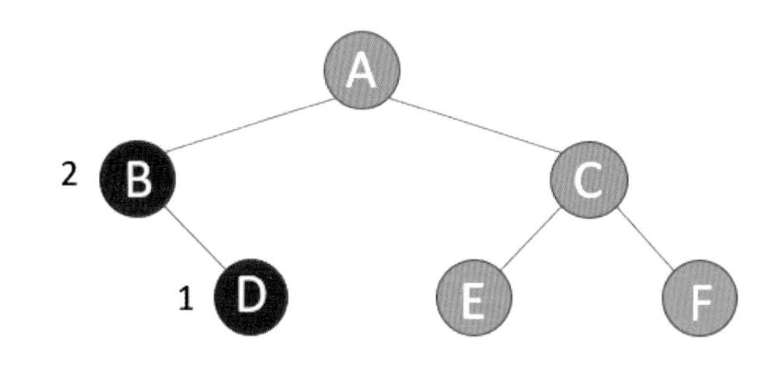

print E

if C.right ...
print C

print A

13：執行 print E。

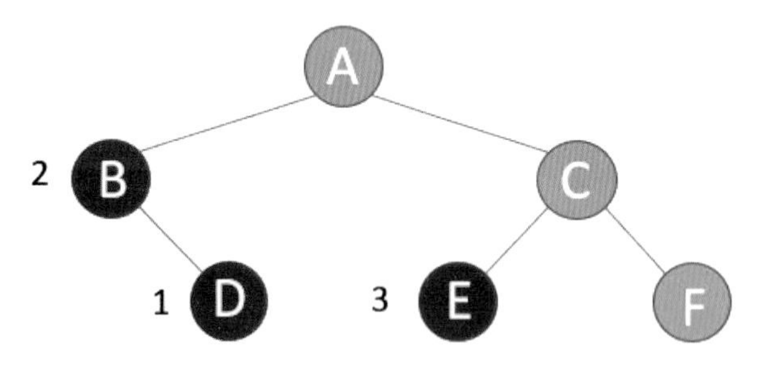

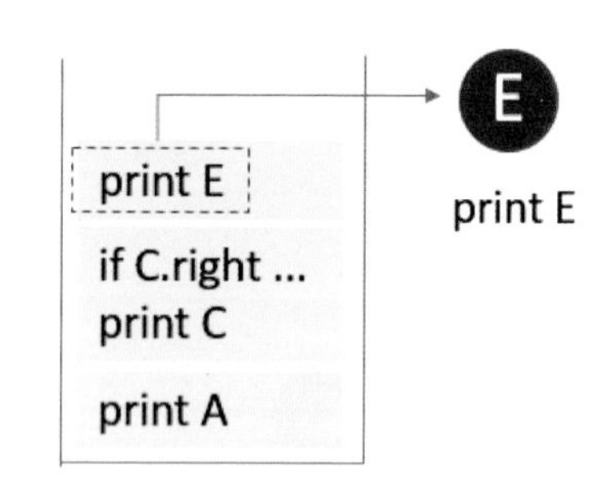

14：因為 C 的右子樹 F 存在，所以進入 F 的遞迴 postorder( )。

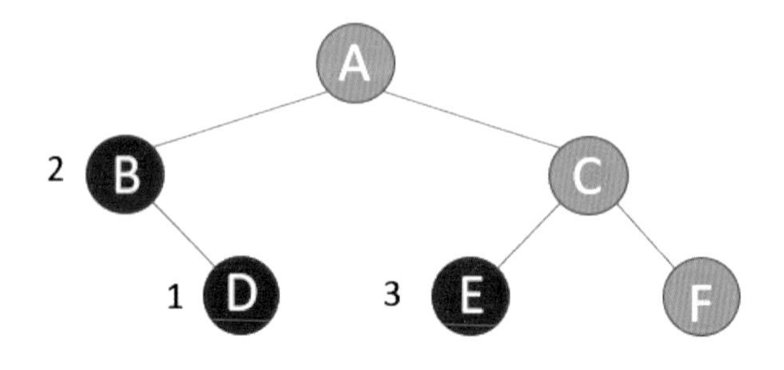

if F.left ...
if F.right ...
print F

print C

print A

15： 由於 F 沒有左子樹，所以 if F.left … 執行結束。

16： 由於 F 沒有右子樹，所以 if F.right … 執行結束。

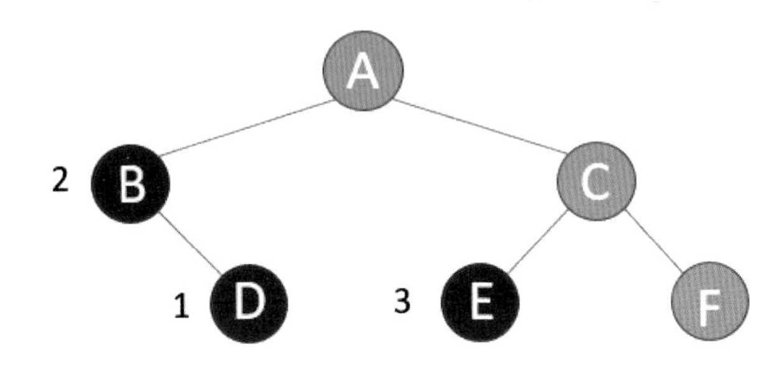

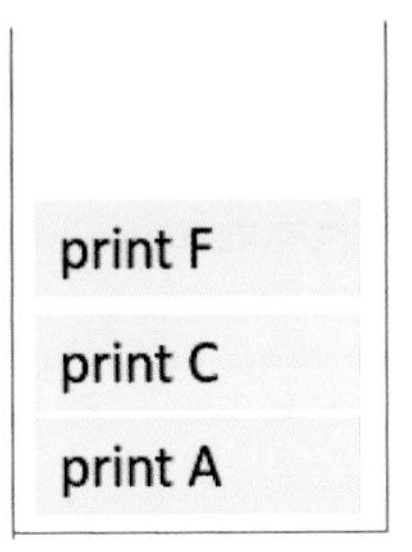

17： 執行 print F。

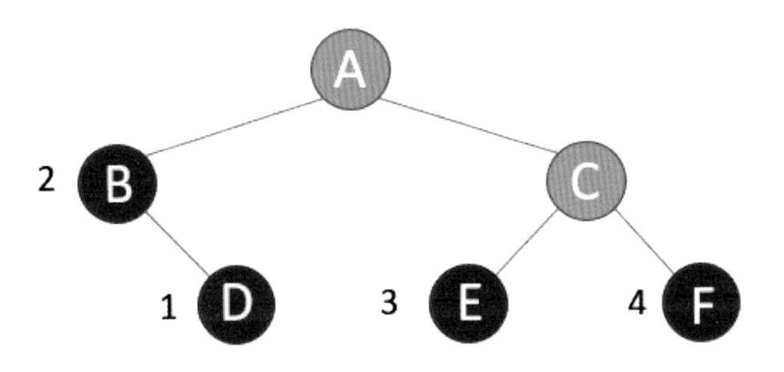

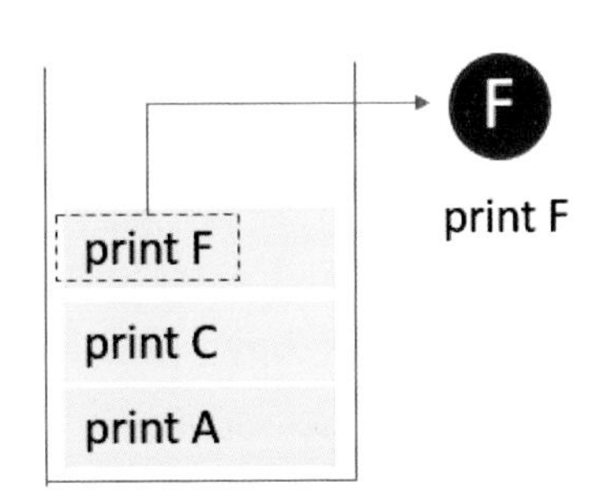

18： 執行 print C。

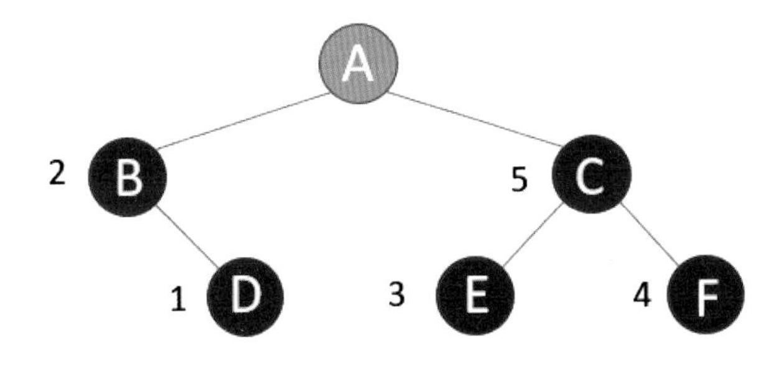

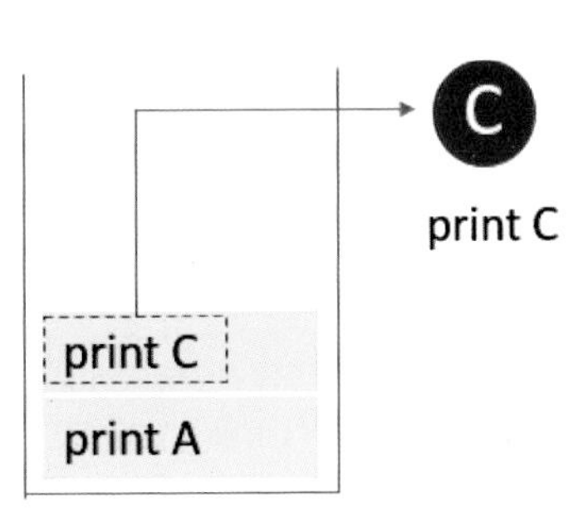

19： 執行 print A。

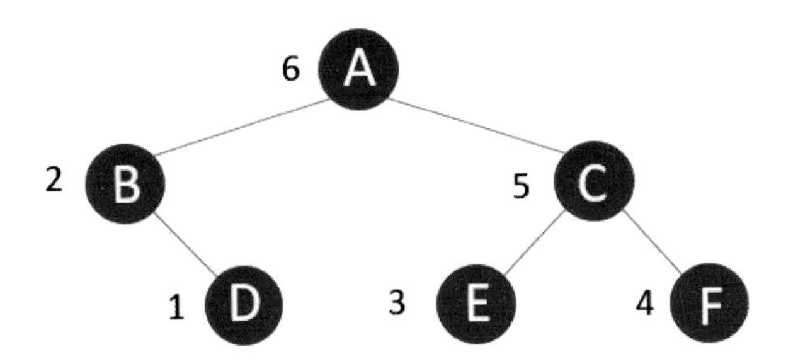

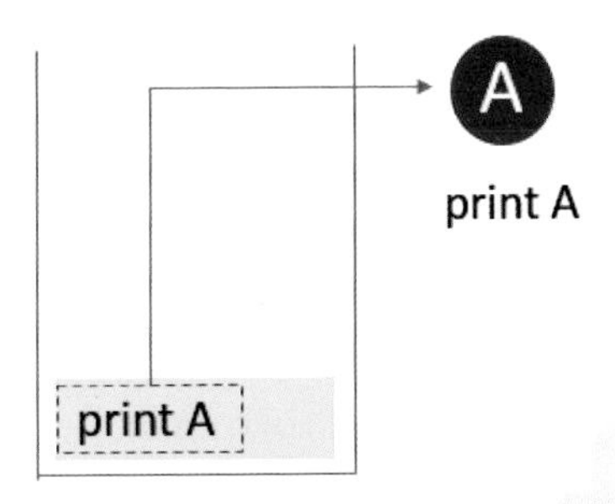

6-6-7　二元樹節點的搜尋

將一系列資料建立成二元樹後，執行二元樹的資料搜尋整個工作變得容易許多，可以將想要搜尋的資料與二元樹的節點做比較，如果小於節點的值則往左搜尋，反之如果大於節點的值則往右搜尋。如果往左或往右搜尋時節點已經不存在，則表示所搜尋的資料不存在。

```
25      def search(self, val):
26          ''' 搜尋特定值 '''
27          if val < self.data:                      # 如果搜尋值小於目前節點值
28              if not self.left:                    # 如果左子節點不存在
29                  return str(val) + " 不存在"
30              return self.left.search(val)         # 遞迴繼續往左子樹找尋
31          elif val > self.data:                    # 如果搜尋值大於目前節點值
32              if not self.right:                   # 如果右子節點不存在
33                  return str(val) + " 不存在"
34              return self.right.search(val)
35          else:
36              return str(val) + " 找到了"
```

程式實例 ch6_7.py：建立二元樹，然後使用輸入資料，程式可以回應是否找到資料。

```
1   # ch6_7.py
2   class Node():
3       def __init__(self, data=None):
4           ''' 建立二元樹的節點 '''
5           self.data = data
6           self.left = None
7           self.right = None
8   
9       def insert(self, data):
10          ''' 建立二元樹 '''
11          if self.data:                             # 如果根節點存在
12              if data < self.data:                  # 插入值小於目前節點值
13                  if self.left:
14                      self.left.insert(data)        # 遞迴呼叫往下一層
15                  else:
16                      self.left = Node(data)        # 建立新節點存放資料
17              else:                                 # 插入值大於目前節點值
18                  if self.right:
19                      self.right.insert(data)
20                  else:
21                      self.right = Node(data)
22          else:                                     # 如果根節點不存在
23              self.data = data                      # 建立根節點
24  
25      def search(self, val):
26          ''' 搜尋特定值 '''
27          if val < self.data:                       # 如果搜尋值小於目前節點值
28              if not self.left:                     # 如果左子節點不存在
29                  return str(val) + " 不存在"
```

```
30              return self.left.search(val)        # 遞迴繼續往左子樹找尋
31          elif val > self.data:                   # 如果搜尋值大於目前節點值
32              if not self.right:                  # 如果右子節點不存在
33                  return str(val) + " 不存在"
34              return self.right.search(val)
35          else:
36              return str(val) + " 找到了"
37
38  tree = Node()                                   # 建立二元樹物件
39  datas = [10, 21, 5, 9, 13, 28]                  # 建立二元樹數據
40  for d in datas:
41      tree.insert(d)                              # 分別插入數據
42
43  n = eval(input("請輸入欲搜尋資料 : "))
44  print(tree.search(n))
```

執行結果

```
==================== RESTART: D:/Algorithm/ch6/ch6_7.py ====================
請輸入欲搜尋資料 : 21
21 找到了
>>>
==================== RESTART: D:/Algorithm/ch6/ch6_7.py ====================
請輸入欲搜尋資料 : 100
100 不存在
```

6-6-8 二元樹節點的刪除

有關二元樹節點的刪除的演算法則以及圖說可以參考 6-2 節，本節主要是程式的實作，在本節實例筆者建立了 Delete_Node 類別，在這個類別主要有 3 個方法：

1：deleteNode( )：刪除節點。

2：left_node( )：找出原刪除節點的左子樹節點。

3：max_node( )：找左子樹最大節點，未來用此節點值建立新節點取代被刪除的節點。

程式實例 ch6_8.py：使用 10, 5, 21, 9, 13, 28, 3, 4, 1, 17, 32 建立一個二元樹，請使用中序列印，然後刪除 5，最後再用一次中序列印。

```
1  # ch6_8.py
2  class Node():
3      def __init__(self, data=None):
4          ''' 建立二元樹的節點 '''
5          self.data = data
6          self.left = None
7          self.right = None
8
```

```
9       def insert(self, data):
10          ''' 建立二元樹 '''
11          if self.data:                           # 如果根節點存在
12              if data < self.data:                # 插入值小於目前節點值
13                  if self.left:
14                      self.left.insert(data)      # 遞迴呼叫往下一層
15                  else:
16                      self.left = Node(data)      # 建立新節點存放資料
17              else:                               # 插入值大於目前節點值
18                  if self.right:
19                      self.right.insert(data)
20                  else:
21                      self.right = Node(data)
22          else:                                   # 如果根節點不存在
23              self.data = data                    # 建立根節點
24
25      def inorder(self):
26          ''' 中序列印 '''
27          if self.left:                           # 如果左子節點存在
28              self.left.inorder()                 # 遞迴呼叫下一層
29          print(self.data)                        # 列印
30          if self.right:                          # 如果右子節點存在
31              self.right.inorder()                # 遞迴呼叫下一層
32
33  class Delete_Node():
34      def deleteNode(self, root, key):
35          if root is None:                        # 二元樹不存在返回
36              return None
37          if key < root.data:                     # 刪除值小於root值則往左
38              root.left = self.deleteNode(root.left, key)
39              return root
40          if key > root.data:                     # 刪除值大於root值則往右
41              root.right = self.deleteNode(root.right, key)
42              return root
43          if root.left is None:                   # 左邊節點不存在
44              new_root = root.right
45              return new_root
46          if root.right is None:                  # 右邊節點不存在
47              new_root = root.left
48              return new_root
49          succ = self.max_node(root.left)         # 找左子樹中最大值的節點
50          tmp = Node(succ.data)                   # 用此最大值建立節點
51          tmp.left = self.left_node(root.left)    # 串接原刪除節點的左子樹
52          tmp.right = root.right                  # 節點串接原刪除節點的右子樹
53          return tmp
54
55      def left_node(self, node):
56          ''' 找出原刪除節點左子樹 '''
57          if node.right is None:                  # 右子節點不存在
58              new_root = node.left                # 使用左子節點
59              return new_root
60          node.right = self.left_node(node.right) # 進入下一層
61          return node
62
```

```
63      def max_node(self, node):
64          '''  找尋最大值節點 '''
65          while node.right:                          # 如果是否則node是最大值節點
66              node = node.right
67          return node
68
69  tree = Node()                                      # 建立二元樹物件
70  datas = [10, 5, 21, 9, 13, 28, 3, 4, 1, 17, 32] # 建立二元樹數據
71  for d in datas:
72      tree.insert(d)                                 # 分別插入數據
73  tree.inorder()                                     # 中序列印
74  del_data = 5
75  print("刪除 %d 資料後" % del_data)
76  delete_obj = Delete_Node()                         # 建立刪除節點物件
77  result = delete_obj.deleteNode(tree, del_data)    # 刪除操作
78  result.inorder()                                   # 中序列印
```

執行結果

```
===================== RESTART: D:\Algorithm\ch6\ch6_8.py =====================
1
3
4
5
9
10
13
17
21
28
32
刪除 5 資料後
1
3
4
9
10
13
17
21
28
32
```

6-6-9　二元樹的應用與工作效率

本章所使用的二元樹節點內容是數字，其實也適合使用此節點儲存英文名字同時執行依字母大小排序，例如下列所示：

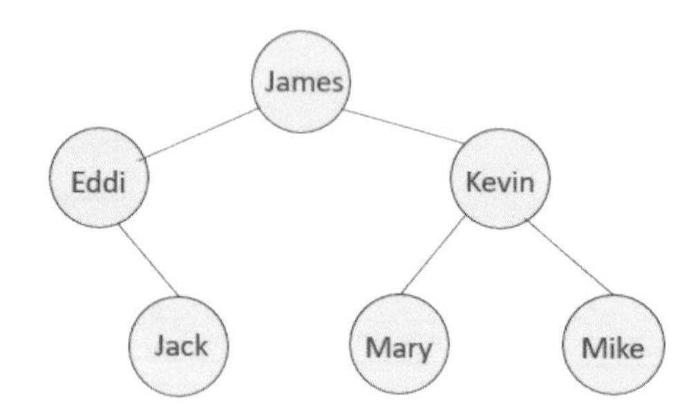

上述 James 的 J 比 Eddi 的 E 字元碼值大所以 Eddi 是在 James 根節點的左邊，Kevin 的 K 比 James 的 J 字元碼值大，所以 Kevin 是在 James 根節點的右邊。上述的平均搜尋時間是 O(log n)，如果臉書上有 10 億個用戶，如果電腦每秒可以比對 100 萬次，臉書要確定使用者是否用戶，使用陣列依序搜尋所需時間是 O(n)，兩者相差如下：

	陣列 (未排序)	二元樹
時間複雜度	O(n)	O(log n)
所需時間	16 分鐘 40 秒	約 0.00002897 秒

由上表讀者可以知道，適度將資料處理，以及使用好的搜尋方式，對於整個工作效率可以提高很多。不過如果先將陣列排序，在執行搜尋時若是使用二分搜尋法，所需的時間兩者相同。

至於其他工作的時間複雜度如下：

	陣列 (已排序)	二元樹
搜尋	O(log n)	O(log n)
插入	O(n)	O(log n)
刪除	O(n)	O(log n)

由上表可以看到，二元樹在插入與刪除方面的表現，比陣列好非常多。

6-7 二元樹的缺點

前面實例筆者皆是假設節點的分佈是平衡的，假設有一系列數據如下：

3、1、6、8、10、12、14、20

依據 6-1 節的觀念，可以建立下列二元樹：

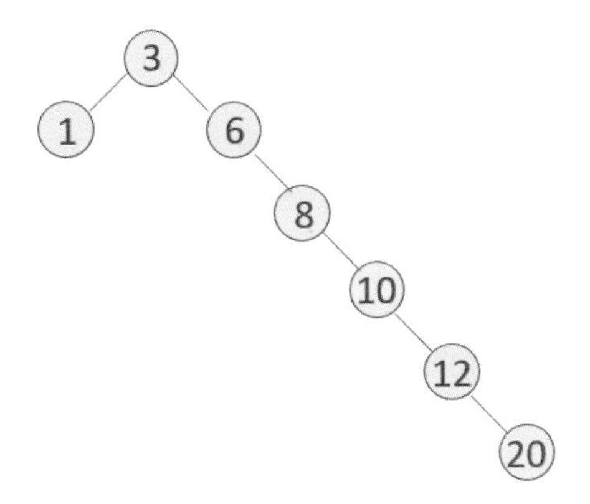

上述二元樹的節點分佈是不平衡，這時執行搜尋、插入或刪除的效能就會變得不好。下一章會介紹可以節點保持平衡的二元樹，稱堆積樹 (Heap tree)，可以改良上述情況。

6-8 習題

1. 使用 10, 5, 21, 9, 13, 28, 3, 4, 1, 17, 32 建立二元樹，請使用前序列印，同時計算此二元樹的葉節點數量。

```
==================== RESTART: D:/Algorithm/ex/ex6_1.py ====================
所建的二元樹前序列印如下 :
10
5
3
1
4
9
21
13
17
28
32
葉節點數量 =  5
```

2. 使用 10, 5, 21, 9, 13, 28, 3, 4, 1, 17, 32 建立二元樹，請使用後序列印，同時計算二元樹的層次數 (也可稱深度)。

```
==================== RESTART: D:/Algorithm/ex/ex6_2.py ====================
所建的二元樹後序列印如下 :
1
4
3
9
5
17
13
32
28
21
10
二元樹的深度 =  4
```

3. 程式實例 ch6_8.py 刪除節點時，假設此節點有左子樹和右子樹，是使用從左子樹中找出最大值節點取代被刪除節點，請使用相同數據，將程式改為使用後序列印，同時從右子樹找出最小值取代被刪除節點，此例所要刪除的節點是根節點 10。

```
==================== RESTART: D:/Algorithm/ex/ex6_3.py ====================
1
4
3
9
5
17
13
32
28
21
10
刪除 10 資料後
1
4
3
9
5
17
32
28
21
13
```

第七章

堆積樹 (Heap Tree)

堆積樹 (Heap Tree) 是一種二元樹，每個節點最多 2 個子節點，更進一步說堆積樹外觀是屬於完全二元樹 (Complete Binary Tree，可參考 6-4 節)，有 2 種堆積方法：

- 最大堆積樹 (Maximum Heap)

根節點 (root node) 的值是堆積樹中所有節點的最大值，每個父節點的值一定大於或等於子節點的值。常用於找出最大值的應用，或是將資料由大到小排序的應用。

- 最小堆積樹 (Minimum Heap)

根節點 (root node) 的值是堆積樹中所有節點的最小值，每個父節點的值一定小於或等於子節點的值。常用於找出最小值的應用，或是將資料由小到大排序的應用。

至於不管是最大堆積樹或是最小堆積樹，同一層的節點，則不需理會大小關係。

7-1 建立堆積樹

這一節筆者舉例最小堆積樹的建立過程，除了第一個數據是放在根節點，其他則是先將數據插入最下層最左的空節點，當最下層已滿，則建立新的最下層存放數據。數據存放完成，接著將數據與父節點做比較，如果數據比父節點小，則將數據與父節點對調，繼續與父節點比較，直到數據比父節點大。或是數據已經是在根節點，也可以停止位置調整。

有一系列數據分別是 10、21、5、9、13、28、3，假設我們要為這些數據建立最小堆積樹的過程，其方法是，首先將上述序列處理成下列二元樹。

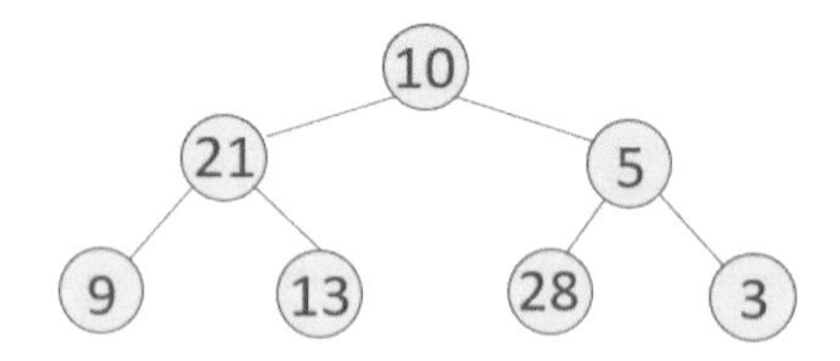

接著程式必須可以自己調整上述二元樹成為二元堆積樹，基本觀念是，父節點值一定要小於等於子節點值。調整方式是從含有子節點的節點開始調整，若以上述為例，10、21、5 節點有子節點，由後往前逐步調整節點，所以調整順序是節點 5、10、21。

- 步驟 1：

先處理節點 5，由於節點 5 大於子節點 3，所以節點 5 與節點 3 的值對調。

註 如果父節點小於 2 個子節點，則父節點與比較小的子節點值對調。

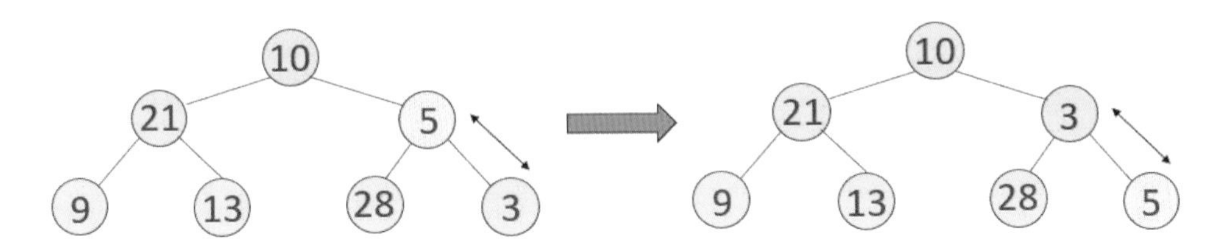

❑ 步驟 2：

第 2 步是處理節點 21，由於節點 21 大於子節點 9 和 13，其中節點 9 比節點 13 小，所以將節點 21 與較小值的節點 9 對調。

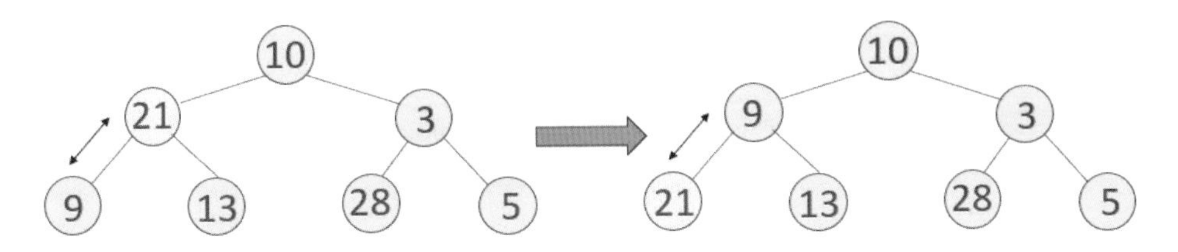

❑ 步驟 3：

第 3 步是處理節點 10，由於節點 10 大於 2 個子節點中的節點 3，所以先將節點 10 與節點 3 對調。

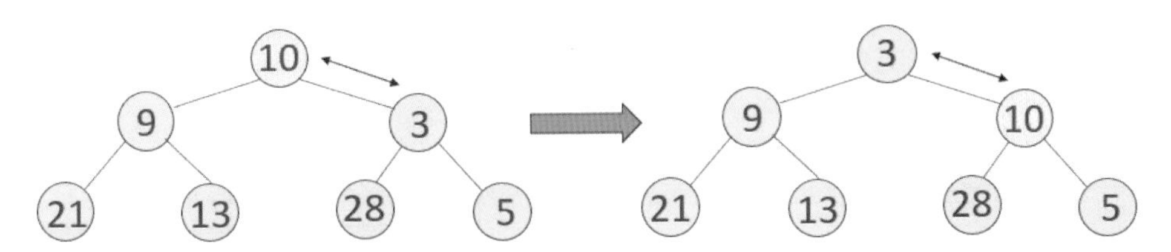

由於節點 10 的位置有子節點，所以繼續比較，節點 10 大於 2 個子節點中的節點 5，所以繼續對調。

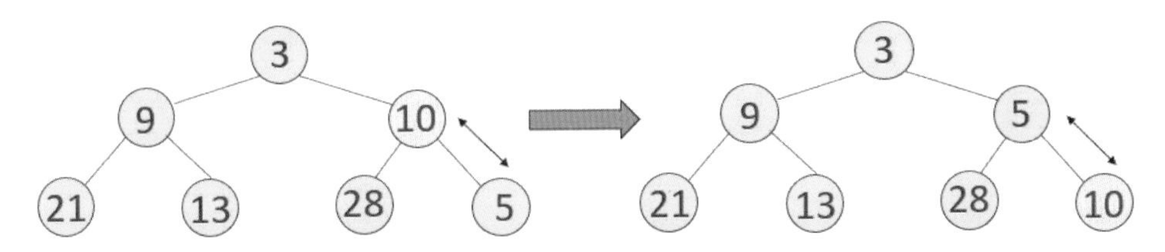

上述右邊就是最後的最小堆積樹，最大的特色就是每個節點值均小於或等於子節點值。

7-2 插入數據到堆積樹

這一節主要是講解將資料一筆一筆插入堆積樹，從無到有建立堆積樹，同時詳細解說將資料插入堆積樹的過程。

- 步驟 1：

將 10 插入堆積樹，由於是第一筆數據，這是根節點，所建的堆積樹如下：

- 步驟 2：

將 21 插入堆積樹，將數據插入最下層最左的空節點，所建的最小堆積樹如下：

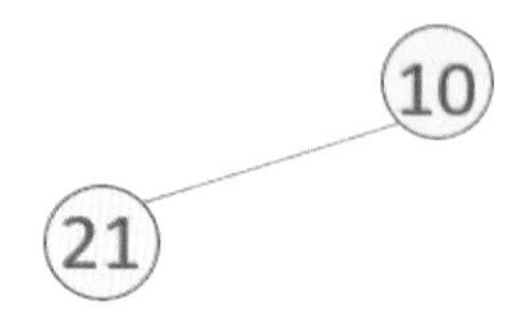

由於所插入的數據 21 比父節點 10 大，所以不必調整位置。

- 步驟 3：

將 5 插入堆積樹，將數據插入最下層最左的空節點，所建的最小堆積樹如下方左圖：

由於所插入的數據 5 比父節點 10 小，所以將 5 與父節點 10 做位置調整，可參考上方右圖。

❑ 步驟 4：

將 9 插入堆積樹，將數據插入最下層最左的空節點，由於原最下層已滿，所以新建一個最下層，所建的最小堆積樹如下方左圖：

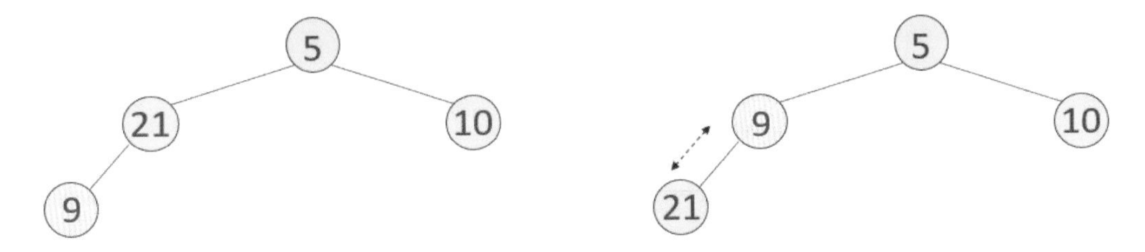

由於所插入的數據 9 比父節點 21 小，所以將 9 與父節點 21 做位置調整，可參考上方右圖，由於 9 大於父節點 5，所以不再變動。

❑ 步驟 5：

將 13 插入堆積樹，將數據插入最下層最左的空節點，所建的最小堆積樹如下：

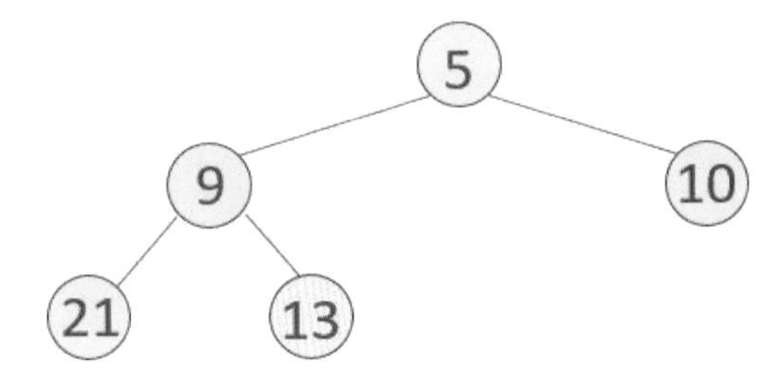

由於 13 比父節點 9 大，所以不再變動。

❑ 步驟 6：

將 28 插入堆積樹，將數據插入最下層最左的空節點，所建的最小堆積樹如下：

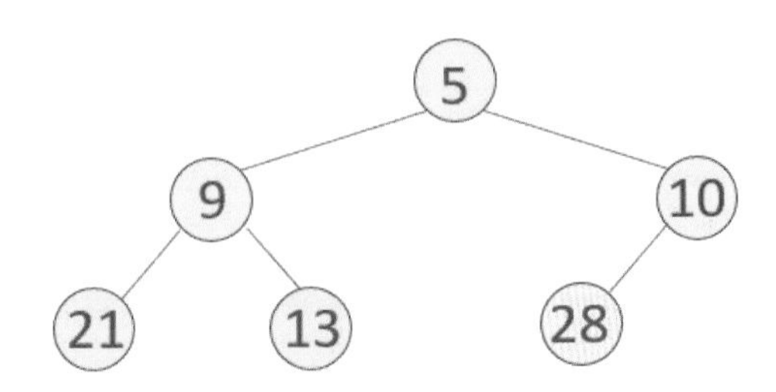

由於 28 比父節點 10 大，所以不再變動。

❑ 步驟 7：

將 3 插入堆積樹，將數據插入最下層最左的空節點，所建的最小堆積樹如下方左圖：

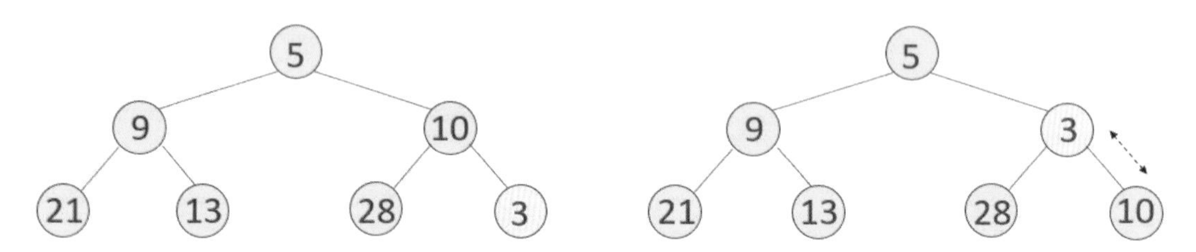

由於所插入的數據 3 比父節點 10 小，所以將 3 與父節點 10 做位置調整，可參考上方右圖。繼續比較，由於數據 3 比父節點 5 小，所以將 3 與父節點 5 做位置調整，可參考下圖。

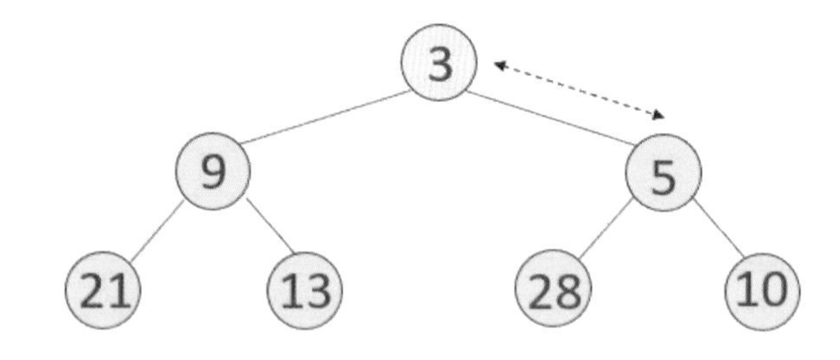

如果是建立最大堆積樹，可以用上述觀念類推，但是要讓父節點比子節點資料大。插入值時，由於要與上層節點做比較，所以時間複雜度是 O(log n)。

7-3 取出最小堆積樹的值

取出最小堆積樹的觀念步驟如下：

1：取出最小堆積樹的根節點值。

2：將最下層最右節點移至根節點。

3：將此新的完全二元樹調整為新的最小堆積樹，方式是將此新的根節點值與子節點值做比較，找出 2 個子節點中比較小的值做對調。上述可以重複，直到此節點的數據已經比子節點的數據值小，或是此節點已經是葉節點了。

繼續使用 7-2 節所建的最小堆積樹為實例，下面是列出取出最小值的步驟。

- 步驟 1：

取出最小值 3，如下所示：

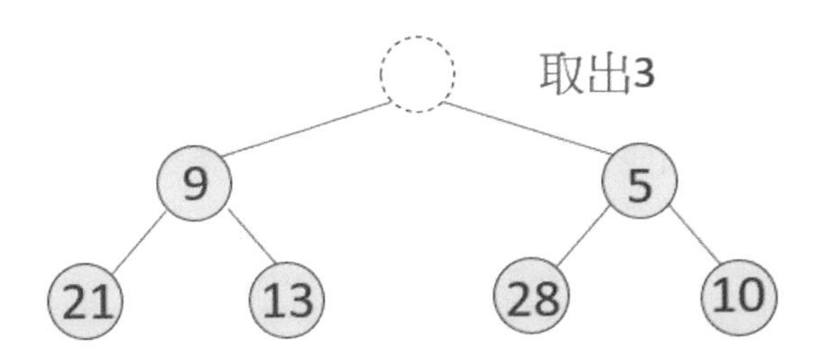

- 步驟 2：

將最下層最右節點移至根節點，此例是節點 10，如下所示：

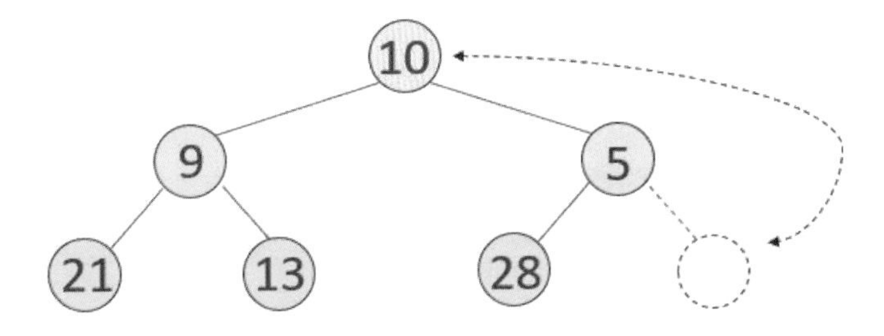

- 步驟 3：

將根節點，此例是節點 10，與比較小的子節點做對調，由於 5 小於 9，所以此例是將節點 10 與節點 5 做對調，如下所示：

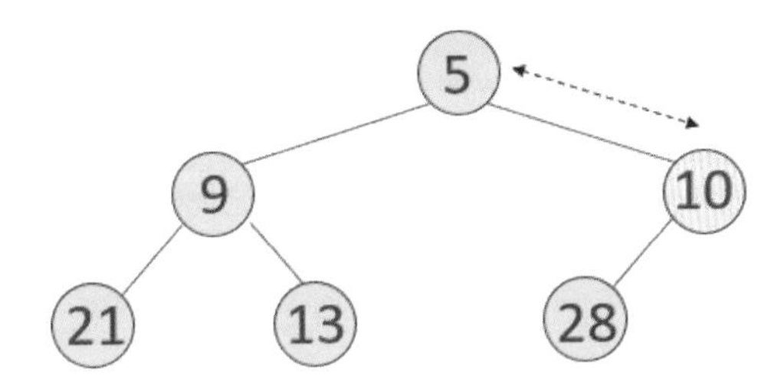

❑ 步驟 4：

由於節點 10 比節點 28 小，所以完全二元樹又被調整為最小堆積樹了。

上述是取得一個最小值的過程，如果重複上述步驟，就可以依次取出其他最小值，如此就可以達到從小到大排序的效果。如果只是要了解此最小堆積樹的最小值時間複雜度是 O(1)，在做最小堆積樹的調整時間複雜度是 O(log n)，所以取出最小值再調整堆積樹的時間複雜度是 O(log n)，如果執行調整從小到大排序所需時間是 O(nlog n)，本書 9-6 節會有程式實作。

7-4 最小堆積樹與陣列

將最小堆積樹以陣列儲存的觀念可以參考 6-5 節，如果將 7-1 節所建的最小堆積樹用陣列儲存，可以得到下列結果。

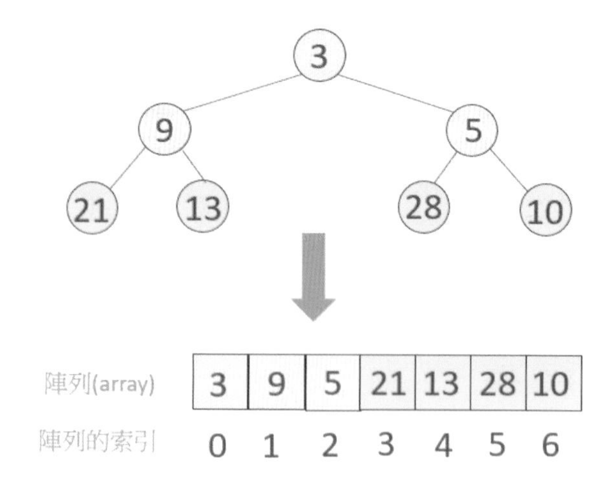

假設父節點的索引是 index，可以使用下列方式計算左邊子節點和右邊子節點的索引。

左邊子節點的索引 = 2 * index + 1
右邊子節點的索引 = 2 * index + 2

例如：節點 9 的索引是 1，經計算左邊子節點 21 的索引是 3，右邊子節點 13 的索引是 4。

7-5 Python 內建堆積樹模組 heapq

第 4 章筆者介紹了佇列 (Queue)，這是一個先進先出 (first in first out) 的資料結構，其實當我們參考上一小節將堆積樹轉成陣列看待時，我們可以將堆積樹想成是佇列的一個變化，因為執行取出資料 (dequeue) 時皆是從佇列前端取出，而堆積樹可以取出最小值 (最小堆積樹) 或最大值 (最大堆積樹)，所以有人將堆積樹稱優先佇列 (Priority Queue)。

這一節筆者將介紹 Python 內建的堆積樹模組 heapq，使用前需要先導入此模組：

```
import heapq
```

這個模組是使用最小堆積樹原理，所以是最小值在二元樹結構的最上方，若以陣列看待最小值就是索引 0 的位置。

7-5-1 建立二元堆積樹 heapify( )

可以使用 heapify(x) 建立二元堆積樹，這個方法可以將串列 x，轉換成二元堆積樹的順序。

程式實例 ch7_1.py：將串列 10、21、5、9、13、28、3，轉成二元堆積樹的次序。

```
1  # ch7_1.py
2  import heapq
3
4  h = [10, 21, 5, 9, 13, 28, 3]
5  print("執行前 h = ", h)
6  heapq.heapify(h)
7  print("執行後 h = ", h)
```

執行結果

```
===================== RESTART: D:/Algorithm/ch7/ch7_1.py =====================
執行前 h =  [10, 21, 5, 9, 13, 28, 3]
執行後 h =  [3, 9, 5, 21, 13, 28, 10]
```

上述執行結果的圖可以參考 7-4 節。

7-5-2 堆入元素到堆積 heappush( )

將元素堆入堆積可以使用 heappush(heap, item)，左邊方法是將 item 堆入 heap 堆積，堆入後整個串列會自行調整仍可以保持二元堆積樹的次序。

程式實例 ch7_2.py：擴充程式實例 ch7_1py，分別插入 11 和 2，同時列出結果。

```
1  # ch7_2.py
2  import heapq
3
4  h = [10, 21, 5, 9, 13, 28, 3]
5  heapq.heapify(h)
6  print("插入前 h = ", h)
7  heapq.heappush(h, 11)
8  print("第一次插入後 h = ", h)
9  heapq.heappush(h, 2)
10 print("第二次插入後 h = ", h)
```

執行結果

```
==================== RESTART: D:/Algorithm/ch7/ch7_2.py ====================
插入前 h =  [3, 9, 5, 21, 13, 28, 10]
第一次插入後 h =  [3, 9, 5, 11, 13, 28, 10, 21]
第二次插入後 h =  [2, 3, 5, 9, 13, 28, 10, 21, 11]
```

這個程式第一次堆入與內部自行調整過程如下：

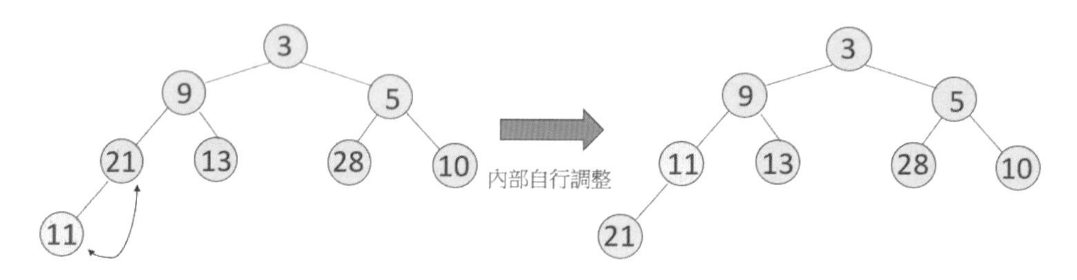

這個程式第二次堆入與內部自行調整過程如下：

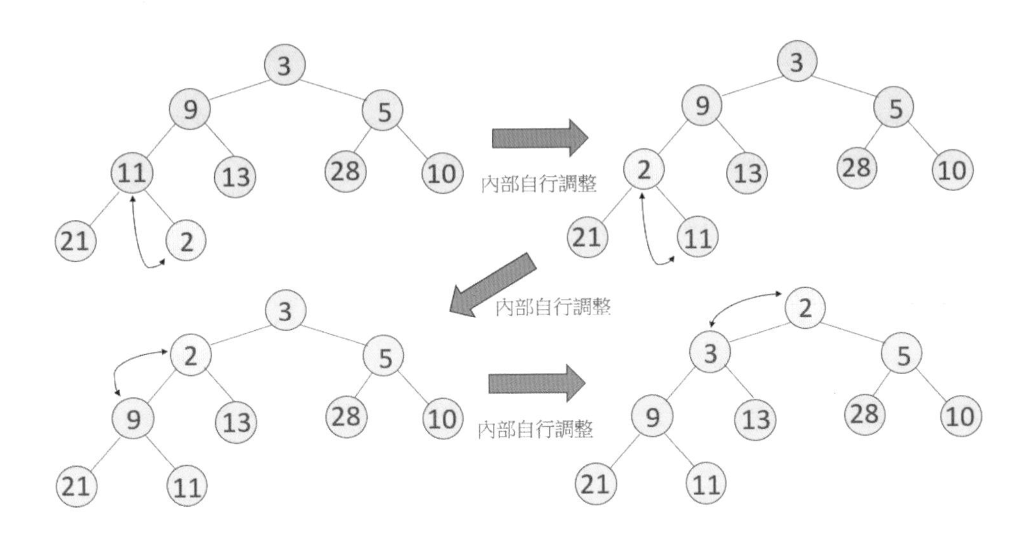

7-5-3 從堆積取出和刪除元素 heappop( )

方法 heappop(heap) 可以執行從 heap 堆積取出和刪除資料，因為 heapq 模組是支援最小堆積樹原理，所以所取出的資料一定是最小值，以二元堆積樹來看是取出根節點的值，若是以陣列來看是取出第 0 索引的值，同時資料取出 pop 後，串列會自行調整仍可以保持二元堆積樹的次序。

程式實例 ch7_3.py：heappop( ) 方法的應用。

```
1  # ch7_3.py
2  import heapq
3
4  h = [10, 21, 5, 9, 13, 28, 3]
5  heapq.heapify(h)
6  print("取出前 h = ", h)
7  val = heapq.heappop(h)
8  print("取出元素 = ", val)
9  print("取出後 h = ", h)
```

執行結果

```
===================== RESTART: D:/Algorithm/ch7/ch7_3.py ====================
取出前 h =  [3, 9, 5, 21, 13, 28, 10]
取出元素 =  3
取出後 h =  [5, 9, 10, 21, 13, 28]
```

這個程式有關資料取出與內部調整過程可以參考 7-3 節。

7-5-4　堆入和取出 heappushpop( )

方法 heappushpop(heap, item) 可以將元素堆入 heap，然後取出取出和刪除最小資料，其實這是 heappush( ) 和 heappop( ) 的組合，不過更具效率。

程式實例 ch7_4.py：將 11 堆入 heap，使用 heappushpop( ) 方法的應用。

```
1  # ch7_4.py
2  import heapq
3
4  h = [10, 21, 5, 9, 13, 28, 3]
5  heapq.heapify(h)
6  print("堆入和取出前 h = ", h)
7  val = heapq.heappushpop(h, 11)
8  print("取出元素 = ", val)
9  print("堆入和取出後 h = ", h)
```

執行結果

```
===================== RESTART: D:/Algorithm/ch7/ch7_4.py =====================
堆入和取出前 h =  [3, 9, 5, 21, 13, 28, 10]
取出元素 =  3
堆入和取出後 h =  [5, 9, 10, 21, 13, 28, 11]
```

7-5-5　傳回最大或是最小的 n 個元素

方法 nlargest(n, iterable, key=None) 可以依大到小傳回 iterable 定義資料集最大的 n 個元素，方法 nsmallest(n, iterable, key=None) 可以依小到大傳回 iterable 定義資料集最小的 n 個元素，同時原先資料集內容沒有變化。

程式實例 ch7_5.py：nlargest( ) 和 nsmallest( ) 的應用，這個程式會傳回從大到小的最大 3 個數和從小到大的最小 3 個數。

```
1  # ch7_5.py
2  import heapq
3
4  h = [10, 21, 5, 9, 13, 28, 3]
5  print("最大 3 個  : ", heapq.nlargest(3, h))
6  print("最小 3 個  : ", heapq.nsmallest(3, h))
7  print("原先資料集 : ",h)
```

執行結果

```
===================== RESTART: D:/Algorithm/ch7/ch7_5.py =====================
最大 3 個 :  [28, 21, 13]
最小 3 個 :  [3, 5, 9]
原先資料集 :  [10, 21, 5, 9, 13, 28, 3]
```

7-5-6 取出堆積的最小值和插入新元素

方法 heapreplace(heap, item) 可以取出堆積最小值，然後插入 item，其實這是 heappop( ) 和 heappush( ) 的組合，不過更具效率。

程式實例 ch7_6.py：heapreplace( ) 的應用，本程式會先列出執行前的堆積，然後執行 heapreplace( )，程式會先列出傳回的值，最後列出堆積。這個程式插入新元素是 7。

```
1  # ch7_6.py
2  import heapq
3
4  h = [10, 21, 5, 9, 13, 28, 3]
5  heapq.heapify(h)
6  print("執行前 h = ", h)
7  x = heapq.heapreplace(h, 7)
8  print("取出值    = ", x)
9  print("執行後 h = ", h)
```

執行結果

```
===================== RESTART: D:/Algorithm/ch7/ch7_6.py =====================
執行前 h =  [3, 9, 5, 21, 13, 28, 10]
取出值   =  3
執行後 h =  [5, 9, 7, 21, 13, 28, 10]
```

7-5-7 堆積的元素是元組 (tuple)

我們也可以將元組 (tuple) 資料設為堆積的元素，此時元組的第一個元素可以當作堆積的依據，第二個元素則是產品類別或是其他的項目。

程式實例 ch7_7.py：堆積元素是元組資料的應用。

```
1  # ch7_7.py
2  import heapq
3
4  h = []
```

```
5   heapq.heappush(h, (100, '牛肉麵'))
6   heapq.heappush(h, (60, '陽春麵'))
7   heapq.heappush(h, (80, '肉絲麵'))
8   heapq.heappush(h, (90, '大滷麵'))
9   heapq.heappush(h, (70, '家常麵'))
10  print(h)
11  print(heapq.heappop(h))
```

執行結果

```
===================== RESTART: D:/Algorithm/ch7/ch7_7.py =====================
[(60, '陽春麵'), (70, '家常麵'), (80, '肉絲麵'), (100, '牛肉麵'), (90, '大滷麵')
]
(60, '陽春麵')
```

7-5-8　二元堆積樹排序的應用

使用二元堆積樹既然可以使用 heappop( ) 方法每次取出最小值，假設此二元堆積樹有 10 個元素，執行 10 次就可以達到排序的結果，由於取出最小值後二元堆積樹需要自行調整，需要 log n 的時間，因此排序所需時間非常穩定是 O(nlog n)。同時我們也發現，二元堆積樹可以避免產生下列稀疏二元樹，所以可以說是前一章所提的二元樹的改良。

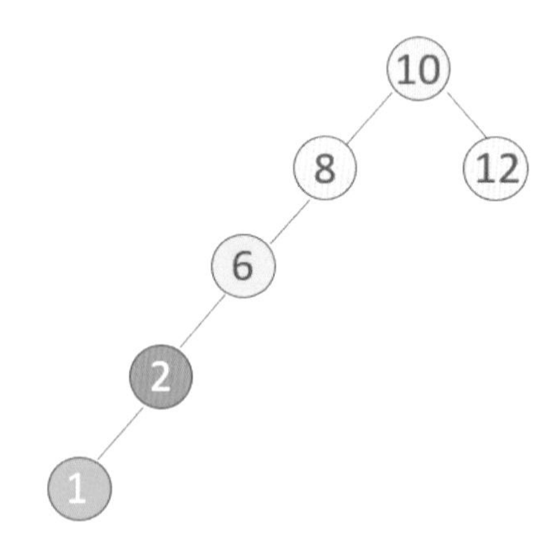

程式實例 ch7_8.py：使用二元堆積樹執行排序的應用。

```
1   # ch7_8.py
2   import heapq
3   def heapsort(iterable):
4       h = []
5       for data in iterable:
```

```
6            heapq.heappush(h, data)
7        return [heapq.heappop(h) for i in range(len(h))]
8
9    h = [10, 21, 5, 9, 13, 28, 3]
10   print("排序前 ", h)
11   print("排序後 ", heapsort(h))
```

執行結果

```
===================== RESTART: D:/Algorithm/ch7/ch7_8.py =====================
排序前  [10, 21, 5, 9, 13, 28, 3]
排序後  [3, 5, 9, 10, 13, 21, 28]
```

7-6 Python 硬功夫 - 自己建立堆積樹模組

7-6-1 自己建立堆積樹

7-4 節筆者介紹使用 Python 內建的 heapq 模組建立堆積樹，同時也介紹了此模組常用的方法，這一節筆者將教導讀者自行設計建立堆積樹。在程式實作上，通常是用 7-4 節的觀念陣列方式處理，讓此陣列有堆積樹的效果。

程式實例 ch7_9.py：重新設計 ch7_1.py，將普通串列改為堆積樹串列。

```
1    # ch7_9.py
2    class Heaptree():
3        def __init__(self):
4            self.heap = []                                 # 堆積樹串列
5            self.size = 0                                  # 堆積樹串列元素個數
6
7        def data_down(self,i):
8            ''' 如果節點值大於子節點值則資料與較小的子節點值對調 '''
9            while (i * 2 + 2) <= self.size:                # 如果有子節點則繼續
10               mi = self.get_min_index(i)                 # 取得較小值得子節點
11               if self.heap[i] > self.heap[mi]:           # 如果目前節點大於子節點
12                   self.heap[i], self.heap[mi] = self.heap[mi], self.heap[i]
13               i = mi
14
15       def get_min_index(self,i):
16           ''' 傳回較小值的子節點索引 '''
17           if i * 2 + 2 >= self.size:                     # 只有一個左子節點
18               return i * 2 + 1                           # 傳回左子節點索引
19           else:
20               if self.heap[i*2+1] < self.heap[i*2+2]:    # 如果左子節點小於右子節點
```

```
21                  return i * 2 + 1                    # True傳回左子節點索引
22              else:
23                  return i * 2 + 2                    # False傳回右子節點索引
24
25      def build_heap(self, mylist):
26          ''' 建立堆積樹 '''
27          i = (len(mylist) // 2) - 1                  # 從有子節點的節點開始處理
28          self.size = len(mylist)                     # 得到串列元素個數
29          self.heap = mylist                          # 初步建立堆積樹串列
30          while (i >= 0):                             # 從下層往上處理
31              self.data_down(i)
32              i = i - 1
33
34  h = [10, 21, 5, 9, 13, 28, 3]
35  print("執行前普通串列   = ", h)
36  obj = Heaptree()
37  obj.build_heap(h)                                   # 建立堆積樹串列
38  print("執行後堆積樹串列 = ", obj.heap)
```

執行結果

```
===================== RESTART: D:\Algorithm\ch7\ch7_9.py =====================
執行前普通串列   =  [10, 21, 5, 9, 13, 28, 3]
執行後堆積樹串列 =  [3, 9, 5, 21, 13, 28, 10]
```

程式實作將一般串列改堆積樹串列，使用的是陣列索引的觀念，這時我們需要從有子節點的最大索引值的節點開始調整位置，假設此節點索引是 i，此節點索引計算方式如下：

i = (len(mylist) // 2) – 1　　　　# 第 27 行，len(mylist) 是陣列的元素個數

可以參考下圖：

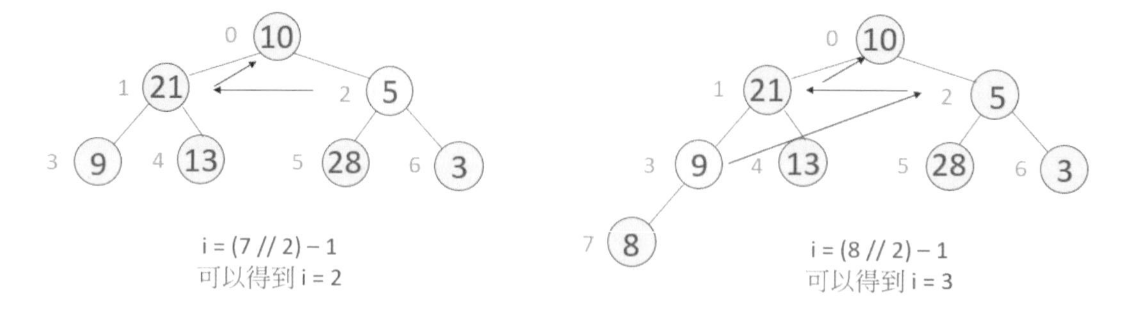

當找出含有子節點的最大索引值的節點後，然後從此節點開始處理是否符合最小堆積樹規則，也就是節點值必須小於子節點的值。從此節點開始調整此節點的值是否需要與子節點的值做對調可參考第 30-32 行。如果只有一個子節點 (這一定是左子節點) 可以參考第 17-18 行，就以此子節點做比較 ; 如果有 2 個子節點，兩個子節點先互相比較取較小值可以參考第 15-23 行，再將最小值和父節點的值做比較可參考第 11-12 行。

程式第 9-13 行是一個 while 迴圈，主要是當一個節點值比下一層的節點值大時，需做對調。對調完成後，此節點值仍可能比更下一層的節點值大所以需做更進一步的比較調整，直到已經沒有更下層的節點做比較。

7-6-2 自己建立方法取出堆積樹的最小值

取出堆積樹的最小值，相關觀念可以複習參考 7-3 節，程式設計步驟如下：

1： 最小值是 self.heap[0]。

```
ret_min = self.heap[0]
```

2： 將最大索引的值設給 self.heap[0]，由於是從索引 0 開始放資料，所以程式碼如下：

```
self.size -= 1
self.heap[0] = self.heap[self.size]
```

3： 將最大索引值取出，因為已經不用了。

```
self.heap.pop( )
```

4： 呼叫 self.data_down(0)，調整索引 0 位置的值。

正式的程式設計將是各位的習題 2。

7-6-3 插入節點

自己設計方法插入堆積樹，觀念可以參考 7-1 節，觀念是將資料插入此串列末端，再做往上調整，假設插入值是 val，程式設計步驟如下：

1： 將資料插入串列末端。

```
self.heap.append(val)
```

2：增加元素數量。

```
self.size += 1
```

3：設計節點往上的方法，假設筆者設計 data_up(i) 方法，參數 i 是新增資料的索引，此方法要有下列迴圈，

```
while ((i – 1) // 2) > = 0:
   xxx
   i = (i – 1) // 2                         # 往上比較
```

4：while 迴圈內的 xxx，主要是將插入值與母節點值做比較，如果小於父節點值則將資料對調。

正式的程式設計將是各位的習題 3。

7-7 習題

1. 參考 7-5 節使用內建的 heapq 模組，模擬 7-2 節，將元素一個一個插入堆積樹，同時每插入一個元素列出一次堆積樹。

```
====================== RESTART: D:/Algorithm/ex/ex7_1.py =====================
插入 10 後的二元堆積樹 h = [10]
插入 21 後的二元堆積樹 h = [10, 21]
插入  5 後的二元堆積樹 h = [5, 21, 10]
插入  9 後的二元堆積樹 h = [5, 9, 10, 21]
插入 13 後的二元堆積樹 h = [5, 9, 10, 21, 13]
插入 28 後的二元堆積樹 h = [5, 9, 10, 21, 13, 28]
插入  3 後的二元堆積樹 h = [3, 9, 5, 21, 13, 28, 10]
```

2. 請擴充 ch7_9.py，增加取出 (pop) 最小節點功能，然後列出最後的堆積樹串列，執行結果堆積樹畫面可以參考 7-3 節。

```
====================== RESTART: D:\Algorithm\ex\ex7_2.py ======================
執行前普通串列   =  [10, 21, 5, 9, 13, 28, 3]
執行後堆積樹串列 =  [3, 9, 5, 21, 13, 28, 10]
所獲得的最小值   =  3
執行後堆積樹串列 =  [5, 9, 10, 21, 13, 28]
```

3. 請擴充 ch7_9.py，增加插入 (push) 節點功能，分別插入 2, 1, 6，同時列出每次插入的堆積樹串列。

```
==================== RESTART: D:/Algorithm/ex/ex7_3.py ====================
執行前普通串列   =  [10, 21, 5, 9, 13, 28, 3]
執行後堆積樹串列 =  [3, 9, 5, 21, 13, 28, 10]
插入 2 後堆積樹串列 = [2, 3, 5, 9, 13, 28, 10, 21]
插入 1 後堆積樹串列 = [1, 2, 5, 3, 13, 28, 10, 21, 9]
插入 6 後堆積樹串列 = [1, 2, 5, 3, 6, 28, 10, 21, 9, 13]
```

下列是插入 2 的與調整堆積樹的結果：

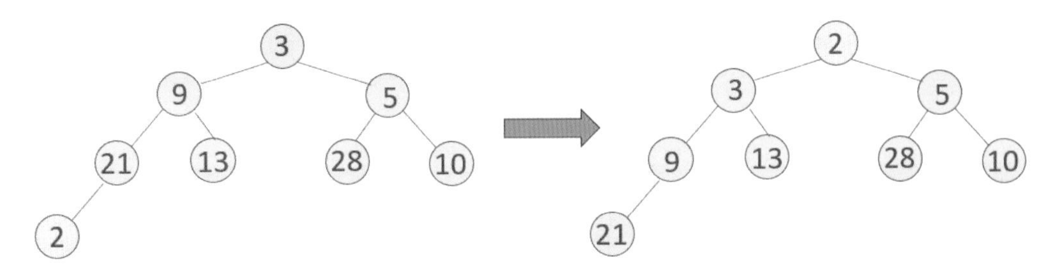

下列是插入 1 的與調整堆積樹的結果：

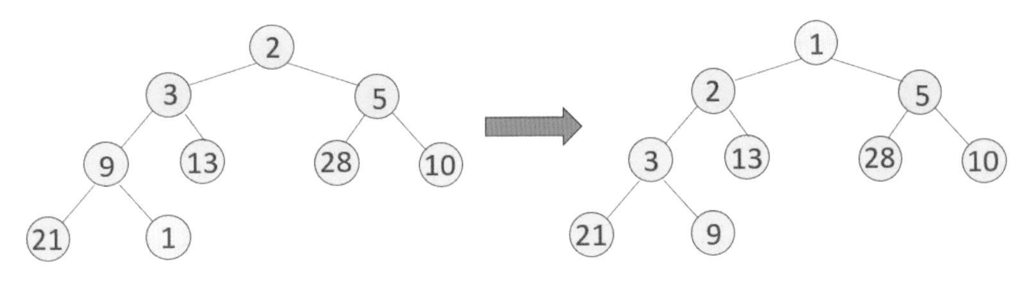

下列是插入 6 的與調整堆積樹的結果：

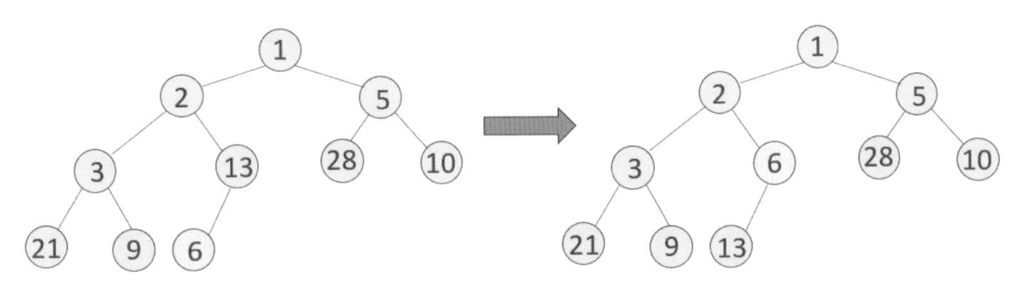

第八章

雜湊表 (Hash Table)

8-1 基本觀念

Hash 其實是一個人名，他發明了雜湊 (也可以稱哈希) 演算法概念主要目的是提高搜尋特定元素的效率。

所謂的雜湊演算法是指根據一個規則或稱一個演算法，將物件相關訊息 (例如：物件的字串、物件本身)，映射成一個唯一的數值，這個數值就是雜湊值，有時候也稱雜湊碼、散列值或哈希值。

上述所講的規則或演算法在電腦領域稱函數，此函數又稱雜湊函數或哈希函數。

一個好的雜湊函數，會有下列特質：

1：每個字串一定可以產生唯一的雜湊值。

2：相同字串在不同時間輸入所產生的雜湊值一定相同。

3：不論字串大小一定可以產生相同長度的雜湊值。

筆者學生時代電腦剛萌芽，學習英文需用紙質的字典，雖然可以使用英文字母順序找到想查詢的單字，但是仍需要一些時間，現今有許多電子字典方便許多，只要輸入英文單字就可以輸出此單字的中文字義與相關資訊。例如：輸入 "Sunday" 可以輸出 " 星期日 "。

英文	中文
Sunday	星期日
January	一月
Station	車站
School	學校

在程式設計的領域也常常需要上述的表單格式，可以方便我們執行高效率的資料查詢與操作。更具體的說，我們可以將上述表單改寫成 " 鍵 (key): 值 (value)" 的配對關係，這在 Python 程式就是字典 (dict) 資料格式。

鍵 (key)	值 (value)
Sunday	星期日
January	一月
Station	車站
School	學校

上述資料結構提供了 "key:value" 的映射關係，我們也可以將之稱為雜湊表 (hash table)，只要有 key 就可以得到 value，時間複雜度是 O(1)。

8-2 雜湊表轉成陣列

前面幾章筆者介紹了各種資料結構，在執行資料搜尋時以陣列搜尋的速度最快，只要有陣列索引，可以立即獲得該陣列索引的資料，時間複雜度是 O(1)。其實本質上雜湊表也是一個陣列，假設我們要設計一個賣場商品管理系統，鍵 (key) 是商品名稱，商品細項資料是值 (value)，此例為簡化細項資料只列售價，如下所示：

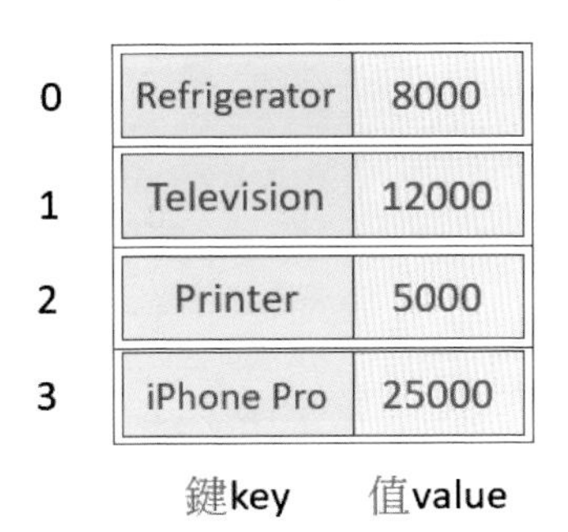

相當於每個陣列元素資料有 2 筆資料，分別是鍵 key 和值 value 組成，本節主要內容是應如何將 " 鍵：值 " 配對的內容存至陣列，其實重點就是將雜湊碼 (或稱雜湊值) 轉成陣列索引。首先我們可以計算鍵 (key) 的雜湊值，如下所示：

字串(鍵key) ⟶ 雜湊函數 ⟶ 數字(也稱雜湊值)

程式表達方式如下：

```
hashcode = hashfunction(key)
```

假設陣列長度是 n，可以下列求餘數 (mod) 方式計算鍵的索引值。

index = hashcode % n

8-2-1　雜湊表寫入

假設有一個空陣列 (空的雜湊表)，此陣列內含 5 個元素空間，如下所示：

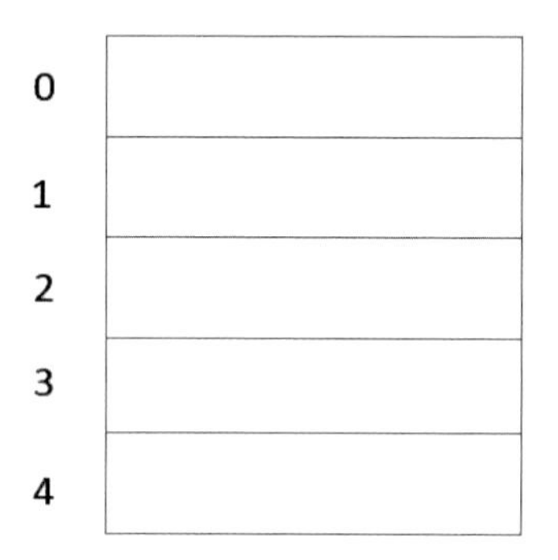

假設現在想將 Refrigerator 存入陣列，觀念如下：

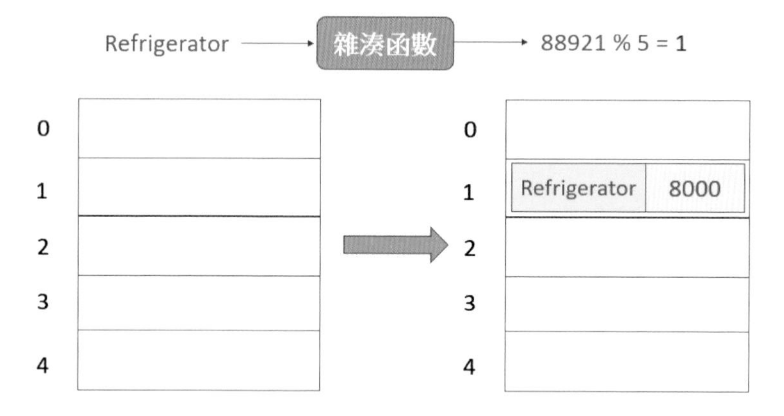

上述 Refrigerator 經雜湊函數計算可以得到 88921(這是假設值)，由於經過求餘數運算，得到索引值 1，所以將此 Refrigerator 資料存放在索引 1 的位置。

假設現在將 Television 存入陣列觀念如下：

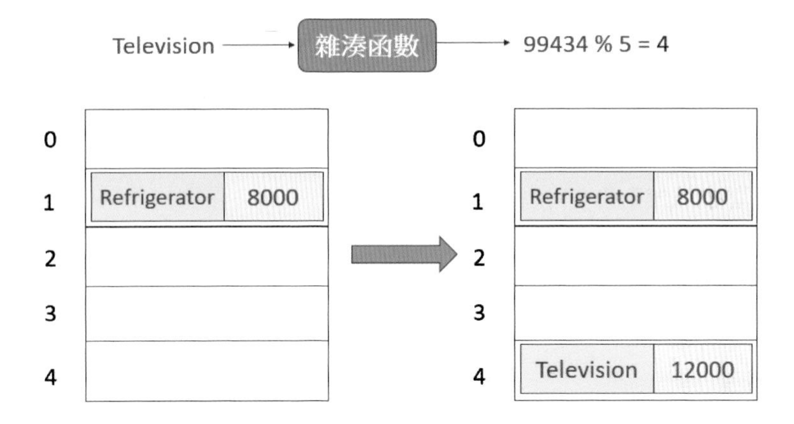

假設現在將 Printer 存入陣列觀念如下：

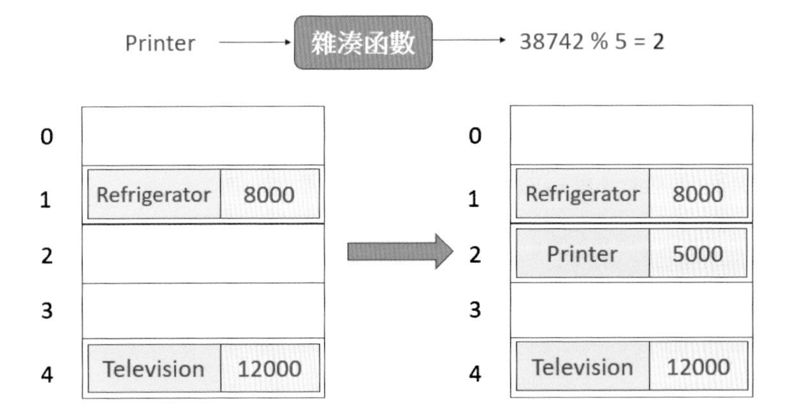

8-2-2 雜湊碰撞與鏈結法

有時候雜湊值經過餘數處理，可能產生元索引位置已經有資料了，這個稱作碰撞，假設現在將 iPhone Pro 存入陣列：

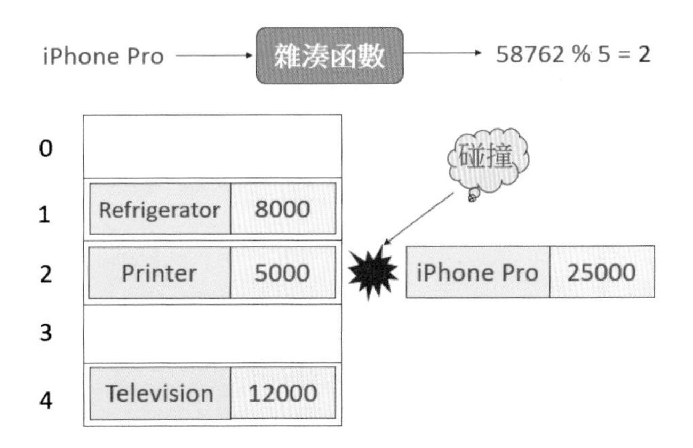

這時可以使用第 3 章所介紹的鏈結串列，將 Printer 與 iPhone Pro 做動態串連，如下所示：

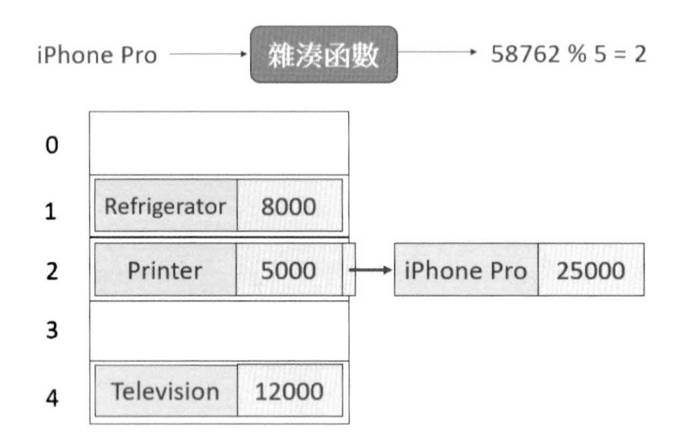

上述使用鏈結串列將資料接在已知資料的後面，這個方法稱鏈結法 (Chaining)。

下列是將 Apple Watch 插入陣列的實例，由於索引 4 已經有資料，所以將原資料 Television 與 Apple Watch 資料做串連。

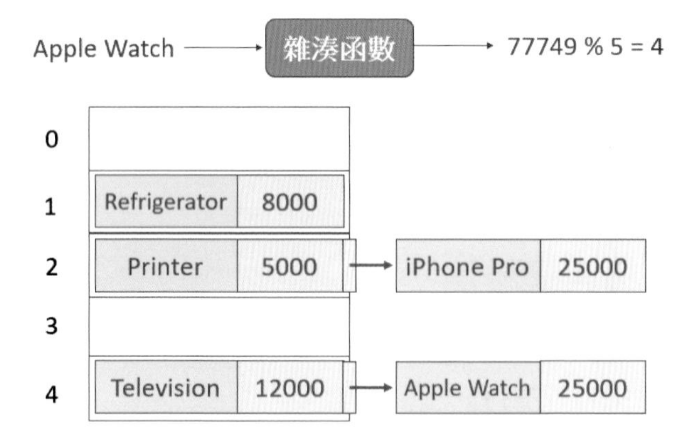

下列是將 Go Pro 插入陣列的實例，所得的索引值是 2，由於此索引已經有 Printer 和 iPhone Pro，所以將 Go Pro 接在 iPhone Pro 後面。

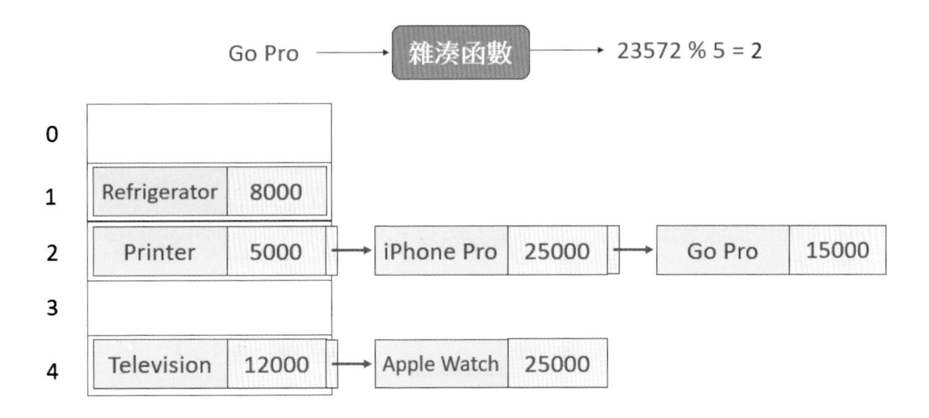

當所有資料儲存至陣列，雜湊表就算建立完成。

8-2-3　雜湊碰撞與開放定址法

在建立雜湊表發生碰撞除了可以用鏈結串列處理外，也可以使用開放定址法 (open addressing)，發生碰撞時尋找候補位置，如果候補位置已滿，繼續往下找尋，直到找到新的位置。至於如何找下一個位置有許多方法，例如本節討論的線性探測法 (Linear Probing) 處理，這個方法是從陣列中往下找尋空的索引，然後將資料放入空的索引。這個方法會將雜湊表索引處理成環狀結構，這樣一來若是後面索引已經滿了，可以回到前面索引找尋。

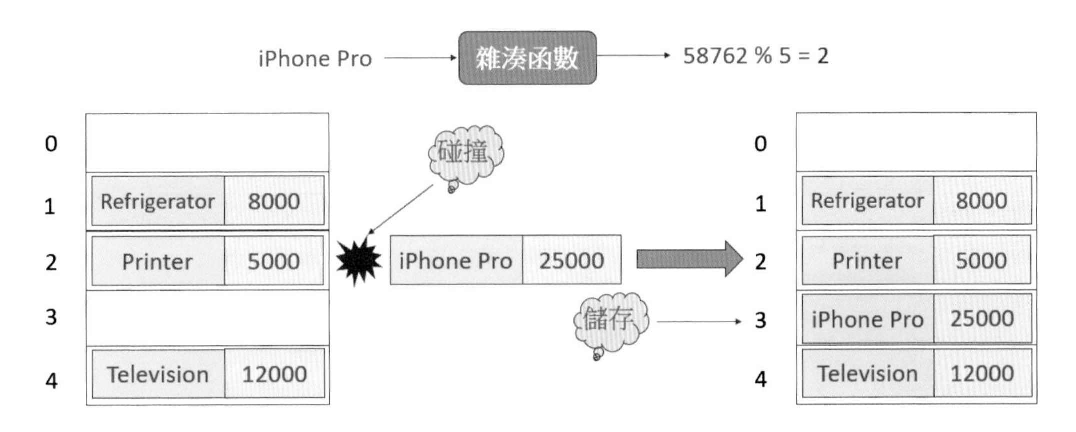

8-3 搜尋雜湊表

❑ 搜尋雜湊表的 Refrigerator 實例

在雜湊碰撞使用鏈結處理中，假設現在要找尋 Refrigerator，首先計算雜湊值，然後使用陣列元素 5，求 5 的餘數，獲得 1，所以可以知道 Refrigerator 儲存在索引 1 的位置。

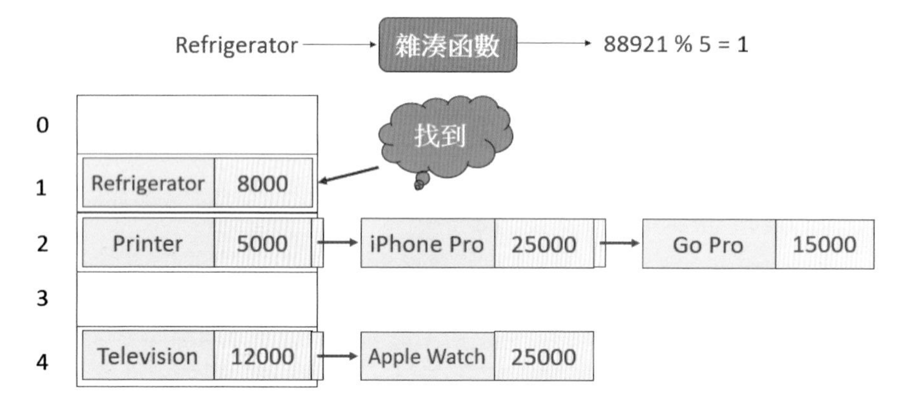

從上述可以得到 Refrigerator 的售價是 8000。

❑ 搜尋雜湊表的 iPhone Pro 實例

下列是找尋 iPhone Pro，首先計算雜湊值，然後使用陣列元素 5，求 5 的餘數，獲得 2，所以可以知道 iPhone Pro 儲存在索引 2 的位置。

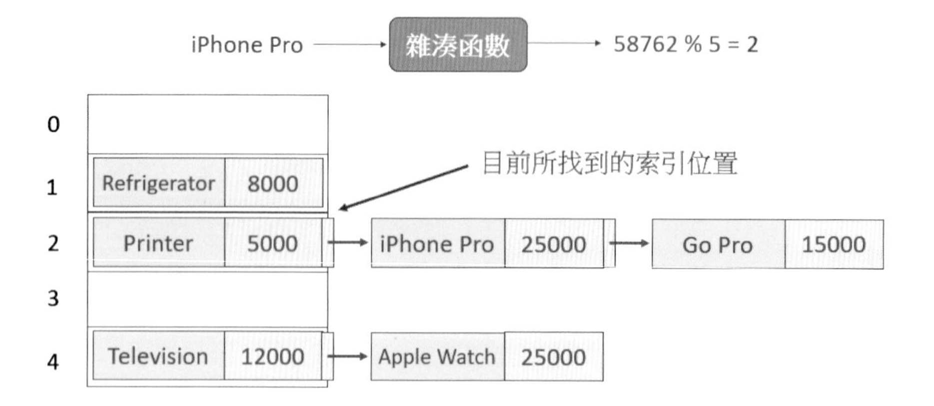

從上述可知在索引 2 的鍵值是 Printer 不是 iPhone Pro，但也發現這是一個鏈結串列，所以使用 Printer 為起點進行線性搜尋，最後可以找到 iPhone Pro。

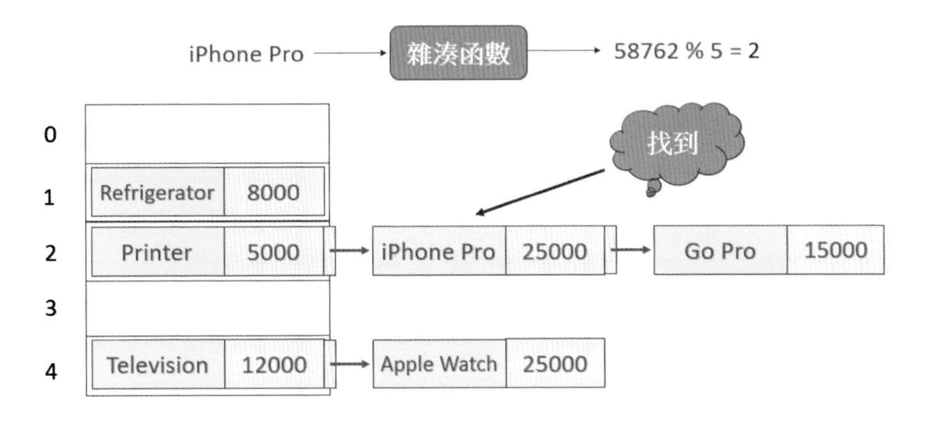

從上述可以得到 iPhone Pro 的售價是 25000。

8-4 雜湊表的規模與擴充

使用雜湊表經過長時間插入資料後，數據經過計算發生碰撞的機會將越來越高，此時會有大量資料擁有相同的索引值，如下所示：

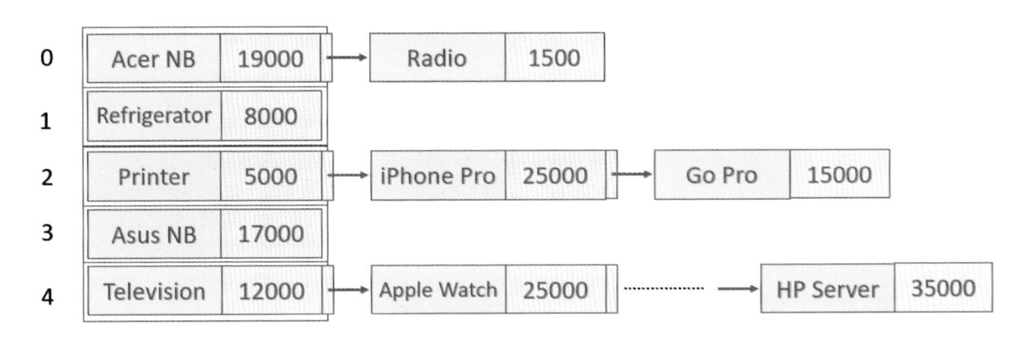

當上述發生時對於後續的插入與搜尋會造成效率的降低，此時可以採用建立新的且容量較大的空雜湊表，然後將資料映射到新的雜湊表，如下所示：

索引	項目	價格	索引	項目	價格
0	Acer NB	19000	8		
1	Refrigerator	8000	9		
2	Printer	5000	10	Radio	1500
3	Asus NB	17000	11		
4	Television	12000	12	Go Pro	15000
5			13	iPhone Pro	25000
6	HP Server	35000	14		
7			15	Apple Watch	25000

如果雜湊表的陣列容量太小，將導致碰撞次數增加，這時將造成常常需要做線性搜尋。反之，如果雜湊表的容量太大，會有許多未使用的空間造成記憶體的浪費，所以如何設定陣列容量也是很重要。

在這裡要介紹另一個名詞負載係數 (Loadfactor)，其觀念如下：

負載係數 = 雜湊表的項目數 / 雜湊表的陣列容量

假設有一個雜湊表內容如下：

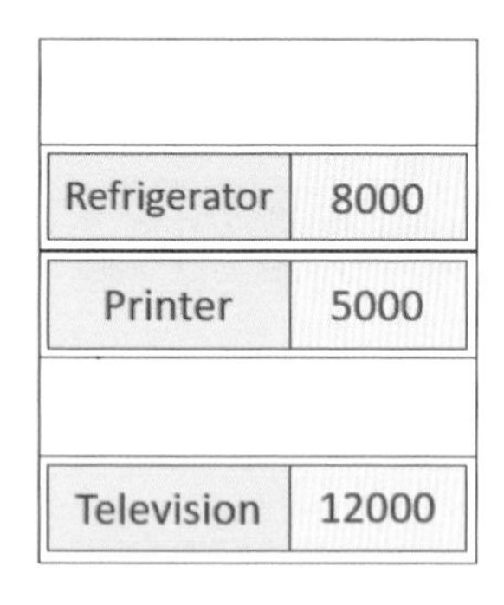

上述負載係數公式是 3/5，結果是 0.6。當負載係數超過 1 時，表示雜湊表的項目超過了陣列的容量。一般經驗當負載係數超過 0.75 時，雜湊表的陣列就需要擴充了。

8-5 好的雜湊表與不好的雜湊表

一個不好的雜湊表是產生許多碰撞，造成搜尋與插入要做許多線性搜尋與插入，如下所示：

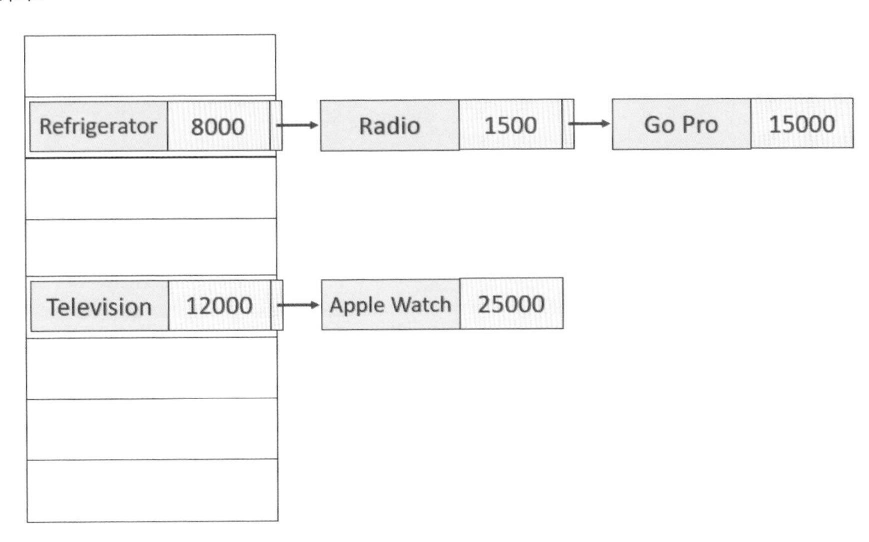

一個好的雜湊表項目資料會均勻散佈在陣列空間。

Radio	1500
Refrigerator	8000
Television	12000
Go Pro	15000
Apple Watch	25000

8-6 雜湊表效能分析

下列是雜湊表的效能分析表。

雜湊表動作	時間複雜度
插入	O(1)
刪除	O(1)
搜尋	O(1)

下表是雜湊表、陣列、鏈結串列的效能分析對照表。

	雜湊表	陣列	鏈結串列
插入	O(1)	O(n)	O(1)
刪除	O(1)	O(n)	O(1)
搜尋	O(1)	O(1)(有陣列索引)	O(n)

註　上述陣列搜尋是有陣列索引情況下，如果使用二分法時間複雜度是 O(log n)。

現在我們想要插入一個商品項目到資料庫 (含有 10000 筆資料)，依照直覺經驗我們可能需比較 10000 次才可以知道這筆商品項目是否重複，這是不科學的方法。當我們懂了雜湊演算法觀念後，可以先計算這筆商品項目的雜湊值，這樣一下子就可以定位到陣列的索引位址，如果這個索引位址目前沒有元素，就表示可以直接儲存不用再比較了。

線性搜尋一筆資料的時間是 O(n)，使用第 6 章的二元樹平均搜尋或是 2-5 節筆者提到的陣列搜尋二分法所需時間是 O(log n)，使用雜湊表只需要 O(1)。如果每秒可以查詢 10 個人的名字，這 3 個時間的差異如下表。

電話簿名單數量	線性搜尋 O(n)	二分法或二元樹 O(log n)	雜湊法 O(1)
10	1 秒	0.332 秒 (4 次)	立即
100	10 秒	0.663 秒 (7 次)	立即
1000	1 分 40 秒	0.996 秒 (10 次)	立即
10000	16 分 40 秒	1.329 秒 (14 次)	立即

從上述表單可以看到，一個好的演算法與不好的演算法彼此的差異，其實二分法與二元樹法所需時間是 O(log n) 已經很好了，但是雜湊法更好。

8-7 Python 程式應用

本章前幾節介紹了雜湊表的原理，其實我們可能很少有機會實際去設計雜湊表，因為好的程式語言已經內建雜湊表了。在 Python 其實就是使用字典 (dict) 方式完整呈現雜湊表。

8-7-1 Python 建立雜湊表

本節雖然標題名稱是 Python 建立雜湊表，其實也可以稱作是建立字典。

程式實例 ch8_1.py：參考 8-2-1 節建立 Refrigerator、Television、Printer 項目，其中 Refrigerator、Television、Printer 是鍵 (key)，售價是值 (value)，最後列印各個項目。

```
1  # ch8_1.py
2  product_list = {}                    # 產品列表的字典
3  product_list['Refrigerator'] = 8000
4  product_list['Television'] = 12000
5  product_list['Printer'] = 8000
6  print("列印產品資料")
7  print(product_list)
8  print("列印 Refrigerator : ", product_list['Refrigerator'])
9  print("列印 Television   : ", product_list['Television'])
10 print("列印 Printer      : ", product_list['Printer'])
```

執行結果

```
==================== RESTART: D:/Algorithm/ch8/ch8_1.py ====================
列印產品資料
{'Refrigerator': 8000, 'Television': 12000, 'Printer': 8000}
列印 Refrigerator :  8000
列印 Television   :  12000
列印 Printer      :  8000
```

8-7-2 建立電話號碼簿

其實字典也是很容易應用在建立通訊簿，通訊簿的鍵 (key) 是姓名，值 (value) 是電話號碼。

通訊簿	
Trump	0912111111
Lisa	0912222222
Mike	0912333333

程式實例 ch8_2.py：使用字典建立 Trump、Lisa、Mike 的電話號碼，然後輸入人名，如果人名在通訊簿內則列印此名字，如果不在則輸出不在通訊簿內。

```
 1  # ch8_2.py
 2  phone_book = {}                    # 通訊簿的字典
 3  phone_book['Trump'] = '0912111111'
 4  phone_book['Lisa'] = '0922222222'
 5  phone_book['Mike'] = '0932333333'
 6  name = input('請輸入名字 : ')
 7  if name in phone_book:
 8      print(f'{name} 的電話號碼是 {phone_book[name]}')
 9  else:
10      print(f'{name} 不在通訊簿內 ')
```

執行結果

```
==================== RESTART: D:/Algorithm/ch8/ch8_2.py ====================
請輸入名字 : Trump
Trump 的電話號碼是 0912111111
>>>
==================== RESTART: D:/Algorithm/ch8/ch8_2.py ====================
請輸入名字 : Lisa
Lisa 的電話號碼是 0922222222
>>>
==================== RESTART: D:/Algorithm/ch8/ch8_2.py ====================
請輸入名字 : Mike
Mike 的電話號碼是 0932333333
>>>
==================== RESTART: D:/Algorithm/ch8/ch8_2.py ====================
請輸入名字 : Linda
Linda 不再通訊簿內
```

8-7-3　避免資料重複

其實也可以將雜湊表應用在選民避免重複投票，我們可以建立一個選民名單，如果不是選民要投票，輸出你不是選民。如果是合格選民且尚未投票可以輸出歡迎投票，如果合格選民已經投票輸出你已經投過票了。

程式實例 ch8_3.py：這個程式設計時用雜湊表建立選民名冊，鍵 (key) 是選民的名字，值 (value) 全部先設為 None，如果已經投票則將此名字的值設為 True。

```
1  # ch8_3.py
2  def check_name(name):
3      if voted[name]:
4          print('你已經投過票了')
5      else:
6          print('歡迎投票')
7          voted[name] = True
8
9  voted = {'Trump':None,
10          'Lisa':None,
11          'Mike':None}
12
13 name = input('請輸入名字 : ')
14 if name in voted:
15     check_name(name)
16 else:
17     print('你不是選民')
```

執行結果

```
==================== RESTART: D:/Algorithm/ch8/ch8_3.py ====================
請輸入名字 : Linda
你不是選民
>>>
==================== RESTART: D:/Algorithm/ch8/ch8_3.py ====================
請輸入名字 : Trump
歡迎投票
>>> check_name('Lisa')
歡迎投票
>>> check_name('Trump')
你已經投過票了
```

8-7-4　Domain Name Server(DNS) 解析 IP

在 Internet 世界，各電腦間是用 IP(Internet Protocol) 位址當作識別，每一台電腦皆有唯一的 IP 位址，IP 位址是 4 個 8 位元的數字所組成，通常用 10 進位表示，例如：臉書 (facebook) 的 IP 位址是：

31.13.87.36

所以我們使用下列方式，也可以連上 facebook 的網頁。

https://31.13.87.36

由於 IP 位址不容易記住，所以就發展出主機名稱 (host name) 的觀念，或是稱網頁名稱，例如：facebook 的主機名稱是 www.facebook.com，下列也是我們常用連上 facebook 網頁的方式。

https://www.facebook.com

主機名稱 (host name) 雖然容易記住，但是在網際網路應用中，各電腦間是用 IP 位址做識別，因此電腦專家們又開發了 DNS(Domain Name Service) 系統，這個系統會將主機名稱轉成相對應的 IP 位址，這樣我們就可以使用主機名稱傳遞資訊，其實隱藏在背後的是 DNS 將我們輸入的主機名稱轉成 IP 位址，執行與其他電腦互享資源的目的。

上述使用 DNS 將主機名稱解析成 IP 位址，其實是可以使用雜湊表完成，因此當我們在瀏覽器輸入主機名稱時，DNS 可以快速將主機名稱轉換成 IP。

8-8　認識雜湊表模組 hashlib

Python 內建有 hashlib 模組，這個模組內有提供雜湊演算法將數據或稱資料轉成一個固定的長度值 Hash Value，這個值稱哈希值或雜湊值。常見產生雜湊值的演算法有 MD5、SHA1、SHA224、SHA256、SHA384、sha512 … 等。

註　有關雜湊函數的資訊安全相關議題在第 17 章還會說明。

◆ MD5(Message-Digest Algorithm 5)

我們可以稱是訊息摘要演算法，這是一種廣泛被使用的密碼雜湊 (hash) 函數，基本觀念是將一個數據轉換產生一個的雜湊值 (hash value)，未來可以由此雜湊值驗證數據是否一致。在此筆者用大寫 MD5，實際應用此演算法是小寫 md5( ) 方法。

◆ SHA1(Secure Hash Algorithm)

中文稱安全雜湊演算法，這是 SHA 家族的一個演算法，常被應用在數位簽章。在此筆者用大寫 SHA1，實際應用此演算法是小寫 sha1( ) 方法。

由於 hashlib 模組是 Python 內建的模組，所以使用前只要 import 此模組即可，如下所示：

```
import hashlib
```

8-8-1 使用 md5( ) 方法計算中文 / 英文資料的雜湊值

hashlib 模組內有 md5( )、update( )、digest( )、hexdigest( ) 方法，可以將二進位的數據文件轉成長度是 128 位元的雜湊值，由於是用 16 進位顯示，所以呈現的是長度是 32 的 16 進位數值，可以參考 ch8_4.py 的執行結果。有一個字串如下：

```
name = 'Ming-Chi Institute of Technology'
```

如果想要轉換成二進位字串，可以使用下列方式：

```
name = b'Ming-Chi Institute of Technology'
```

在轉換數據文件成為雜湊值時，須使用 hashlib 模組下列方法：

md5( )：建立 md5( ) 方法的物件。

updata( )：更新數據文件內容。

digest( )：將數據文件轉成雜湊值。

hexdigest( )：將數據文件轉成 16 進位的雜湊值。

程式實例 ch8_4.py：使用 md5( ) 方法列出英文字串 'Ming-Chi Institute of Technology' 的雜湊值，同時列出 md5( ) 物件與雜湊值的資料型態。

```
1  # ch8_4.py
2  import hashlib
3
4  data = hashlib.md5()                                    # 建立data物件
5  data.update(b'Ming-Chi Institute of Technology')        # 更新data物件內容
6
7  print('Hash Value         = ', data.digest())
8  print('Hash Value(16進位) = ', data.hexdigest())
9  print(type(data))                                       # 列出data資料型態
10 print(type(data.hexdigest()))                           # 列出哈希值資料型態
```

執行結果

```
===================== RESTART: D:/Algorithm/ch8/ch8_4.py =====================
Hash Value         =  b'\xa9\x9b\x82\xd5_\x909\xe7<2\xbe\x18\xfb\x89V\xe8'
Hash Value(16進位) =  a99b82d55f9039e73c32be18fb8956e8
<class '_hashlib.HASH'>
<class 'str'>
```

讀者可能會想是否可以使用上述方法計算中文的雜湊值？答案是否定的，可以參考下列實作。

實例 1：使用中文當作字串，產生錯誤的實例。

```
>>> import hashlib
>>> data = hashlib.md5()
>>> data.update(b'明志科技大學')
    SyntaxError: bytes can only contain ASCII literal characters
```

這類狀況我們必須在 update( ) 方法內使用 encode('utf-8') 對中文字串進行編碼。

程式實例 ch8_5.py：建立中文字串 ' 明志科技大學 ' 的雜湊值。

```
1  # ch8_5.py
2  import hashlib
3
4  data = hashlib.md5()                                    # 建立data物件
5  school = '明志科技大學'                                  # 中文字串
6  data.update(school.encode('utf-8'))                     # 更新data物件內容
7
8  print('Hash Value         = ', data.digest())
9  print('Hash Value(16進位) = ', data.hexdigest())
10 print(type(data))                                       # 列出data資料型態
11 print(type(data.hexdigest()))                           # 列出哈希值資料型態
```

執行結果

```
===================== RESTART: D:/Algorithm/ch8/ch8_5.py =====================
Hash Value          =  b'uM}\xff\x03\\\xa5\x10\xdb\\Q6\x0c\xce\x80P'
Hash Value(16進位) =  754d7dff035ca510db5c51360cce8050
<class '_hashlib.HASH'>
<class 'str'>
```

8-8-2 計算檔案的雜湊值

如果想要計算一個檔案的雜湊值，可以使用二進位方式讀取檔案 ('rb')，再將所讀取的二進位檔案內容放入 md5( ) 方法，然後計算雜湊值。

程式實例 ch8_6.py：在 Python 領域最著名的學習格言是 Tim Peters 所寫的 Python 之禪 (The Zen of Python)，筆者將此內容放在 data8_6.txt，此檔案內容如下，請計算此檔案的雜湊值。

```
1  # ch8_6.py
2  import hashlib
3
4  data = hashlib.md5()                                 # 建立data物件
5  filename = "data8_6.txt"
6
7  with open(filename, "rb") as fn:                     # 以二進位方式讀取檔案
8      btxt = fn.read()
9      data.update(btxt)
10
11 print('Hash Value          = ', data.digest())
12 print('Hash Value(16進位) = ', data.hexdigest())
13 print(type(data))                                    # 列出data資料型態
14 print(type(data.hexdigest()))                        # 列出哈希值資料型態
```

執行結果

```
===================== RESTART: D:/Algorithm/ch8/ch8_6.py =====================
Hash Value          =  b'h\xf1$*\xdf\xe4\xf4\xcb\x0e*\xac&K\xa5r\xd7'
Hash Value(16進位) =  68f1242adfe4f4cb0e2aac264ba572d7
<class '_hashlib.HASH'>
<class 'str'>
```

8-8-3 使用 sha1( ) 方法計算雜湊值

計算雜湊值時，如果想要使用 sha1( ) 方法很容易，只要將 md5( ) 方法改為 sha1( ) 方法即可。

程式實例 ch8_7.py：使用 sha1( ) 方法重新設計 ch8_4.py。

```
1  # ch8_7.py
2  import hashlib
3
4  data = hashlib.sha1()                                  # 建立data物件
5  data.update(b'Ming-Chi Institute of Technology')       # 更新data物件內容
6
7  print('Hash Value         = ', data.digest())
8  print('Hash Value(16進位) = ', data.hexdigest())
9  print(type(data))                                      # 列出data資料型態
10 print(type(data.hexdigest()))                          # 列出哈希值資料型態
```

執行結果

```
===================== RESTART: D:/Algorithm/ch8/ch8_7.py =====================
Hash Value         =  b'\xfc\xda1\xca@\xbe\xc3\xa0A\xa4\xb7*\xc3r\xb9\x1d\xd9\xa
a\xab\xde'
Hash Value(16進位) =  fcda31ca40bec3a041a4b72ac372b91dd9aaabde
<class '_hashlib.HASH'>
<class 'str'>
```

8-8-4 認識此平台可以使用的雜湊演算法

在 hashlib 模組內可以使用 algorithms_available 屬性，這個屬性可以列出目前你所使用作業系統平台可以使用的雜湊演算法。

程式實例 ch8_8.py：列出你所使用作業系統平台可以使用的雜湊演算法。

```
1  # ch8_8.py
2  import hashlib
3
4  print(hashlib.algorithms_available)          # 列出此平台可使用的哈希演算法
```

執行結果

```
===================== RESTART: D:/Algorithm/ch8/ch8_8.py =====================
{'SHA224', 'BLAKE2s256', 'RIPEMD160', 'whirlpool', 'MD4', 'SHA256', 'md5', 'sha3
_224', 'SHA384', 'shake_256', 'MD5-SHA1', 'ripemd160', 'blake2s', 'mdc2', 'sha3_
512', 'blake2b', 'SHA512', 'MDC2', 'MD5', 'BLAKE2b512', 'SHA1', 'sha512', 'sha3_
256', 'sha256', 'md4', 'sha384', 'md5-sha1', 'sha1', 'blake2s256', 'sha224', 'sh
a3_384', 'shake_128', 'blake2b512'}
```

8-8-5 認識跨平台可以使用的雜湊演算法

在 hashlib 模組內可以使用 algorithms_guaranteed 屬性，這個屬性可以列出跨作業系統平台可以使用的雜湊演算法。

程式實例 ch8_9.py：列出跨作業系統平台可以使用的雜湊演算法。

```
1  # ch8_9.py
2  import hashlib
3
4  print(hashlib.algorithms_guaranteed)           # 列出跨平台可使用的哈希演算法
```

執行結果

```
==================== RESTART: D:/Algorithm/ch8/ch8_9.py ====================
{'blake2s', 'sha3_512', 'sha3_224', 'md5', 'sha384', 'blake2b', 'sha1', 'sha3_38
4', 'shake_128', 'shake_256', 'sha224', 'sha3_256', 'sha256', 'sha512'}
```

8-9 習題

1. 重新設計程式實例 ch8_2.py：新增加緊急救援服務電話 119，鍵 (key) 是 Emergency，值 (key) 是 119。

```
==================== RESTART: D:/Algorithm/ex/ex8_1.py ====================
請輸入名字 : Emergency
Emergency 的電話號碼是 119
```

2. 請將程式實例 ch8_3.py 改為先不建立選舉人名冊，也就是取消驗證功能。當輸入名字時，如果這個人尚未投票，則將此名字建立在選舉人名冊內同時輸出歡迎投票。如果輸入名字時，此人已經在名冊內則輸出你已經投票了。

```
==================== RESTART: D:/Algorithm/ex/ex8_2.py ====================
請輸入名字 : John
歡迎投票
>>> check_name('John')
你已經投過票了
>>> check_name('Peter')
歡迎投票
>>> check_name('Peter')
你已經投過票了
```

3. 建立月份的雜湊表 (字典)，輸入英文月份 (大小寫皆可)，可以輸出中文月份。

```
===================== RESTART: D:/Algorithm/ex/ex8_3.py =====================
請輸入月份 : march
march 的中文是 三月
>>>
===================== RESTART: D:/Algorithm/ex/ex8_3.py =====================
請輸入月份 : MARCH
MARCH 的中文是 三月
>>>
===================== RESTART: D:/Algorithm/ex/ex8_3.py =====================
請輸入月份 : july
july 的中文是 七月
```

4. 請將 ch8_5.py 改為從螢幕輸入學校名稱，然後輸出 16 進位的雜湊值。下列是筆者輸入明志工專與明志科技大學的雜湊值輸出結果。

```
===================== RESTART: D:/Algorithm/ex/ex8_4.py =====================
請輸入學校名稱 : 明志工專
Hash Value(16進位) =  c573f50f7a4f421763ad6cd04e58b8a9
>>>
===================== RESTART: D:/Algorithm/ex/ex8_4.py =====================
請輸入學校名稱 : 明志科技大學
Hash Value(16進位) =  754d7dff035ca510db5c51360cce8050
```

第九章

排序

歷史上最早擁有排序概念的機器是由美國赫爾曼．何樂禮 (Herman Hollerith) 在 1901-1904 年發明的基數排序法分類機，此機器還有打卡、製表功能，這台機器協助美國在兩年內完成了人口普查，赫爾曼．何樂禮在 1896 年創立了電腦製表紀錄公司 (CTR，Computing Tabulating Recording)，此公司也是 IBM 公司的前身，1924 年 CTR 公司改名 IBM 公司 (International Business Machines Corporation)。

9-1 排序的觀念與應用

日常生活使用排序的場合有許多，例如：員工依座號排序、依年資排序、業績排序、… 等。

9-1-1 基礎觀念

在電腦科學中所謂的排序 (sort) 是指可以將一串資料依特定方式排列的演算法。基本上，排序演算法有下列原則：

1：輸出結果是原始資料位置重組的結果，

2：輸出結果是遞增的序列。

註 如果不特別註明，所謂的排序是指將資料從小排到大的遞增排列。如果將資料從大排到小也算是排序，不過我們必須註明這是從大到小的排列通常又將此排序稱反向排序 (reversed sort) 或是稱遞減排序。

排序的應用場合非常多，例如：在計算學生成績系統，如果想要列出前幾名資料，可以先將成績排序，這樣我們就可以輕易得到學生名次，如下所示：

微軟高中第一次月考成績表							
座號	姓名	國文	英文	數學	總分	平均	名次
3	普丁	70	94	82	246	82	1
2	希拉蕊	68	95	80	243	81	2
1	歐巴馬	73	93	75	241	80.33333	3
5	華盛頓	82	65	90	237	79	4
4	布希	54	86	73	213	71	5

下列是數字排序的圖例說明。

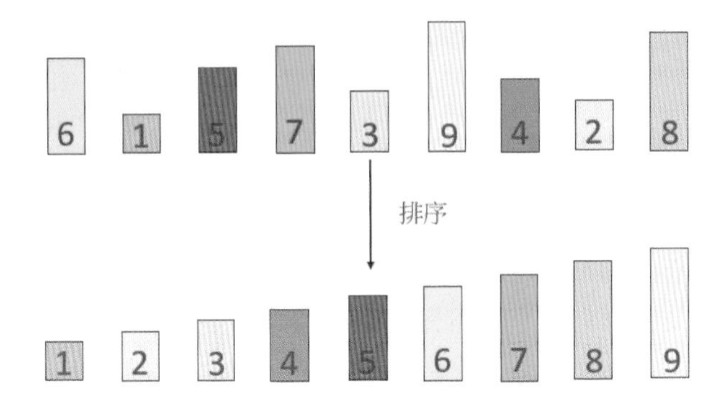

排序除了可以執行數字排序，也可以為字串排序，此時排序所依照的是英文字母的順序排序，如下所示：

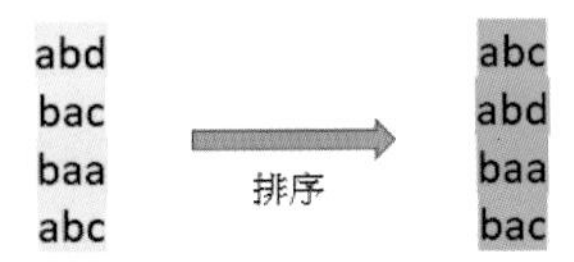

排序另一個重大應用是可以方便未來的搜尋，例如：臉書用戶約有 20 億，當我們登入臉書時，如果臉書帳號沒有排序，假設電腦每秒可以比對 100 個數字，如果使用一般線性搜尋帳號需要 20000000 秒 (約 231 天) 才可以判斷所輸入的是否正確的臉書帳號。如果帳號資訊已經排序完成，使用二分法 (log n)(下一章會完整解說) 所需時間只要約 0.3 秒即可以判斷是否正確臉書帳號，下列是計算方式。

```
>>> import math
>>> 0.01 * math.log(2000000000, 2)
0.30897352853986265
```

9-1-2 一般排序與分治法

本章 9-2 節至 9-6 節會介紹泡沫排序法 (Bubble Sort)、雞尾酒排序 (Cocktail Sort)、選擇排序 (Selection Sort)、插入排序 (Insertion Sort)、堆積樹排序 (Heap Sort) 等，一般排序的方法。

9-7 節與 9-8 節則是介紹快速排序 (Quick Sort) 和合併排序 (Merge Sort)，這兩個方法是屬分治法 (Divide and Conquer，簡寫是 D&C)，分治法的基本精神是將一個問題拆解成多個子問題，再用遞迴函數的觀念解子問題的答案，最後將這些答案合併，就可以得到原本問題的解答。

9-2 泡沫排序法 (Bubble Sort)

9-2-1　圖解泡沫排序演算法

在排序方法中最著名也是最簡單的演算法是泡沫排序法 (Bubble Sort)，這個方法的基本工作原理是將相鄰的元素做比較，如果前一個元素大於後一個元素，將彼此交換，這樣經過一個迴圈後最大的元素會經由交換浮現到最右邊，在數字移動過程很像泡泡的移動所以稱泡沫排序法，也稱氣泡排序法。例如：假設有一個串列內容，內含 5 筆元素，如下：

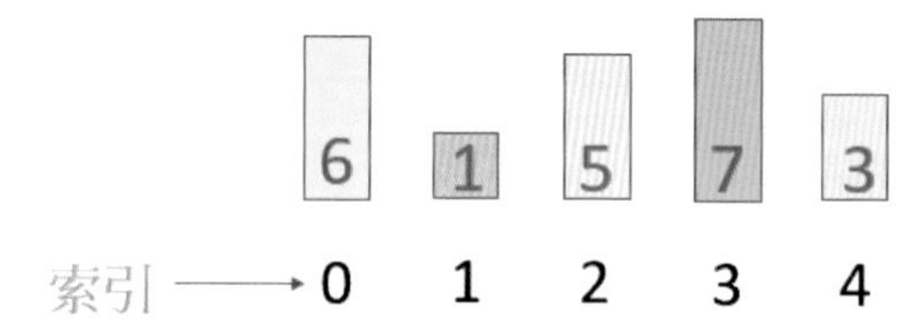

泡沫排序法如果有 n 筆元素需比較 n-1 次迴圈，是從索引 0 開始比較，當有 n 筆元素時需比較 n-1 次，第 1 次迴圈的處理方式如下：

❑ 第 1 次迴圈比較 1

比較時從索引 0 和索引 1 開始比較，因為 6 大於 1，所以資料對調，可以得到下列結果。

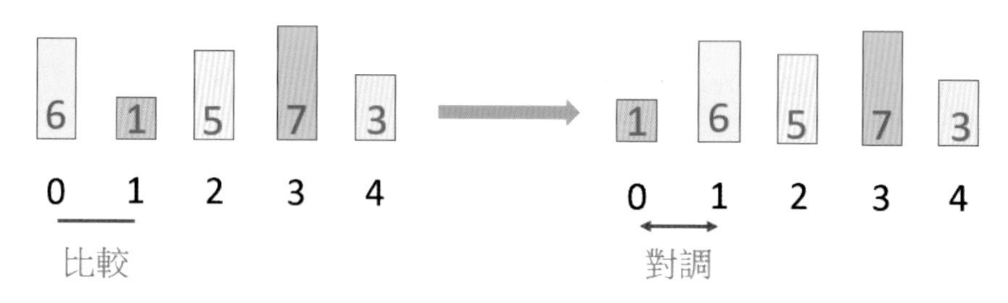

❑ 第 1 次迴圈比較 2

比較索引 1 和索引 2 開始比較，因為 6 大於 5，所以資料對調，可以得到下列結果。

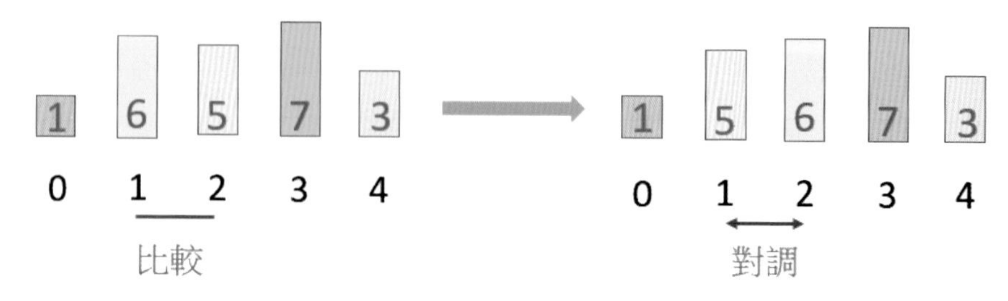

- 第 1 次迴圈比較 3

比較索引 2 和索引 3 開始比較，因為 6 小於 7，所以資料不動，可以得到下列結果。

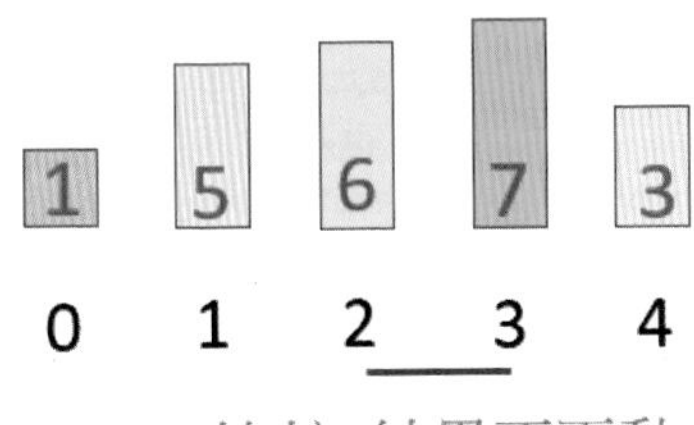

- 第 1 次迴圈比較 4

比較索引 3 和索引 4 開始比較，因為 7 大於 3，所以資料對調，可以得到下列結果。

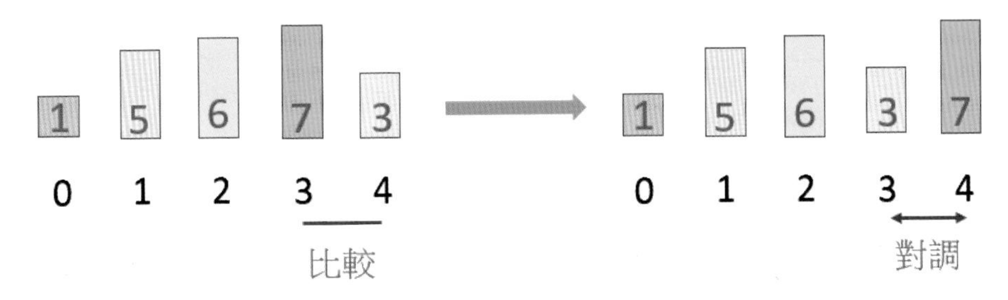

第 1 個迴圈比較結束，可以在最大索引位置獲得最大值，接下來進行第 2 次迴圈的比較。由於第一個迴圈最大索引 (n-1) 位置已經是最大值，所以現在比較次數可以比第 1 次迴圈少 1 次。

- 第 2 次迴圈比較 1

比較時從索引 0 和索引 1 開始比較，因為 1 小於 5，所以資料不動，可以得到下列結果。

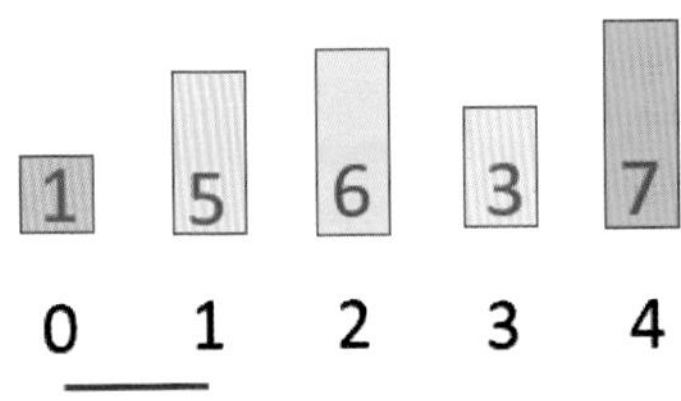

❑ 第 2 次迴圈比較 2

比較時從索引 1 和索引 2 開始比較，因為 5 小於 6，所以資料不動，可以得到下列結果。

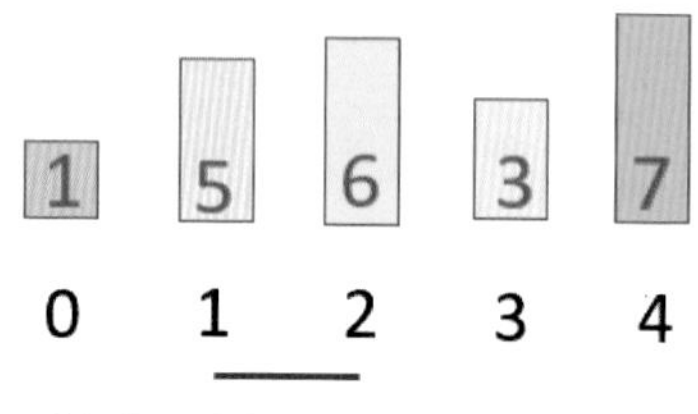

❑ 第 2 次迴圈比較 3

比較時從索引 2 和索引 3 開始比較，因為 6 大於 3，所以資料對調，可以得到下列結果。

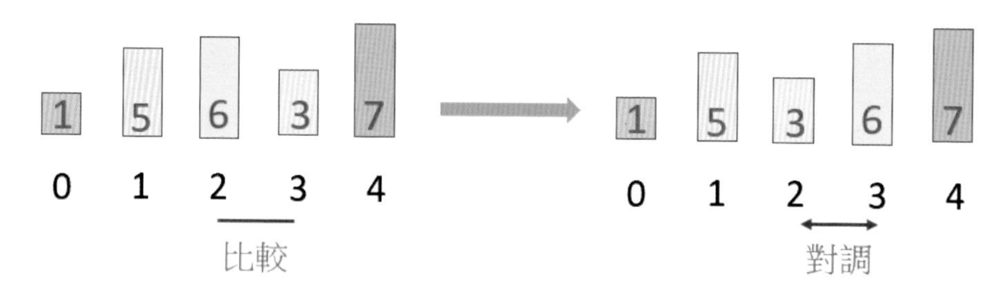

現在我們得到了第 2 大值，接著執行第 3 次迴圈的比較，這次比較次數又可以比前一個迴圈少 1 次。

❑ 第 3 次迴圈比較 1

比較時從索引 0 和索引 1 開始比較，因為 1 小於 5，所以資料不動，可以得到下列結果。

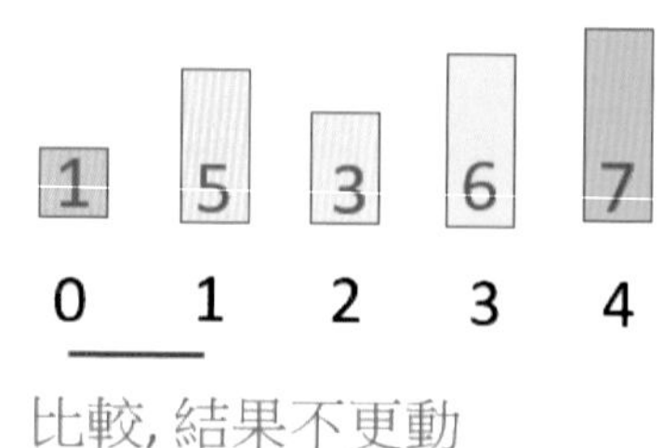

❑ 第 3 次迴圈比較 2

比較時從索引 1 和索引 2 開始比較，因為 5 大於 3，所以資料對調，可以得到下列結果。

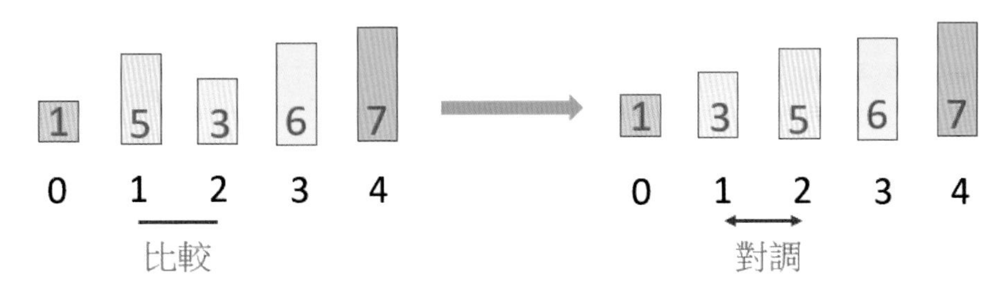

現在我們得到了第 3 大值，接著執行第 4 次迴圈的比較，這次比較次數又可以比前一個迴圈少 1 次。

❑ 第 4 次迴圈比較 1

比較時從索引 0 和索引 1 開始比較，因為 1 小於 5，所以資料不動，可以得到下列結果。

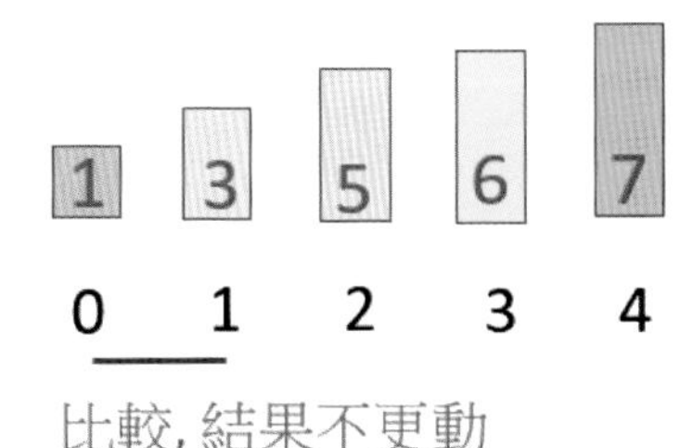

泡沫排序第 1 次迴圈的比較次數是 n-1 次，第 2 次迴圈的比較次數是 n-2 次，到第 n-1 迴圈的時候是 1 次，所以比較總次數計算方式如下：

(n-1) + (n-2) + ⋯. + 1

整體所需時間或稱時間複雜度是 $O(n^2)$。

9-2-2 Python 程式實作

在程式設計時，又可以將上述的迴圈稱外層迴圈，然後將原先每個迴圈的比較稱內層迴圈，整個設計邏輯觀念如下：

```
for i in range(0,len( 串列 ))                    # 外層迴圈
    for j in range(0,(len( 串列 )- 1- i))       # 內層迴圈
        if 串列 [j] > 串列 [j+1]
            交換串列 [j] 和串列 [j+1] 內容
```

程式實例 ch9_1.py：使用 9-2-1 節的圖解演算法數據，執行泡沫排序法，在這個程式筆者將列出每次的排序過程。

```
1  # ch9_1.py
2  def bubble_sort(nLst):
3      length = len(nLst)
4      for i in range(length-1):
5          print(f"第 {i+1} 次外圈排序")
6          for j in range(length-1-i):
7              if nLst[j] > nLst[j+1]:
8                  nLst[j],nLst[j+1] = nLst[j+1],nLst[j]
9              print(f"第 {j+1} 次內圈排序 : {nLst}")
10     return nLst
11
12 data = [6, 1, 5, 7, 3]
13 print("原始串列 : ", data)
14 print("排序結果 : ", bubble_sort(data))
```

執行結果

```
==================== RESTART: D:/Algorithm/ch9/ch9_1.py ====================
原始串列 :  [6, 1, 5, 7, 3]
第 1 次外圈排序
第 1 次內圈排序 :  [1, 6, 5, 7, 3]
第 2 次內圈排序 :  [1, 5, 6, 7, 3]
第 3 次內圈排序 :  [1, 5, 6, 7, 3]
第 4 次內圈排序 :  [1, 5, 6, 3, 7]
第 2 次外圈排序
第 1 次內圈排序 :  [1, 5, 6, 3, 7]
第 2 次內圈排序 :  [1, 5, 6, 3, 7]
第 3 次內圈排序 :  [1, 5, 3, 6, 7]
第 3 次外圈排序
第 1 次內圈排序 :  [1, 5, 3, 6, 7]
第 2 次內圈排序 :  [1, 3, 5, 6, 7]
第 4 次外圈排序
第 1 次內圈排序 :  [1, 3, 5, 6, 7]
排序結果 :  [1, 3, 5, 6, 7]
```

此外，Python 針對串列也有提供 sort( ) 方法，可以獲得排序結果。

程式實例 ch9_2.py：Python 內建的 sort( ) 方法實作數字與英文字串排序的應用。

```
1  # ch9_2.py
2  cars = ['honda','bmw','toyota','ford']
3  print("目前串列內容 = ",cars)
4  print("使用sort( )由小排到大")
5  cars.sort( )
6  print("排序串列結果 = ",cars)
7  nums = [5, 3, 9, 2]
8  print("目前串列內容 = ",nums)
9  print("使用sort( )由小排到大")
10 nums.sort( )
11 print("排序串列結果 = ",nums)
```

執行結果

```
==================== RESTART: D:/Algorithm/ch9/ch9_2.py ====================
目前串列內容 =  ['honda', 'bmw', 'toyota', 'ford']
使用sort( )由小排到大
排序串列結果 =  ['bmw', 'ford', 'honda', 'toyota']
目前串列內容 =  [5, 3, 9, 2]
使用sort( )由小排到大
排序串列結果 =  [2, 3, 5, 9]
```

如果在 sort( ) 方法內增加參數 "reverse=True"，則可以從大排到小。

程式實例 ch9_3.py：重新設計 ch9_2.py，將串列從大排到小。

```
1  # ch9_3.py
2  cars = ['honda','bmw','toyota','ford']
3  print("目前串列內容 = ",cars)
4  print("使用sort( )由大排到小")
5  cars.sort(reverse=True)
6  print("排序串列結果 = ",cars)
7  nums = [5, 3, 9, 2]
8  print("目前串列內容 = ",nums)
9  print("使用sort( )由大排到小")
10 nums.sort(reverse=True)
11 print("排序串列結果 = ",nums)
```

執行結果

```
==================== RESTART: D:/Algorithm/ch9/ch9_3.py ====================
目前串列內容 =  ['honda', 'bmw', 'toyota', 'ford']
使用sort( )由大排到小
排序串列結果 =  ['toyota', 'honda', 'ford', 'bmw']
目前串列內容 =  [5, 3, 9, 2]
使用sort( )由大排到小
排序串列結果 =  [9, 5, 3, 2]
```

9-3 雞尾酒排序 (Cocktail Sort)

9-3-1 圖解雞尾酒排序演算法

泡沫排序法演算法的觀念是每次皆從左到右比較，每個迴圈比較 n – 1 次，須執行 n – 1 個迴圈。雞尾酒排序法是泡沫排序法的改良，他會先從左到右比較，經過一個迴圈最右邊可以得到最大值，同時此值將在最右邊的索引位置，然後從次右邊的索引從右到左比較，經過一個迴圈可以得到尚未排序的最小值，此值將在最左索引。接著再從下一個尚未排序的索引值往右比較，如此循環，當有一個迴圈沒有更動任何值的位置時，就代表排序完成。例如：假設有一個串列內容，內含 5 筆元素，如下：

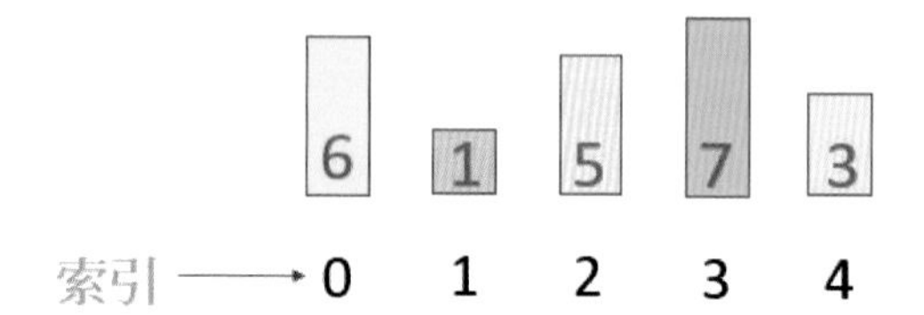

第 1 次向右迴圈的第 1 次比較，可以得到下列結果：

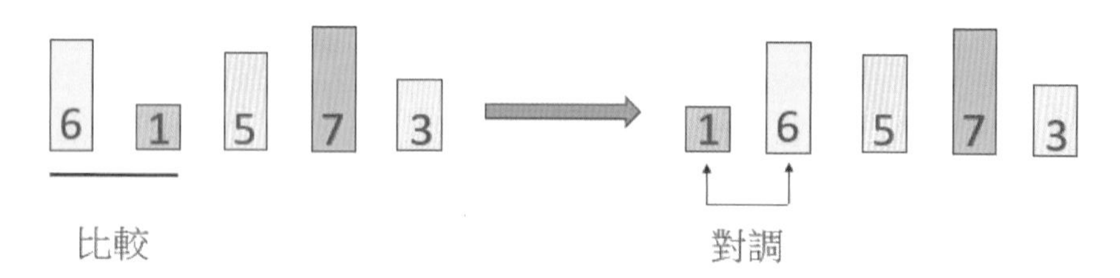

第 1 次向右迴圈的第 2 次比較，可以得到下列結果：

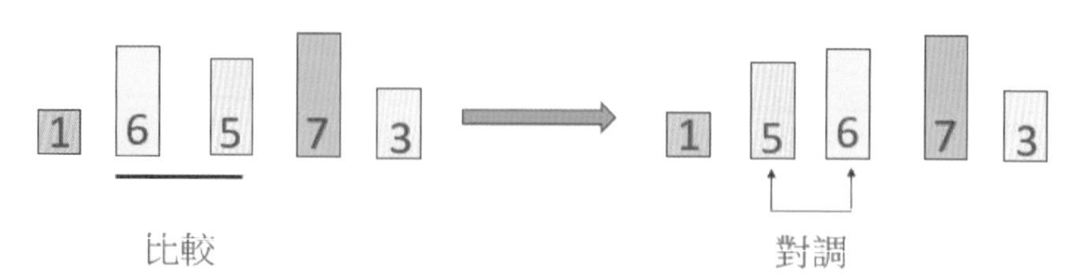

第 1 次向右迴圈的第 3 次比較，可以得到下列結果：

第 1 次向右迴圈的第 4 次比較，可以得到下列結果：

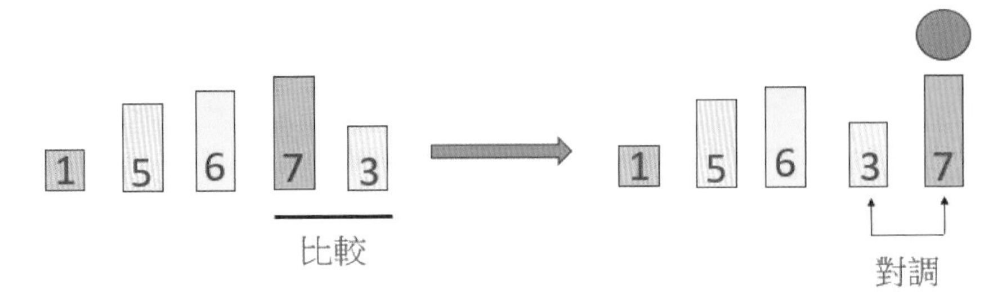

現在最大值在最右索引位置，接下來執行第 1 次向左迴圈的第 1 次比較，可以得到下列結果：

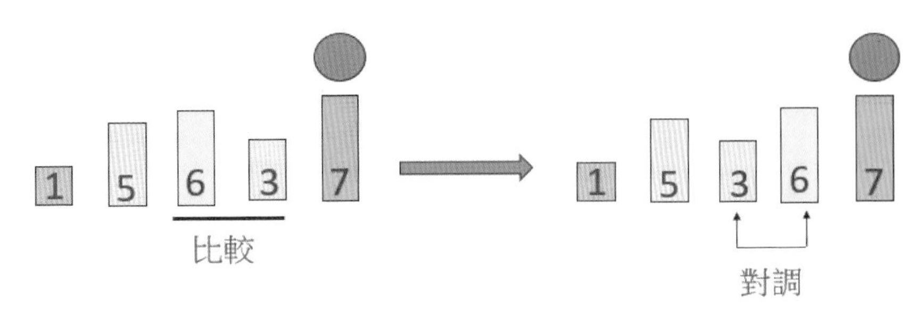

第 1 次向左迴圈的第 2 次比較，可以得到下列結果：

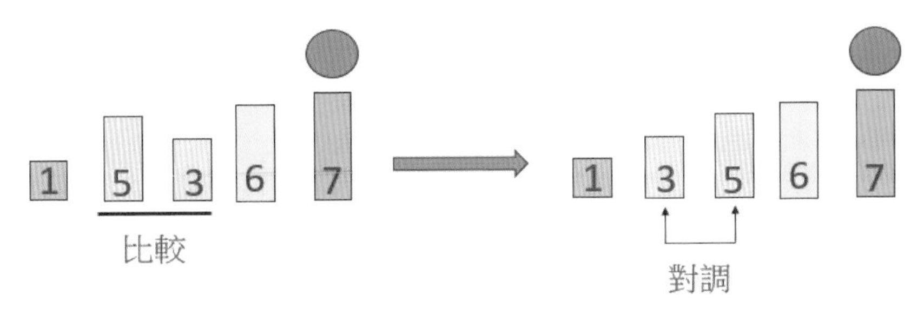

第 1 次向左迴圈的第 3 次比較，可以得到下列結果：

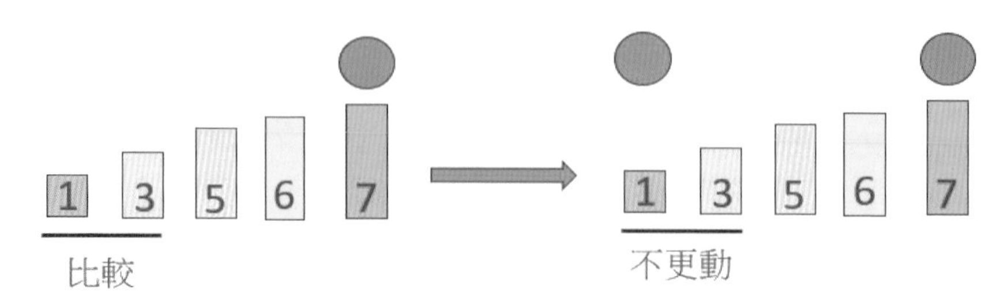

現在最小值在最左索引位置，接下來執行第 2 次向右迴圈的第 1 次比較，可以得到下列結果：

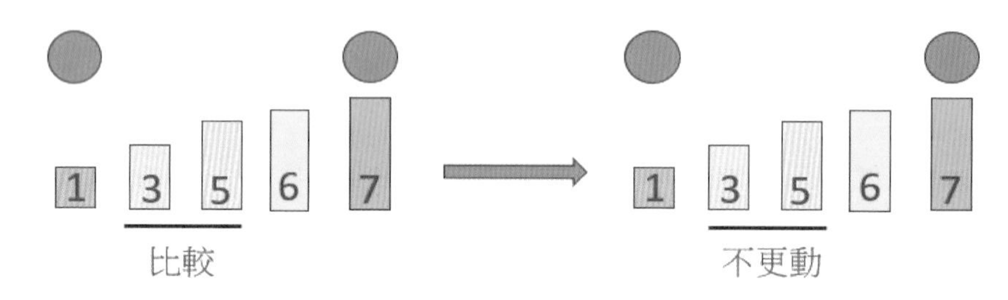

執行第 2 次向右迴圈的第 2 次比較，可以得到下列結果：

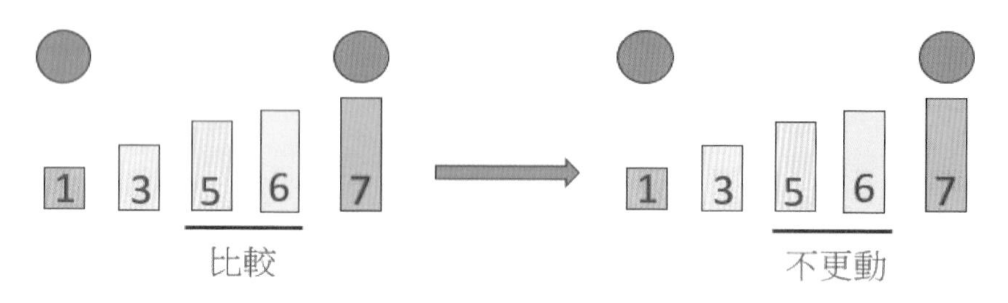

由於上述迴圈沒有資料需要更動，這代表排序完成，相較於泡沫排序如果迴圈沒有更動任何值，可以省略迴圈。如果序列資料大都排好，時間複雜度可以是 O(n)，不過平均是 $O(n^2)$。

9-3-2 Python 程式實作

程式實例 ch9_4.py：使用 9-3-1 節的圖解演算法數據，執行雞尾酒排序法，在這個程式筆者將列出每次的排序過程。

```
1  # ch9_4.py
2  def cocktail_sort(nLst):
3      ''' 雞尾酒排序 '''
4      n = len(nLst)
5      is_sorted = True
6      start = 0                                          # 前端索引
7      end = n-1                                          # 末端索引
8      while is_sorted:
9          is_sorted = False                              # 重置是否排序完成
10         for i in range (start, end):                   # 往右比較
11             if (nLst[i] > nLst[i + 1]) :
12                 nLst[i], nLst[i + 1]= nLst[i + 1], nLst[i]
13                 is_sorted = True
14         print("往後排序過程 : ", nLst)
15         if not is_sorted:                              # 如果沒有交換就結束
16             break
17
18         end = end-1                                    # 末端索引左移一個索引
19         for i in range(end-1, start-1, -1):            # 往左比較
20             if (nLst[i] > nLst[i + 1]):
21                 nLst[i], nLst[i + 1] = nLst[i + 1], nLst[i]
22                 is_sorted = True
23         start = start + 1                              # 前端索引右移一個索引
24         print("往前排序過程 : ", nLst)
25     return nLst
26
27 data = [6, 1, 5, 7, 3]
28 print("原始串列 : ", data)
29 print("排序結果 : ", cocktail_sort(data))
```

執行結果

```
==================== RESTART: D:/Algorithm/ch9/ch9_4.py ====================
原始串列 :  [6, 1, 5, 7, 3]
往後排序過程 :  [1, 5, 6, 3, 7]
往前排序過程 :  [1, 3, 5, 6, 7]
往後排序過程 :  [1, 3, 5, 6, 7]
排序結果 :  [1, 3, 5, 6, 7]
```

9-4 選擇排序 (Selection Sort)

9-4-1 圖解選擇排序演算法

所謂選擇排序工作原理是從未排序的序列中找最小元素，然後將此最小數字與最小索引位置的數字對調。然後從剩餘的未排序元素中繼續找尋最小元素，再將此最小元素與未排序的最小索引位置的數字對調。以此類推，直到所有元素完成從小到大排列。

這個排序法在找尋最小元素時，是使用線性搜尋。由於是線性搜尋，第 1 次迴圈執行時需要比較 n-1 次，第 2 個迴圈是比較 n-2 次，其他依此類推，整個完成需要執行 n-1 次迴圈。例如：假設有一個串列內容，內含 5 筆元素，如下：

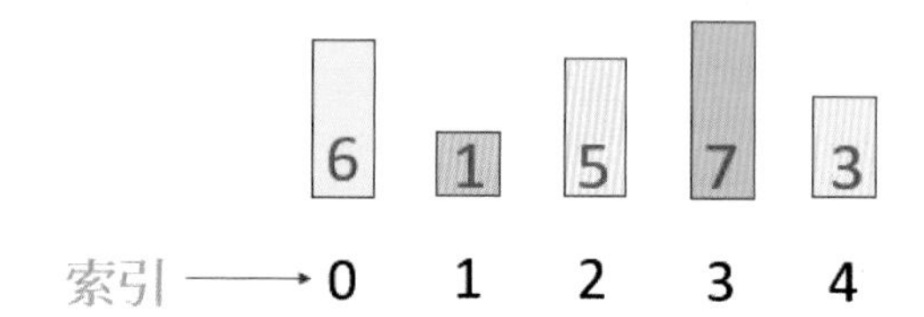

第 1 次迴圈可以找到最小值是 1，然後將 1 與索引 0 的 6 對調，如下所示：

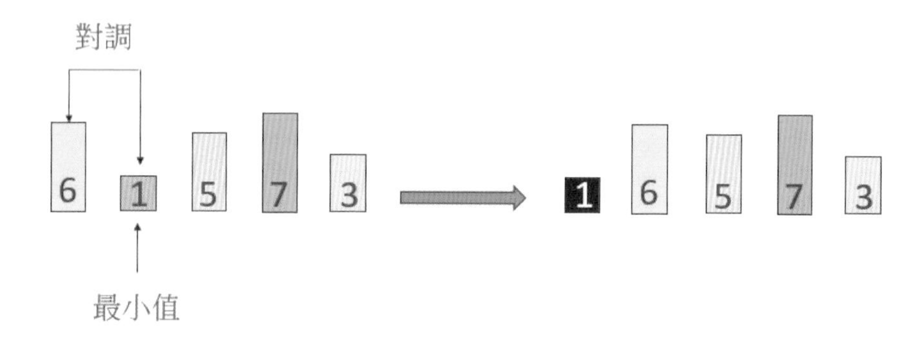

第 2 次迴圈可以找到最小值是 3，然後將 3 與索引 1 的 6 對調，如下所示：

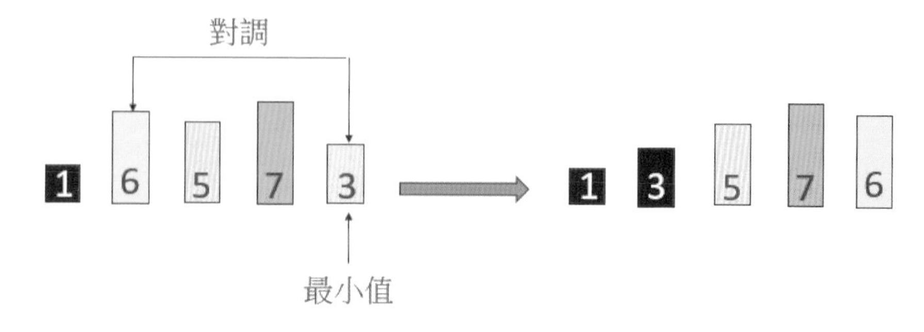

第 3 次迴圈可以找到最小值是 5，由於 5 已經是未排序的最小值，所以索引 2 不必更動，如下所示：

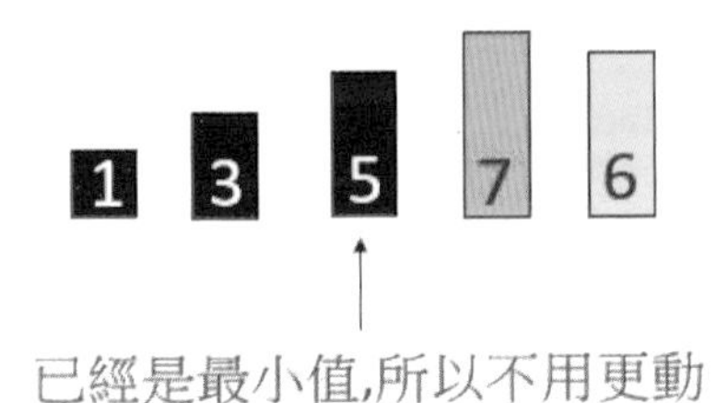

第 4 次迴圈可以找到最小值是 6，然後將 6 與索引 3 的 7 對調，如下所示：

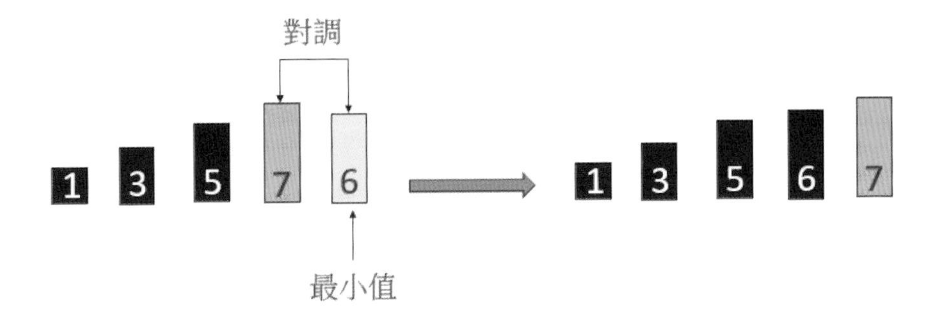

上述右邊我們已經得到排序的結果了。

選擇排序第 1 次迴圈的線性搜尋最小值是比較 n-1 次，第 2 次迴圈是 n-2 次，到第 n-1 迴圈的時候是 1 次，所以比較總次數與泡沫排序法相同，計算方式如下：

(n-1) + (n-2) + …. + 1

上述執行時每個迴圈將最小值與未排序的最小索引最多對調一次，整體所需時間或稱時間複雜度是 $O(n^2)$。

9-4-2 Python 程式實作

程式實例 ch9_5.py：使用 9-4-1 節的測試數據執行選擇排序，同時紀錄每個迴圈的排序結果。

```
1  # ch9_5.py
2  def selection_sort(nLst):
3      for i in range(len(nLst)-1):
4          index = i                          # 最小值的索引
```

```
5             for j in range(i+1, len(nLst)):      # 找最小值的索引
6                 if nLst[index] > nLst[j]:
7                     index = j
8             if i == index:                       # 如果目前索引是最小值索引
9                 pass                             # 不更動
10            else:
11                nLst[i],nLst[index] = nLst[index],nLst[i]    # 資料對調
12            print(f"第 {i+1} 次迴圈排序 {nLst}")
13        return nLst
14
15    data = [6, 1, 5, 7, 3]
16    print("原始串列 : ", data)
17    print("排序結果 : ", selection_sort(data))
```

執行結果

```
===================== RESTART: D:/Algorithm/ch9/ch9_5.py =====================
原始串列 :  [6, 1, 5, 7, 3]
第 1 次迴圈排序 [1, 6, 5, 7, 3]
第 2 次迴圈排序 [1, 3, 5, 7, 6]
第 3 次迴圈排序 [1, 3, 5, 7, 6]
第 4 次迴圈排序 [1, 3, 5, 6, 7]
排序結果 :  [1, 3, 5, 6, 7]
```

程式實例 ch9_6.py：為含字串的串列執行選擇性排序。

```
1     # ch9_6.py
2     def selection_sort(nLst):
3         ''' 選擇排序 '''
4         for i in range(len(nLst)-1):
5             index = i                            # 最小值的索引
6             for j in range(i+1, len(nLst)):      # 找最小值的索引
7                 if nLst[index] > nLst[j]:
8                     index = j
9             if i == index:                       # 如果目前索引是最小值索引
10                pass                             # 不更動
11            else:
12                nLst[i],nLst[index] = nLst[index],nLst[i]    # 資料對調
13        return nLst
14
15    cars = ['honda','bmw','toyota','ford']
16    print("目前串列內容 = ",cars)
17    print("使用selection_sort( )由小排到大")
18    selection_sort(cars)
19    print("排序串列結果 = ",cars)
```

執行結果

```
===================== RESTART: D:/Algorithm/ch9/ch9_6.py =====================
目前串列內容 =  ['honda', 'bmw', 'toyota', 'ford']
使用selection_sort( )由小排到大
排序串列結果 =  ['bmw', 'ford', 'honda', 'toyota']
```

9-4-3 選擇排序的應用

在 YouTube 頻道可以看到許多流行歌曲點閱率非常高，伍佰的挪威的森林甚至高達 3413 萬，下列是 2020 年 2 月的點閱數據：

演唱者	歌曲名稱	點閱次數
李宗盛	山丘	24720000
趙傳	我是一隻小小鳥	8310000
五佰	挪威的森林	34130000
林憶蓮	聽說愛情回來過	12710000

程式實例 ch9_7.py：為上述歌曲依點閱次數由高往低排列，設計排行榜。

```
1  # ch9_7.py
2  def selection_sort(nLst):
3      ''' 選擇排序 '''
4      for i in range(len(nLst)-1):
5          index = i                              # 最小值的索引
6          for j in range(i+1, len(nLst)):        # 找最小值的索引
7              if nLst[index][2] < nLst[j][2]:
8                  index = j
9          if i == index:                         # 如果目前索引是最小值索引
10             pass                               # 不更動
11         else:
12             nLst[i],nLst[index] = nLst[index],nLst[i]    # 資料對調
13     return nLst
14
15 music = [('李宗盛', '山丘', 24740000),
16          ('趙傳', '我是一隻小小鳥', 8310000),
17          ('五佰', '挪威的森林', 34130000),
18          ('林憶蓮', '聽說愛情回來過', 12710000)
19          ]
20
21 print("YouTube點播排行")
22 selection_sort(music)
23 for i in range(len(music)):
24     print(f"{i+1}:{music[i][0]}{music[i][1]} -- 點播次數 {music[i][2]}")
```

執行結果

```
==================== RESTART: D:/Algorithm/ch9/ch9_7.py ====================
YouTube點播排行
1:五佰挪威的森林 -- 點播次數 34130000
2:李宗盛山丘 -- 點播次數 24740000
3:林憶蓮聽說愛情回來過 -- 點播次數 12710000
4:趙傳我是一隻小小鳥 -- 點播次數 8310000
```

9-5 插入排序 (Insertion Sort)

9-5-1 圖解插入排序演算法

這是一個直觀的演算法，由序列左邊往右排序，先將左邊的數排序完成，再取右邊未排序的數字，在已排序的序列中由後向前掃瞄找相對應的位置插入，例如：假設有一個串列內容，內含 5 筆元素，如下：

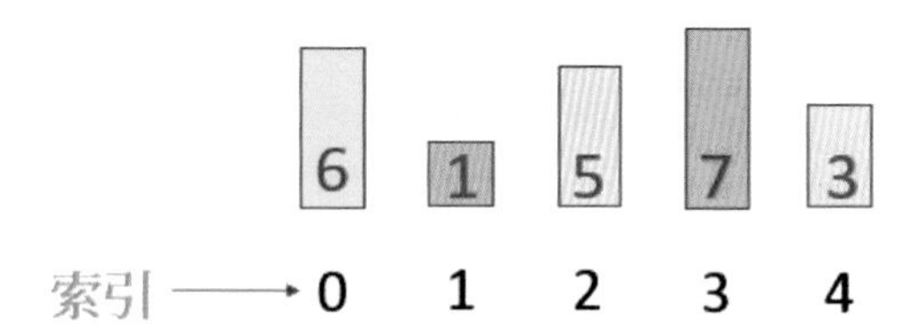

第 1 次迴圈索引 0 的 6 當作最小值，此時只有 6 排序完成，如下所示：

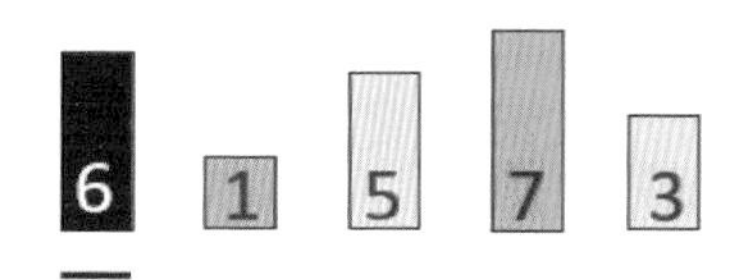

第 2 次迴圈取出尚未排序的最小索引 1 位置的 1 與已排序索引比較，由於 1 小於 6，所以第 2 次排序結果如下：

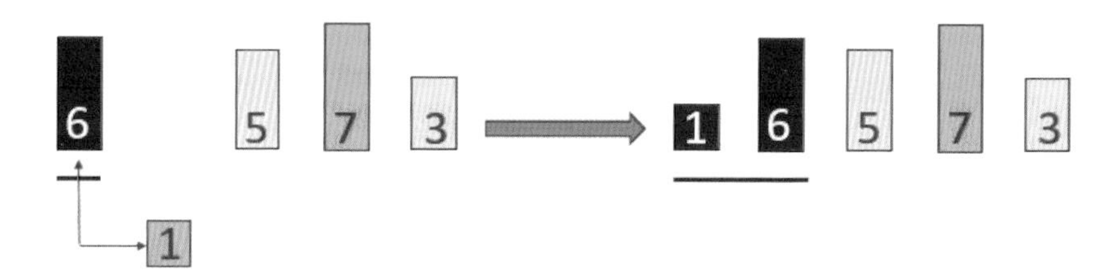

第 3 次迴圈取出尚未排序的最小索引 2 位置的 5 與已排序索引比較，由於 5 小於 6，所以彼此對調：

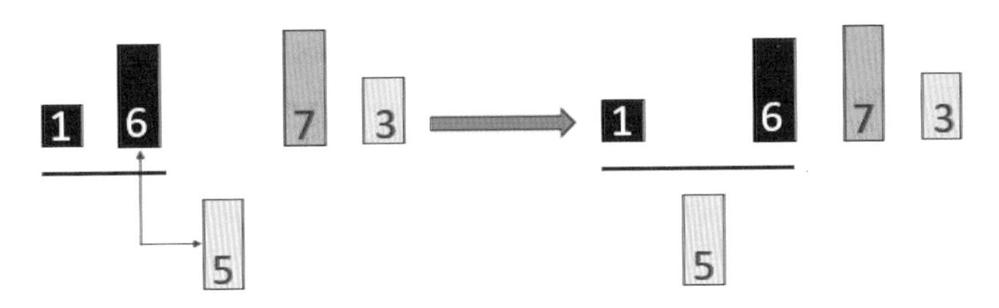

下一步是將 5 與已排序更左的索引值比較，由於 5 大於 1，所以可以不用更動，經過 3 個迴圈現在排序結果如下：

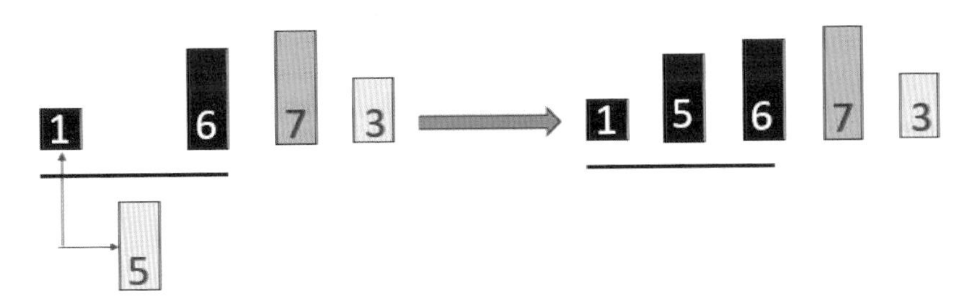

第 4 次迴圈取出尚未排序的最小索引 3 位置的 7 與已排序索引比較，由於 7 大於 6，所以位置不動：

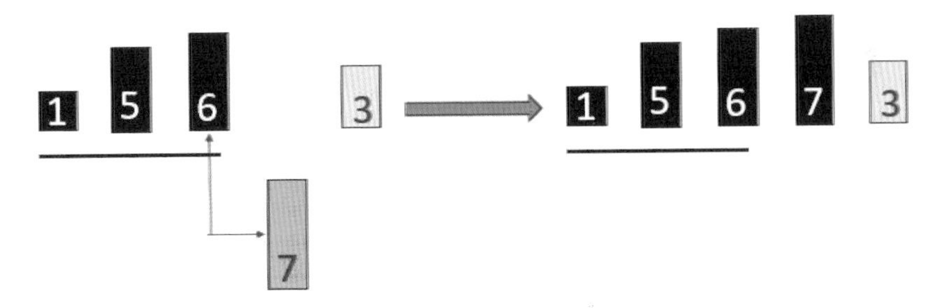

第 5 次迴圈取出尚未排序的最小索引 4 位置的 3 與已排序索引比較，可以參考第 3 次迴圈，從 7、6、5、1 往前比較逐步對調位置，由於 3 大於 1，所以最後得到 3 在 1 和 5 之間。

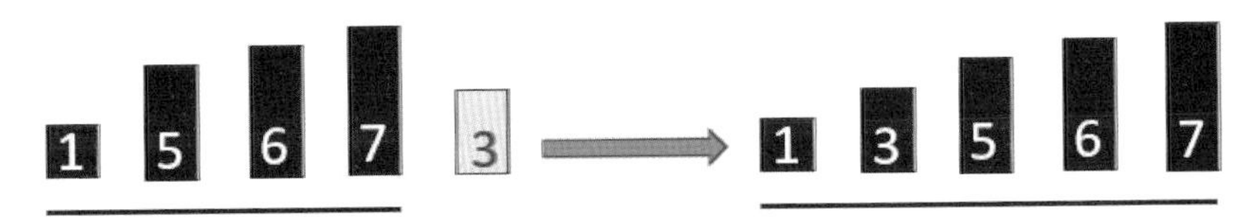

插入排序的原則是將取出的值與索引左邊的值做比較，如果左邊的值比較小就不必對調，此迴圈就算結束。這種排序最不好的情況是第 2 次迴圈比較 1 次，第 3 次迴圈比較 2 次，…，第 n 次迴圈比較 n- 1 次，所需的執行時間或稱時間複雜度與泡沫排序或選擇排序相同是 $O(n^2)$。

9-5-2 插入排序與玩撲克牌

其實插入排序與玩撲克牌觀念類似，假設有 {6, 1, 5, 7, 3}：

當拿到 6 時，手上的牌處理方式是 {6}。

當拿到 1 時，手上的牌處理方式是 {1, 6}。

當拿到 5 時，手上的牌處理方式是 {1, 5, 6}。

當拿到 7 時，手上的牌處理方式是 {1, 5, 6, 7}。

當拿到 3 時，手上的牌處理方式是 {1, 3, 5, 6, 7}。

9-5-3 Python 程式實作

程式實例 ch9_8.py：使用 9-5-1 節的測試數據執行選擇排序，同時紀錄每個迴圈的排序結果。

```
1  # ch9_8.py
2  def insertion_sort(nLst):
3      ''' 插入排序 '''
4      n = len(nLst)
5      if n == 1:                          # 只有1筆資料
6          print(f"第 {n} 次迴圈排序 {nLst}")
7          return nLst
8      print("第 1 次迴圈排序", nLst)
9      for i in range(1,n):                # 迴圈
10         for j in range(i, 0, -1):
11             if nLst[j] < nLst[j-1]:
12                 nLst[j], nLst[j-1] = nLst[j-1], nLst[j]
13             else:
14                 break
15         print(f"第 {i+1} 次迴圈排序 {nLst}")
16     return nLst
17
18 data = [6, 1, 5, 7, 3]
19 print("原始串列 : ", data)
20 print("排序結果 : ", insertion_sort(data))
```

執行結果

```
==================== RESTART: D:/Algorithm/ch9/ch9_8.py ====================
原始串列 :  [6, 1, 5, 7, 3]
第 1 次迴圈排序 [6, 1, 5, 7, 3]
第 2 次迴圈排序 [1, 6, 5, 7, 3]
第 3 次迴圈排序 [1, 5, 6, 7, 3]
第 4 次迴圈排序 [1, 5, 6, 7, 3]
第 5 次迴圈排序 [1, 3, 5, 6, 7]
排序結果 :  [1, 3, 5, 6, 7]
```

9-6 堆積樹排序 (Heap Sort)

9-6-1 圖解堆積樹排序演算法

第 7-1 節筆者說明了建立堆積樹。7-2 節筆者說明了插入數據到堆積樹，時間複雜度是 O(log n)。7-3 節筆者說明取出最小堆積樹的值，時間複雜度是 O(log n)。其實我們可以使用不斷取出最小堆積樹的最小值的方式，達到排序的目的，時間複雜度是 O(n log n)。有一個序列數字分別是 10、21、5、9、13、28、3，此序列數字可以建立為最小堆積樹如下：

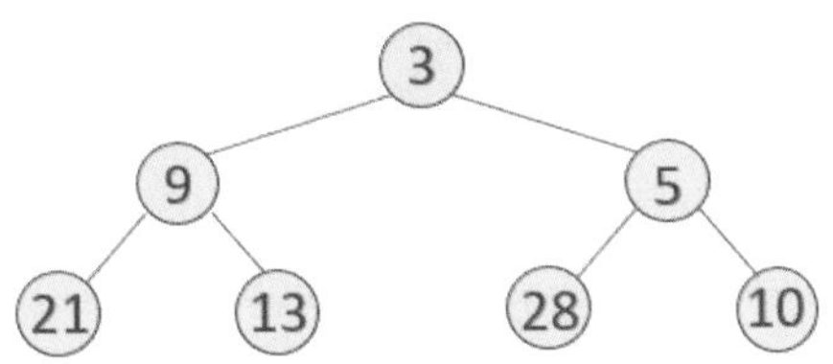

第 1 次可以取出 3，然後最小堆積樹內部調整如下：

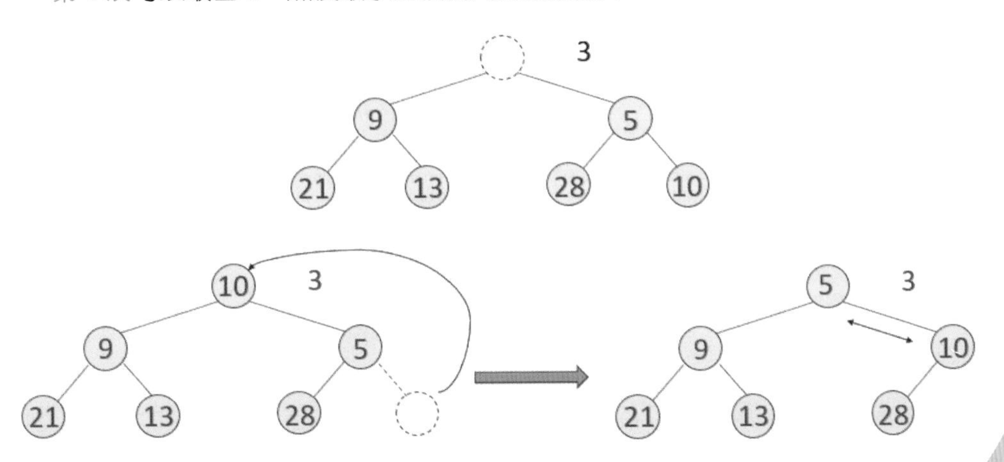

第 2 次可以取出 5，然後最小堆積樹內部調整如下：

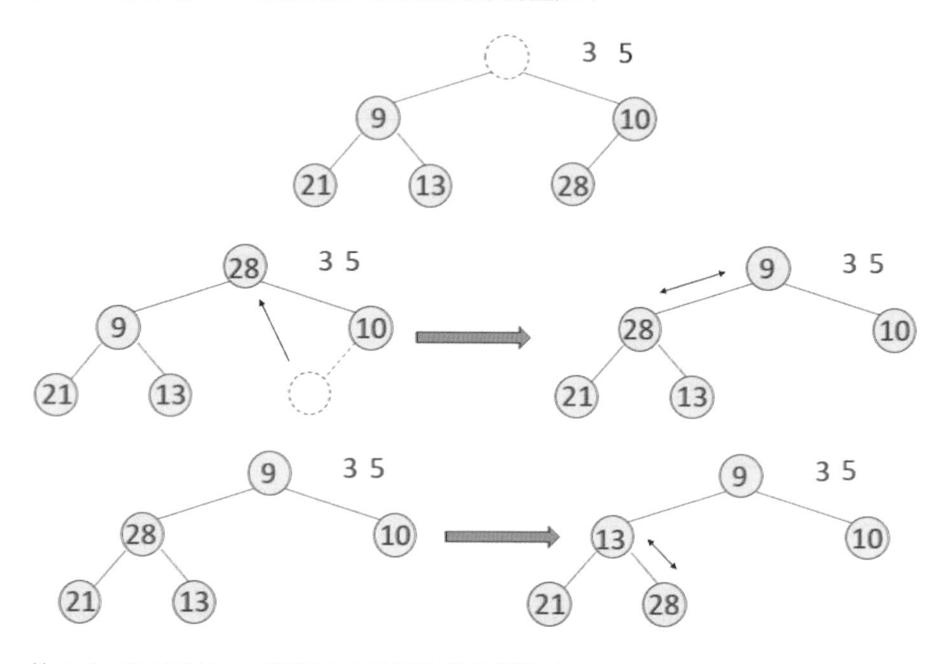

第 3 次可以取出 9，然後最小堆積樹內部調整如下：

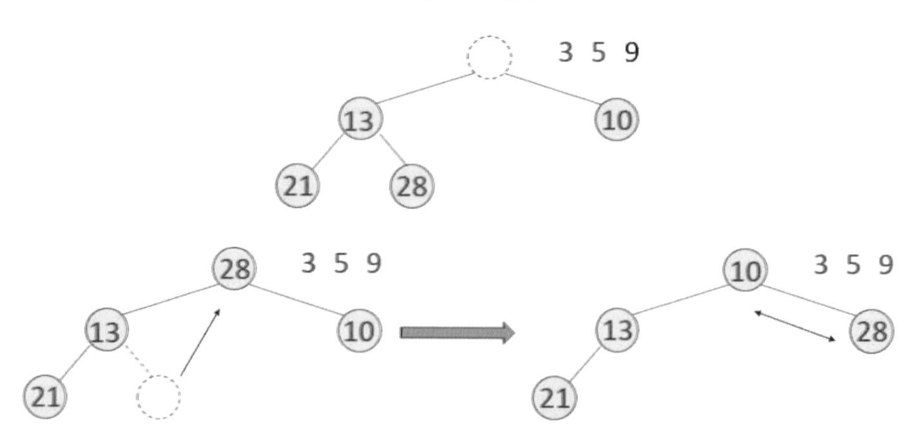

第 4 次可以取出 10，然後最小堆積樹內部調整如下：

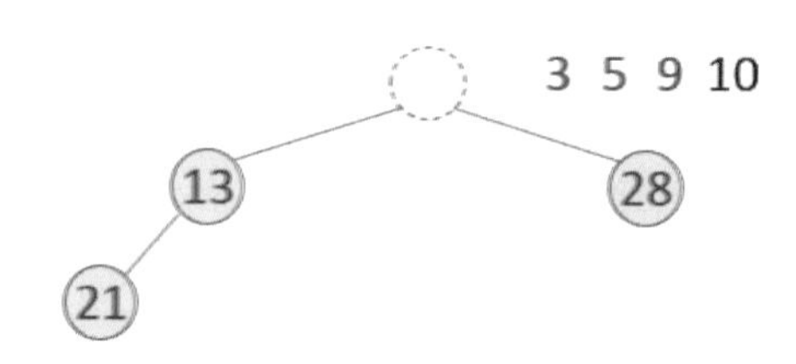

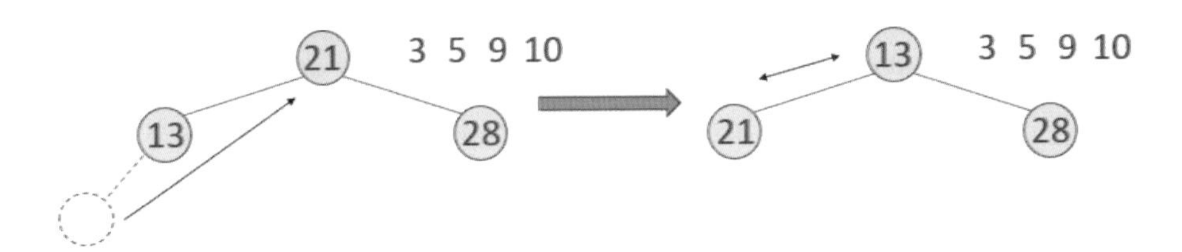

第 5 次可以取出 13，然後最小堆積樹內部調整如下：

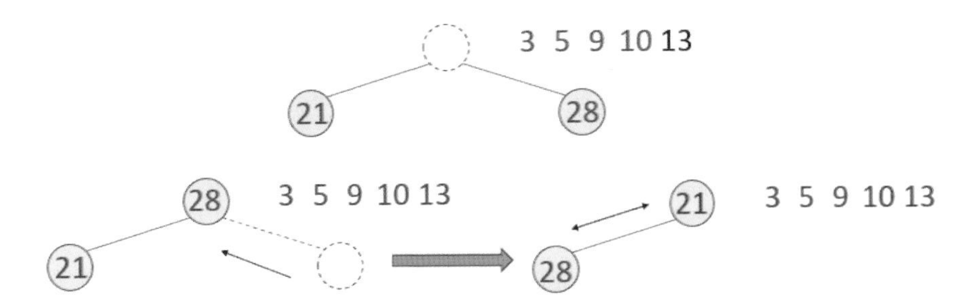

第 6 次可以取出 21，然後最小堆積樹內部調整如下：

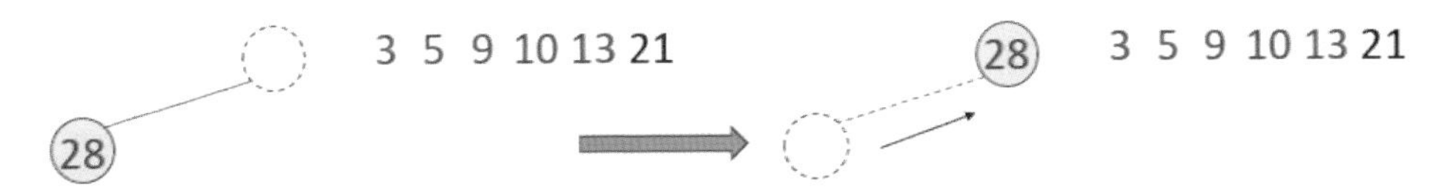

第 7 次可以取出 28。

3 5 9 10 13 21 28

9-6-2 Python 程式實作

程式實例 ch9_9.py：建立最小堆積樹，同時執行排序，本實例大多數觀念在第 7 章皆有說明。

```
1  # ch9_9.py
2  class Heaptree():
3      def __init__(self):
4          self.heap = []                              # 堆積樹串列
5          self.size = 0                               # 堆積樹串列元素個數
6
7      def data_down(self,i):
8          ''' 如果節點值大於子節點值則資料與較小的子節點值對調 '''
9          while (i * 2 + 2) <= self.size:             # 如果有子節點則繼續
```

```
10              mi = self.get_min_index(i)              # 取得較小值得子節點
11              if self.heap[i] > self.heap[mi]:        # 如果目前節點大於子節點
12                  self.heap[i], self.heap[mi] = self.heap[mi], self.heap[i]
13              i = mi
14
15      def get_min_index(self,i):
16          ''' 傳回較小值的子節點索引 '''
17          if i * 2 + 2 >= self.size:                  # 只有一個左子節點
18              return i * 2 + 1                        # 傳回左子節點索引
19          else:
20              if self.heap[i*2+1] < self.heap[i*2+2]: # 如果左子節點小於右子節點
21                  return i * 2 + 1                    # True傳回左子節點索引
22              else:
23                  return i * 2 + 2                    # False傳回右子節點索引
24
25      def build_heap(self, mylist):
26          ''' 建立堆積樹 '''
27          i = (len(mylist) // 2) - 1                  # 從有子節點的節點開始處理
28          self.size = len(mylist)                     # 得到串列元素個數
29          self.heap = mylist                          # 初步建立堆積樹串列
30          while (i >= 0):                             # 從下層往上處理
31              self.data_down(i)
32              i = i - 1
33
34      def get_min(self):
35          min_ret = self.heap[0]
36          self.size -= 1
37          self.heap[0] = self.heap[self.size]
38          self.heap.pop()
39          self.data_down(0)
40          return min_ret
41
42  data = [10, 21, 5, 9, 13, 28, 3]
43  print("原始串列 : ", data)
44  obj = Heaptree()
45  obj.build_heap(data)                                # 建立堆積樹串列
46  print("執行後堆積樹串列 = ", obj.heap)
47  sort_h = []
48  for i in range(len(data)):
49      sort_h.append(obj.get_min())
50  print("排序結果 : ", sort_h)
```

執行結果

```
==================== RESTART: D:/Algorithm/ch9/ch9_9.py ====================
原始串列 :  [10, 21, 5, 9, 13, 28, 3]
執行後堆積樹串列 =  [3, 9, 5, 21, 13, 28, 10]
排序結果 :  [3, 5, 9, 10, 13, 21, 28]
```

程式實例 ch9_10.py：本程式基本上是前一個程式的擴充，主要是將數字的數據改為水果字串，讀者可以發現可以完全不用修改 Heaptree 類別內容，仍可完成水果字串排序功能。

```
1  # ch9_10.py
2  class Heaptree():
3      def __init__(self):
4          self.heap = []                              # 堆積樹串列
5          self.size = 0                               # 堆積樹串列元素個數
6
7      def data_down(self,i):
8          ''' 如果節點值大於子節點值則資料與較小的子節點值對調 '''
9          while (i * 2 + 2) <= self.size:             # 如果有子節點則繼續
10             mi = self.get_min_index(i)              # 取得較小值得子節點
11             if self.heap[i] > self.heap[mi]:        # 如果目前節點大於子節點
12                 self.heap[i], self.heap[mi] = self.heap[mi], self.heap[i]
13             i = mi
14
15     def get_min_index(self,i):
16         ''' 傳回較小值的子節點索引 '''
17         if i * 2 + 2 >= self.size:                  # 只有一個左子節點
18             return i * 2 + 1                        # 傳回左子節點索引
19         else:
20             if self.heap[i*2+1] < self.heap[i*2+2]: # 如果左子節點小於右子節點
21                 return i * 2 + 1                    # True傳回左子節點索引
22             else:
23                 return i * 2 + 2                    # False傳回右子節點索引
24
25     def build_heap(self, mylist):
26         ''' 建立堆積樹 '''
27         i = (len(mylist) // 2) - 1                  # 從有子節點的節點開始處理
28         self.size = len(mylist)                     # 得到串列元素個數
29         self.heap = mylist                          # 初步建立堆積樹串列
30         while (i >= 0):                             # 從下層往上處理
31             self.data_down(i)
32             i = i - 1
33
34     def get_min(self):
35         min_ret = self.heap[0]
36         self.size -= 1
37         self.heap[0] = self.heap[self.size]
38         self.heap.pop()
39         self.data_down(0)
40         return min_ret
41
42 data = ['Orange',
43         'Banana',
44         'Grape',
45         'Watermelon',
46         'Pineapple',
47         'Strawberry',
48         'Apple'
49         ]
50 print("原始串列 : ", data)
51 obj = Heaptree()
52 obj.build_heap(data)                                # 建立堆積樹串列
53 print("執行後堆積樹串列 = ", obj.heap)
54 sort_fruits = []
55 for i in range(len(data)):
56     sort_fruits.append(obj.get_min())
57 print("排序結果 : ")
58 for fruit in sort_fruits:
59     print(fruit)
```

執行結果

```
==================== RESTART: D:/Algorithm/ch9/ch9_10.py ====================
原始串列 :  ['Orange', 'Banana', 'Grape', 'Watermelon', 'Pineapple', 'Strawberry
', 'Apple']
執行後堆積樹串列 =  ['Apple', 'Banana', 'Grape', 'Watermelon', 'Pineapple', 'Str
awberry', 'Orange']
排序結果 :
Apple
Banana
Grape
Orange
Pineapple
Strawberry
Watermelon
```

9-7 快速排序 (Quick Sort)

9-7-1 圖解快速排序演算法

這是由英國科學家安東尼．理查．霍爾 (Antony Richard Hoare) 開發的演算法，安東尼．理查．霍爾是美國圖靈獎 (Turing Award) 得主，目前是英國牛津大學的榮譽教授。這是分治法 (divide and conquer) 的一種，基本精神是將大問題切割成小問題，再求解，快速排序法的步驟如下：

1：從數列中挑選基準 (pivot)。

2：重新排列數據，將所有比基準小的排在基準左邊，所有比基準大的排在基準右邊，如果與基準相同可以排到任何一邊。

3：遞迴式針對兩邊子序列做相同排序。

上述步驟 2 當一邊的序列數量是 0 或 1，則表示該邊的序列已經完成排序。假設有一個串列內容，內含 9 筆元素，如下：

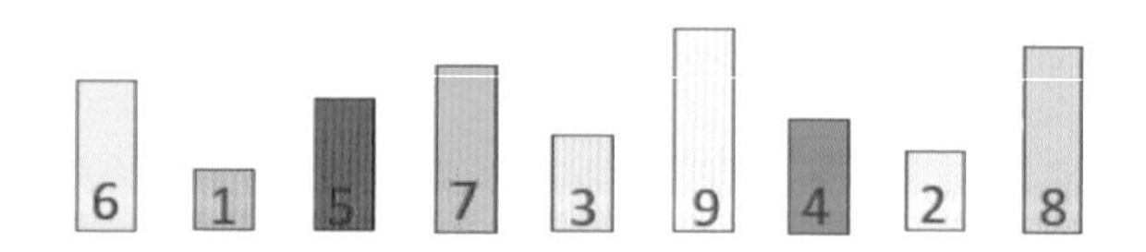

下一步是選一個數字做基準值 (pivot)，筆者實例是使用隨機 (random) 抽取方式。假設基準值是 4，如下所示：

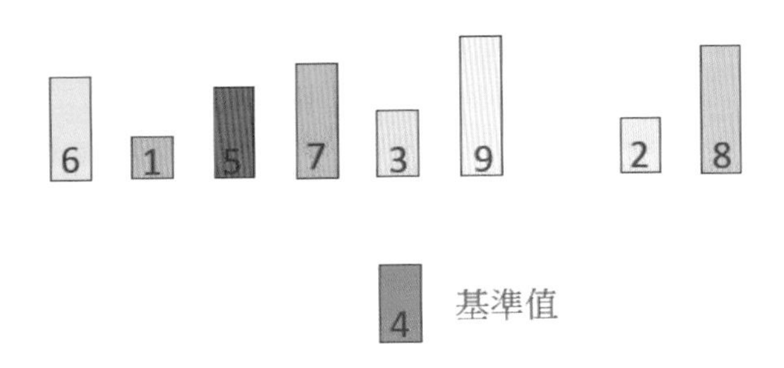

將所有比 4 小的值放在基準值左邊，所有比 4 大的值放在基準值右邊，移動時必須遵守原先索引次序，如下所示：

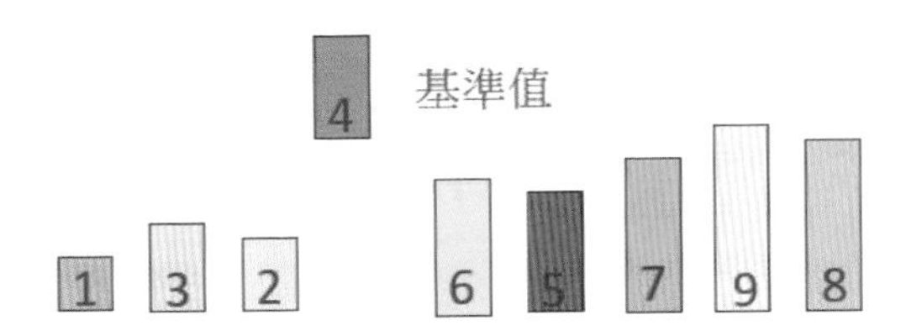

接下來使用相同的方法處理左半部序列和右半部序列，如此遞迴進行。假設現在處理左半部序列，假設現在的基準值是 2，參照上述觀念，可以得到下列結果。

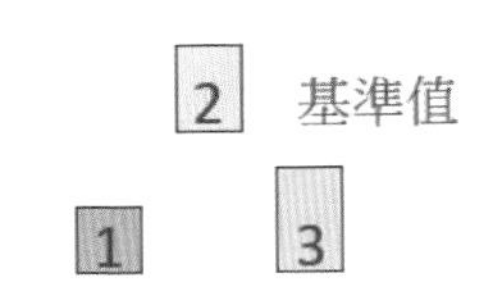

上述由於基準值 2 左邊與右邊的數列數量是 1，表示此部分已經排序完成，往上擴充表示原先基準值 4 的左邊子序列已經得到排序結果了。

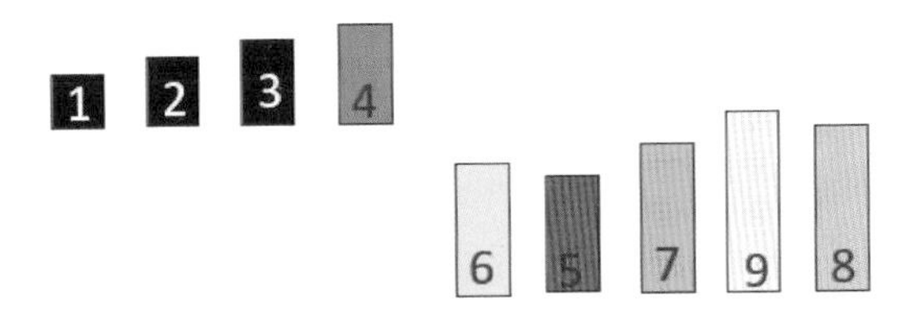

現在處理基準值 4 的右半部，假設基準值是 8，則將小於 8 的值依序放入 8 的左邊，大於 8 的值放在 8 的右邊，可以得到下列結果。

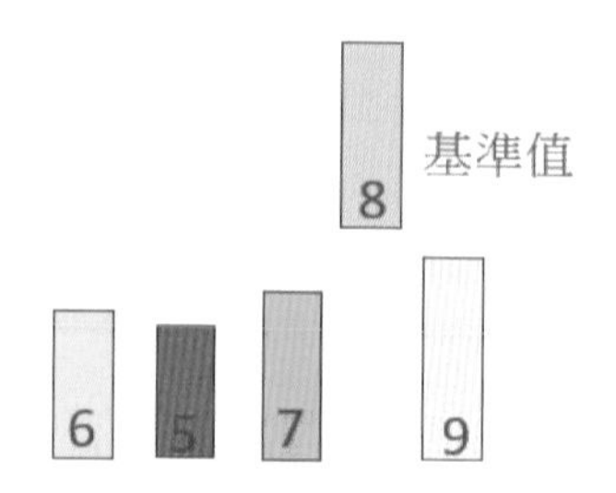

從上述可知 8 的右邊序列只有一個數字，所以右邊已經排序完成。假設左邊的基準值是 6，可以進一步得到下列結果。

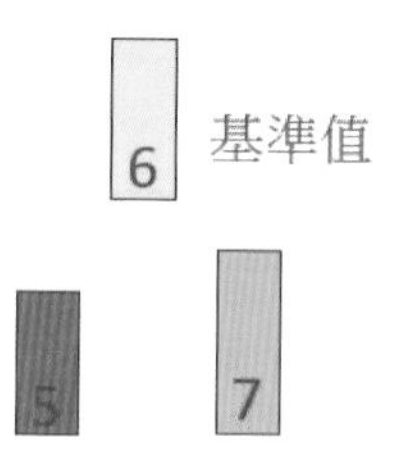

現在基準值 8 的左邊和右邊序列也已經排序完成，如下所示：

將上述序列接回基準值 4 的右邊可以得到下列結果。

在快速排序法中，選擇基準值非常重要，如果沒有選對基準值，則此方法的時間複雜度是 $O(n^2)$。如果選對了基準值，因為每一次皆是將數據分割成 2 部分，所以時間複雜度是 O(n log n)。

9-7-2 Python 程式實作

程式實例 ch9_11.py：使用 9-7-1 節的測試數據執行選擇排序，同時列印排序結果。

```
1  # ch9_11.py
2  import random
3
4  def quick_sort(nLst):
5      ''' 快速排序法 '''
6      if len(nLst) <= 1:
7          return nLst
8
9      left = []                                    # 左邊串列
10     right= []                                    # 右邊串列
11     piv = []                                     # 基準串列
12     pivot = random.choice(nLst)                  # 隨機設定基準
13     for val in nLst:                             # 分類
14         if val == pivot:
15             piv.append(val)                      # 加入基準串列
16         elif val < pivot:                        # 如果小於基準
17             left.append(val)                     # 加入左邊串列
18         else:
19             right.append(val)                    # 加入右邊串列
20     return quick_sort(left) + piv + quick_sort(right)
21
22 data = [6, 1, 5, 7, 3, 9, 4, 2, 8]
23 print("原始串列 : ", data)
24 print("排序結果 : ", quick_sort(data))
```

執行結果

```
==================== RESTART: D:\Algorithm\ch9\ch9_11.py ====================
原始串列 :  [6, 1, 5, 7, 3, 9, 4, 2, 8]
排序結果 :  [1, 2, 3, 4, 5, 6, 7, 8, 9]
```

9-8 合併排序 (Merge Sort)

9-8-1 圖解合併排序演算法

合併排序是著名美國籍的猶太數學家約翰・馮諾・伊曼 (John von Neumann) 在 1945 年提出，演算法的精神和快速排序法相同，也是分治法 (Divide and Conquer)，主要是先將欲排序的序列分割 (divide) 成幾乎等長的兩個序列，這個動作重複處理直到序列只剩下一個元素無法再分割。接著合併 (conquer) 被分割的數列，主要是將已排序最小單位的數列開始合併，重複處理，直到合併為與原數列相同大小的一個數列。

假設有一個串列內容，內含 7 筆元素，如下：

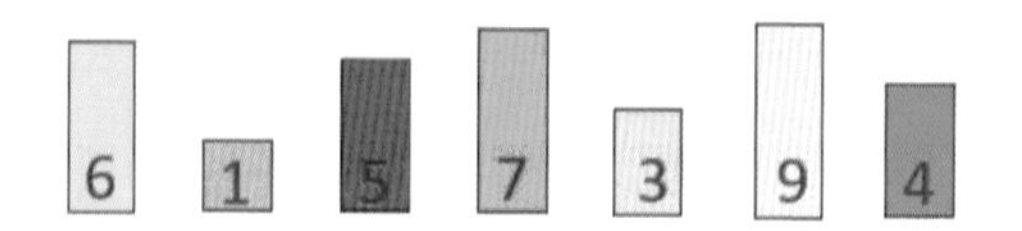

第 1 個步驟是將序列數字平均分割 (divide) 如下：

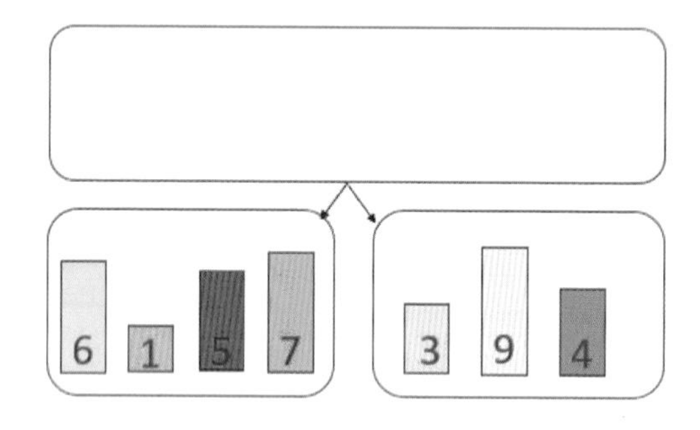

第 2 個步驟是將序列數字進一步平均分割 (divide) 如下：

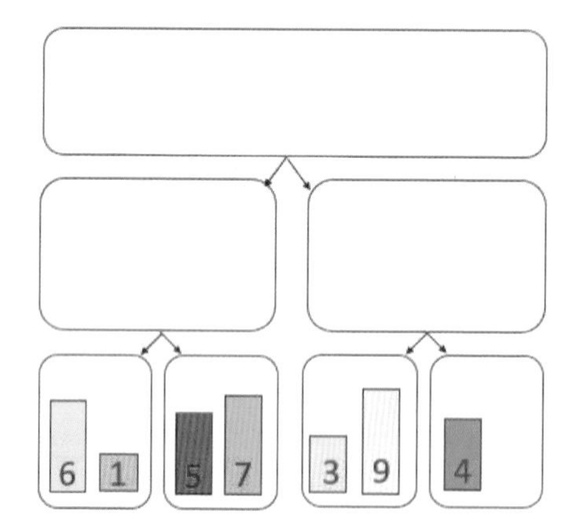

第 3 個步驟是將序列數字進一步平均分割 (divide) 如下：

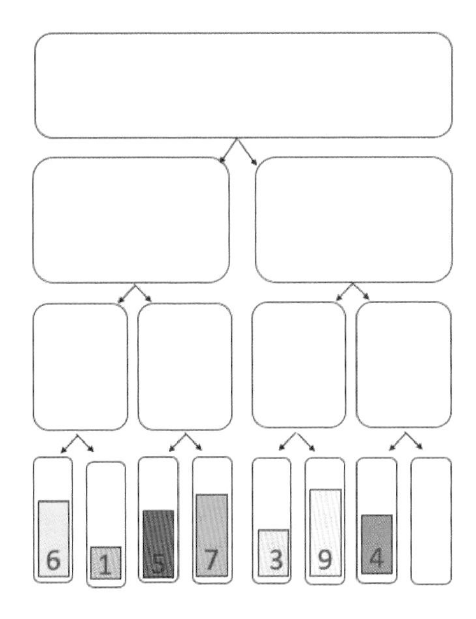

當每個序列只剩 1 個或 0 個元素時，就算分割完成，接著是合併 (conquer)，合併時必須從小到大排列，所以 6, 1 必須合併為 [1, 6]，5, 7 必須合併為 [5, 7]。

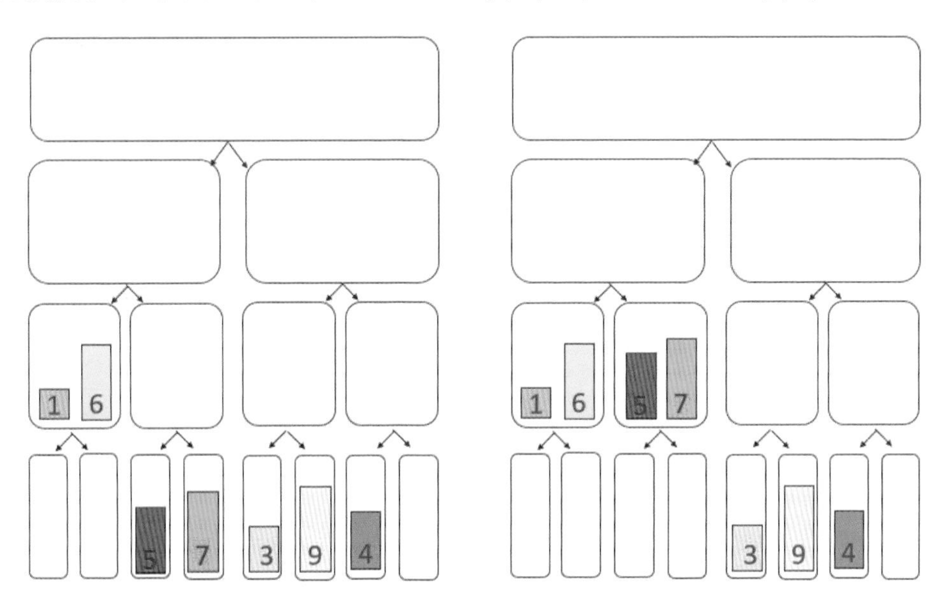

上述左邊是 6 和 1 合併，右邊是 5 和 7 合併。下一步是合併 [1, 6] 和 [5, 7] 序列，合併時較小的數據先移動。

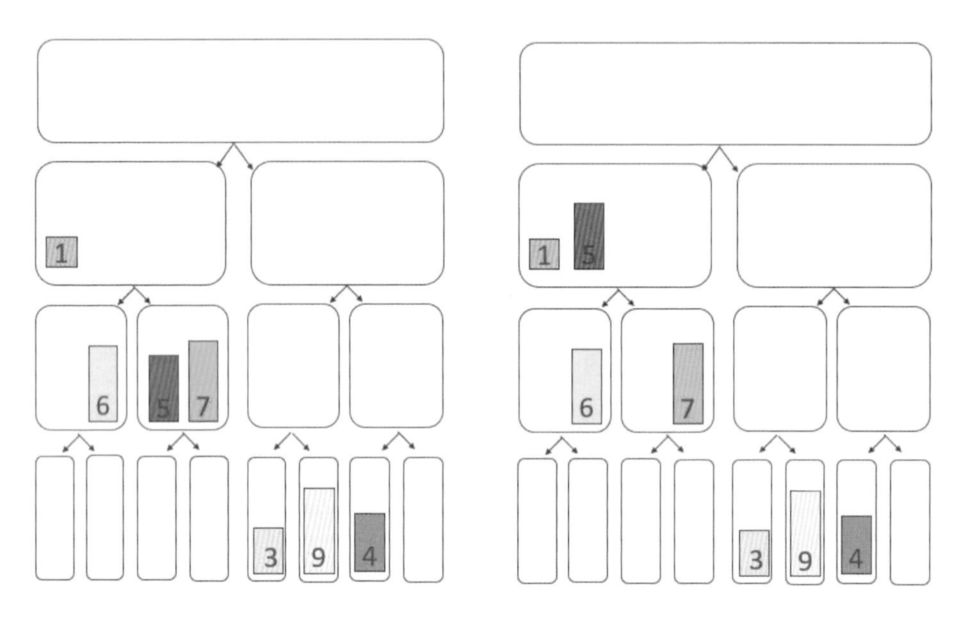

上方左圖是移動 [1, 6],[5, 7] 中最小的 1，上方右圖是移動 [6],[5, 7] 中最小的 5。

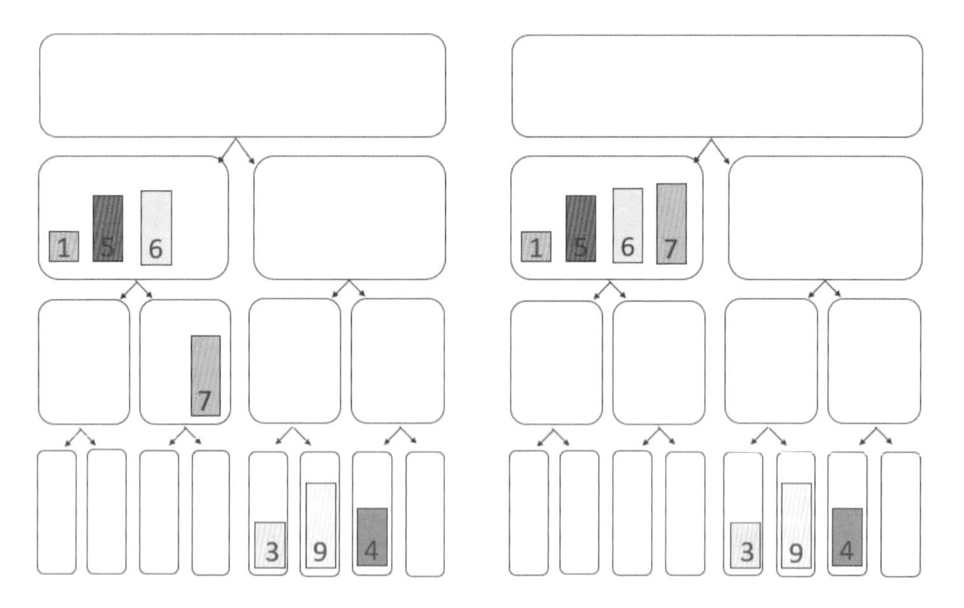

上方左圖是移動 [6],[7] 中最小的 6，上方右圖是移動剩下的 7。合併也是重複處理，[3], [9], [4] 數列可以處理成下列方式：

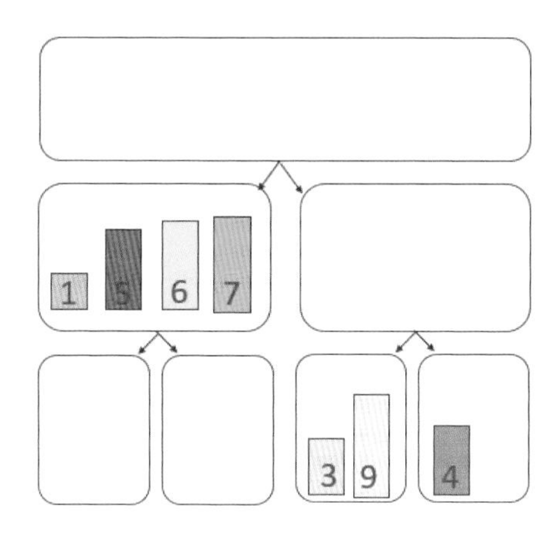

數列 [3, 9], [4]，可以處理成下列方式：

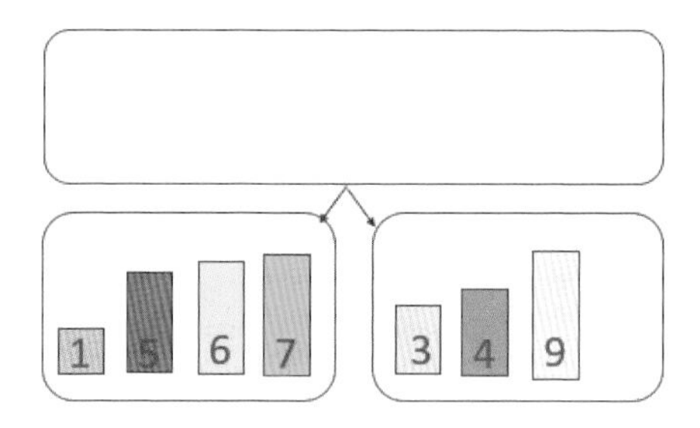

接著將 [1, 5, 6, 7], [3, 4, 9] 數列合併，依據小的先移動，可以得到下列左邊的結果。

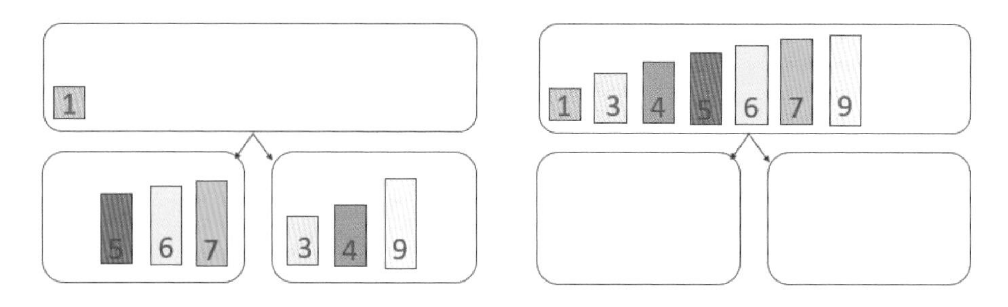

上述右邊是依據小的數值先移動最後的執行結果。

由於數據有 n 個，可以建立 log n 的階層樹，不論如何建立皆須處理 n 個數，所以排序執行時間複雜度是 O(n log n)。

9-8-2　Python 程式實作

程式實例 ch9_12.py：使用 9-8-1 節的測試數據執行合併排序，同時列印排序結果。

```
1   # ch9_12.py
2   def merge(left, right):
3       ''' 兩數列合併 '''
4       output = []
5       while left and right:
6           if left[0] <= right[0]:
7               output.append(left.pop(0))
8           else:
9               output.append(right.pop(0))
10      if left:
11          output += left
12      if right:
13          output += right
14      return output
15
16  def merge_sort(nLst):
17      ''' 合併排序 '''
18      if len(nLst) <= 1:                  # 剩下一個或0個元素直接返回
19          return nLst
20      mid = len(nLst) // 2                # 取中間索引
21      # 切割(divide)數列
22      left = nLst[:mid]                   # 取左半段
23      right = nLst[mid:]                  # 取右半段
24      # 處理左序列和右邊序列
25      left = merge_sort(left)             # 左邊排序
26      right = merge_sort(right)           # 右邊排序
27      # 遞迴執行合併
28      return merge(left, right)           # 傳回合併
29
30  data = [6, 1, 5, 7, 3, 9, 4]
31  print("原始串列 : ", data)
32  print("排序結果 : ", merge_sort(data))
```

執行結果

```
==================== RESTART: D:/Algorithm/ch9/ch9_12.py ====================
原始串列 :  [6, 1, 5, 7, 3, 9, 4]
排序結果 :  [1, 3, 4, 5, 6, 7, 9]
```

9-9 習題

1. 請重新設計 ch9_1.py，請由大到小排序。

```
==================== RESTART: D:/Algorithm/ex/ex9_1.py ====================
原始串列 :  [6, 1, 5, 7, 3]
第 1 次外圈排序
第 1 次內圈排序 :  [6, 1, 5, 7, 3]
第 2 次內圈排序 :  [6, 5, 1, 7, 3]
第 3 次內圈排序 :  [6, 5, 7, 1, 3]
第 4 次內圈排序 :  [6, 5, 7, 3, 1]
第 2 次外圈排序
第 1 次內圈排序 :  [6, 5, 7, 3, 1]
第 2 次內圈排序 :  [6, 7, 5, 3, 1]
第 3 次內圈排序 :  [6, 7, 5, 3, 1]
第 3 次外圈排序
第 1 次內圈排序 :  [7, 6, 5, 3, 1]
第 2 次內圈排序 :  [7, 6, 5, 3, 1]
第 4 次外圈排序
第 1 次內圈排序 :  [7, 6, 5, 3, 1]
排序結果 :  [7, 6, 5, 3, 1]
```

2. 有一個數據如下：

程式語言	使用人次
Python	98789
C	56532
C#	88721
Java	90397
C++	63122
PHP	58000

可以使用任一種排序方法，將上述程式語言的使用執行排名，由大往小排序，請注意資料必須對齊。

```
==================== RESTART: D:/Algorithm/ex/ex9_2.py ====================
程式語言使用率排行
1:Python   -- 使用次數 98789
2:Java     -- 使用次數 90397
3:C#       -- 使用次數 88721
4:C++      -- 使用次數 63122
5:PHP      -- 使用次數 58000
6:C        -- 使用次數 56532
```

3. 以下是北京幾家旅館房價表。

旅館名稱	住宿定價
君悅酒店	5560
東方酒店	3540
北京大飯店	4200
喜來登酒店	5000
文華酒店	5200

請設計程式由低價位開始排序。

```
==================== RESTART: D:/Algorithm/ex/ex9_3.py ====================
北京酒店定價排行
東方酒店    -- 3450
北京大飯店 -- 4200
喜來登酒店 -- 5000
文華酒店    -- 5200
君悅酒店    -- 5560
```

4. 請重新設計 ch9_1.py，但是將串列的數值由螢幕輸入，可以輸入任意數量的數值元素，輸入 Q 或 q 才停止輸入，這次是執行從大排到小。

```
==================== RESTART: D:/Algorithm/ex/ex9_4.py ====================
請輸入數值(Q或q代表輸入結束) : 65
請輸入數值(Q或q代表輸入結束) : 39
請輸入數值(Q或q代表輸入結束) : 10
請輸入數值(Q或q代表輸入結束) : 21
請輸入數值(Q或q代表輸入結束) : 8
請輸入數值(Q或q代表輸入結束) : q
原始串列 :  [65, 39, 10, 21, 8]
第 1 次外圈排序
第 1 次內圈排序 :  [65, 39, 10, 21, 8]
第 2 次內圈排序 :  [65, 39, 10, 21, 8]
第 3 次內圈排序 :  [65, 39, 21, 10, 8]
第 4 次內圈排序 :  [65, 39, 21, 10, 8]
第 2 次外圈排序
第 1 次內圈排序 :  [65, 39, 21, 10, 8]
第 2 次內圈排序 :  [65, 39, 21, 10, 8]
第 3 次內圈排序 :  [65, 39, 21, 10, 8]
第 3 次外圈排序
第 1 次內圈排序 :  [65, 39, 21, 10, 8]
第 2 次內圈排序 :  [65, 39, 21, 10, 8]
第 4 次外圈排序
第 1 次內圈排序 :  [65, 39, 21, 10, 8]
排序結果 :  [65, 39, 21, 10, 8]
```

第十章

數據搜尋

搜尋是電腦科學中很重要的一個科目，長久以來研究人員嘗試從一堆資料中研究如何花最少的時間找到特定的資料。本章筆者將分成 2 個小節解說順序搜尋法 (Sequential Search) 和二分搜尋法 (Binary Search)。

10-1 順序搜尋法 (Sequential Search)

這是非常容易的搜尋方法，通常是應用在序列資料沒有排序的情況，主要是將搜尋值 (key) 與序列資料一個一個拿來與做比對，直到找到與搜尋值相同的資料或是所有資料搜尋結束為止。

10-1-1 圖解順序搜尋演算法

有一系列數字如下：

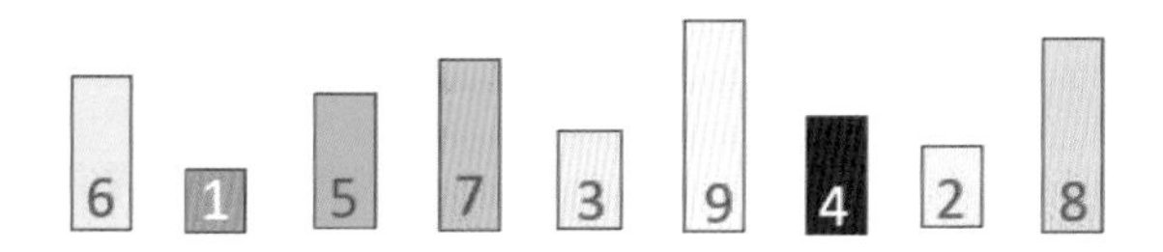

假設現在要搜尋 3，首先將 3 和序列索引 0 的第 1 個數字 6 做比較：

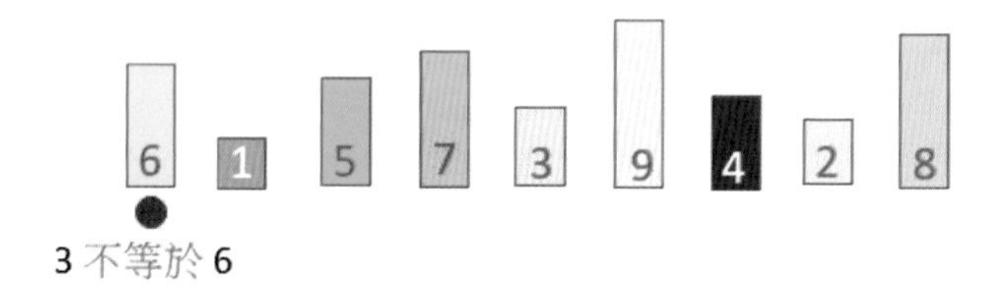

當不等於發生時可以繼續往右邊比較，在繼續比較過程中會找到 3 做比較，如下所示：

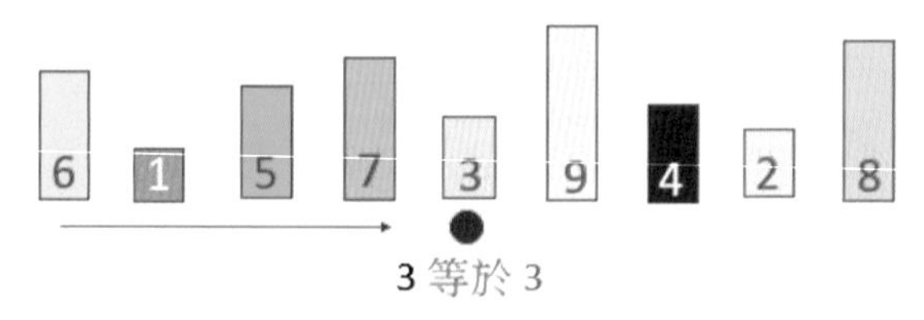

現在 3 找到了，程式可以執行結束。如果找到最後還沒找到，就表示此數列沒有 3。由於在找尋過程，很可能會需要找尋 n 次，平均是找尋 n / 2 次，時間複雜度是 O(n)。

10-1-2　Python 程式實作

程式實例 ch10_1.py：請輸入搜尋號碼，如果找到此程式會傳回索引值，同時列出搜尋次數，如果找不到會傳回查無此搜尋號碼。

```
1  # ch10_1.py
2  def sequential_search(nLst):
3      for i in range(len(nLst)):
4          if nLst[i] == key:       # 找到了
5              return i             # 傳回索引值
6      return -1                    # 找不到傳回-1
7
8  data = [6, 1, 5, 7, 3, 9, 4, 2, 8]
9  key = eval(input("請輸入搜尋值 : "))
10 index = sequential_search(data)
11 if index != -1:
12     print(f"在 {index} 索引位置找到了共找了 {index + 1} 次")
13 else:
14     print("查無此搜尋號碼")
```

執行結果

```
=================== RESTART: D:/Algorithm/ch10/ch10_1.py ===================
請輸入搜尋值 : 9
在 5 索引位置找到了共找了 6 次
>>>
=================== RESTART: D:/Algorithm/ch10/ch10_1.py ===================
請輸入搜尋值 : 10
查無此搜尋號碼
```

10-2　二分搜尋法 (Binary Search)

10-2-1　圖解二分搜尋法

要執行二分搜尋法 (Binary Search)，首先要將資料排序 (sort)，然後將搜尋值 (key) 與中間值開始比較，如果搜尋值大於中間值，則下一次往右邊 (較大值邊) 搜尋否則往左邊 (較小值邊) 搜尋。上述動作持續進行直到找到搜尋值或是所有資料搜尋結束才停止。有一系列數字如下，假設搜尋數字是 3：

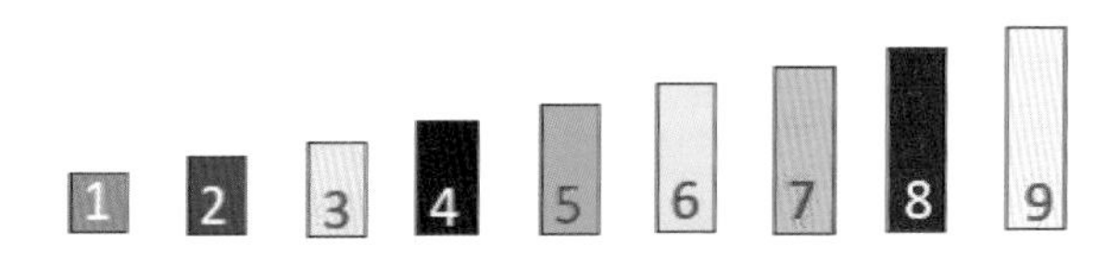

第 1 步是將數列分成一半，中間值是 5，由於 3 小於 5，所以往左邊搜尋。

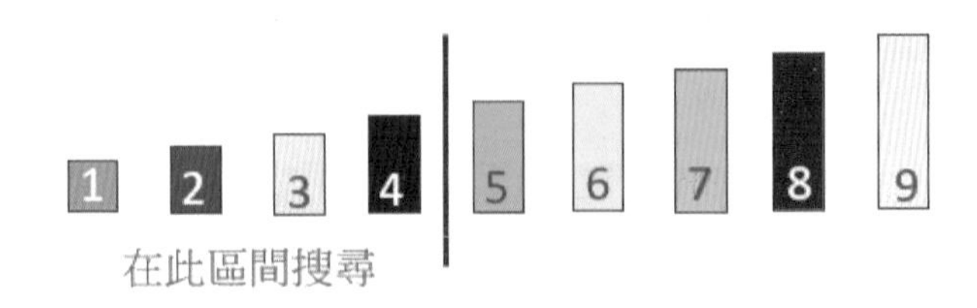

第 2 步，目前數值 1 是索引 0，數值 4 是索引 3，"(0 + 3) // 2"，所以中間值是索引 1 的數值 2，由於 3 大於 2，所以往右邊搜尋。

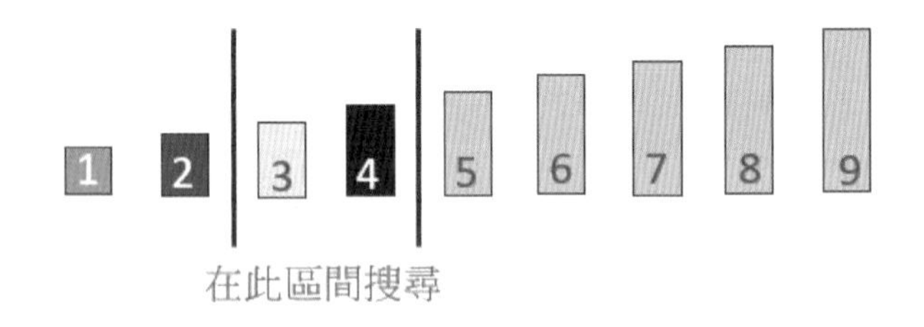

第 3 步，目前數值 3 是索引 2，數值 4 是索引 3，"(2 + 3) // 2"，所以中間值是索引 2 的數值 3，由於 3 等於 3，所以找到了。

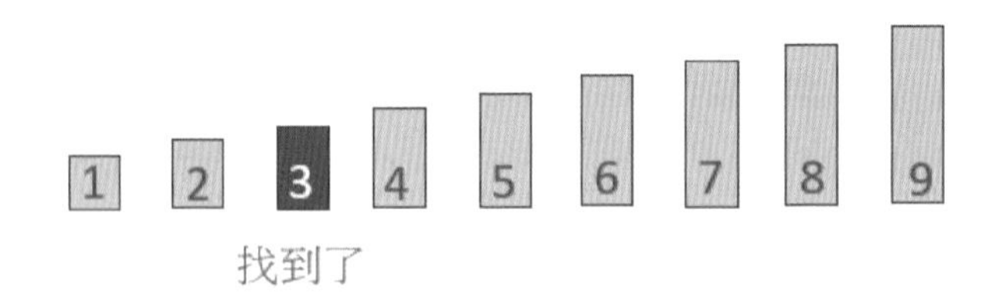

上述每次搜尋可以讓搜尋範圍減半，當搜尋 log n 次時，搜尋範圍就剩下一個數據，此時可以判斷所搜尋的數據是否存在，所以搜尋的時間複雜度是 O(log n)。

註　這一節是將數據資料排序再做搜尋，其實也可以參考 6-6-7 節將數據建立成二元樹再做搜尋，時間複雜度也是 O(log n)。第 8 章敘述雜湊表，則可以讓搜尋的時間複雜度是 O(1)。

10-2-2　Python 程式實作

要執行二分搜尋法 (Binary Search)，首先要將資料排序 (sort)，然後將搜尋值 (key) 與中間值開始比較，如果搜尋值大於中間值，則下一次往右邊 (較大值邊) 搜尋否則往左邊 (較小值邊) 搜尋。上述動作持續進行直到找到搜尋值或是所有資料搜尋結束才停止。

程式實例 ch10_2.py：使用二分法搜尋串列內容，本程式的重點是第 2 – 21 行的 binary_search( ) 函數。

```
1  # ch10_2.py
2  def binary_search(nLst):
3      print("列印搜尋串列 : ",nLst)
4      low = 0                     # 串列的最小索引
5      high = len(nLst) - 1        # 串列的最大索引
6      middle = int((high + low) / 2)  # 中間索引
7      times = 0                   # 搜尋次數
8      while True:
9          times += 1
10         if key == nLst[middle]: # 表示找到了
11             rtn = middle
12             break
13         elif key > nLst[middle]:
14             low = middle + 1    # 下一次往右邊搜尋
15         else:
16             high = middle - 1   # 下依次往左邊搜尋
17         middle = int((high + low) / 2)  # 更新中間索引
18         if low > high:          # 所有元素比較結束
19             rtn = -1
20             break
21     return rtn, times
22
23 data = [19, 32, 28, 99, 10, 88, 62, 8, 6, 3]
24 sorted_data = sorted(data)      # 排序串列
25 key = int(input("請輸入搜尋值 : "))
26 index, times = binary_search(sorted_data)
27 if index != -1:
28     print(f"在索引 {index} 位置找到了,共找了 {times} 次")
29 else:
30     print("查無此搜尋號碼")
```

執行結果

```
==================== RESTART: D:/Algorithm/ch10/ch10_2.py ====================
請輸入搜尋值 : 62
列印搜尋串列 :  [3, 6, 8, 10, 19, 28, 32, 62, 88, 99]
在索引 7 位置找到了,共找了 2 次
>>>
==================== RESTART: D:/Algorithm/ch10/ch10_2.py ====================
請輸入搜尋值 : 1
列印搜尋串列 :  [3, 6, 8, 10, 19, 28, 32, 62, 88, 99]
查無此搜尋號碼
```

10-3 搜尋最大值演算法

在計算機科學中我們常用虛擬碼描述演算法。例如：如果我們要找出串列元素的最大值，可以使用下列虛擬碼。

將輸入資料放在串列
max = 串列 [0]

用 num 迭代串列每個元素：

如果 串列值 num 大於最大值 max:
　最大值 max = 串列值 num
輸出 max

我們可以使用下列流程圖，代表此演算法。

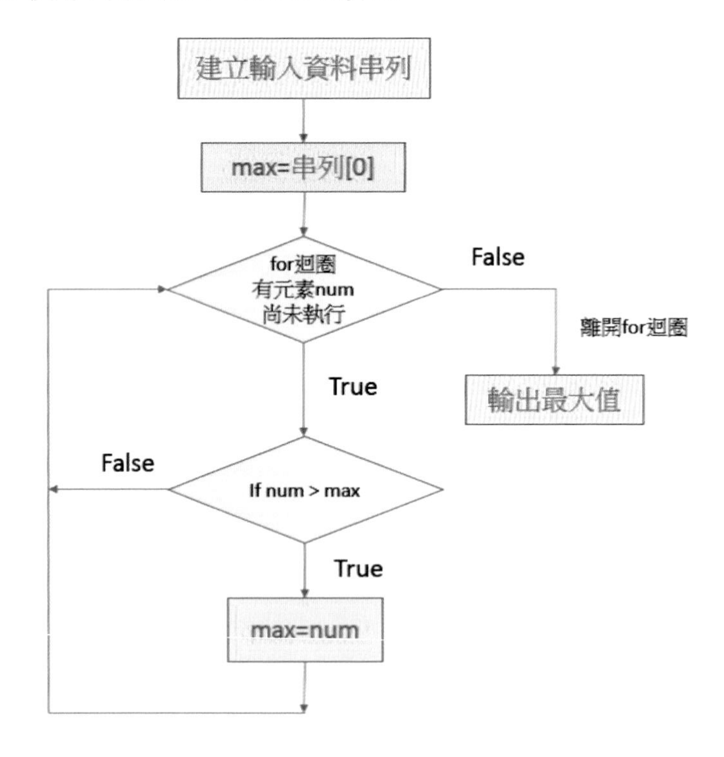

程式實例 ch10_3.py：找尋最大值的演算法。

```
1  # ch10_3.py
2  data = [10, 30, 90, 77, 65]
3  max = data[0]
4  for num in data:
5      if num > max:
6          max = num
7  print("最大值 : ", max)
```

執行結果

```
=================== RESTART: D:/Algorithm/ch10/ch10_3.py ===================
最大值 :  90
```

10-4 習題

1. 請重新設計 ch10_3.py，但是將串列的數值由螢幕輸入，可以輸入任意數量的數值元素，輸入 Q 或 q 才停止輸入，最後列出最小值。

```
==================== RESTART: D:/Algorithm/ex/ex10_1.py ====================
請輸入數值(Q或q代表輸入結束) : 32
請輸入數值(Q或q代表輸入結束) : 19
請輸入數值(Q或q代表輸入結束) : 21
請輸入數值(Q或q代表輸入結束) : 9
請輸入數值(Q或q代表輸入結束) : 99
請輸入數值(Q或q代表輸入結束) : q
最小值 :  9
>>>
==================== RESTART: D:/Algorithm/ex/ex10_1.py ====================
請輸入數值(Q或q代表輸入結束) : 88
請輸入數值(Q或q代表輸入結束) : 5
請輸入數值(Q或q代表輸入結束) : 99
請輸入數值(Q或q代表輸入結束) : Q
最小值 :  5
```

2. 請先用螢幕輸入英文名字字串建立串列，請輸入搜尋名字，如果找不到程式會輸出查無此搜尋姓名，如果找到會輸出在索引 xx 位置找到，同時列出找了幾次。

```
===================== RESTART: D:/Algorithm/ex/ex10_2.py =====================
請輸入姓名(Q或q代表輸入結束) : John
請輸入姓名(Q或q代表輸入結束) : Tom
請輸入姓名(Q或q代表輸入結束) : Peter
請輸入姓名(Q或q代表輸入結束) : q
請輸入搜尋姓名 : Linda
查無此搜尋姓名
>>>
===================== RESTART: D:/Algorithm/ex/ex10_2.py =====================
請輸入姓名(Q或q代表輸入結束) : John
請輸入姓名(Q或q代表輸入結束) : Kevin
請輸入姓名(Q或q代表輸入結束) : Mike
請輸入姓名(Q或q代表輸入結束) : q
請輸入搜尋姓名 : Mike
在索引 2 位置找到了 Mike 共找了 3 次
```

3. 一個大公司在尾牙時一定會有抽獎活動，每個員工會有一個抽獎號碼，我們可以使用字典記錄抽獎號碼的持有者，號碼是鍵 (key)，名字是值 (value)。對於小部門而言可以將自己部門小組的人建立成一個字典，然後輸入兌獎號碼，如果部門有人得獎可以輸出得獎者，如果沒人得獎則輸出 " 我們小組沒人得獎 "。這個程式將部門人員使用字典方式儲存，如下所示：

```
employee = {19:'John',
            32:'Tom',
            28:'Kevin',
            99:'Curry',
            10:'Peter',
           }
```

下列是執行結果。

```
===================== RESTART: D:\Algorithm\ex\ex10_3.py =====================
請輸入得獎號碼 : 99
得獎者是 :  Curry
>>>
===================== RESTART: D:\Algorithm\ex\ex10_3.py =====================
請輸入得獎號碼 : 100
我們小組沒人獲獎
```

第十一章
堆疊、回溯演算法與迷宮

堆疊的應用有許多，這一章著重將堆疊與回溯 (Backtrcaking) 演算法結合，設計走迷宮程式。其實回溯演算法也是人工智慧的一環，通常又稱嘗試錯誤 (try and error) 的演算法，早期設計電腦象棋遊戲、五子棋遊戲，大都是使用回溯演算法。

11-1 走迷宮與回溯演算法

一個簡單的迷宮圖形如下所示：

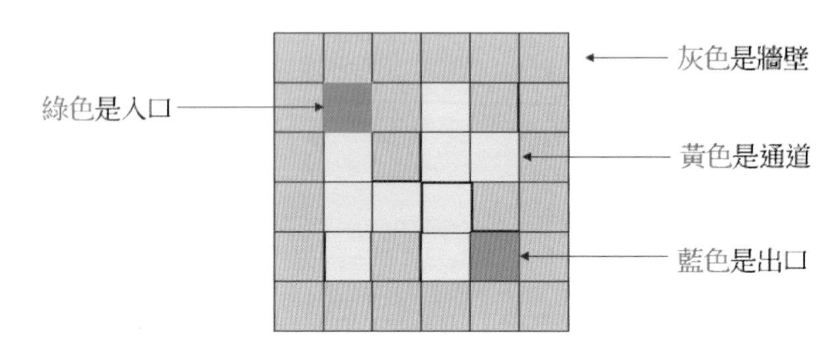

一個迷宮基本上由 4 種空格組成：

入口：這是走迷宮的入口，筆者上圖用綠色表示。

通道：這是走迷宮的通道，筆者上圖用黃色表示。

牆壁：這是迷宮的牆壁，不可通行，筆者上圖用灰色表示。

出口：這是走迷宮的出口，筆者上圖用藍色表示。

在走迷宮時，可以在上、下、左、右行走，如下所示：

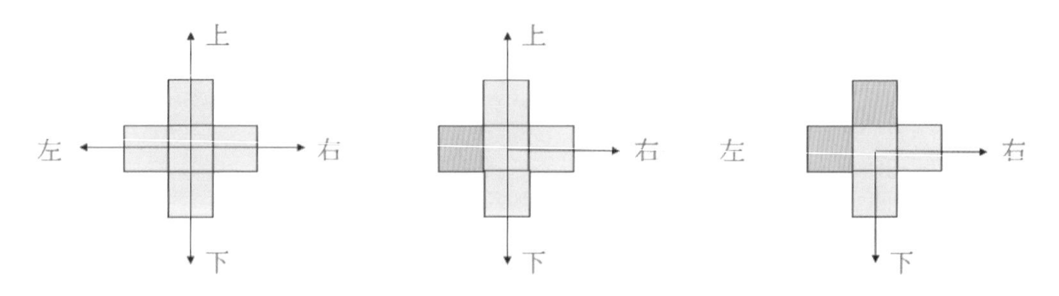

走迷宮時每次可以走一步，如果碰到牆面不能穿越必須走其他方向。

第 1 步：假設你目前位置在入口處，可以參考下方左圖。

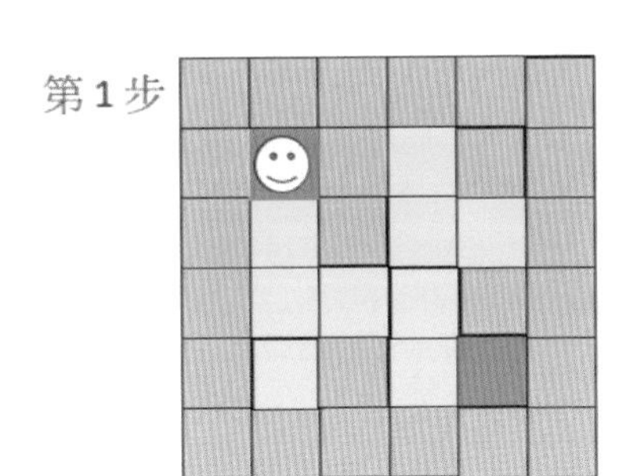

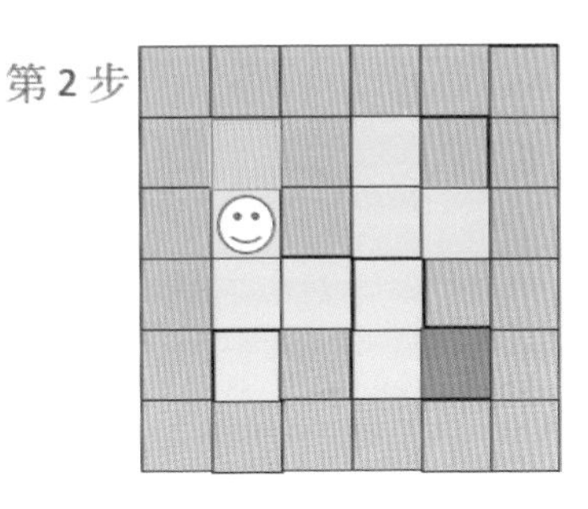

第 2 步：如果依照上、下、左、右原則，你應該向上走，但是往上是牆壁，所以必須往下走，然後我們必須將走過的路標記，此例是用淺綠色標記，所以上述右圖是在迷宮新的位置。

第 3 步：接下來可以發現往上是走過的路，所以只能往下(依據上、下、左、右原則，先不考慮左、右是牆壁)，下方左圖是新的迷宮位置。

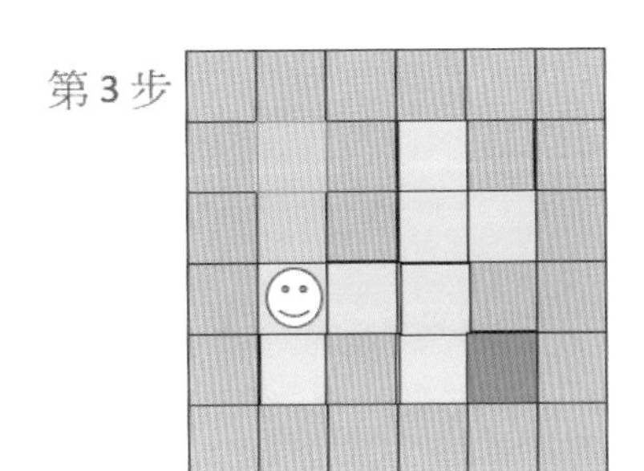

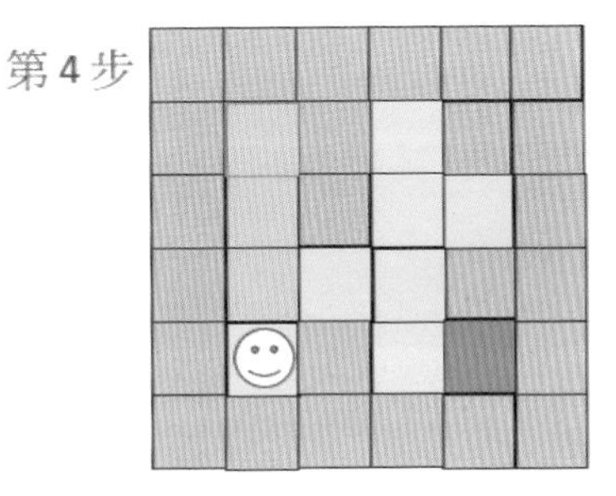

第 4 步：接下來可以發現往上是走過的路，所以只能往下(依據上、下、左、右原則，先不考慮左、右)，上方右圖是新的迷宮位置。

第 5 步：現在下、左、右皆是牆壁，所以回到前面走過的路，這一步就是回溯的關鍵，可參考下方左圖，在此圖中筆者將造成回溯不通的路另外標記，以防止再次造訪。

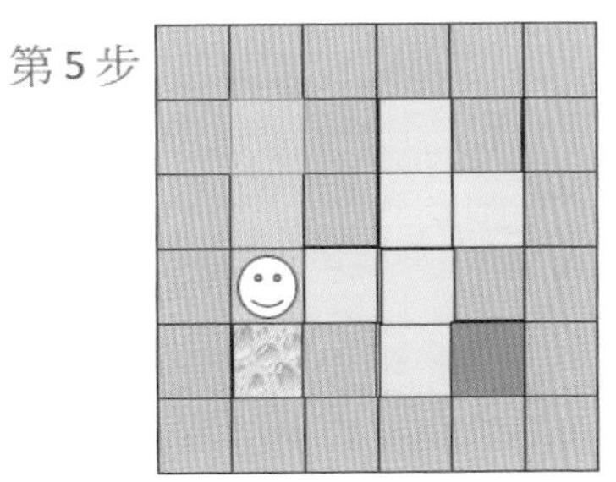

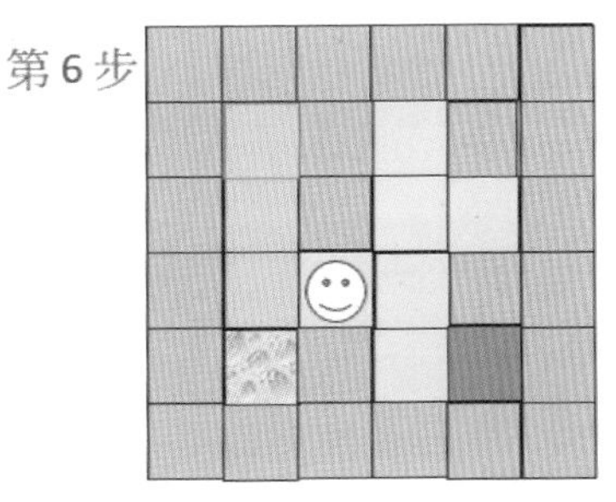

第 6 步：現在上、下皆是走過的路，左邊是牆壁，所以往右走，可以參考上方右圖。

第 7 步：接下來上、下是牆壁，左邊是走過的路，所以往右走，可以參考下方左圖。

第 7 步

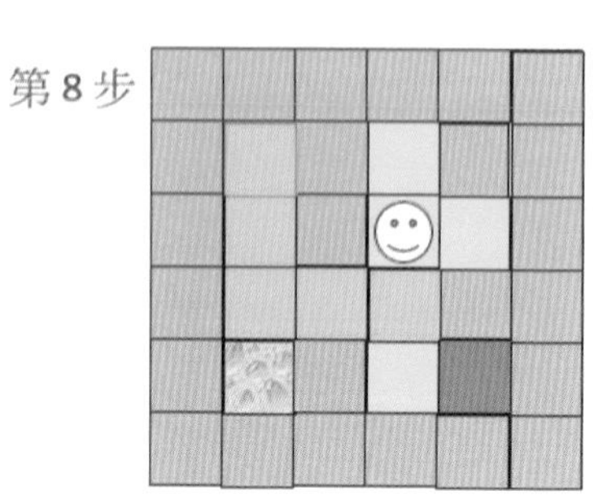

第 8 步：由於上方有路所以往上走，可以參考上方右圖。

第 9 步：由於上方有路所以往上走，可以參考下方左圖。

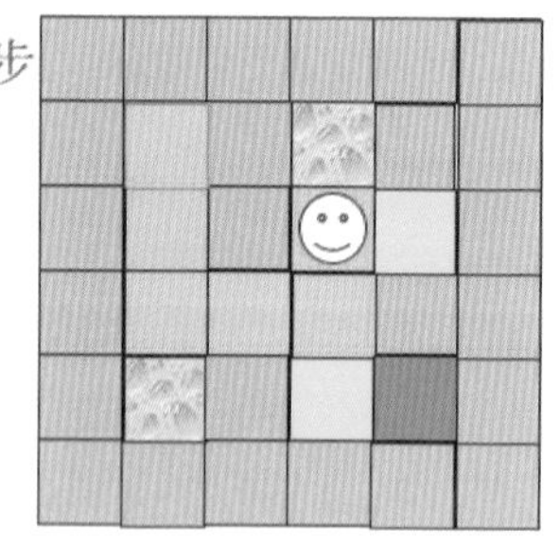

第 10 步：由於上、左、右皆是牆壁，所以回溯到前一個位置，可以參考上方右圖。

第 11 步：由於上、下是走過的路，左邊是牆壁，所以往右走，可以參考下方左圖。

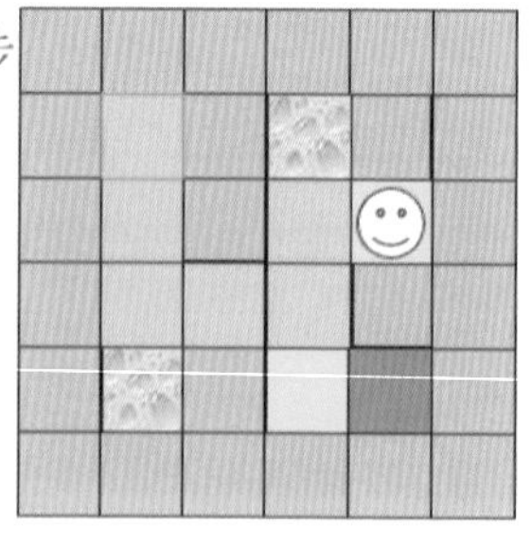

第 12 步：由於上、下、右是牆壁，所以回溯到先前位置，可以參考上方右圖。

第 13 步：由於上方左邊是牆壁，所以回溯到先前走過的位置，可以參考下方左圖。

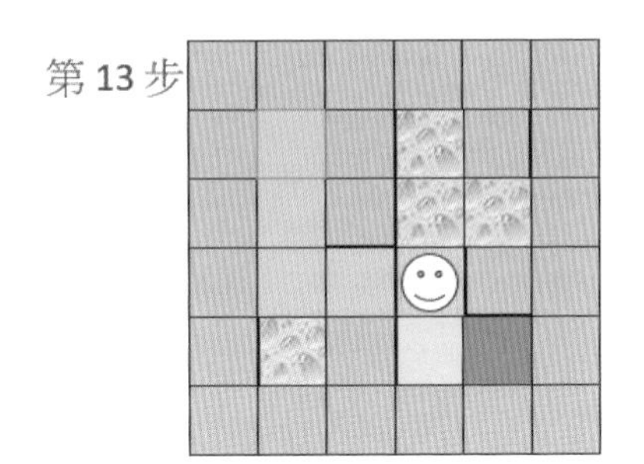

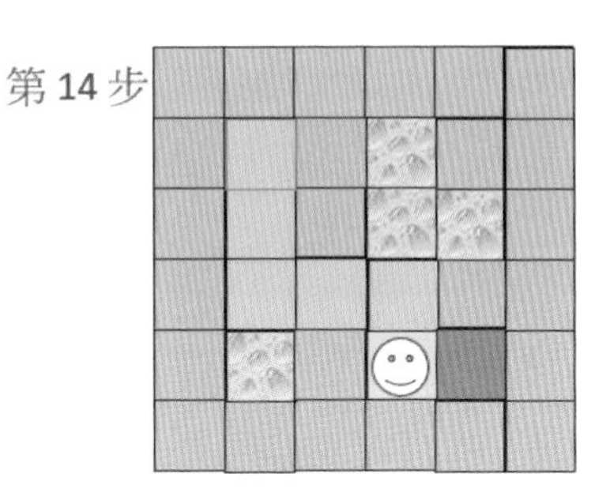

第 14 步：下方有通道，所以往下走，可以參考上方右圖。

第 15 步：上方是走過的位置，左和下方是牆壁，所以往右走，可以得到下列結果。

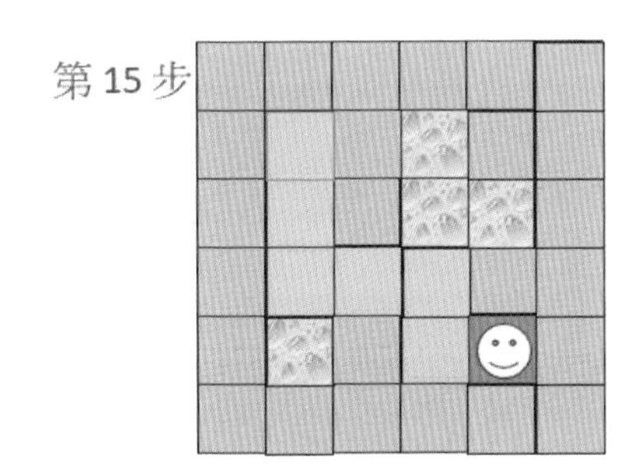

11-2 迷宮設計堆疊扮演的角色

在前一小節我們在第 2 步，使用淺綠色標記走過的路，真實程式設計可以用堆疊儲存此走過的路。

上一小節第 5 步我們使用回溯演算法，所謂的回溯就是走以前走過的路，因為我們是將走過的路使用堆疊 (stack) 儲存，基於後進先出原則，可以 pop 出前一步路徑，這也是回溯的重點。當走完第 4 步時，迷宮與堆疊圖形如下：

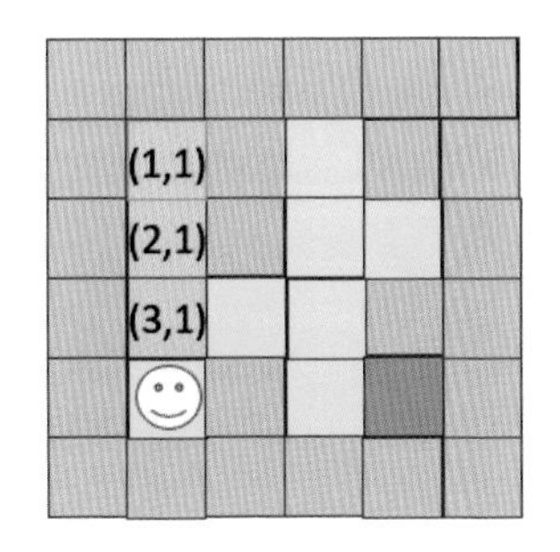

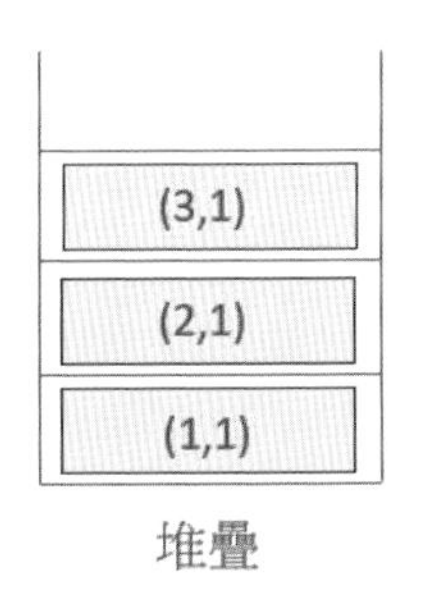

上述迷宮位置使用程式語言的 (row, column) 標記，所以第 5 步要使用回溯時，可以從堆疊 pop 出 (3, 1) 座標，回到 (3, 1) 位置，結果如下所示：

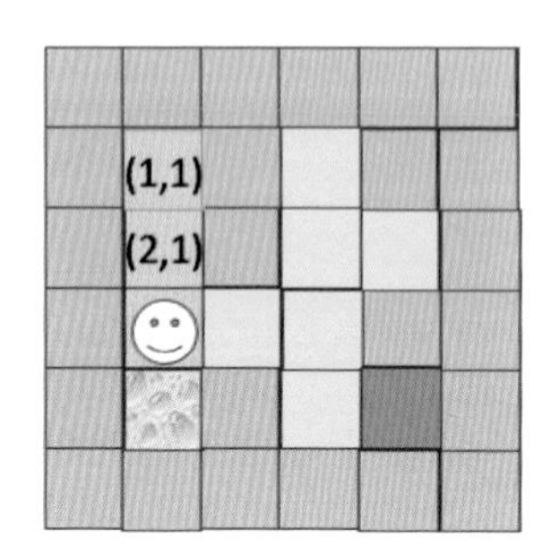

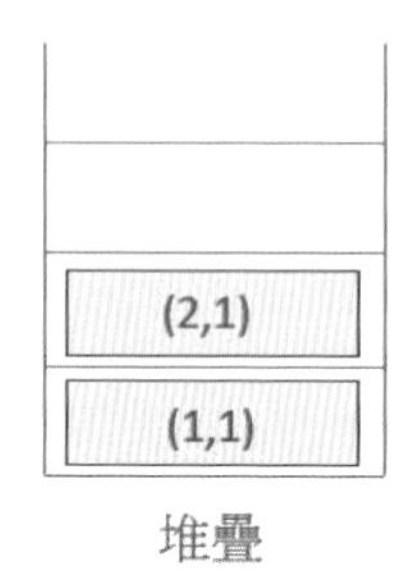

11-3 Python 程式實作走迷宮

使用 Python 設計走迷宮可以使用二維的串列，0 代表走道、1 代表牆壁，至於起點和終點也可以用 0 代表。

程式實例 ch11_1.py：使用 11-1 節的迷宮實例，解此迷宮，其中所經過的路徑用 2 表示，經過會造成無路可走的路徑用 3 表示。程式第 41 行前 2 個參數是迷宮的入口，後 2 個參數是迷宮的出口。

```
1  # ch11_1.py
2  from pprint import pprint
3  maze = [                                        # 迷宮地圖
4          [1, 1, 1, 1, 1, 1],
5          [1, 0, 1, 0, 1, 1],
6          [1, 0, 1, 0, 0, 1],
7          [1, 0, 0, 0, 1, 1],
8          [1, 0, 1, 0, 0, 1],
9          [1, 1, 1, 1, 1, 1]
10        ]
11 directions = [                                  # 使用串列設計走迷宮方向
12               lambda x, y: (x-1, y),            # 往上走
13               lambda x, y: (x+1, y),            # 往下走
14               lambda x, y: (x, y-1),            # 往左走
15               lambda x, y: (x, y+1),            # 往右走
16              ]
17 def maze_solve(x, y, goal_x, goal_y):
18     ''' 解迷宮程式 x, y是迷宮入口, goal_x, goal_y是迷宮出口'''
19     maze[x][y] = 2
20     stack = []                                  # 建立路徑堆疊
```

```
21         stack.append((x, y))                          # 將路徑push入堆疊
22         print('迷宮開始')
23         while (len(stack) > 0):
24             cur = stack[-1]                           # 目前位置
25             if cur[0] == goal_x and cur[1] == goal_y:
26                 print('抵達出口')
27                 return True                           # 抵達出口返回True
28             for dir in directions:                    # 依上，下，左，右優先次序走此迷宮
29                 next = dir(cur[0], cur[1])
30                 if maze[next[0]][next[1]] == 0:       # 如果是通道可以走
31                     stack.append(next)
32                     maze[next[0]][next[1]] = 2        # 用2標記走過的路
33                     break
34             else:                                     # 如果進入死路，則回溯
35                 maze[cur[0]][cur[1]] = 3              # 標記死路
36                 stack.pop()                           # 回溯
37         else:
38             print("沒有路徑")
39             return False
40
41     maze_solve(1, 1, 4, 4)
42     pprint(maze)                                      # 跳行顯示元素
```

執行結果

```
==================== RESTART: D:\Algorithm\ch11\ch11_1.py ====================
迷宮開始
抵達出口
[[1, 1, 1, 1, 1, 1],
 [1, 2, 1, 3, 1, 1],
 [1, 2, 1, 3, 3, 1],
 [1, 2, 2, 2, 1, 1],
 [1, 3, 1, 2, 2, 1],
 [1, 1, 1, 1, 1, 1]]
```

程式實例 ch11_2.py：程式實例 ch11_1.py 是適合任意的迷宮，下列是擴充迷宮規模的結果。

```
1   # ch11_2.py
2   from pprint import pprint
3   maze = [                                         # 迷宮地圖
4           [1, 1, 1, 1, 1, 1, 1, 1, 1, 1],
5           [1, 0, 1, 1, 0, 0, 0, 1, 0, 1],
6           [1, 0, 1, 1, 0, 1, 0, 1, 0, 1],
7           [1, 0, 1, 0, 0, 1, 1, 0, 0, 1],
8           [1, 0, 1, 0, 1, 0, 1, 1, 0, 1],
9           [1, 0, 0, 0, 1, 0, 0, 0, 0, 1],
10          [1, 0, 1, 0, 0, 0, 1, 1, 0, 1],
11          [1, 0, 1, 1, 1, 0, 1, 1, 0, 1],
12          [1, 1, 0, 0, 0, 0, 0, 0, 0, 1],
```

```
13        [1, 1, 1, 1, 1, 1, 1, 1, 1, 1]
14    ]
15    directions = [                              # 使用串列設計走迷宮方向
16                  lambda x, y: (x-1, y),        # 往上走
17                  lambda x, y: (x+1, y),        # 往下走
18                  lambda x, y: (x, y-1),        # 往左走
19                  lambda x, y: (x, y+1),        # 往右走
20                 ]
21    def maze_solve(x, y, goal_x, goal_y):
22        ''' 解迷宮程式 x, y是迷宮入口, goal_x, goal_y是迷宮出口'''
23        maze[x][y] = 2
24        stack = []                              # 建立路徑堆疊
25        stack.append((x, y))                    # 將路徑push入堆疊
26        print('迷宮開始')
27        while (len(stack) > 0):
28            cur = stack[-1]                     # 目前位置
29            if cur[0] == goal_x and cur[1] == goal_y:
30                print('抵達出口')
31                return True                     # 抵達出口返回True
32            for dir in directions:              # 依上, 下, 左, 右優先次序走此迷宮
33                next = dir(cur[0], cur[1])
34                if maze[next[0]][next[1]] == 0: # 如果是通道可以走
35                    stack.append(next)
36                    maze[next[0]][next[1]] = 2  # 用2標記走過的路
37                    break
38            else:                               # 如果進入死路, 則回溯
39                maze[cur[0]][cur[1]] = 3        # 標記死路
40                stack.pop()                     # 回溯
41        else:
42            print("沒有路徑")
43            return False
44
45    maze_solve(1, 1, 8, 2)
46    pprint(maze)                                # 跳行顯示元素
```

執行結果

```
==================== RESTART: D:/Algorithm/ch11/ch11_2.py ====================
迷宮開始
抵達出口
[[1, 1, 1, 1, 1, 1, 1, 1, 1, 1],
 [1, 2, 1, 1, 3, 3, 3, 1, 3, 1],      入口
 [1, 2, 1, 1, 3, 1, 3, 1, 3, 1],
 [1, 2, 1, 3, 3, 1, 1, 3, 3, 1],
 [1, 2, 1, 3, 1, 3, 1, 1, 3, 1],
 [1, 2, 2, 2, 1, 2, 2, 2, 2, 1],
 [1, 3, 1, 2, 2, 2, 1, 1, 2, 1],
 [1, 3, 1, 1, 1, 3, 1, 1, 2, 1],
 [1, 1, 2, 2, 2, 2, 2, 2, 2, 1],      出口
 [1, 1, 1, 1, 1, 1, 1, 1, 1, 1]]
```

11-4 習題

1. 請擴充程式實例 ch11_1.py，增加輸出所走的路徑。

```
==================== RESTART: D:/Algorithm/ex/ex11_1.py ====================
迷宮開始
目前位置 :  (1, 1)
目前位置 :  (2, 1)
目前位置 :  (3, 1)
目前位置 :  (4, 1)
目前位置 :  (3, 1)
目前位置 :  (3, 2)
目前位置 :  (3, 3)
目前位置 :  (2, 3)
目前位置 :  (1, 3)
目前位置 :  (2, 3)
目前位置 :  (2, 4)
目前位置 :  (2, 3)
目前位置 :  (3, 3)
目前位置 :  (4, 3)
目前位置 :  (4, 4)
抵達出口
[[1, 1, 1, 1, 1, 1],
 [1, 2, 1, 3, 1, 1],
 [1, 2, 1, 3, 3, 1],
 [1, 2, 2, 2, 1, 1],
 [1, 3, 1, 2, 2, 1],
 [1, 1, 1, 1, 1, 1]]
```

2. 請擴充程式實例 ch11_2.py，本程式先顯示迷宮畫面，迷宮入口與出口在螢幕輸入，下列是結果畫面。

```
==================== RESTART: D:/Algorithm/ex/ex11_2.py ====================
迷宮圖形如下 :
[[1, 1, 1, 1, 1, 1, 1, 1, 1, 1],
 [1, 0, 1, 1, 0, 0, 0, 1, 0, 1],
 [1, 0, 1, 1, 0, 1, 0, 1, 0, 1],
 [1, 0, 1, 0, 0, 1, 1, 0, 0, 1],
 [1, 0, 1, 0, 1, 0, 1, 1, 0, 1],
 [1, 0, 0, 0, 1, 0, 0, 0, 0, 1],
 [1, 0, 1, 0, 0, 0, 1, 1, 0, 1],
 [1, 0, 1, 1, 1, 0, 1, 1, 0, 1],
 [1, 1, 0, 0, 0, 0, 0, 0, 0, 1],
 [1, 1, 1, 1, 1, 1, 1, 1, 1, 1]]
請輸入迷宮入口 x, y : 1, 1
請輸入迷宮出口 x, y : 1, 8
迷宮開始
抵達出口
[[1, 1, 1, 1, 1, 1, 1, 1, 1, 1],
 [1, 2, 1, 1, 3, 3, 3, 1, 2, 1],
 [1, 2, 1, 1, 3, 1, 3, 1, 2, 1],
 [1, 2, 1, 3, 3, 1, 1, 0, 2, 1],
 [1, 2, 1, 3, 1, 3, 1, 1, 2, 1],
 [1, 2, 2, 2, 1, 2, 2, 2, 2, 1],
 [1, 3, 1, 2, 2, 2, 1, 1, 0, 1],
 [1, 3, 1, 1, 1, 0, 1, 1, 0, 1],
 [1, 1, 0, 0, 0, 0, 0, 0, 0, 1],
 [1, 1, 1, 1, 1, 1, 1, 1, 1, 1]]
```

入口

出口

第十二章
從遞迴看經典演算法

本書在 1-2 節介紹了遞迴函數設計，在第 9 章排序，也都以遞迴函數方式設計各種排序函數。這一章則將以遞迴函數講解幾個計算機科學的經典演算法。

12-1 費波納契 (Fibonacci) 數列

Fibonacci 數列的起源最早可以追朔到 1150 年印度數學家 Gopala，在西方最早研究這個數列的是費波納茲李奧納多 (Leonardo Fibonacci)，費波納茲李奧納多是義大利的數學家 (約 1170 – 1250)，出生在比薩，為了計算兔子成長率的問題，求出各代兔子的個數可形成一個數列，此數列就是費波納茲 (Fibonacci) 數列，他描述兔子生長的數目時的內容如下：

1：最初有一對剛出生的小兔子。

2：小兔子一個月後可以成為成兔。

3：一對成兔每個月後可以生育一對小兔子。

4：兔子永不死去。

下列是上述兔子繁殖的圖例說明。

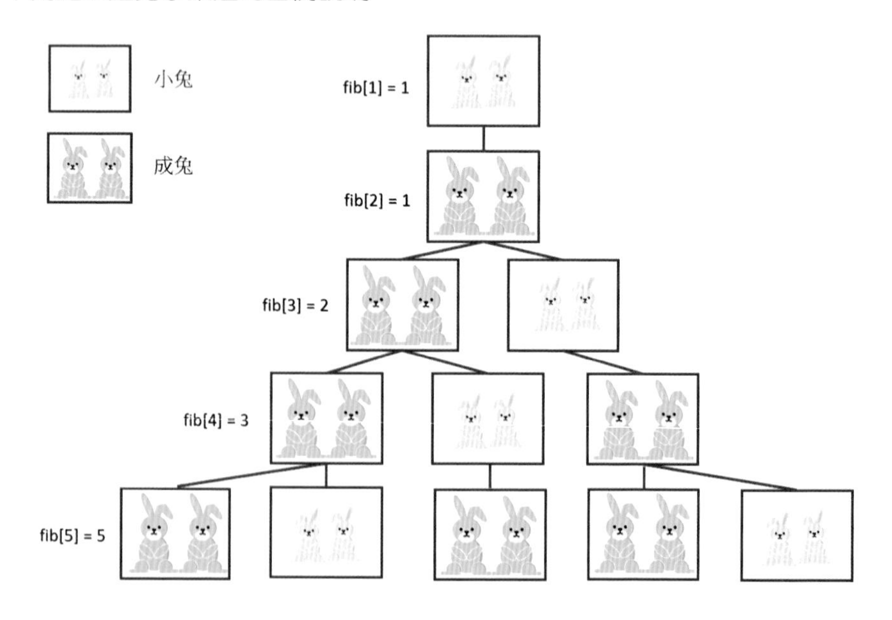

後來人們將此兔子繁殖數列稱費式數列，經過上述解說，可以得到費式數列數字的規則如下：

1：此數列的第一個值是 0，第二個值是 1，如下所示：

fib[0] = 0
fib[1] = 1

2：其它值則是前二個數列值的總和

fib[n] = fib[n-1] + fib[n-2]，for n> = 2

最後費式數列值應該是 0, 1, 1, 2, 3, 5, 8, 13, 21, 34, …

程式實例 ch12_1.py：輸入 n 值，本程式會輸出 0 – n 的費波納茲 (Fibonacci) 值。

```
1  # ch12_1.py
2
3  def fib(i):
4      ''' 計算 Fibonacci number '''
5      if i == 0:                              # 定義 0
6          return 0
7      elif i == 1:                            # 定義 1
8          return 1
9      else:                                   # 執行遞迴計算
10         return fib(i - 1) + fib(i - 2)
11
12 n = eval(input("請輸入 Fibonacci number: "))
13 for i in range(n+1):
14     print("n = {},   Fib({}) = {}".format(i, i, fib(i)))
```

執行結果

```
==================== RESTART: D:\Algorithm\ch12\ch12_1.py ====================
請輸入 Fibonacci number: 9
n = 0,   Fib(0) = 0
n = 1,   Fib(1) = 1
n = 2,   Fib(2) = 1
n = 3,   Fib(3) = 2
n = 4,   Fib(4) = 3
n = 5,   Fib(5) = 5
n = 6,   Fib(6) = 8
n = 7,   Fib(7) = 13
n = 8,   Fib(8) = 21
n = 9,   Fib(9) = 34
```

12-2 河內塔演算法

12-2-1 了解河內塔問題

在電腦界學習程式語言，碰上遞迴式呼叫時，最典型的應用是河內塔 (Tower of Hanoi) 問題，這是由法國數學家愛德華．盧卡斯 (François Édouard Anatole Lucas) 在 1883 年發明的問題。河內塔問題如果使用遞迴 (recursive) 非常容易解決，如果不使用遞迴則是一個非常難的問題。

它的觀念是有 3 根木樁，我們可以定義為 A、B、C，在 A 木樁上有 n 個穿孔的圓盤，從上到下的圓盤可以用 1, 2, 3, … n 做標記，圓盤的尺寸由下到上依次變小，它的移動規則如下：

1：每次只能移動一個圓盤。

2：只能移動最上方的圓盤。

3：必須保持小的圓盤在大的圓盤上方。

只要保持上述規則，圓盤可以移動至任何其它 2 根木樁。這個問題是借助 B 木樁，將所有圓盤移到 C。

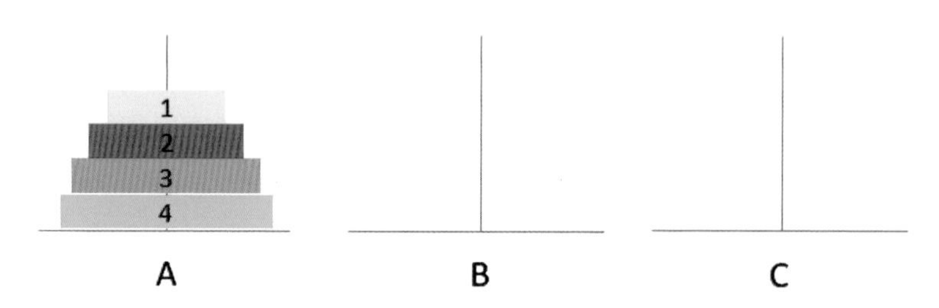

上述左邊圓盤中央的阿拉伯數字代表圓盤編號，移動結果將如下所示：

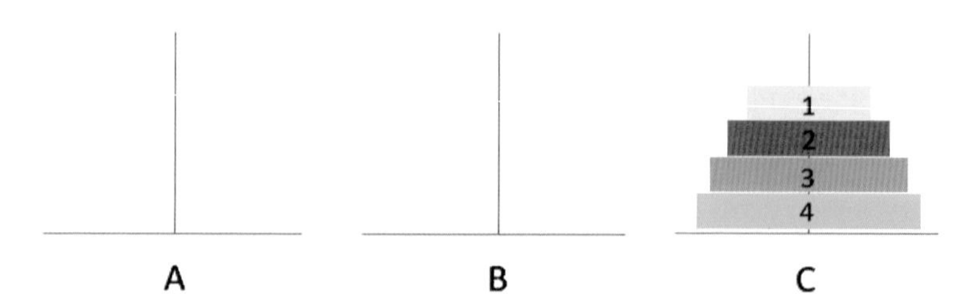

此外，設計這個問題，通常又將 A 木樁稱來源木樁 (source，簡稱 src)，B 木樁稱輔助木樁 (auxiliary，簡稱 aux)，C 木樁稱目的木樁 (destination，簡稱 dst)。

相傳古印度有間寺院內有 3 根木樁，其中 A 木樁上有 64 個金盤，僧侶間有一個古老的預言，如果遵照以上規則移動盤子，當盤子移動結束後，世界末日就會降臨。假設我們想將這 64 個金盤從 A 木樁搬到 C 木樁，程式設計時可以設定 n = 64，然後我們可以將問題拆解為，將 n–1 個金盤 (此例是 63 個金盤) 先移動至輔助木樁 B。

1： 借用 C 木樁當輔助，然後將 n-1(63) 個盤子由 A 木樁移動到 B 木樁。

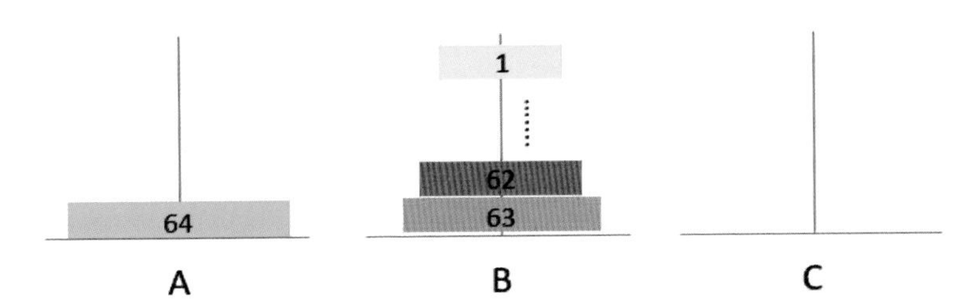

2： 將最大的圓盤 64 由 A 移動到 C。

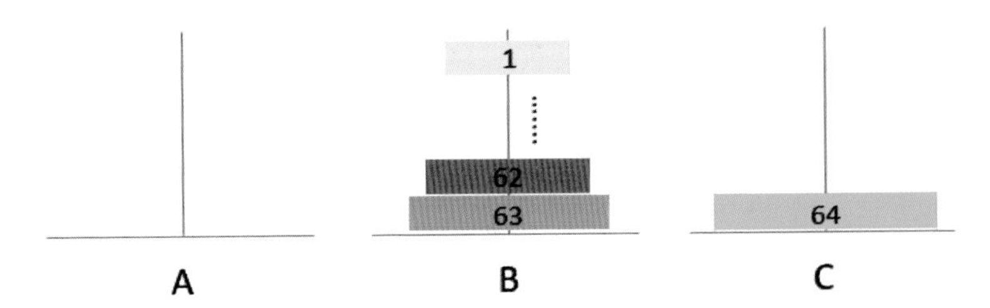

3： 將 B 木樁的 63 個盤子依規則逐步移動到 C。

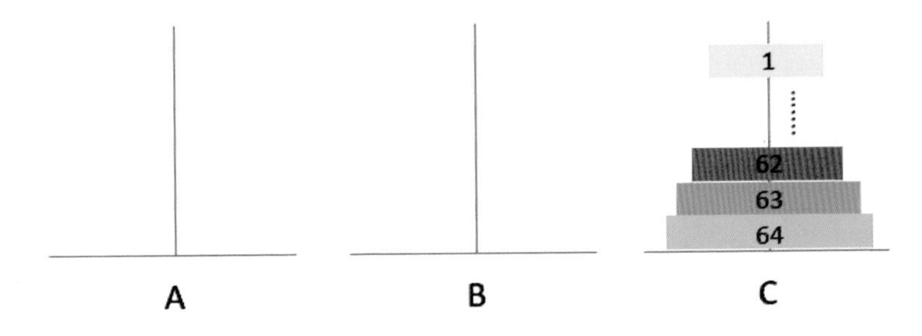

上述是以印度古寺院的 64 個圓盤為實例說明，可以應用在任何數量的圓盤。其實我們分析上述方法可以發現已經有遞迴呼叫的的樣子了，因為在拆解的方法 3 中，圓盤數量已經少了一個，相當於整個問題有變小了。

假設圓盤有 n 個，這個題目每次圓盤移動的次數是 2^n-1 次，一般真實玩具 n 是 8，將需移動 255 次。如果依照古代僧侶所述的 64 個圓盤，需要 2^{64}-1 次，如果移動一次要 1 秒，這個數字是約 5849 億年，依照宇宙大爆炸理論推估，目前宇宙年齡約 137 億年。

程式實例 ch12_2.py：計算古代僧侶移動 64 個圓盤所需時間。

```
1  # ch12_2.py
2
3  day_secs = 60 * 60 * 24           # 一天秒數
4  year_secs = 365 * day_secs        # 一年秒數
5
6  value = (2 ** 64) - 1
7  years = value // year_secs
8  print(f"需要約 {years} 年才可以獲得結果")
```

執行結果

```
==================== RESTART: D:\Algorithm\ch12\ch12_2.py ====================
需要約 584942417355 年才可以獲得結果
```

12-2-2 手動實作河內塔問題

看了上一小節的敘述，讀者應該了解，如果圓盤數量 n 是 1，則直接將此圓盤從木樁 A 移至木樁 C。當圓盤數量大於 1(n > 1)，演算法的基本規則如下：

1：將 n-1 個盤子，從來源 (src) 木樁 A 移動到輔助 (aux) 木樁 B。

2：將第 n 個盤子，從來源 (src) 木樁 A 移動到目的 (dst) 木樁 C。

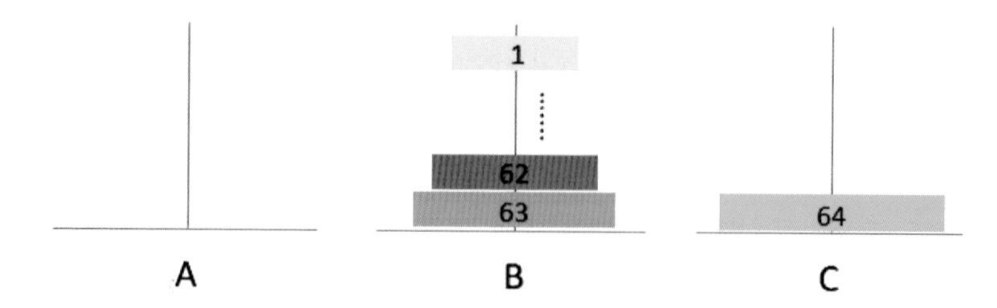

3：將 n-1 個盤子，從輔助 (aux) 木樁 B 移動到目的 (dst) 木樁 C。

其實從上述規則我們體會可以用遞迴方式處理，終止條件是當 n=1 時，讓遞迴函數結束、返回。使用手動解河內塔問題時，另一個觀念是當 n 是奇數時第 1 次盤子是移向目的木樁。當 n 是偶數時第 1 次盤子是移向輔助木樁，下一小節筆者解析程式時會說明。

❑ 河內塔的圓盤有 1 個

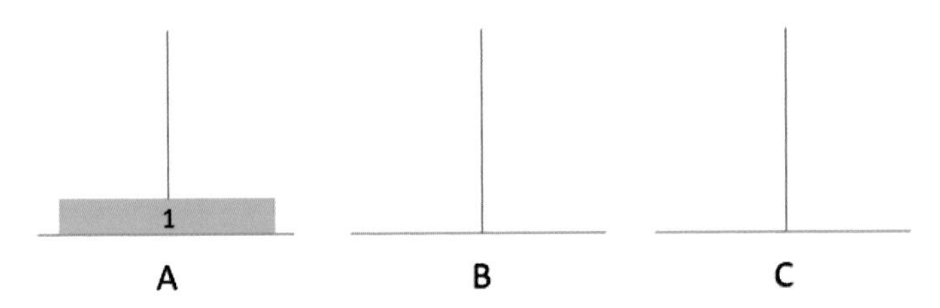

直接將圓盤 1 從 A 移到 C。

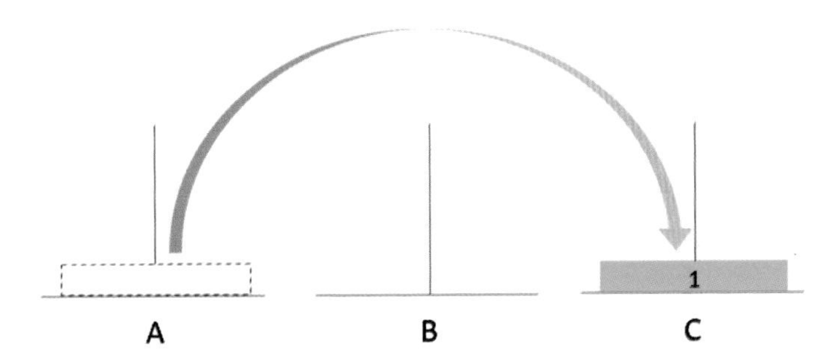

移動次數 $= 2^1 - 1 = 1$

❑ 河內塔的圓盤有 2 個

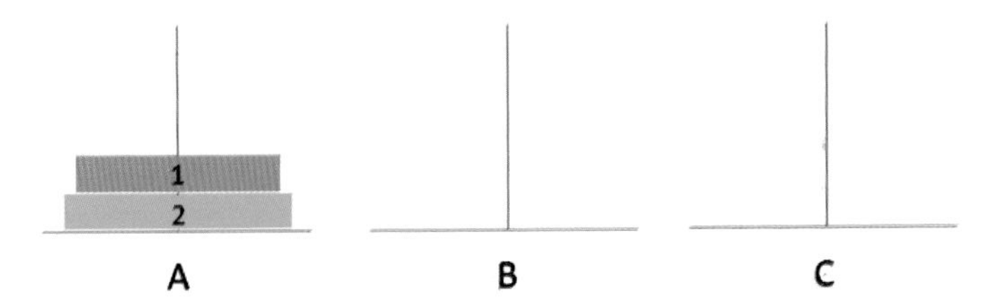

步驟 1：將圓盤 1 從 A 移到 B。

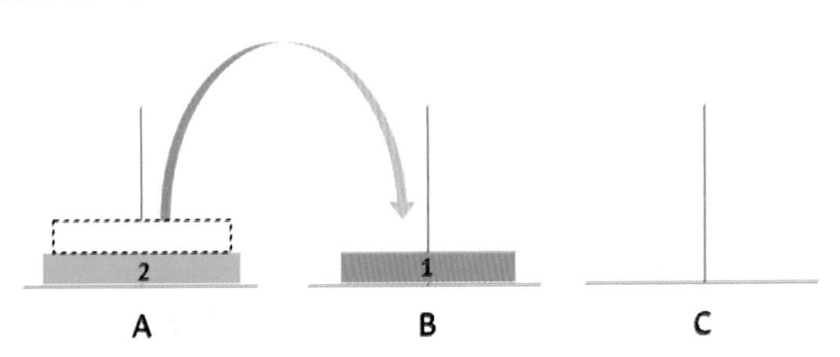

步驟 2：將圓盤 2 從 A 移到 C。

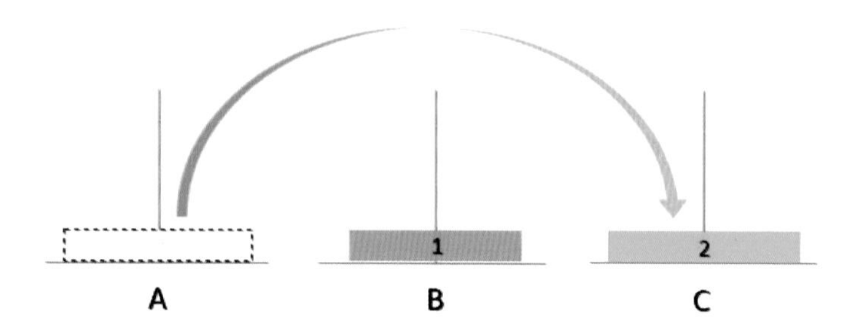

步驟 3：將圓盤 1 從 B 移到 C。

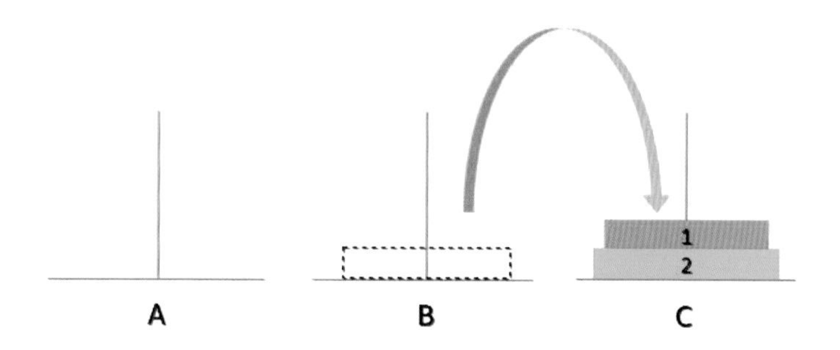

移動次數 $= 2^2 - 1 = 3$

- 河內塔的圓盤有 3 個

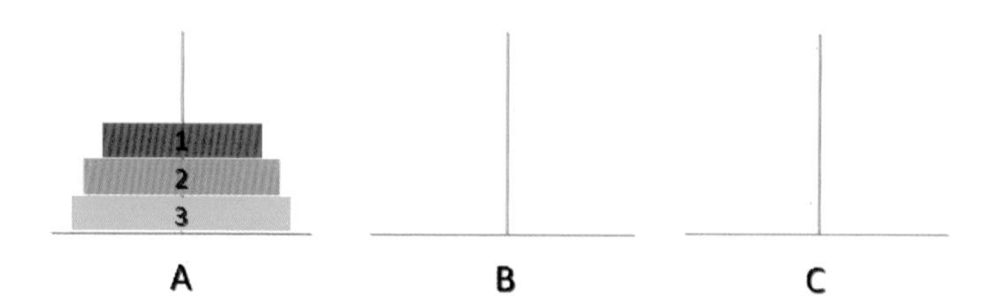

步驟 1：將圓盤 1 從 A 移到 C，這和河內塔有 2 個圓盤時不同。

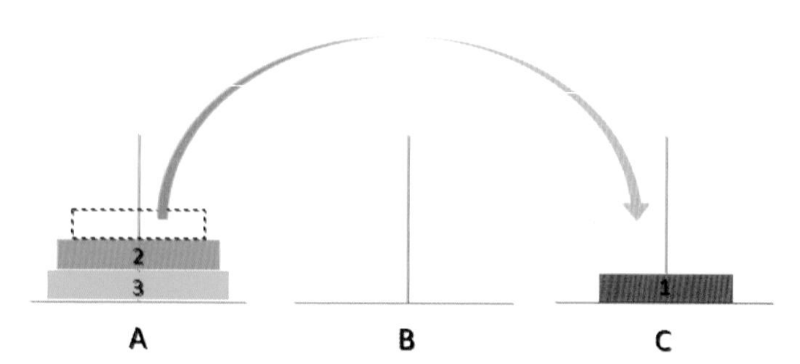

步驟 2：將圓盤 2 從 A 移到 B。

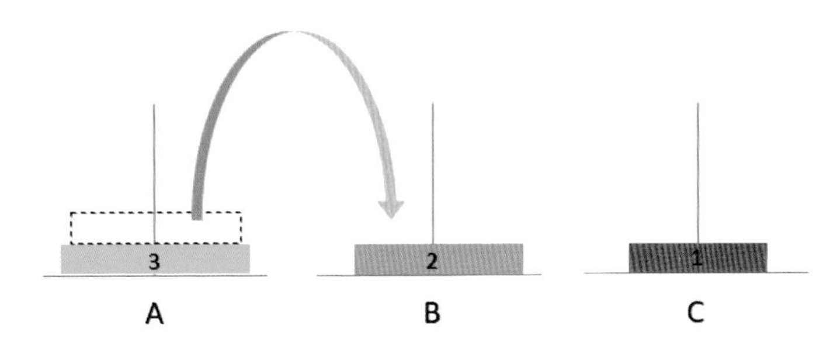

步驟 3：將圓盤 1 從 C 移到 B。

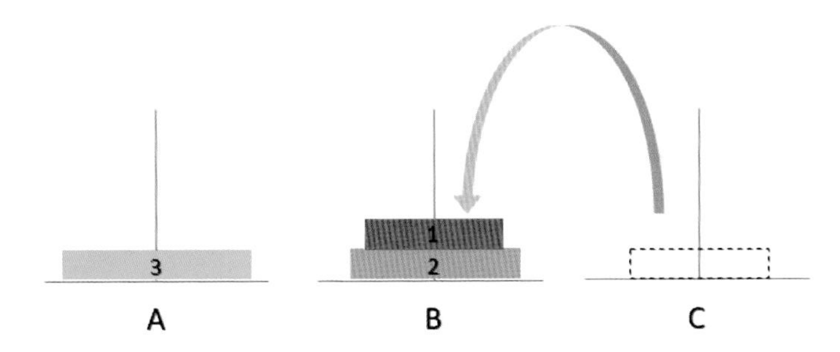

步驟 4：將圓盤 3 從 A 移到 C。

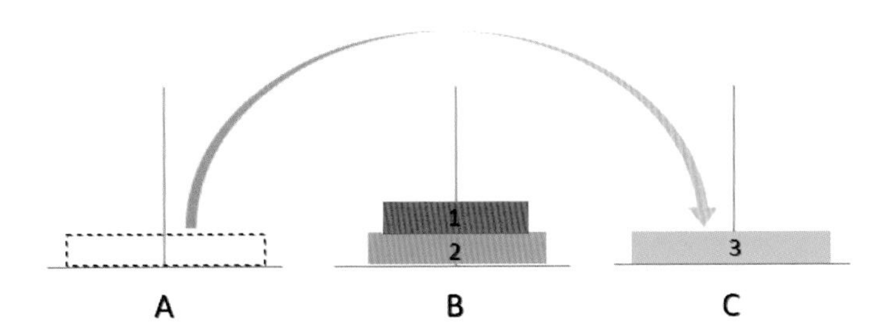

步驟 5：將圓盤 1 從 B 移到 A。

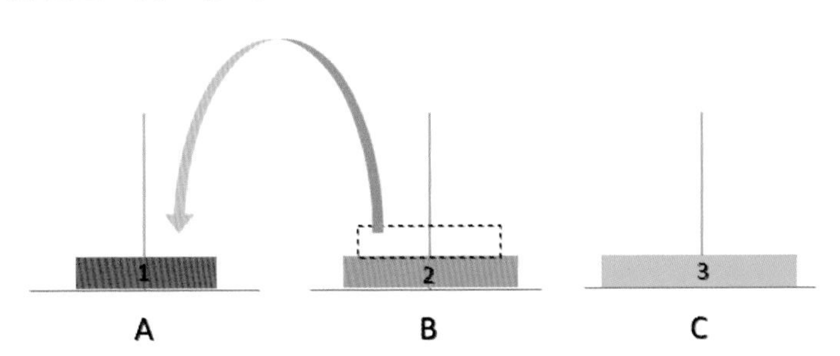

步驟 6：將圓盤 2 從 B 移到 C。

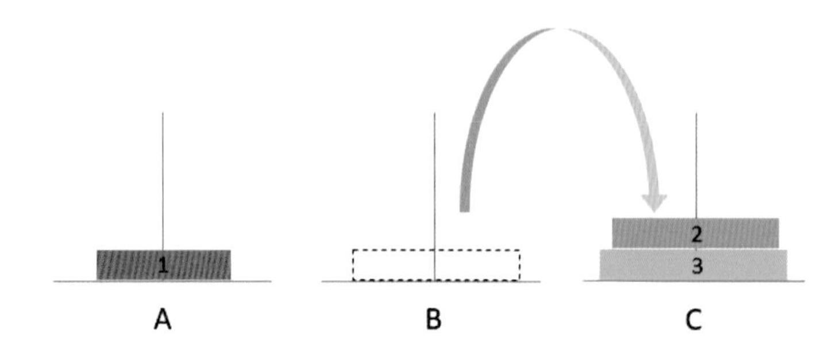

步驟 7：將圓盤 1 從 A 移到 C。

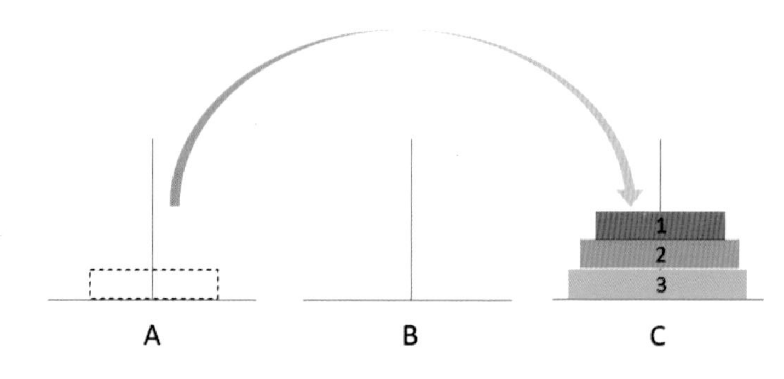

移動次數 $= 2^3 - 1 = 7$

12-2-3　Python 程式實作河內塔問題

這個程式的重點是，每個階段來源木樁 (src)、輔助木樁 (aux) 和目的木樁 (dst) 是會變化的，讀者可以參考下列第 10 和 13 行的 hanoi( ) 遞迴函數呼叫。

程式實例 ch12_3.py：請輸入圓盤數量，本程式會輸出每個圓盤移動的過程。

```
1  # ch12_3.py
2  def hanoi(n, src, aux, dst):
3      ''' src是來源木樁, aux是輔助木樁, dst是目的木樁 '''
4      global step
5      ''' 河內塔 '''
6      if n == 1:                          # 河內塔終止條件
7          step += 1                       # 紀錄步驟
8          print(f'{step:2d} : 移動圓盤 {n} 從 {src} 到 {dst}')
9      else:
10         hanoi(n - 1, src, dst, aux)     # 將當下 n-1 木樁從 src 移到 aux
11         step += 1                       # 紀錄步驟
12         print(f'{step:2d} : 移動圓盤 {n} 從 {src} 到 {dst}')
13         hanoi(n - 1, aux, src, dst)     # 將當下 n-1 木樁從 aux 移到 dst
14
```

```
14
15  step = 0
16  n = eval(input('請輸入圓盤數量 : '))
17  hanoi(n, 'A', 'B', 'C')
```

執行結果

```
==================== RESTART: D:\Algorithm\ch12\ch12_3.py ====================
請輸入圓盤數量 : 1
 1 : 移動圓盤 1 從 A 到 C
>>>
==================== RESTART: D:\Algorithm\ch12\ch12_3.py ====================
請輸入圓盤數量 : 2
 1 : 移動圓盤 1 從 A 到 B
 2 : 移動圓盤 2 從 A 到 C
 3 : 移動圓盤 1 從 B 到 C
>>>
==================== RESTART: D:\Algorithm\ch12\ch12_3.py ====================
請輸入圓盤數量 : 3
 1 : 移動圓盤 1 從 A 到 C
 2 : 移動圓盤 2 從 A 到 B
 3 : 移動圓盤 1 從 C 到 B
 4 : 移動圓盤 3 從 A 到 C
 5 : 移動圓盤 1 從 B 到 A
 6 : 移動圓盤 2 從 B 到 C
 7 : 移動圓盤 1 從 A 到 C
>>>
==================== RESTART: D:\Algorithm\ch12\ch12_3.py ====================
請輸入圓盤數量 : 4
 1 : 移動圓盤 1 從 A 到 B
 2 : 移動圓盤 2 從 A 到 C
 3 : 移動圓盤 1 從 B 到 C
 4 : 移動圓盤 3 從 A 到 B
 5 : 移動圓盤 1 從 C 到 A
 6 : 移動圓盤 2 從 C 到 B
 7 : 移動圓盤 1 從 A 到 B
 8 : 移動圓盤 4 從 A 到 C
 9 : 移動圓盤 1 從 B 到 C
10 : 移動圓盤 2 從 B 到 A
11 : 移動圓盤 1 從 C 到 A
12 : 移動圓盤 3 從 B 到 C
13 : 移動圓盤 1 從 A 到 B
14 : 移動圓盤 2 從 A 到 C
15 : 移動圓盤 1 從 B 到 C
```

其實程式表面看很簡單，但是不容易懂。上述程式筆者紀錄了每次移動的步驟，但是讓程式顯得複雜，下列 ch12_4.py 則是將所記錄的步驟移除，程式顯得清爽，也方便解說。

程式實例 ch12_4.py：河內塔問題簡化版。

```
1   # ch12_4.py
2   def hanoi(n, src, aux, dst):
3       ''' src是來源木樁, aux是輔助木樁, dst是目的木樁 '''
4       if n == 1:                          # 河內塔終止條件
5           print(f'移動圓盤 {n} 從 {src} 到 {dst}')
6       else:
7           hanoi(n - 1, src, dst, aux)     # 將當下 n-1 木樁從 src 移到 aux
8           print(f'移動圓盤 {n} 從 {src} 到 {dst}')
9           hanoi(n - 1, aux, src, dst)     # 將當下 n-1 木樁從 aux 移到 dst
10
11  n = eval(input('請輸入圓盤數量 : '))
12  hanoi(n, 'A', 'B', 'C')
```

執行結果

```
==================== RESTART: D:\Algorithm\ch12\ch12_4.py ====================
請輸入圓盤數量 : 3
移動圓盤 1 從 A 到 C
移動圓盤 2 從 A 到 B
移動圓盤 1 從 C 到 B
移動圓盤 3 從 A 到 C
移動圓盤 1 從 B 到 A
移動圓盤 2 從 B 到 C
移動圓盤 1 從 A 到 C
```

下列是當 n = 3 時，上述程式遞迴呼叫的整個流程，紅色編號則是輸出順序，也是移動過程。

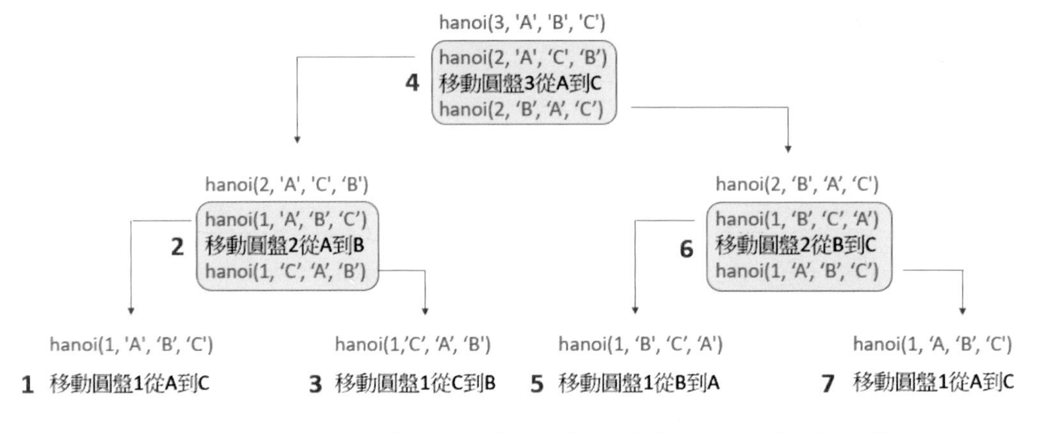

上述是 n = 3，當 n = 4 時，還會多一層，當再度執行第 7 行時，如下所示：

hanoi(n – 1, src, dst, aux)

圓盤移動的位置，dst 和 aux 會再做一次對調，這也是當 n 是奇數時第 1 次圓盤是移向目的木樁。當 n 是偶數時第 1 次圓盤是移向輔助木樁。註：下一節會將此河內塔的遞迴過程，使用堆疊觀念完整解說。

12-2-4　圖例解說河內塔完整遞迴流程

這一節是假設圓盤數有 3 個，完整圖例解說河內塔的操作原理，程式實例 ch12_4.py 執行第 12 行 hanoi(n, 'A', 'B', 'C') 後，n=3，下列是完整的步驟。

1：因為 n 不等於 1，此時堆疊記憶體內容如下：

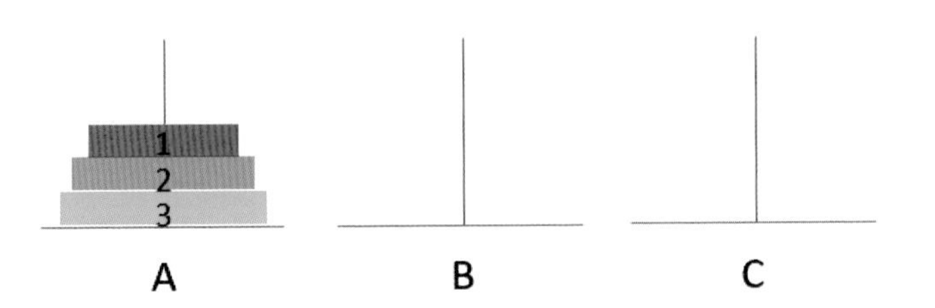


```
hanoi(2, 'A', 'C', 'B')
print(f'{3} ... {'A'} ... {'C'}')
hanoi(2, 'B', 'A', 'C')
```

2：執行 hanoi(2, 'A', 'C', 'B') 後，堆疊記憶體內容如下：

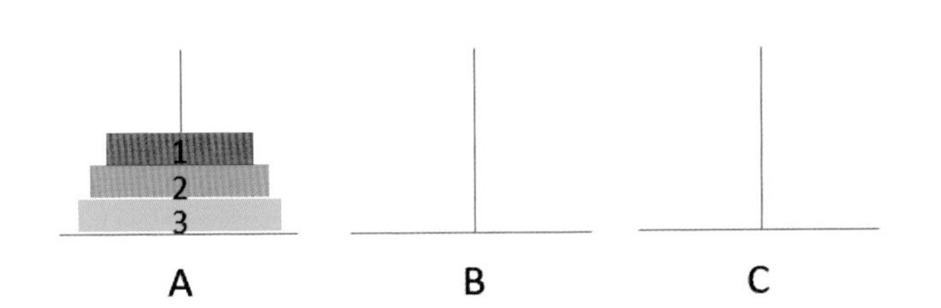


```
hanoi(1, 'A', 'B', 'C')
print(f'{2} ... {'A'} ... {'B'}')
hanoi(1, 'C', 'A', 'B')
print(f'{3} ... {'A'} ... {'C'}')
hanoi(2, 'B', 'A', 'C')
```

3：執行 hanoi(1, 'A', 'B', 'C') 後，因為 n=1，此時指令如下：

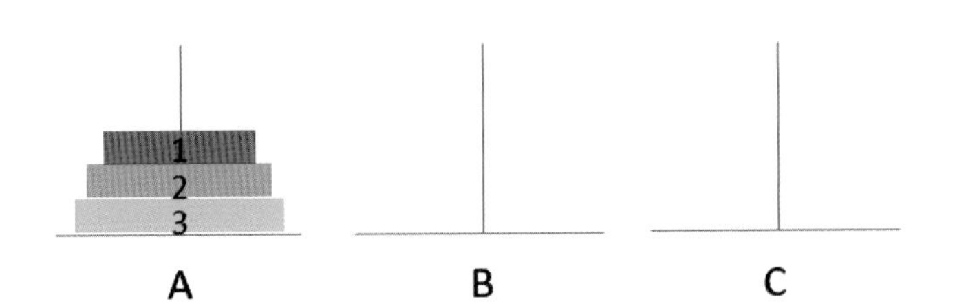


```
print(f'{1} ... {'A'} ... {'C'}')
print(f'{2} ... {'A'} ... {'B'}')
hanoi(1, 'C', 'A', 'B')
print(f'{3} ... {'A'} ... {'C'}')
hanoi(2, 'B', 'A', 'C')
```

4：這時可以移動圓盤 1 從 A 到 C。

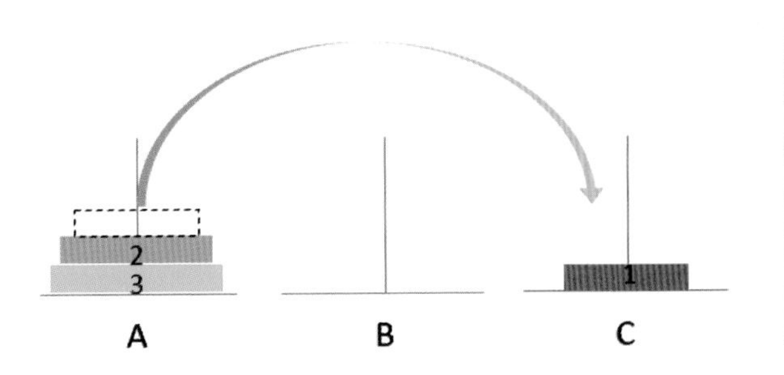


```
print(f'{2} ... {'A'} ... {'B'}')
hanoi(1, 'C', 'A', 'B')
print(f'{3} ... {'A'} ... {'C'}')
hanoi(2, 'B', 'A', 'C')
```

1 從 A 到 C

5：然後執行移動圓盤 2 從 A 到 B。

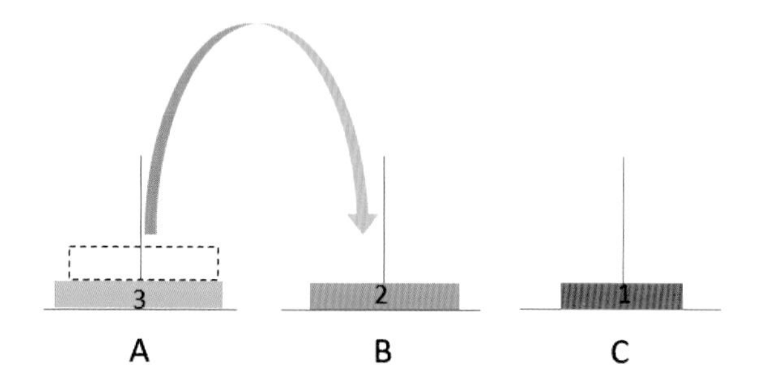

6：這時堆疊記憶體內容如下：

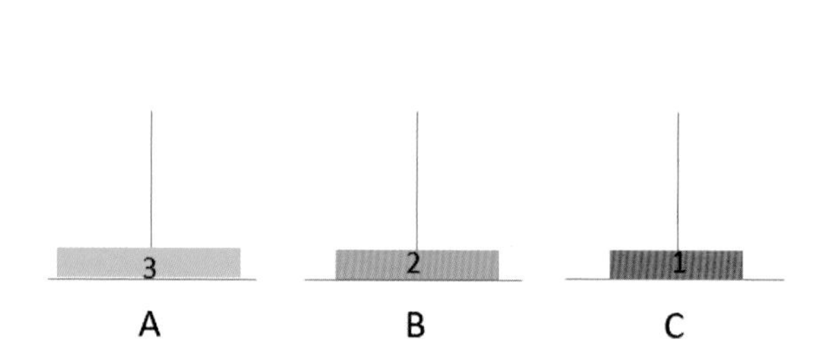

7：執行 hanoi(1, 'C', 'A', 'B') 後，因為 n=1，所以可以得到下列指令。

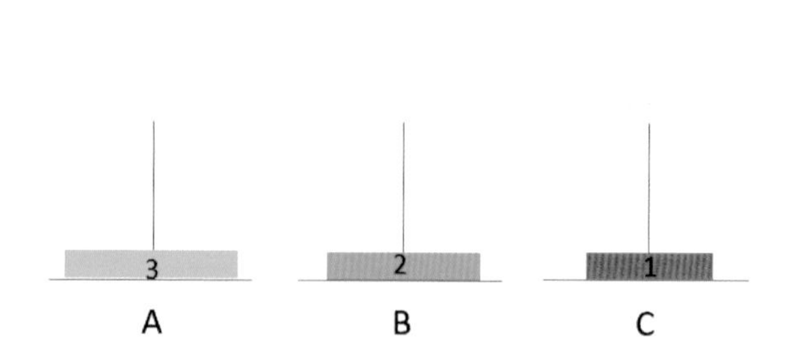

8：執行圓盤 1 從 C 到 B。

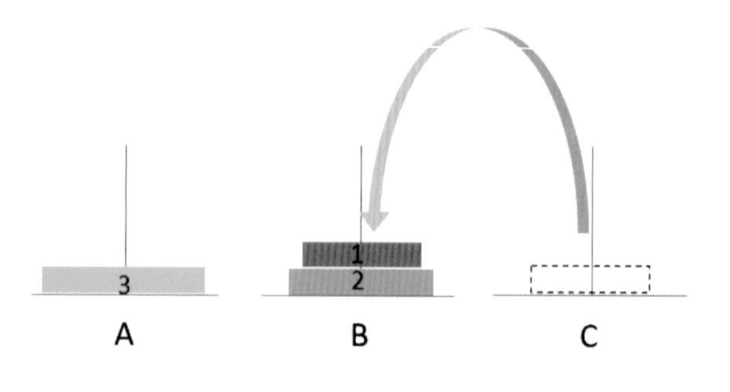

9：然後可以得到下列結果。

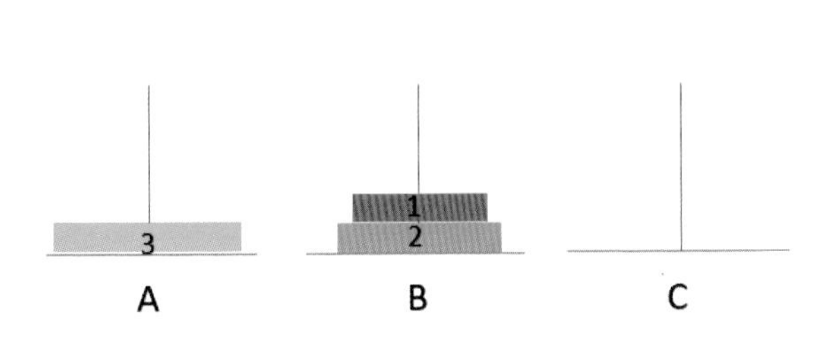


```
print(f'{3} ... {'A'} ... {'C'}')
hanoi(2, 'B', 'A', 'C')
```

1 從 A 到 C
2 從 A 到 B
1 從 C 到 B

10：可以得到圓盤 3 從 A 到 C。

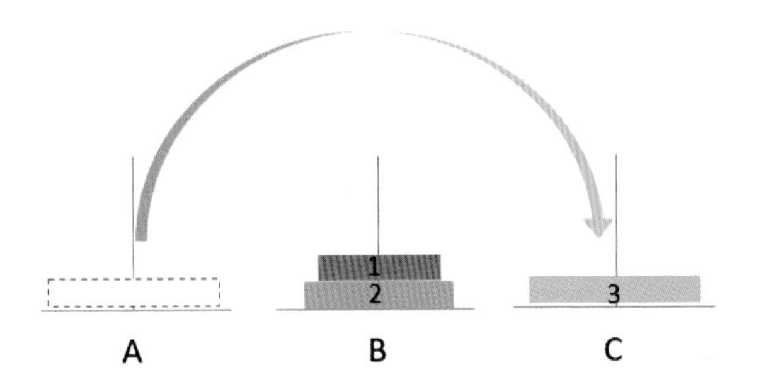


```
print(f'{3} ... {'A'} ... {'C'}')
hanoi(2, 'B', 'A', 'C')
```

1 從 A 到 C
2 從 A 到 B
1 從 C 到 B
3 從 A 到 C

11：接著堆疊記憶體內容如下：

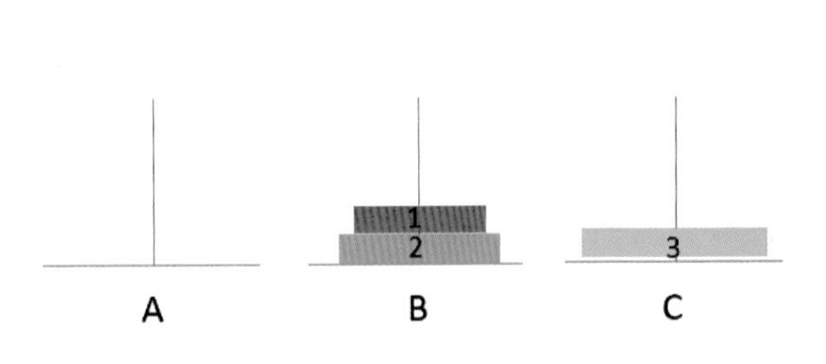


```
hanoi(2, 'B', 'A', 'C')
```

1 從 A 到 C
2 從 A 到 B
1 從 C 到 B
3 從 A 到 C

12：執行 hanoi(2, 'B', 'A', 'C') 後，可以得到下列內容。

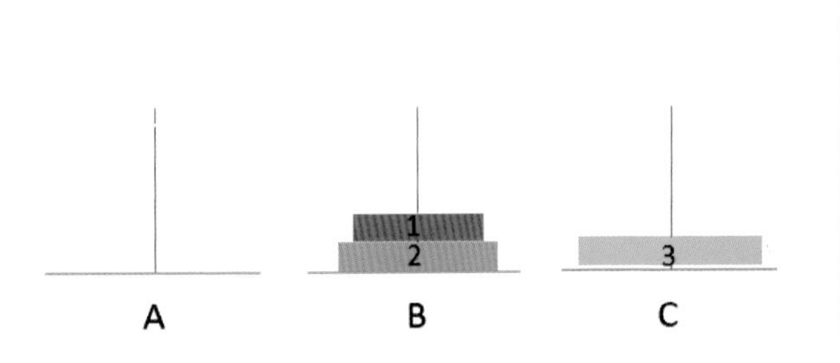


```
hanoi(1, 'B', 'C', 'A')
print(f'{2} ... {'B'} ... {'C'}')
hanoi(1, 'A', 'B', 'C')
```

1 從 A 到 C
2 從 A 到 B
1 從 C 到 B
3 從 A 到 C

13：執行 hanoi(1, 'B', 'C', 'A') 後，可以得到下列內容。

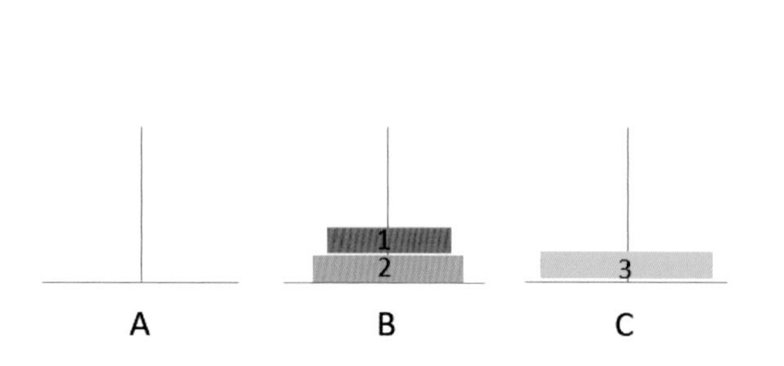


```
print(f'{1} ... {'B'} ... {'A'}')
print(f'{2} ... {'B'} ... {'C'}')
hanoi(1, 'A', 'B', 'C')
```

1 從 A 到 C
2 從 A 到 B
1 從 C 到 B
3 從 A 到 C

14：可以得到圓盤 1 從 B 到 A。

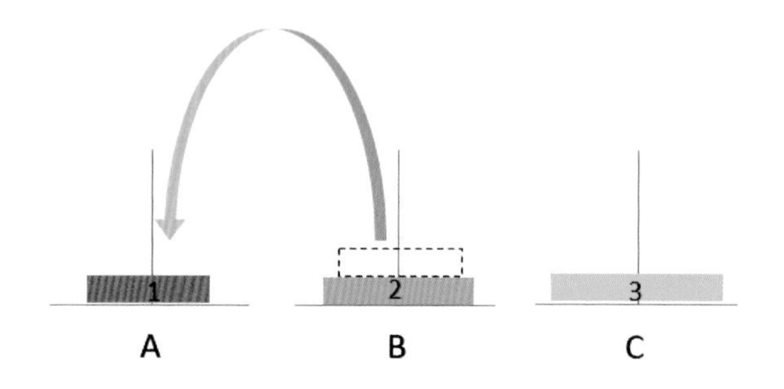


```
print(f'{2} ... {'B'} ... {'C'}')
hanoi(1, 'A', 'B', 'C')
```

1 從 A 到 C
2 從 A 到 B
1 從 C 到 B
3 從 A 到 C
1 從 B 到 A

15：這時堆疊記憶體內容如下：

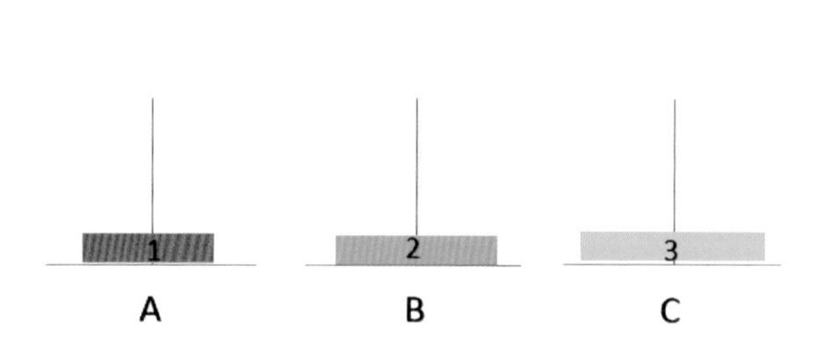


```
print(f'{2} ... {'B'} ... {'C'}')
hanoi(1, 'A', 'B', 'C')
```

1 從 A 到 C
2 從 A 到 B
1 從 C 到 B
3 從 A 到 C
1 從 B 到 A

16：可以得到圓盤 2 從 B 到 C。

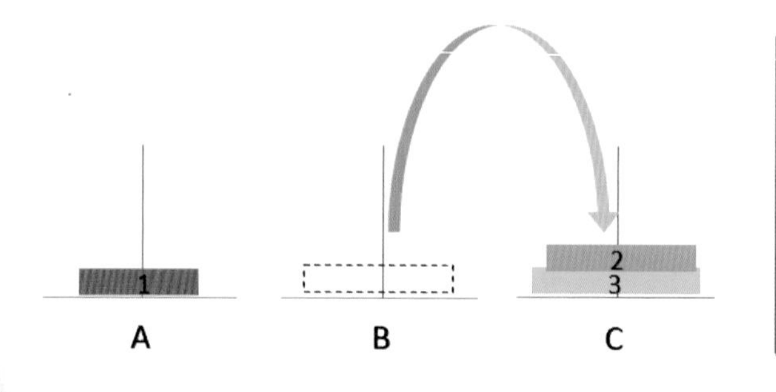


```
hanoi(1, 'A', 'B', 'C')
```

1 從 A 到 C
2 從 A 到 B
1 從 C 到 B
3 從 A 到 C
1 從 B 到 A
2 從 B 到 C

17：執行 hanoi(1, 'A', 'B', 'C') 後，因為 n=1，可以得到下列內容。

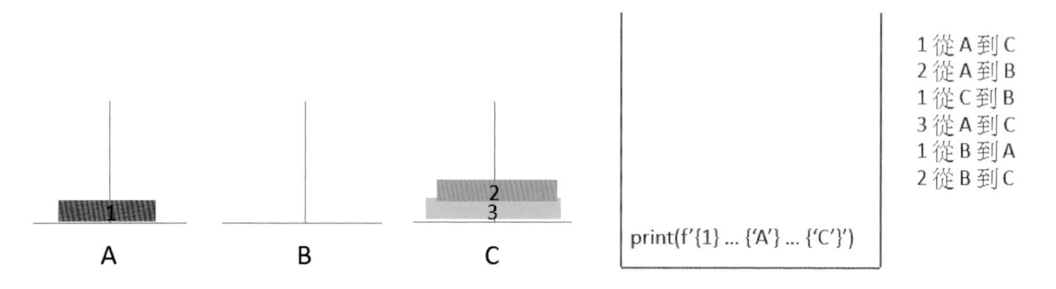

18：執行圓盤 1 從 A 到 C，可以得到下列最後結果。

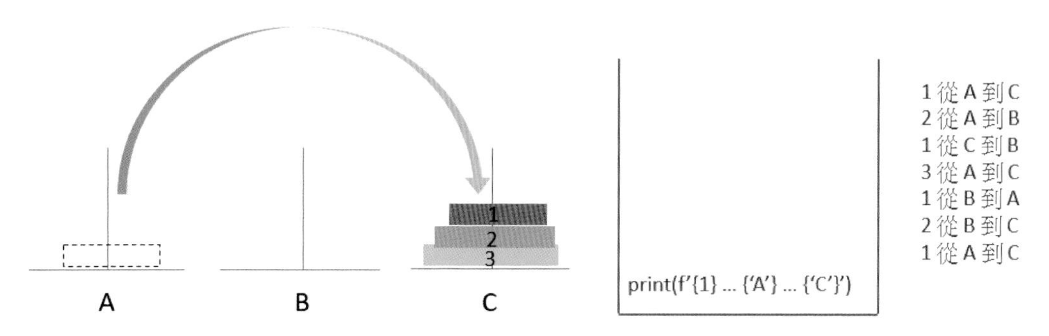

12-3 八皇后演算法

12-3-1 了解八皇后的題目

八皇后問題是一個經典的演算法題目，最早由馬克斯・貝瑟爾 (Max Bezzel) 在 1848 年提出。主要是以 8 x 8 的西洋棋盤為背景，放置八個皇后，然後任一個皇后都無法吃掉其他皇后。在西洋棋的規則中，任兩個皇后不可以在同一行、同一列或對角線上，如下所示：

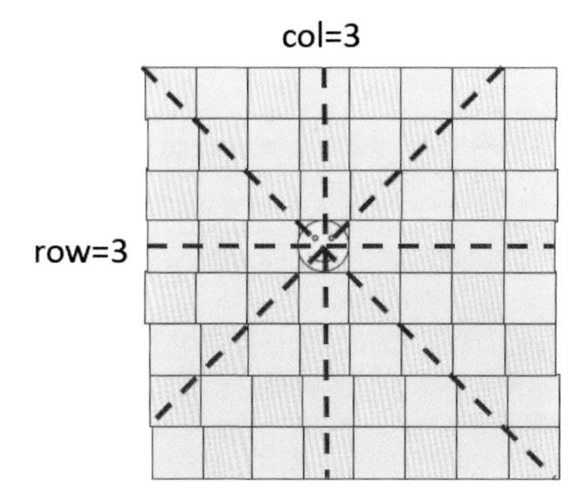

註 如果棋盤是 4 x 4，則稱 4 皇后問題。

例如：如果一個皇后在 (row=3, col=3) 位置，如上所是虛線部位就是無法放置其他皇后的位置。設計這類程式，其實因為每一列均只能有一個皇后，所以可以使用一維串列方式處理就可以了。

queens[0]	0
queens[1]	4
queens[2]	7
queens[3]	5
queens[4]	2
queens[5]	6
queens[6]	1
queens[7]	3

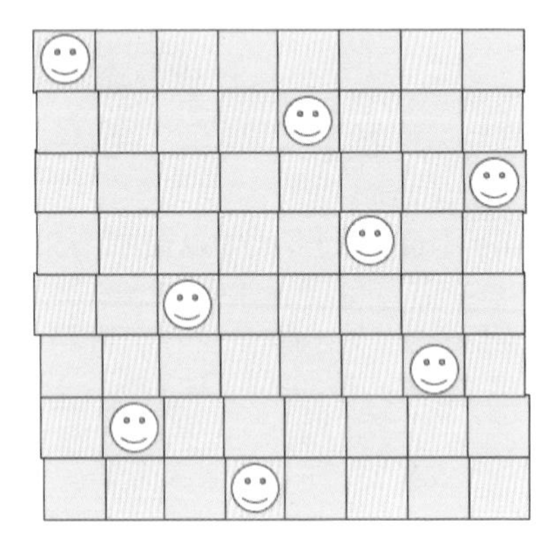

上述的 queens[ ] 串列可以先設定為-1，然後再一一填入。

12-3-2　回溯 (Backtracking) 演算法與八皇后

上一章已經講解回溯演算法，其實的回溯演算法是使用嘗試錯誤 (try and error) 的方法，去分析和解決問題，在嘗試期間此方法期間，它會嘗試所有的路徑，如果目前路徑不能得到正確的解答時，它將取消上一步或上幾步的處理過程，再透過其它路徑嘗試尋找答案，大多數時候使用遞迴做回溯是最簡單的方法。

對於八皇后的問題，這一小節筆者不使用遞迴處理這個回溯觀念，下一小節再使用遞迴呼叫處理，讀者可以自行比較程式內容。這個程式還是需做回溯 (backtracking)。

程式實例 ch12_5.py：非遞迴的八皇后問題，程式將輸出正確的棋盤。

```
1   # ch12_5.py
2   def is_OK(row, col):
3       ''' 檢查是否可以放在此row, col位置 '''
4       for i in range(1, row + 1):                # 迴圈往前檢查是否衝突
5           if (queens[row - i] == col             # 檢查欄
6               or queens[row - i] == col - i      # 檢查左上角斜線
7               or queens[row - i] == col + i):    # 檢查右上角斜線
8               return False                       # 傳回有衝突，不可使用
9       return True                                # 傳回可以使用
10
11  def location(row):
12      ''' 搜尋特定row的col欄位 '''
```

```
13      start = queens[row] + 1                    # 也許是回溯,所以start不一定是0
14      for col in range(start, SIZE):
15          if is_OK(row, col):
16              return col                         # 暫時可以在(row,col)放置皇后
17      return -1                                  # 沒有適合位置所以回傳 -1
18
19  def solve():
20      ''' 從特定row列開始找尋皇后的位置 '''
21      row = 0
22      while row >= 0 and row <= 7:
23          col = location(row)
24          if col < 0:                            # 如果回傳是 -1,必須回溯前一列
25              queens[row] = -1
26              row -= 1                           # 設定row少1, 可以回溯前一列
27          else:
28              queens[row] = col                  # 第row列皇后位置是col
29              row += 1                           # 往下一列
30      if row == -1:
31        return False                             # 沒有解答
32      else:
33        return True                              # 找到解答
34
35  SIZE = 8                                       # 棋盤大小
36  queens = [-1] * SIZE                           # 預設皇后位置
37  solve()                                        # 解此題目
38  for i in range(SIZE):                          # 繪製結果圖
39      for j in range(SIZE):
40          if queens[i] == j:
41              print('Q ', end='')
42          else:
43              print('. ',end='')
44      print()
```

執行結果

```
==================== RESTART: D:\Algorithm\ch12\ch12_5.py ====================
Q . . . . . . .
. . . . Q . . .
. . . . . . . Q
. . . . . Q . .
. . Q . . . . .
. . . . . . Q .
. Q . . . . . .
. . . Q . . . .
```

原則上從 row=0 開始，然後 column 每次遞增 1 的方式找尋 (row, col) 是否適合放置皇后，上述程式第 5 行檢查是否有皇后在同一行 (column)，第 6 行則是檢查左上方斜角線是否有其他皇后在同一斜線，第 7 行則是檢查右上方斜角線是否有其他皇后在同一斜線。

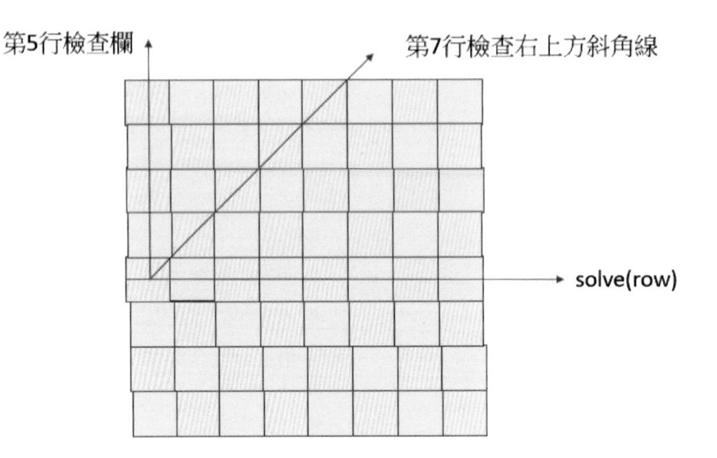

當 row 的第 0 column 不適合後，會移到下一個 column 檢查。

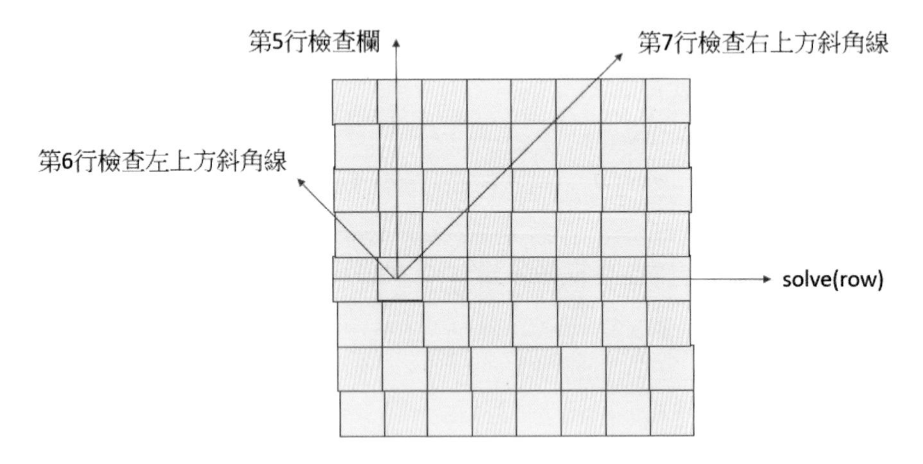

當某個 row 檢查結束，如果有找到則往下一 row 找尋。如果某 row 沒有找到，則回到前一 row(第 26 行)，相當於原先 col 的下一個 col 位置找尋。

12-3-3　遞迴的解法

其實讀者可以看到遞迴解法的程式比較精簡，不過這個程式也是使用前一節的回溯演算法，再應用遞迴的觀念。

程式實例 ch12_6.py：使用遞迴呼叫重新設計 ch12_5.py。

```
1  # ch12_6.py
2  class Queens:
3      def __init__(self):
```

```
4           self.queens = size * [-1]                         # 預設皇后位置
5           self.solve(0)                                     # 從row = 0 開始搜尋
6           for i in range(size):                             # 繪製結果圖
7               for j in range(size):
8                   if self.queens[i] == j:
9                       print('Q ', end='')
10                  else:
11                      print('. ',end='')
12              print()
13      def is_OK(self, row, col):
14          ''' 檢查是否可以放在此row, col位置 '''
15          for i in range(1, row + 1):                       # 迴圈往前檢查是否衝突
16              if (self.queens[row - i] == col               # 檢查欄
17                  or self.queens[row - i] == col - i        # 檢查左上角斜線
18                  or self.queens[row - i] == col + i):# 檢查右上角斜線
19                  return False                              # 傳回有衝突，不可使用
20          return True                                       # 傳回可以使用
21
22      def solve(self, row):
23          ''' 從第 row 列開始找尋皇后的位置 '''
24          if row == size:                                   # 終止搜尋條件
25              return True
26          for col in range(size):
27              self.queens[row] = col                        # 安置(row, col)
28              if self.is_OK(row, col) and self.solve(row + 1):
29                  return True                               # 找到並返回
30          return False                                      # 表示此row沒有解答
31
32  size = 8                                                  # 棋盤大小
33  Queens()
```

執行結果 與 ch12_6.py 相同。

若將上述程式和前一個程式比較，關鍵在第 5 行的 self.solve(0) 開始，相當於從 0 開始，和後在第 28 行的 self.solve(row+1)，這是一個遞迴式呼叫，逐步執行 self.solve(1), … self.solve(7)。

12-4 碎形 – VLSI 設計演算法

12-4-1 演算法基本觀念

所謂碎形是一個幾何圖形，它可以分為許多部分，每個部分皆是整體的縮小版。下列是謝爾賓斯基三角形 (Sierpinski triangle) 是由波蘭數學家謝爾賓斯基在 1915 年提出的三角形觀念，這個三角形本質上是碎形 (Fractal)。

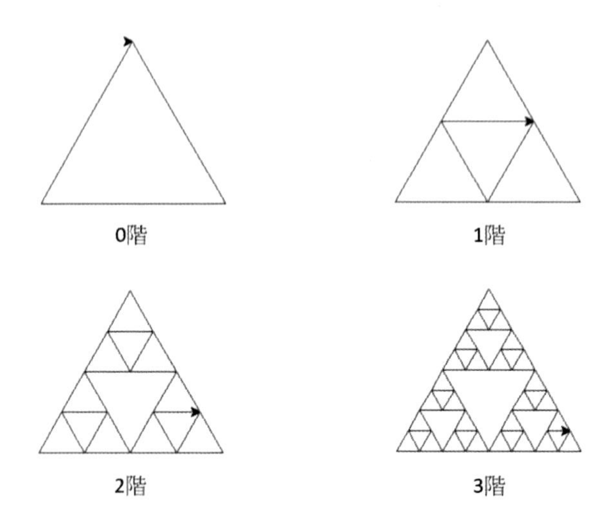

下列是遞迴樹 Recursive Tree 的碎形。

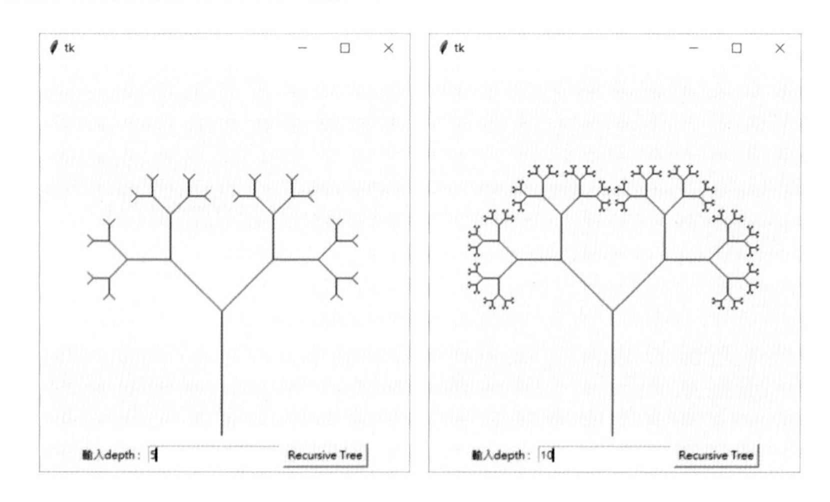

這一節筆者將設計 VLSI 超大型積體電路設計或是微波工程常使用的 H-Tree，H-Tree 這也是數學領域碎形 (fractal) 的一部份。基本上從英文字母大寫 H 開始繪製，H 的三條線長度是一樣，這個 H 是算 0 階碎形可參考下方左圖，第 1 階是將 H 的 4 個頂點當作 H 的中心點產生新的 H，這個 H 的長度大小是原先 H 的一半可參考下方右圖，依此類推。

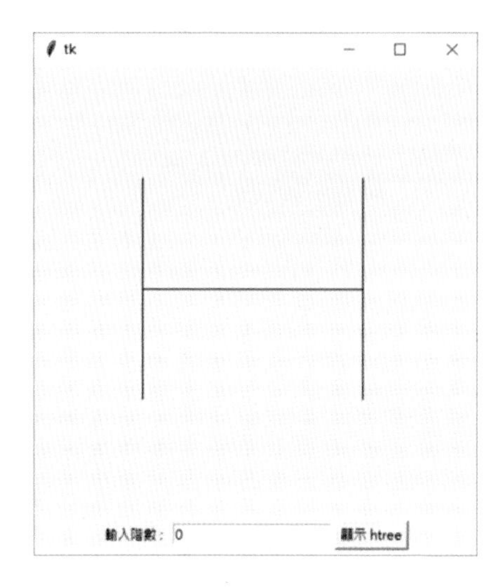

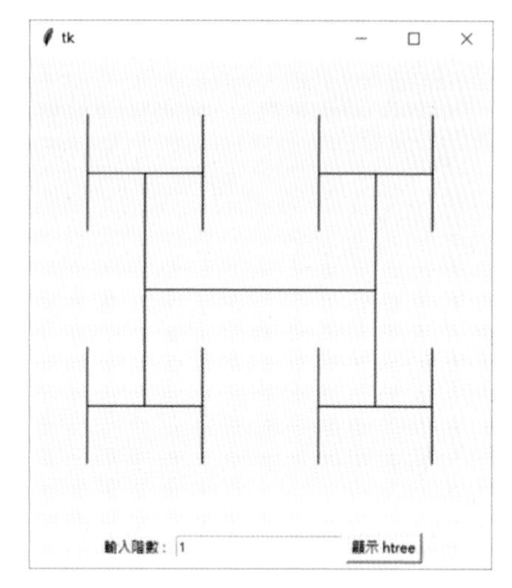

這一節的程式筆者使用了 tkinter 模組，建議讀者可以參考筆者所著 Python GUI 設計活用 tkinter 之路王者歸來第三版，深智數位 2020 年 3 月發行。

12-4-2 Python 程式實作

程式實例 ch12_7.py：適用 VLSI 的 H-Tree 樹碎形設計，讀者輸入階數即可以獲得相對應的 H-Tree 碎形。

```
1  # ch12_7.py
2  from tkinter import *
3  def htree(order, center, ht):
4      ''' 依指定階級數繪製 H 樹碎形 '''
5      if order >= 0:
6          p1 = [center[0] - ht / 2, center[1] - ht / 2]   # 左上點
7          p2 = [center[0] - ht / 2, center[1] + ht / 2]   # 左下點
8          p3 = [center[0] + ht / 2, center[1] - ht / 2]   # 右上點
9          p4 = [center[0] + ht / 2, center[1] + ht / 2]   # 右下點
10
11         drawLine([center[0] - ht / 2, center[1]],
12             [center[0] + ht / 2, center[1]])          # 繪製H水平線
13         drawLine(p1, p2)                              # 繪製H左邊垂直線
14         drawLine(p3, p4)                              # 繪製H右邊垂直線
15
16         htree(order - 1, p1, ht / 2)                  # 遞迴左上點當中間點
17         htree(order - 1, p2, ht / 2)                  # 遞迴左下點當中間點
18         htree(order - 1, p3, ht / 2)                  # 遞迴右上點當中間點
19         htree(order - 1, p4, ht / 2)                  # 遞迴右下點當中間點
20 def drawLine(p1,p2):
21     ''' 繪製p1和p2之間的線條 '''
22     canvas.create_line(p1[0],p1[1],p2[0],p2[1],tags="htree")
23 def show():
24     ''' 顯示 htree '''
```

```
25     canvas.delete("htree")
26     length = 200
27     center = [200, 200]
28     htree(order.get(), center, length)
29 
30 tk = Tk()
31 canvas = Canvas(tk, width=400, height=400)       # 建立畫布
32 canvas.pack()
33 frame = Frame(tk)                                 # 建立框架
34 frame.pack(padx=5, pady=5)
35 # 在框架Frame內建立標籤Label, 輸入階乘數Entry, 按鈕Button
36 Label(frame, text="輸入階數 : ").pack(side=LEFT)
37 order = IntVar()
38 order.set(0)
39 entry = Entry(frame, textvariable=order).pack(side=LEFT,padx=3)
40 Button(frame, text="顯示 htree",
41        command=show).pack(side=LEFT)
42 tk.mainloop()
```

執行結果 下列分別是 2 階和 3 階的 H-Tree 碎形。

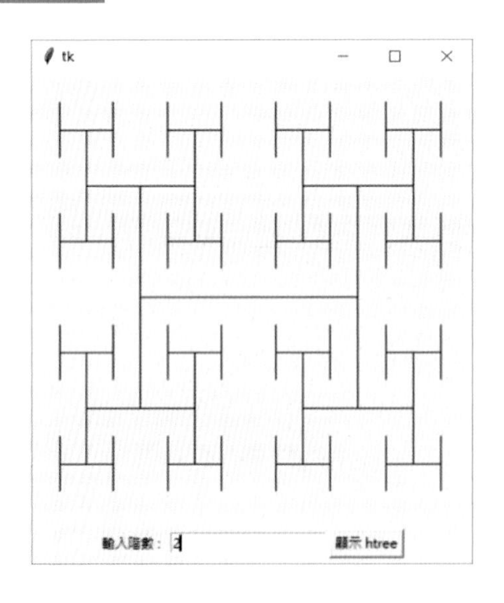

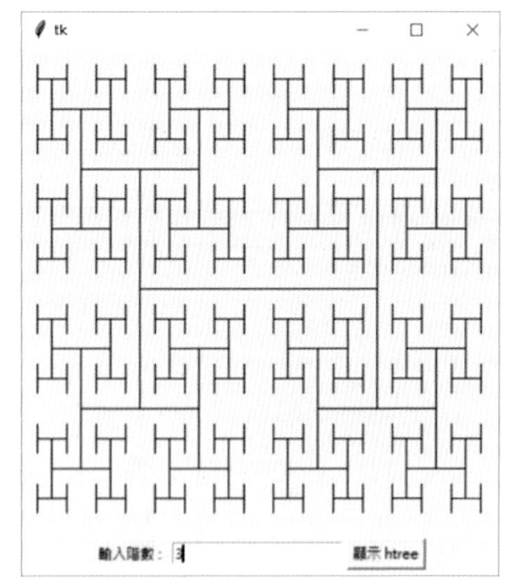

12-5 習題

1： 有一個串列內容如下：

data = [1, 5, 9, 2, 8, 100, 81]

請使用遞迴方法計算上述串列的數量。

```
==================== RESTART: D:\Algorithm\ex\ex12_1.py ====================
data          =  [1, 5, 9, 2, 8, 100, 81]
data元素個數 =  7
```

2： 有一個串列內容如下：

data = [1, 5, 9, 2, 8, 100, 81]

請使用遞迴方法列出串列最大值。

```
==================== RESTART: D:\Algorithm\ex\ex12_2.py ====================
data          =  [1, 5, 9, 2, 8, 100, 81]
data的最大值 =  100
```

3： 重新設計 ch12_6.py，將程式改為木樁 B 是目的木樁，木樁 C 是輔助木樁。

```
==================== RESTART: D:\Algorithm\ex\ex12_3.py ====================
請輸入圓盤數量 : 4
移動圓盤 1 從 A 到 C
移動圓盤 2 從 A 到 B
移動圓盤 1 從 C 到 B
移動圓盤 3 從 A 到 C
移動圓盤 1 從 B 到 A
移動圓盤 2 從 B 到 C
移動圓盤 1 從 A 到 C
移動圓盤 4 從 A 到 B
移動圓盤 1 從 C 到 B
移動圓盤 2 從 C 到 A
移動圓盤 1 從 B 到 A
移動圓盤 3 從 C 到 B
移動圓盤 1 從 A 到 C
移動圓盤 2 從 A 到 B
移動圓盤 1 從 C 到 B
```

4： 對於 12-3 節的 8 皇后問題，整個有 92 個解答，但是如果將棋盤旋轉，扣掉對稱的有 12 個解答。如果簡化將棋盤設為 4 x 4，則稱 4 皇后問題，對於 4 皇后問題可以得到 2 個解答，請列出這 2 組解答。

```
====================== RESTART: D:/Algorithm/ex/ex12_4.py ======================
輸出結果
==============================
1 Q 1 1
1 1 1 Q
Q 1 1 1
1 1 Q 1
==============================
1 1 Q 1
Q 1 1 1
1 1 1 Q
1 Q 1 1
==============================
找到 2 個解答
```

註 這個程式筆者設定 size 是 4，如果將 size 改為 8 就是 8 皇后的解答，如下所示，可以參考 ex12_4_1.py。

```
===================== RESTART: D:/Algorithm/ex/ex12_4_1.py =====================
輸出結果
==============================
Q 1 1 1 1 1 1 1
1 1 1 1 Q 1 1 1
1 1 1 1 1 1 1 Q
1 1 1 1 1 Q 1 1
1 1 Q 1 1 1 1 1
1 1 1 1 1 1 Q 1
1 Q 1 1 1 1 1 1
1 1 1 Q 1 1 1 1
==============================
Q 1 1 1 1 1 1 1
1 1 1 1 1 Q 1 1
1 1 1 1 1 1 1 Q
1 1 Q 1 1 1 1 1
1 1 1 1 1 1 Q 1
1 1 1 Q 1 1 1 1
1 Q 1 1 1 1 1 1
1 1 1 1 Q 1 1 1
==============================
                    ...
==============================
1 1 1 1 1 1 1 Q
1 1 1 Q 1 1 1 1
Q 1 1 1 1 1 1 1
1 1 Q 1 1 1 1 1
1 1 1 1 1 Q 1 1
1 Q 1 1 1 1 1 1
1 1 1 1 1 1 Q 1
1 1 1 1 Q 1 1 1
==============================
找到 92 個解答
```

5： 科赫 (Von Koch) 是瑞典數學家 (1870 年 -1924 年)，這一題所介紹的科赫雪花碎形是依據他的名字命名，這個科赫雪花碎形原理觀念如下：

1：建立一個等邊三角形，這個等邊三角形稱 0 階。

2：從一個邊開始，將此邊分成 3 個等邊長，3/1 等邊長是 x 點、2/3 等邊長是 y 點，其中中間的線段向外延伸產生新的等邊三角形。下列是 0, 1, 3, 4 階的結果。

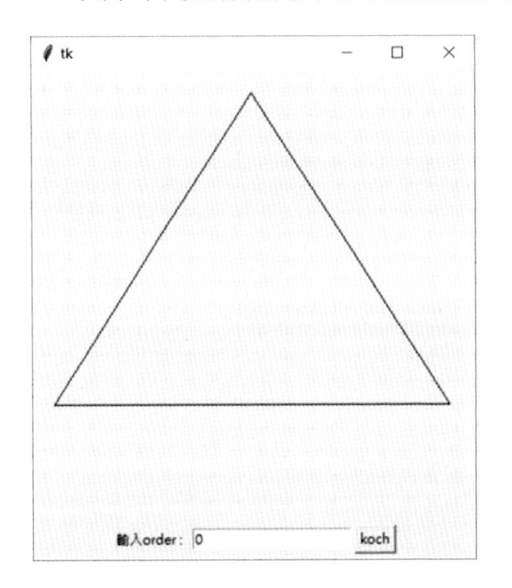

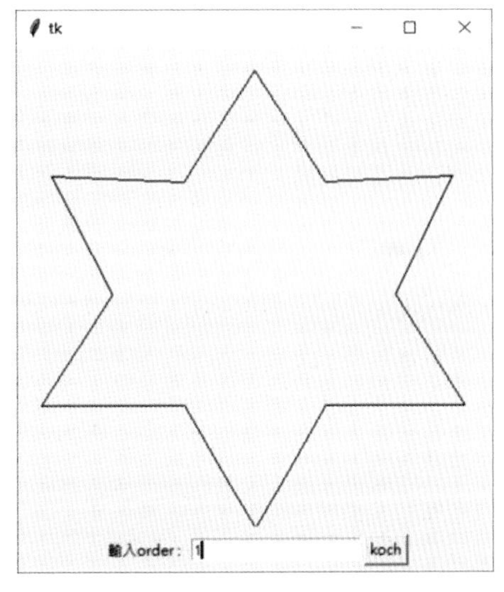

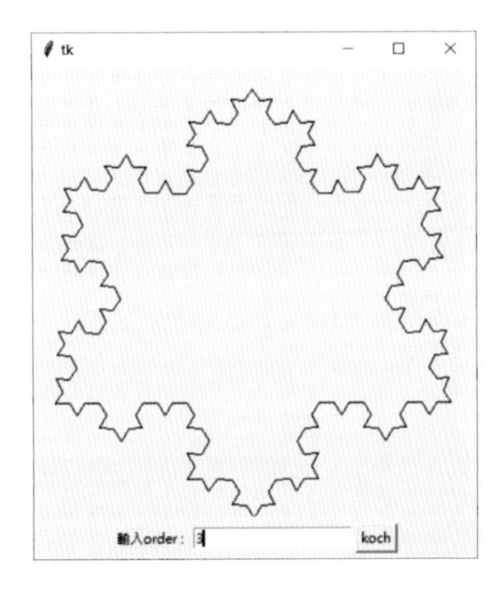

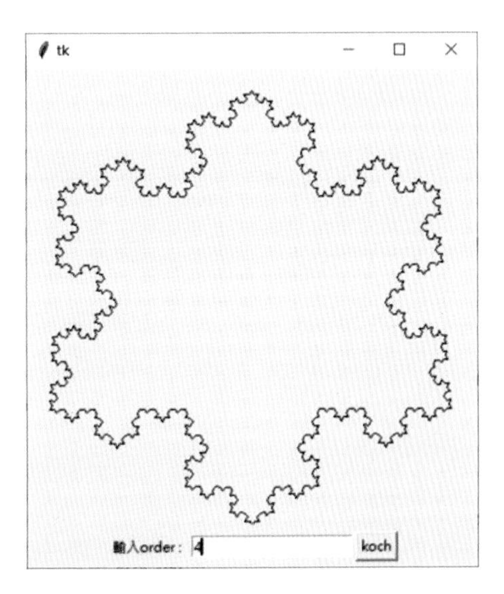

6： 繪製一個遞迴樹 Recursive Tree，假設樹的分支是直角，下一層的樹枝長度是前一層的 0.6 倍，下列是不同深度 depth 時的遞迴樹。

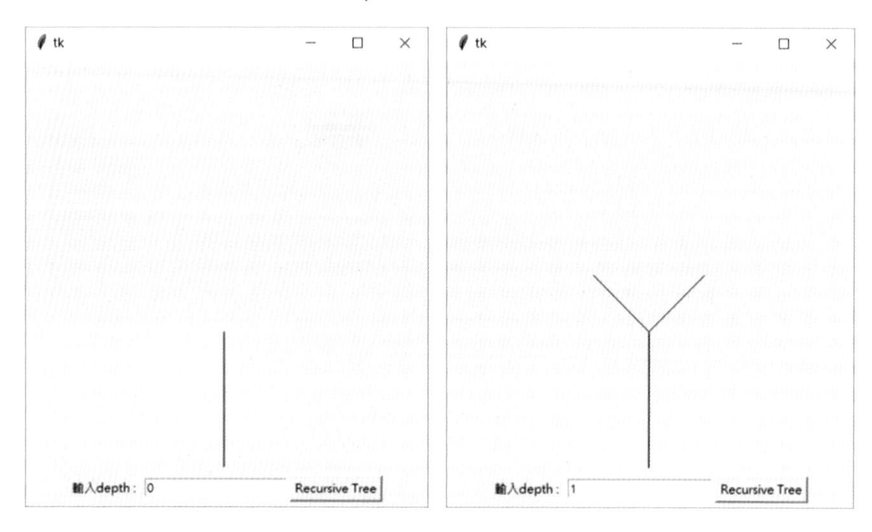

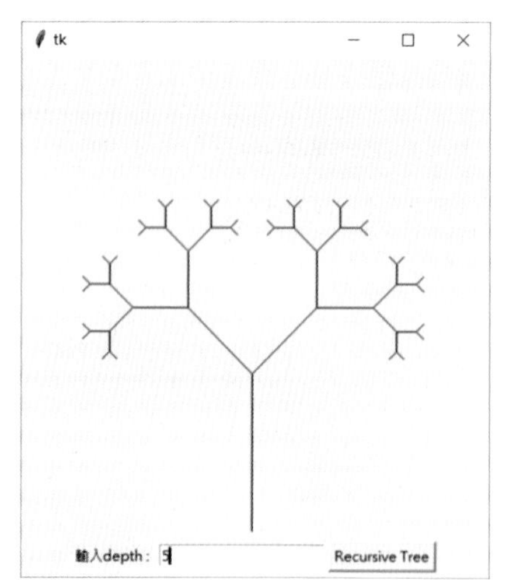

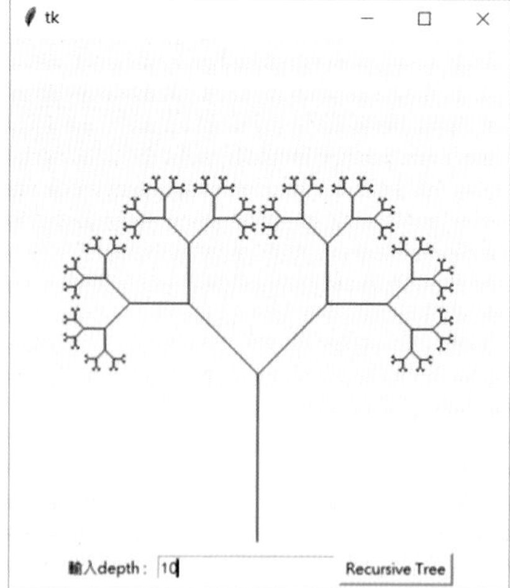

第十三章

圖形 (Graph) 理論

13-1 圖形的基本觀念

13-2 廣度優先搜尋演算法觀念解說

13-3 Python 實作廣度優先搜尋演算法

13-4 深度優先搜尋演算法理論與實作

13-5 習題

日常生活的我們常將觀念用圖形表達，讓整個問題與邏輯變得比較清楚，其實圖形結構也是電腦科學一個重要的資料結構，本章將從圖形的定義開始講解各種相關的演算法。

13-1 圖形 (Graph) 的基本觀念

13-1-1 基本觀念

一個圖形是由許多頂點 (vertice)，也可以稱節點，以及連接節點的邊線組成。

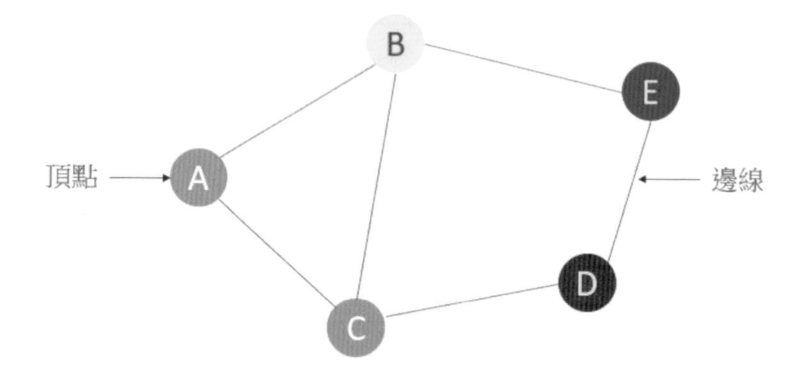

13-1-2 生活實例的觀念擴展

❑ 生活實例 1

生活上許多場景可以使用圖形表達，例如：下列是將臉書的朋友用圖形表達。

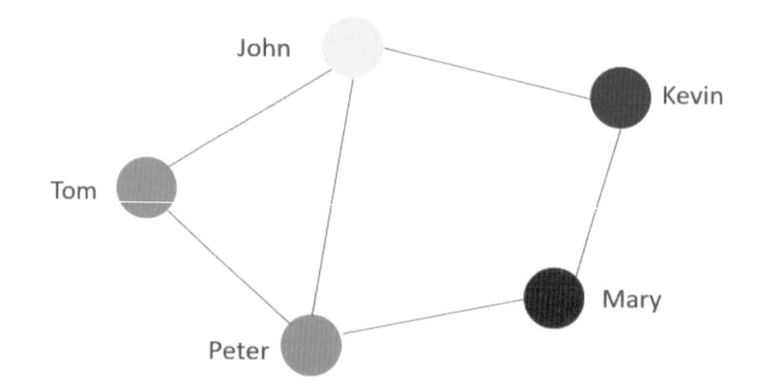

上述每一個頂點代表一個人，頂點之間有連線代表彼此是朋友關係，從上圖可以知道 Tom 和 John、Peter 是直接朋友關係，Kevin 和 Tom 不是直接朋友關係。一個頂點與其他頂點有連線，這稱相鄰節點，例如：John 和 Kevin 是相鄰節點，Tom 和 Kevin 沒有直接連線所以不是相鄰節點。

❑ 生活實例 2

下列是大台北區捷運站的圖形實例。

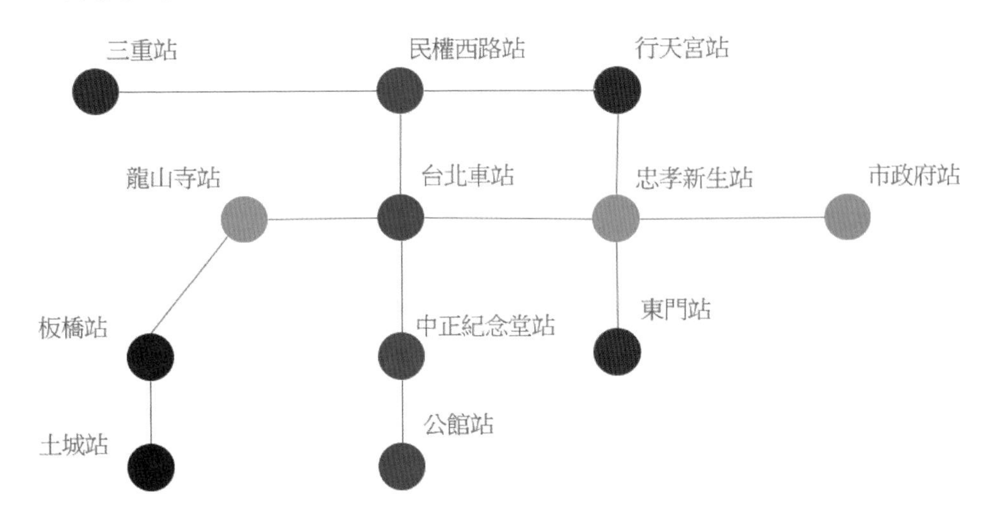

13-1-3 加權圖形 (Weighted Graph)

前 2 節的圖形只有頂點和邊，在圖形處理過程也可以為邊加上數字，這個數字就是所謂的權重 (weighted)，含權重的圖形又稱加權圖形 (weighted graph)。一個圖形如果只是頂點間的連線，我們只能說這 2 個頂點間是有關係，當加上權重後，可以表示彼此連線的程度，下列是含權重的圖形。

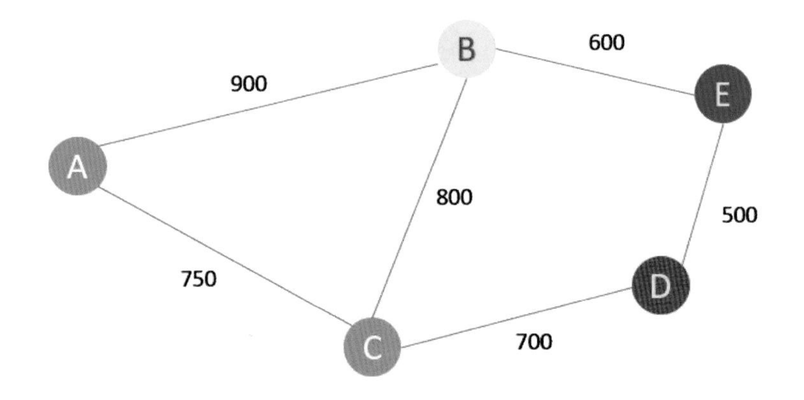

至於數字代表的意義視此圖形所代表的意義而定，例如：如果節點是代表城市，可用此數字代表通車票價，行車時間或是 2 個城市間的距離，下列是含權重的城市圖形，節點代表城市，數字代表 2 個城市間的距離。

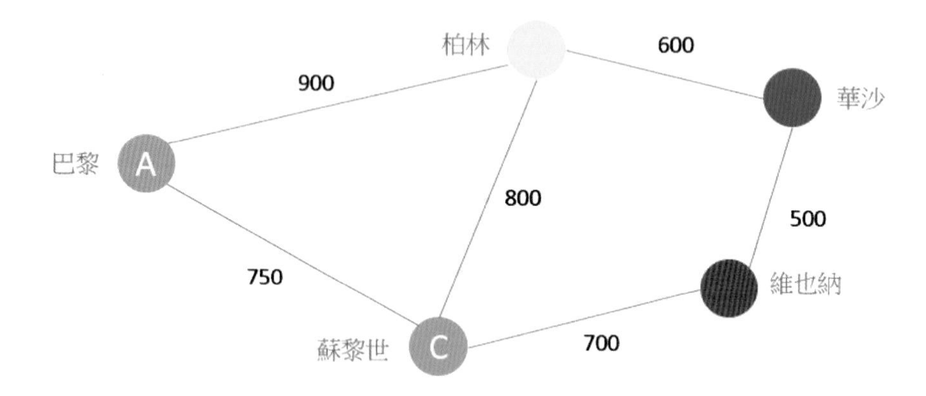

13-1-4　有向圖形 (Directed Graph)

前面各小節連接頂點間的線條是沒有方向，我們稱它為無向圖形 (Undirected Graph)。如果我們要設計的程式只能單邊通行，這時可以在圖形的線條一邊加上箭頭，這樣的圖形稱有向圖形，如下所示：

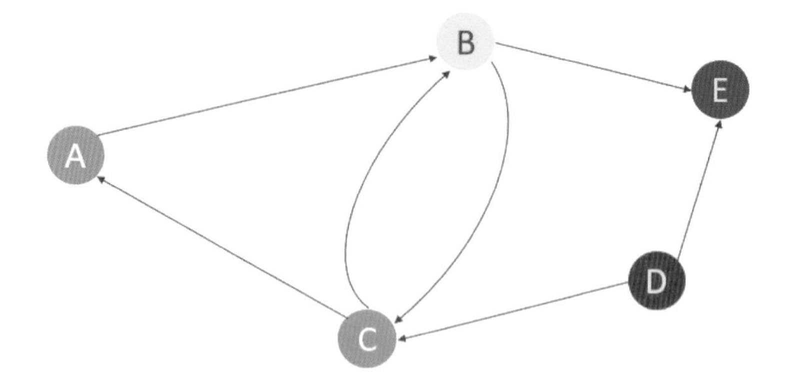

對於有向圖形另一個層次是設計圖形時必須有方向性，這個方向可以讓節點功能導出方向順序，下列是早上起床後的有向圖形實例。由下圖可以看到，必須歷經刷牙節點才可進入吃早餐節點，必須歷經穿襪子節點才可進入穿鞋節點。

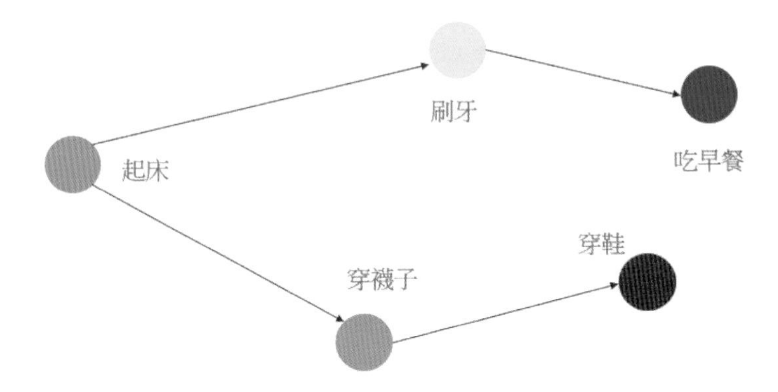

此外在大學修課程時，有些課程的學習是必須遵照一定程序，這也是有向圖形的使用時機。

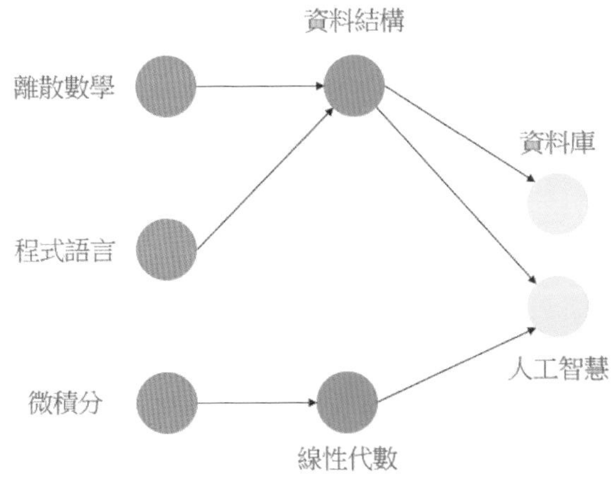

上述表示必須歷經程式語言、離散數學，才可讀資料結構，其他觀念依此類推。

13-1-5 有向無環圖 (Directed Acyclic Graph)

在圖形理論中，如果一個有向圖形，無法找到頂點可以經過連接線條返回此頂點，則稱此為有向無環圖 (Directed Acyclic Graph，簡稱 DAG)。

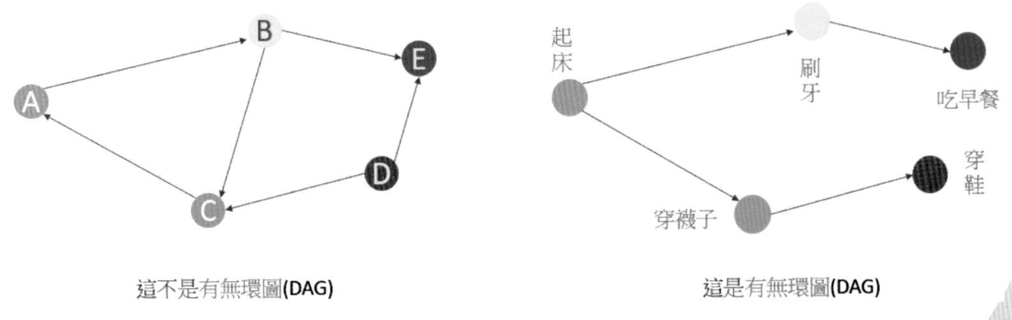

這不是有無環圖(DAG)　　這是有無環圖(DAG)

上述左圖頂點 A 可以經由線條 AB、BC、CA 回到 A，所以左圖不是有向無環圖 (DAG)。

13-1-6　拓樸排序 (Topological Sort)

在圖形理論中，如果一個有向無環圖 (DAG)，可參考上方起床後的順序圖，每個節點間有順序關係，例如：必須穿襪子完成才可穿鞋，則我們稱此圖是拓樸排序。

13-2 廣度優先搜尋演算法觀念解說

13-2-1　廣度優先搜尋演算法理論

廣度優先搜尋 (Breadth First Search，簡稱 BFS) 也有人稱之為寬度優先搜尋，是電腦圖形理論很重要的一個搜尋演算法，基本上是一層一層的搜尋，當搜尋完第 1 層如果沒有找到解答，再搜尋第 2 層，然後依此類推。假設有一個圖形如下：

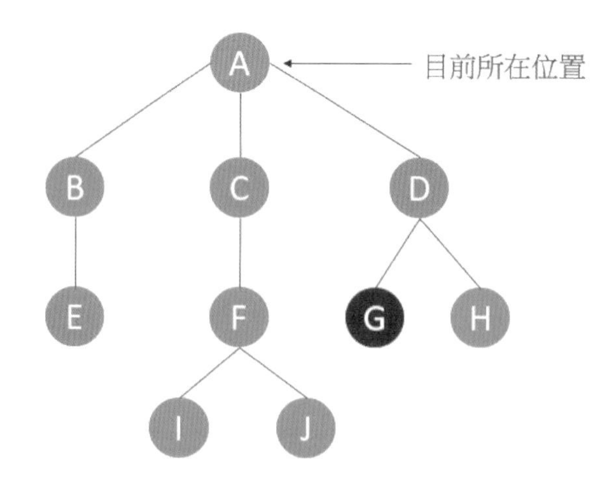

目前在 A 頂點，要找尋 G 點，目前不知 G 點在哪裡。首先將 A 放入搜尋清單，此搜尋清單可以用第 4 章所介紹的佇列儲存，可以參考下圖。

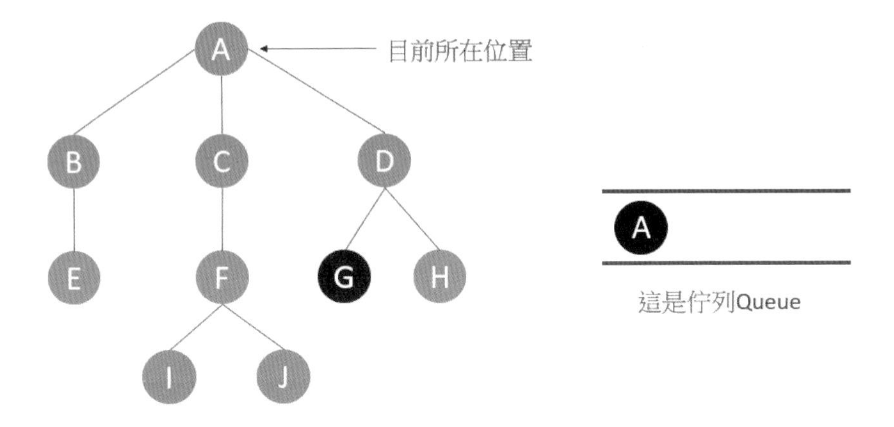

然後由佇列取出 A 做搜尋比較，可參考下圖。

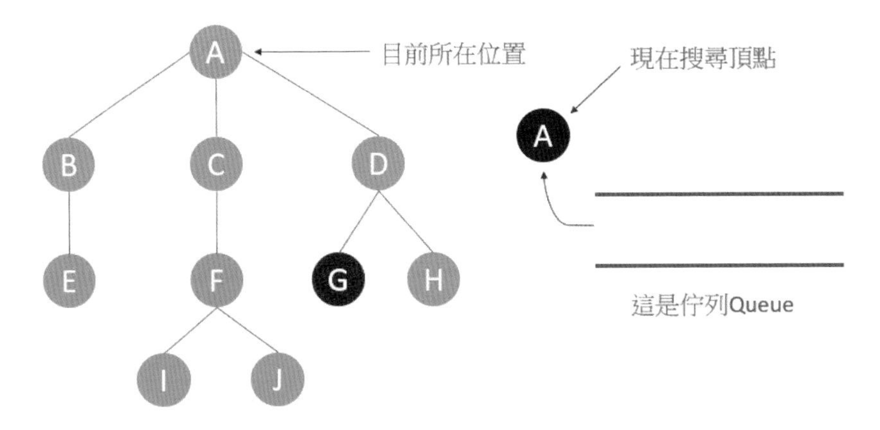

由於 A 頂點不是我們要搜尋的頂點，與 A 頂點相鄰的頂點是 B、C、D 頂點，這是下一步要搜尋的頂點，這時我們可以將 B、C、D 加入搜尋清單，這個搜尋清單可以用第 4 章的佇列儲存。

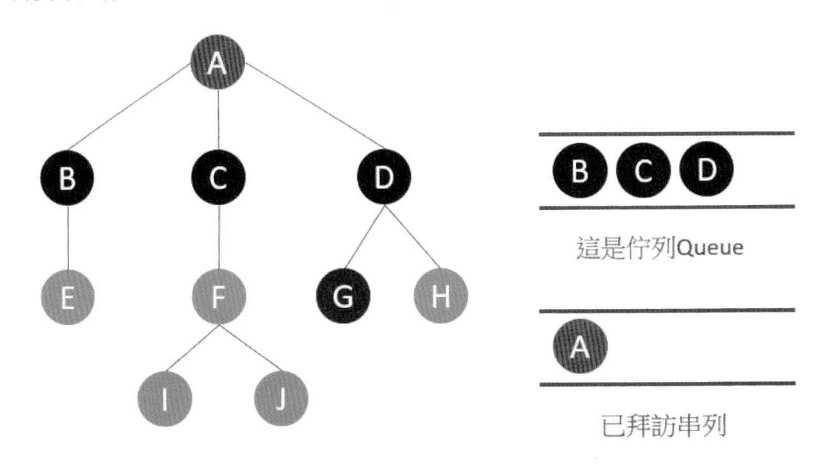

所搜尋過的頂點 A 使用橘色顯示，程式設計時可以建立已拜訪串列，然後將已拜訪節點儲存在此串列。B、C、D 皆是下一步可以選擇的頂點，這裡假設從最左的 B 開始。程式設計實務上是從搜尋清單的佇列取出 B，然後檢查這是不是我們要的頂點，下方左圖是圖形觀念，下方右圖是程式設計實務處理方式。

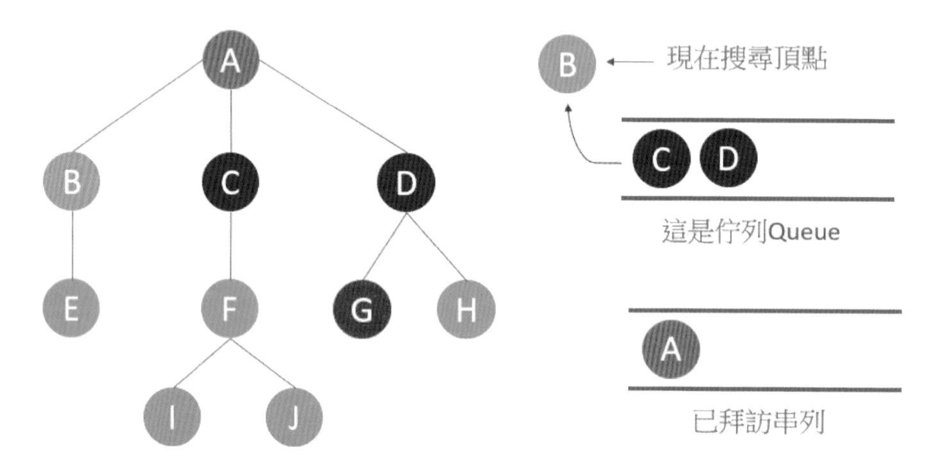

由於 B 不是我們要搜尋的頂點，所以將 B 加入已拜訪串列，然後將 B 可以抵達的 E 頂點加入佇列。下一步是檢查頂點 C。

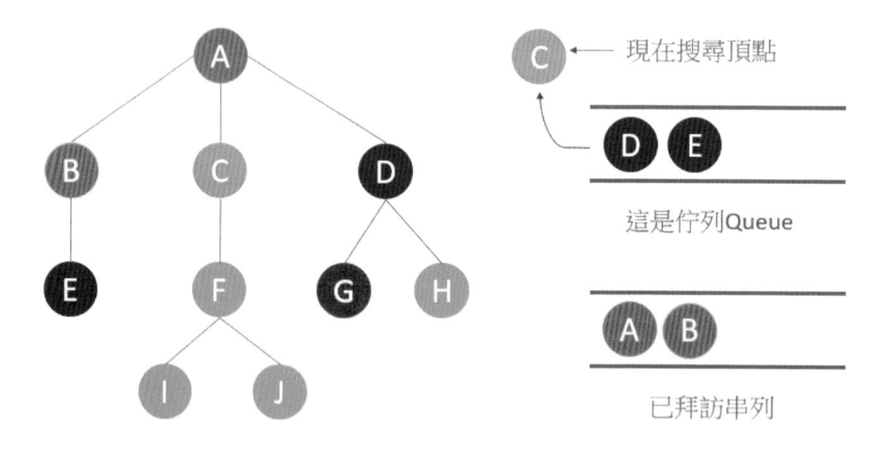

由於 C 不是我們要搜尋的頂點，所以將 C 加入已拜訪串列，然後將 C 可以抵達的 F 頂點加入佇列。下一步是檢查頂點 D。

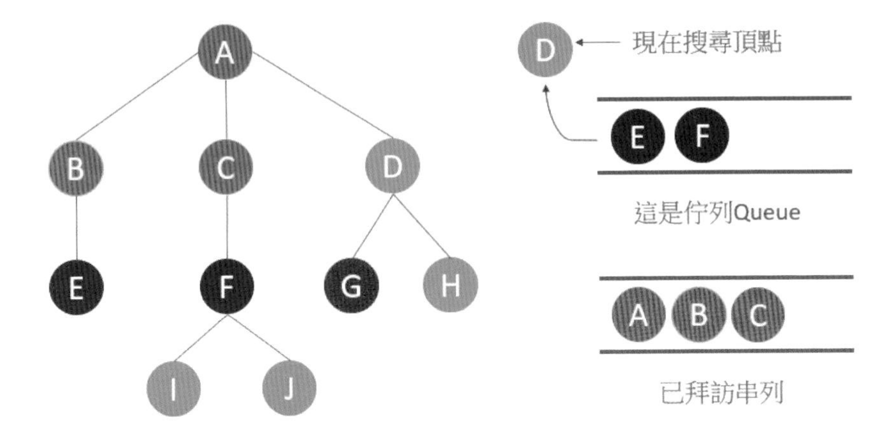

由於 D 不是我們要搜尋的頂點，所以將 D 加入已拜訪串列，然後將 D 可以抵達的 G 和 H 頂點加入佇列。下一步是檢查頂點 E。

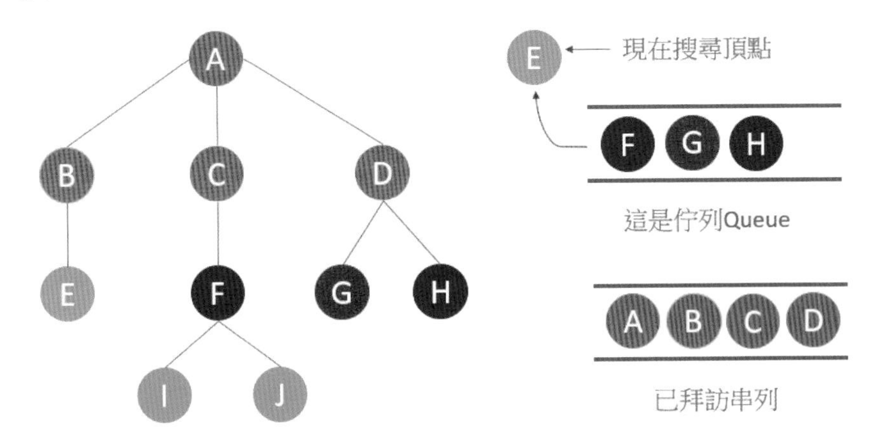

由於 E 不是我們要搜尋的頂點，將 E 加入已拜訪串列，然後因為 E 沒有可以抵達的頂點。下一步是檢查頂點 F。

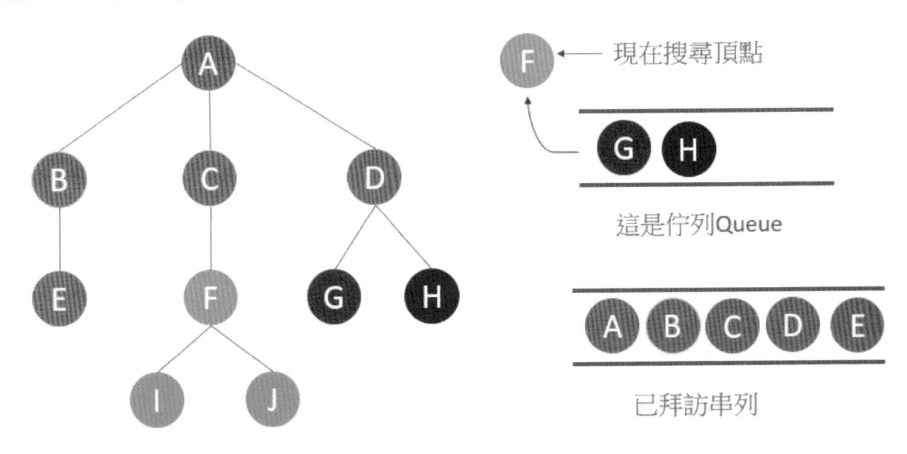

由於 F 不是我們要搜尋的頂點，所以將 F 加入已拜訪串列，然後將 F 可以抵達的 I 和 J 頂點加入佇列。下一步是檢查頂點 G。

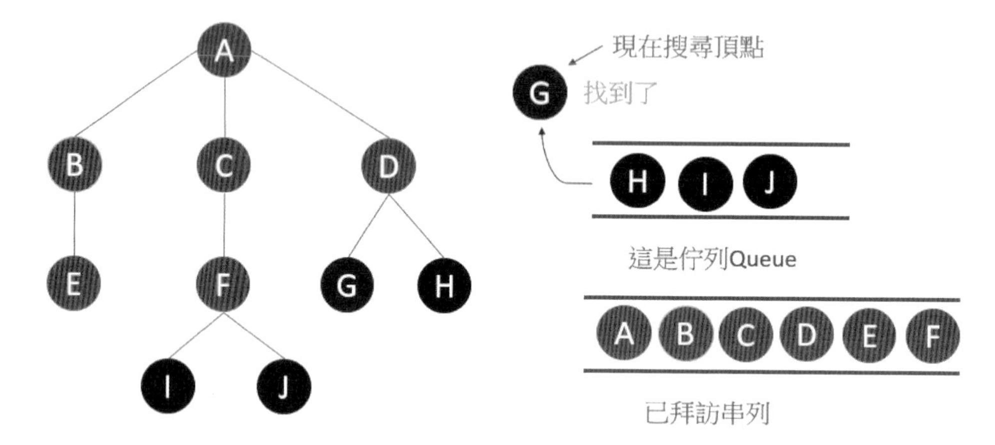

上述我們找到了目標節點，同時由已拜訪串列可以了解尋找過程。

13-2-2　生活實務解說

台灣南部香蕉園的園主 Tom 想要從臉書上找尋有經銷香蕉的商家，假設目前臉書圖形如下：

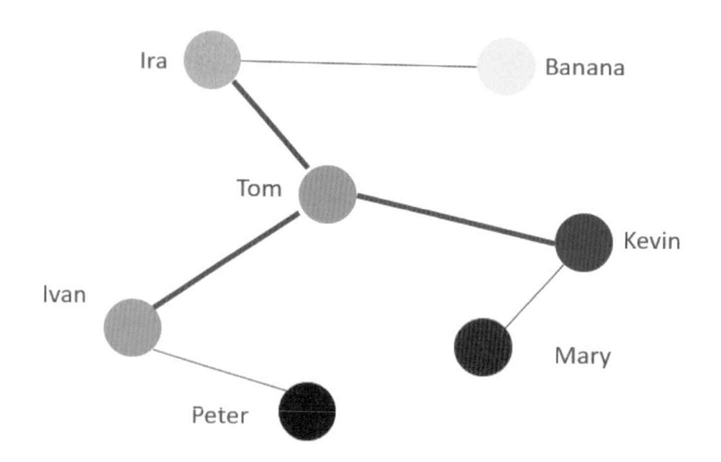

在執行廣度優先搜尋時，首先從自己的朋友 Ivan、Ira 和 Kevin 開始搜尋，方法是先將自己加入已拜訪串列，將朋友加入搜尋清單佇列，所以清單佇列如下：

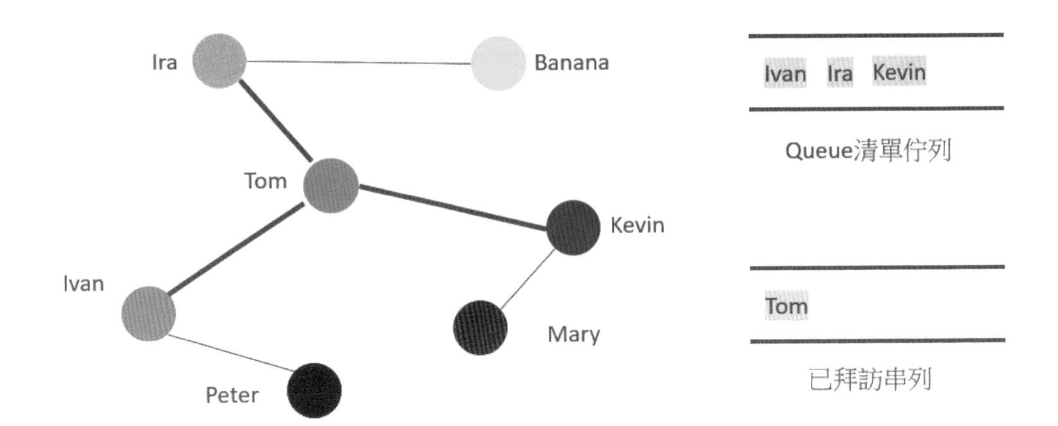

當搜尋 Ivan，結果 Ivan 不是賣香蕉的經銷商時，將 Ivan 加入已拜訪串列，將 Ivan 的朋友 Peter 加入清單佇列。

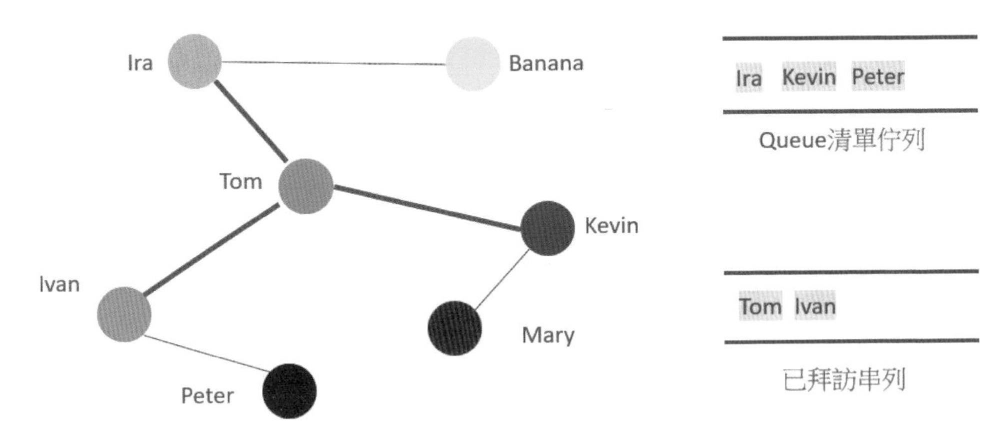

當搜尋 Ira，結果 Ira 不是賣香蕉的經銷商時，將 Ira 加入已拜訪串列，將 Ira 的朋友 Banana 加入清單佇列。

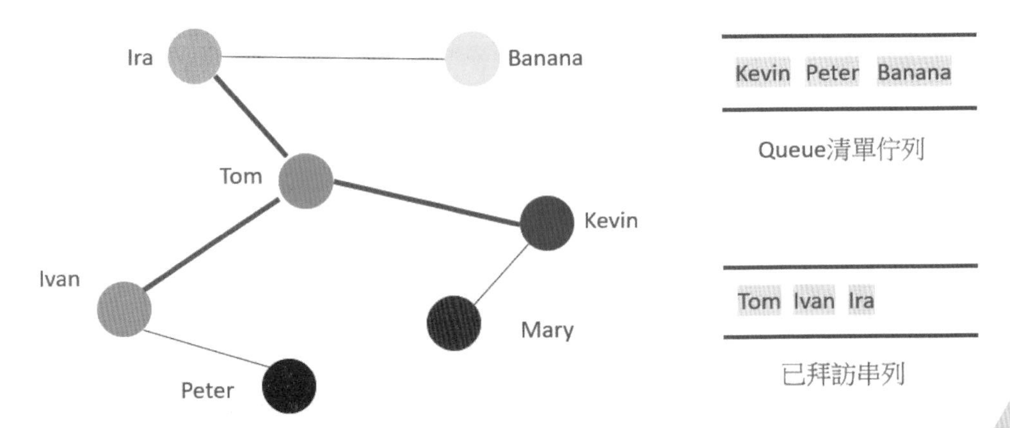

當搜尋 Kevin，結果 Kevin 不是賣香蕉的經銷商時，將 Kevin 加入已拜訪串列，將 Kevin 的朋友 Mary 加入清單佇列。

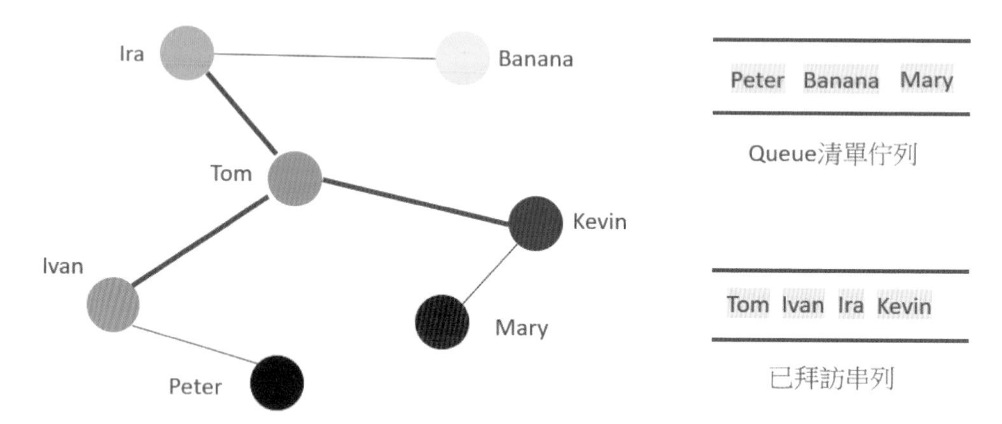

當搜尋 Peter，結果 Peter 不是賣香蕉的經銷商時，由於 Peter 沒有其他朋友，所以沒有任何資料可以加入清單佇列。

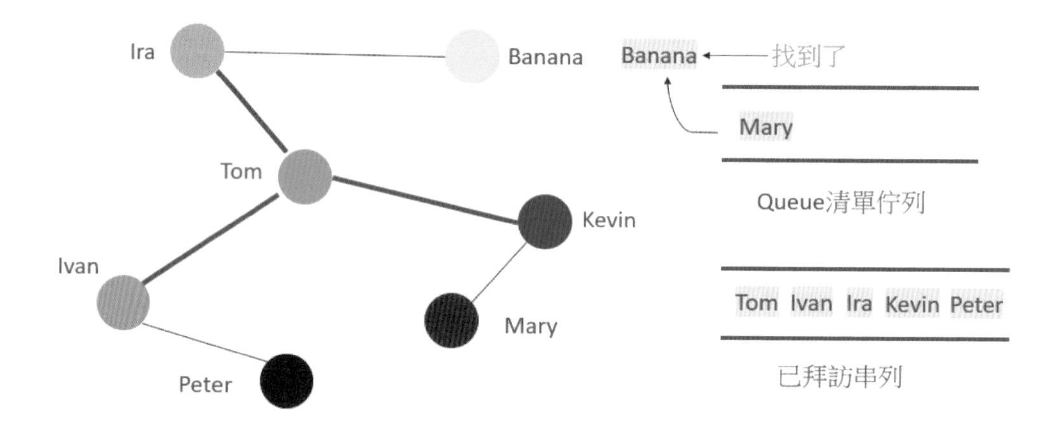

當搜尋到 Banana，由於 Banana 先生是銷售香蕉的經銷商，此時就算找到了。

13-2-3　最短路徑

在電腦科學中很重要的是找尋最短路徑，從先前 13-2-2 節的圖形實例可以看到，在搜尋時是從最近的距離開始，假設我們稱 Tom – Ivan，Tom – Ira，Tom – Kevin 為一等連線，在廣度優先搜尋時是先搜尋這些一等連線，如果這些一等連線沒有找到，才開始搜尋二等連線，如下所示：

Tom – Ivan – Peter

Tom – Ira – Banana

Tom – Kevin – Mary

所以在廣度優先搜尋時可以找到最短路徑，從上述可以看到二等連線可以找到銷售香蕉的 Banana。

13-3 Python 實作廣度優先搜尋演算法

13-3-1 好用的 collections 模組的 deque()

在正式講解廣度優先搜尋演算法前，筆者想先介紹 collections 模組的 deque( )，這個模組可以建立 collections.deque 物件，這是資料結構中的雙頭序列，基本上這是具有堆疊 stack 與序列 queue 的功能，我們可以從左右兩邊增加元素，也可以從左右兩邊刪除元素，常用的方法如下：

append(x) 方法：從右邊加入元素 x。

appendleft(x) 方法：從左邊加入元素 x。

pop( ) 方法：可以移除右邊的元素並回傳。

popleft( ) 方法：可以移除左邊的元素並回傳。

clear( ) 方法：清除所有元素。

程式實例 ch13_1.py：建立加強功能版的 collections.deque 物件，然後將字典特定鍵 (key) 的值存入此物件，此物件存的是 Tom 的直接朋友，最後使用 popleft( ) 從左邊將朋友名單逐步列印。

```
1  # ch13_1.py
2  from collections import deque
3
4  graph = {}                                    # 建立空字典
5  graph['Tom'] = ['Ivan', 'Ira', 'Kevin']       # 建立字典graph, key='Tom'的值
6  people = deque()                              # 建立queue
7  people += graph['Tom']                        # 將graph字典Tom鍵的值加入people
8  print('列出people資料類型 : ',type(people))
9  print('列出搜尋名單        : ', people)
10 for name in range(len(people)):
11     print(people.popleft())
```

執行結果

```
==================== RESTART: D:\Algorithm\ch13\ch13_1.py ====================
列出people資料類型 :  <class 'collections.deque'>
列出搜尋名單        :  deque(['Ivan', 'Ira', 'Kevin'])
Ivan
Ira
Kevin
```

程式實例 ch13_2.py：重新設計 ch13_1.py，但是最後使用 pop( ) 從右邊將朋友名單逐步列印。

```
1  # ch13_2.py
2  from collections import deque
3
4  graph = {}                                  # 建立空字典
5  graph['Tom'] = ['Ivan', 'Ira', 'Kevin']     # 建立字典graph, key='Tom'的值
6  people = deque()                            # 建立queue
7  people += graph['Tom']                      # 將graph字典Tom鍵的值加入people
8  print('列出people資料類型 : ',type(people))
9  print('列出搜尋名單       : ', people)
10 for name in range(len(people)):
11     print(people.pop())
```

執行結果

```
==================== RESTART: D:/Algorithm/ch13/ch13_2.py ====================
列出people資料類型 :  <class 'collections.deque'>
列出搜尋名單        :  deque(['Ivan', 'Ira', 'Kevin'])
Kevin
Ira
Ivan
```

程式實例 ch13_3.py：單筆加入字串，再列印 deque 的內容，觀察字串位置。

```
1  # ch13_3.py
2  from collections import deque
3
4  people = deque()                            # 建立queue
5  people.append('Ivan')                       # 右邊加入
6  people.append('Ira')                        # 右邊加入
7  print('列出名單 : ', people)
8  people.appendleft('Unistar')                # 右邊加入
9  print('列出名單 : ', people)
10 people.appendleft('Ice Rain')               # 右邊加入
11 print('列出名單 : ', people)
```

執行結果

```
==================== RESTART: D:/Algorithm/ch13/ch13_3.py ====================
列出名單 :  deque(['Ivan', 'Ira'])
列出名單 :  deque(['Unistar', 'Ivan', 'Ira'])
列出名單 :  deque(['Ice Rain', 'Unistar', 'Ivan', 'Ira'])
```

13-3-2 廣度優先搜尋演算法實作

使用程式實作圖形程式，字典是一個很好的描繪圖形相鄰節點的方法，如果要描繪 Tom 和 Ivan、Ira、kevin 有連線，可以用下列方法定義。

```
graph = { }
graph['Tom'] = ['Ivan', 'Ira', 'Kevin']
```

程式實例 ch13_4.py：本程式主要是將 12-2-2 節的觀念使用前一節介紹的 deque 物件，配合 Python 的字典知識實際操作，同時列出所搜尋過的人。

```
1  # ch13_4.py
2  from collections import deque
3  def banana_dealer(name):
4      ''' 回應是不是賣香蕉的經銷商 '''
5      if name == 'Banana':
6          return True
7
8  def search(name):
9      ''' 搜尋賣香蕉的朋友 '''
10     global not_dealer                        # 儲存已搜尋的名單
11     dealer = deque()
12     dealer += graph[name]                    # 搜尋串列先儲存Tom的朋友
13     while dealer:
14         person = dealer.popleft()            # 從左邊取資料
15         if banana_dealer(person):            # 如果是True，表示找到了
16             print(person + ' 是香蕉經銷商 ')
17             return True                      # search()執行結束
18         else:
19             not_dealer.append(person)        # 將搜尋過的人儲存至串列
20             dealer += graph[person]          # 將不是經銷商的朋友加入搜尋串列
21     print('沒有找到經銷商')
22     return False
23
24 not_dealer = []
25 graph = {}                                   # 建立空字典
26 graph['Tom'] = ['Ivan', 'Ira', 'Kevin']      # 建立字典graph，key='Tom'的值
27 graph['Ivan'] = ['Peter']                    # 建立字典graph，key='Ivan'的值
28 graph['Ira'] = ['Banana']                    # 建立字典graph，key='Ira'的值
```

```
29  graph['Kevin'] = ['Mary']            # 建立字典graph, key='Mary'的值
30  graph['Peter'] = []                  # 沒有其他朋友用空集合
31  graph['Banana'] = []                 # 沒有其他朋友用空集合
32  graph['Mary'] = []                   # 沒有其他朋友用空集合
33
34  search('Tom')
35  print('列出已搜尋名單 : ', not_dealer)
```

執行結果

```
==================== RESTART: D:\Algorithm\ch13\ch13_4.py ====================
Banana 是香蕉經銷商
列出已搜尋名單 :  ['Ivan', 'Ira', 'Kevin', 'Peter']
```

當然讀者也可以使用 Python 的串列當作佇列 (模擬佇列) 使用，這時如果要取出模擬佇列第一個元素，可以使用 pop(0)。此外，上述程式筆者在第 30、31、32 行，筆者設定 graph['Peter']、graph['Banana'] 和 graph['Mary'] 是等於空串列，相當於這個圖形應該用單向表達，如下所示。

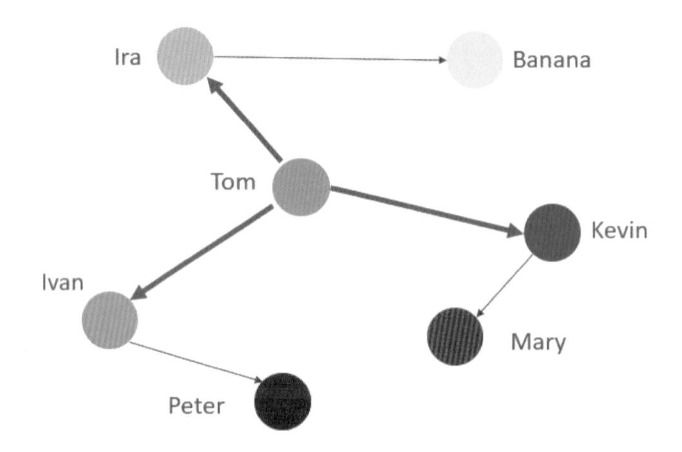

程式實例 ch13_5.py：重新設計 ch13_4.py 程式，用不同方式設計字典，同時使用串列模擬佇列。

```
1  # ch13_5.py
2  def banana_dealer(name):
3      ''' 回應是不是賣香蕉的經銷商 '''
4      if name == 'Banana':
5          return True
6
7  def search(name):
8      ''' 搜尋賣香蕉的朋友 '''
```

```
 9      global not_dealer                      # 儲存已搜尋的名單
10      dealer = []
11      dealer += graph[name]                  # 搜尋串列先儲存Tom的朋友
12      while dealer:
13          person = dealer.pop(0)             # 從左邊取資料
14          if banana_dealer(person):          # 如果是True，表示找到了
15              print(person + ' 是香蕉經銷商 ')
16              return True                    # search()執行結束
17          else:
18              not_dealer.append(person)      # 將搜尋過的人儲存至串列
19              dealer += graph[person]        # 將不是經銷商的朋友加入搜尋串列
20      print('沒有找到經銷商')
21      return False
22
23  not_dealer = []
24  graph = {'Tom':['Ivan', 'Ira', 'Kevin'],
25           'Ivan':['Peter'],
26           'Ira':['Banana'],
27           'Kevin':['Mary'],
28           'Peter':[],
29           'Banana':[],
30           'Mary':[]
31          }
32
33  search('Tom')
34  print('列出已搜尋名單 : ', not_dealer)
```

執行結果 與 ch13_4.py 相同。

13-3-3 廣度優先演算法拜訪所有節點

在第 6 章筆者說明二元樹，其實部分圖形呈現的方式，也可以稱作是多元的樹狀結構，所不同的是在圖形中一個頂點可能有多個相鄰節點。在二元樹中筆者介紹了前序、中序、後序的遍歷順序。在圖形結構若是想要遍歷常用的演算法有 2 種：

廣度優先搜尋演算法 (Breadth First Search)：13-2 和 13-3 節內容。

深度優先搜尋演算法 (Depth First Search)：13-4 節內容。

假設有一個圖形節點如下：

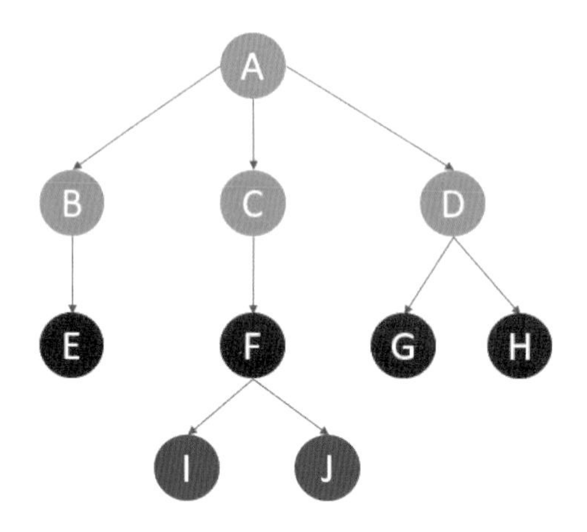

程式實例 ch13_6.py：讀者應該了解，使用廣度優先遍歷此圖形的順序如下，這個程式將驗證結果。

A, B, C, D, E, F, G, H, I, J

```
 1  # ch13_6.py
 2  def bfs(graph, start):
 3      ''' 寬度優先搜尋法 '''
 4      visited = []                          # 拜訪過的頂點
 5      queue = [start]                       # 模擬佇列
 6      while queue:
 7          node = queue.pop(0)               # 取索引0的值
 8          visited.append(node)              # 加入已拜訪行列
 9          neighbors = graph[node]           # 取得已拜訪節點的相鄰節點
10          for n in neighbors:               # 將相鄰節點放入佇列
11              queue.append(n)
12      return visited
13
14  graph = {'A':['B', 'C', 'D'],
15           'B':['E'],
16           'C':['F'],
17           'D':['G', 'H'],
18           'E':[],
19           'F':['I', 'J'],
20           'G':[],
21           'H':[],
22           'I':[],
23           'J':[]
24          }
25  print(bfs(graph,'A'))
```

執行結果

```
==================== RESTART: D:\Algorithm\ch13\ch13_6.py ====================
['A', 'B', 'C', 'D', 'E', 'F', 'G', 'H', 'I', 'J']
```

上述圖形是假設從 A 點開始搜尋，假設筆者從其他節點開始搜尋，例如：F 點或 G 點程式會產生問題，如下所示：

```
==================== RESTART: D:\Algorithm\ch13\ch13_6.py ====================
['A', 'B', 'C', 'D', 'E', 'F', 'G', 'H', 'I', 'J']
>>> print(bfs(graph,'G'))
['G']
```

原因是在建立 graph 字典時，筆者並沒有建立雙向連接，可參考下列說明。

```
'D' : ['G', 'H']
'G' : [ ]
'H' : [ ]
```

如果要任何節點均可以處理此圖形的遍歷，必須雙向皆註明有互相連接，上述應改為：

```
'D' : ['A', 'G', 'H']
'G' : ['D']
'H' : [ 'D']
```

此時的圖形的邊線應該沒有箭頭，如下所示：

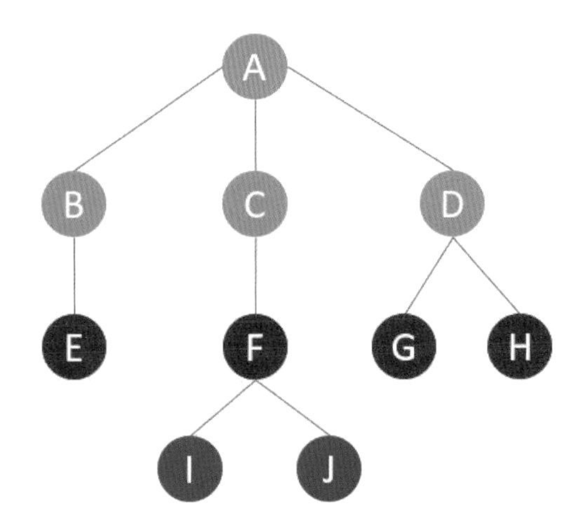

程式實例 ch13_7.py：重新設計 ch13_6.py，未來可以從任一個節點執行遍歷。

```
1  # ch13_7.py
2  def bfs(graph, start):
3      ''' 寬度優先搜尋法 '''
4      visited = []                          # 拜訪過的頂點
5      queue = [start]                       # 模擬佇列
6      while queue:
7          node = queue.pop(0)               # 取索引0的值
8          if node not in visited:
9              visited.append(node)          # 加入已拜訪行列
10             neighbors = graph[node]       # 取得已拜訪節點的相鄰節點
11             for n in neighbors:           # 將相鄰節點放入佇列
12                 queue.append(n)
13     return visited
14
15 graph = {'A':['B', 'C', 'D'],
16          'B':['A', 'E'],
17          'C':['A', 'F'],
18          'D':['A', 'G', 'H'],
19          'E':['B'],
20          'F':['C', 'I', 'J'],
21          'G':['D'],
22          'H':['D'],
23          'I':['F'],
24          'J':['F']
25         }
26 print(bfs(graph,'A'))
```

執行結果

```
==================== RESTART: D:/Algorithm/ch13/ch13_7.py ====================
['A', 'B', 'C', 'D', 'E', 'F', 'G', 'H', 'I', 'J']
>>> print(bfs(graph,'G'))
['G', 'D', 'A', 'H', 'B', 'C', 'E', 'F', 'I', 'J']
>>> print(bfs(graph,'C'))
['C', 'A', 'F', 'B', 'D', 'I', 'J', 'E', 'G', 'H']
```

13-3-4 走迷宮

第 11 章筆者設計的走迷宮程式，所使用的方法其實是深度優先搜尋法，也就是一個節點如果有路可走，會一直走下去，其實走迷宮程式也可以使用廣度優先搜尋法設計。下列左圖是筆者用二維陣列索引標示 11-1 節的迷宮，右圖則是將此迷宮通道轉成圖形表示。

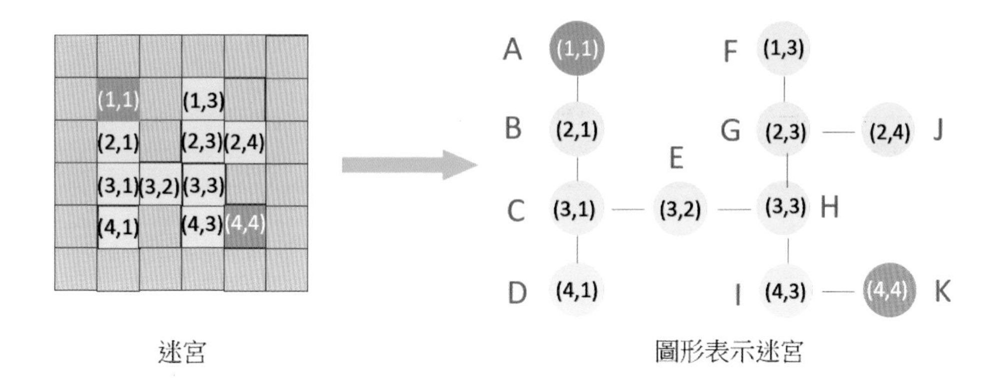

迷宮　　圖形表示迷宮

程式實例 ch13_8.py：使用廣度優先搜尋演算法走迷宮。

```
1   # ch13_8.py
2   def is_exit(node):
3       ''' 回應是否出口 '''
4       if node == 'K':
5           return True
6   def bfs(graph, start):
7       ''' 寬度優先搜尋法 '''
8       global visited                          # 拜訪過的頂點
9       queue = [start]                         # 模擬佇列
10      while queue:
11          node = queue.pop(0)                 # 取索引0的值
12          if is_exit(node):                   # 如果是True, 表示找到了
13              print(node + ' 是迷宮出口 ')
14              return visited                  # bfs()執行結束
15          if node not in visited:
16              visited.append(node)            # 加入已拜訪行列
17              neighbors = graph[node]         # 取得已拜訪節點的相鄰節點
18              for n in neighbors:             # 將相鄰節點放入佇列
19                  queue.append(n)
20      return visited
21
22  graph = {'A':['B'],
23           'B':['A', 'C'],
24           'C':['B', 'D', 'E'],
25           'D':['C'],
26           'E':['C', 'H'],
27           'F':['G'],
28           'G':['F', 'H'],
29           'H':['E', 'G', 'I'],
30           'I':['H', 'K'],
31           'J':['G'],
32           'K':['I']
33          }
34  visited = []
35  print(bfs(graph,'A'))
```

執行結果

```
==================== RESTART: D:\Algorithm\ch13\ch13_8.py ====================
K 是迷宮出口
['A', 'B', 'C', 'D', 'E', 'H', 'G', 'I', 'F', 'J', 'K']
```

在前面敘述可以看到迷宮是使用二維陣列表示，所以其實也可以將圖形轉成二維陣列，觀念如下：

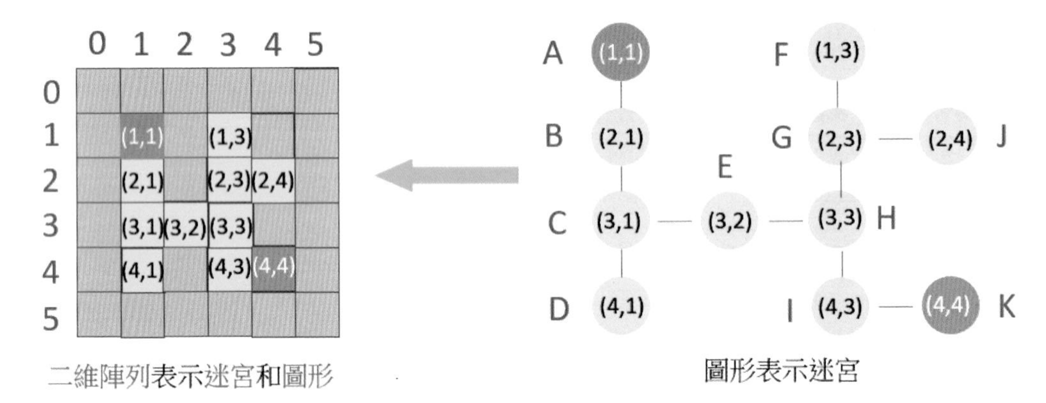

二維陣列表示迷宮和圖形　　圖形表示迷宮

上述左圖只要將灰色方塊填 0，其他填 1，就相當於是使用二維陣列代表圖形了，我們可以稱此二維陣列相鄰矩陣 (Adjacency)。

13-4 深度優先搜尋演算法理論與實作

13-4-1 深度優先搜尋演算法理論

深度優先搜尋 (Depth First Search，簡稱 DFS) 與廣度優先搜尋一樣，是電腦圖形理論很重要的一個搜尋演算法，基本上是先深入一個路徑搜尋，當搜尋到末端沒有找到解答，再回溯前一層，找尋可行的路徑。假設有一個圖形如下：

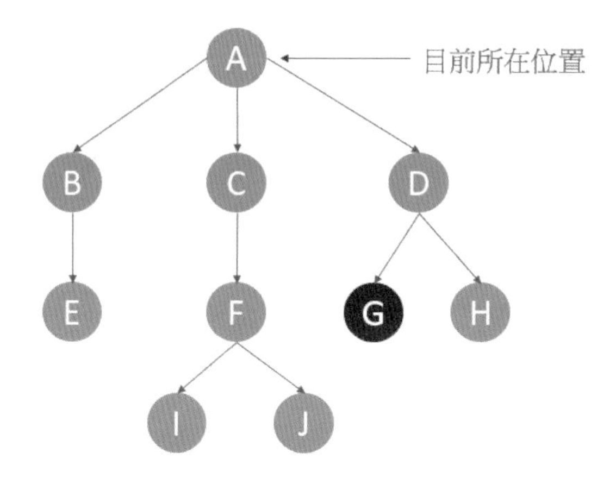

目前在 A 頂點，要找尋 G 點，目前不知 G 點在哪裡。首先將 A 放入的堆疊 stack，可以用第 5 章所介紹的堆疊儲存，堆疊上方存儲的是目前搜尋位置，可以參考下圖。

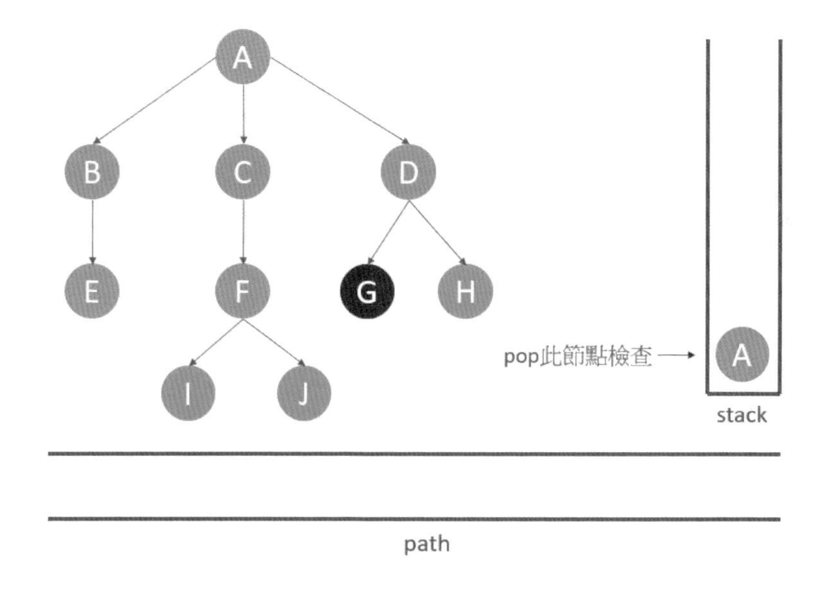

然後將 A 從堆疊 pop 取出，將 A 放入已拜訪串列 path，檢查 A 是不是目標節點，由於 A 不是目標節點，然後將 A 的相鄰節點 D、C、B 存入堆疊 stack，如下所示：

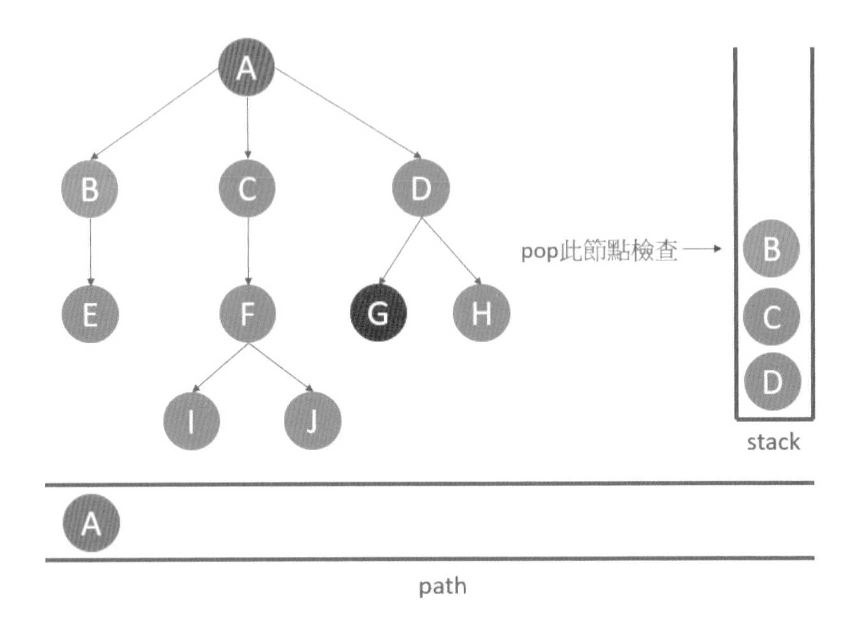

然後將 B 從堆疊 pop 取出，將 B 放入已拜訪串列 path，由於 B 不是搜尋目標，由於 B 節點有連接 E，所以將 E 放入堆疊，如下所示：

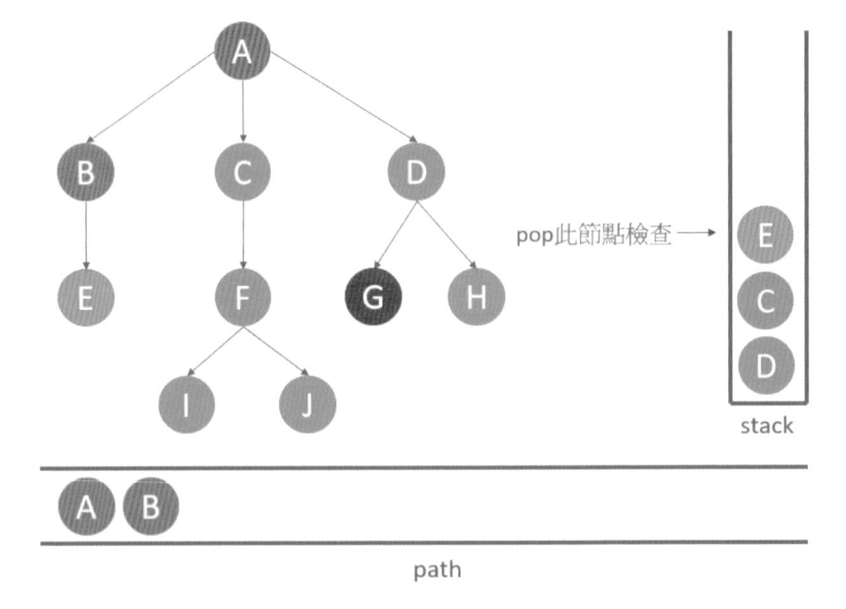

然後將 E 從堆疊 pop 取出，將 E 放入已拜訪串列 path，由於 E 不是搜尋目標，由於 E 沒有其他連接節點，所以檢查新的堆疊頂點。

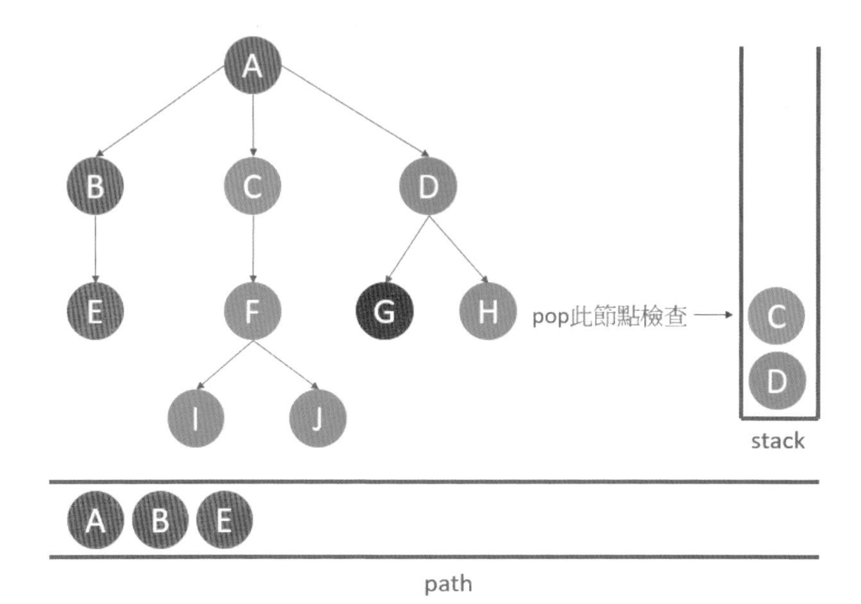

然後將 C 從堆疊 pop 取出，將 C 放入已拜訪串列 path，由於 C 不是搜尋目標，由於 C 節點有連接 F，所以將 F 放入堆疊，如下所示：

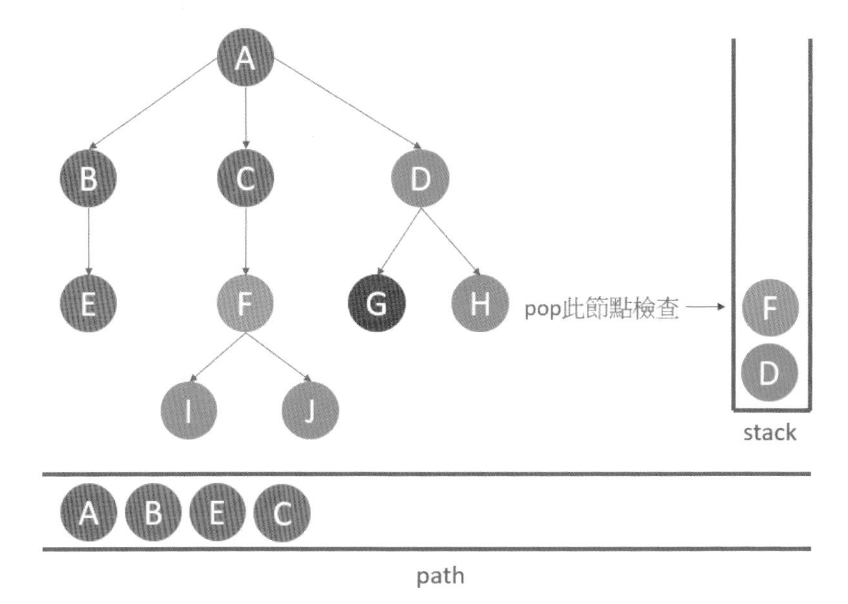

然後將 F 從堆疊 pop 取出，將 F 放入已拜訪串列 path，由於 F 不是搜尋目標，由於 F 節點有連接 J 和 I，所以將 J 和 I 放入堆疊，如下所示：

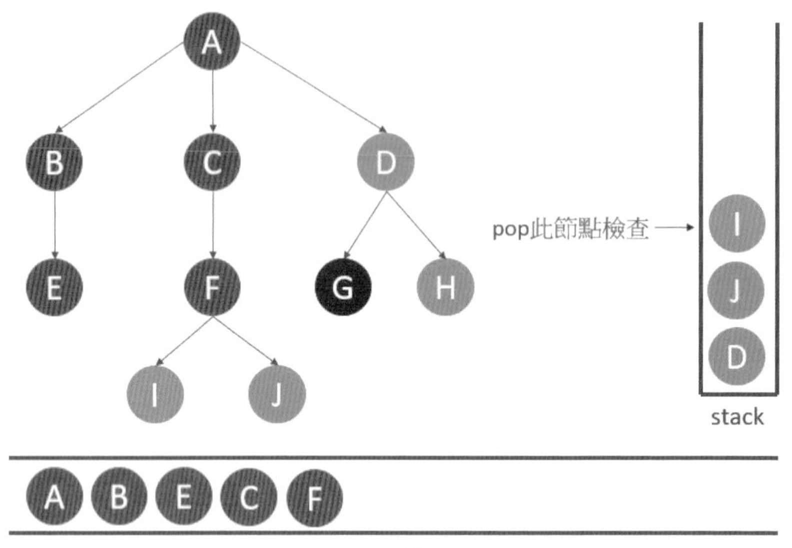

然後將 I 從堆疊 pop 取出，將 I 放入已拜訪串列 path，由於 I 不是搜尋目標，由於 I 沒有其他連接節點，所以檢查新的堆疊頂點。

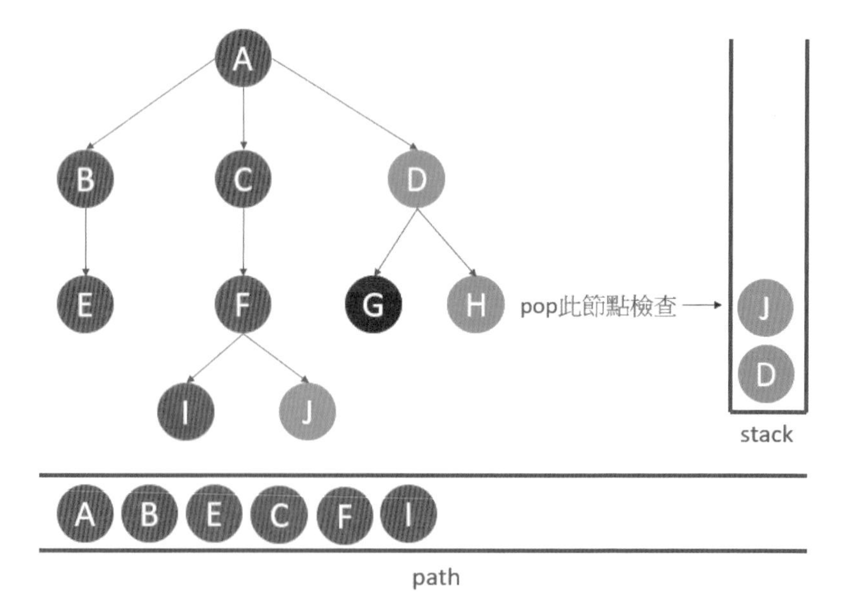

然後將 J 從堆疊 pop 取出，將 J 放入已拜訪串列 path，由於 J 不是搜尋目標，由於 J 沒有其他連接節點，所以檢查新的堆疊頂點。

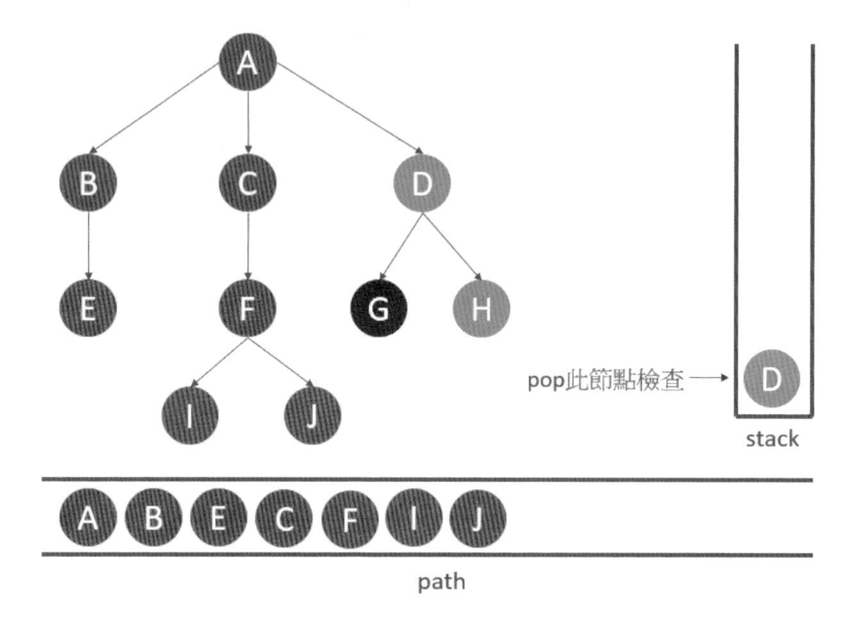

然後將 D 從堆疊 pop 取出，將 D 放入已拜訪串列 path，由於 D 不是搜尋目標，由於 D 節點有連接 H 和 G，所以將 H 和 G 放入堆疊，如下所示：

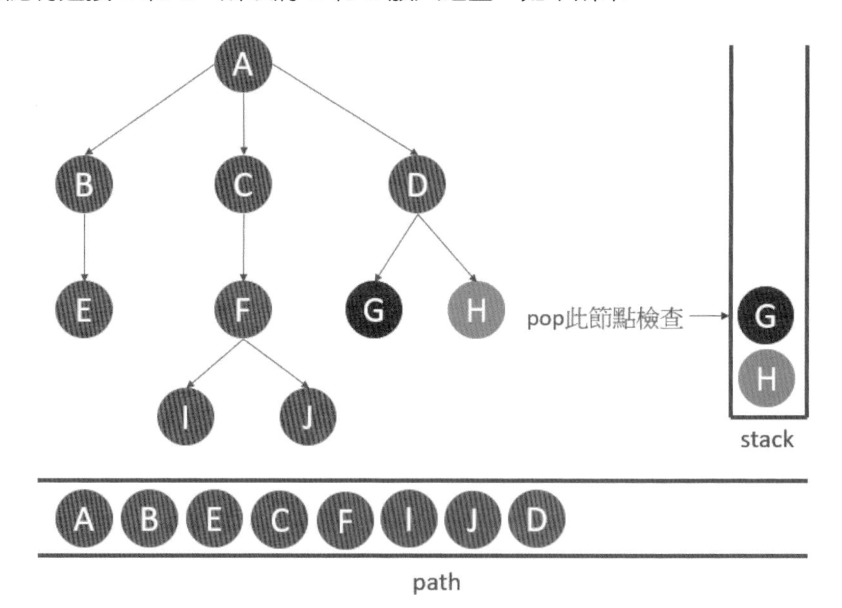

然後將 G 從堆疊 pop 取出，將 G 放入已拜訪串列 path，由於 G 是搜尋目標，所以搜尋成功。

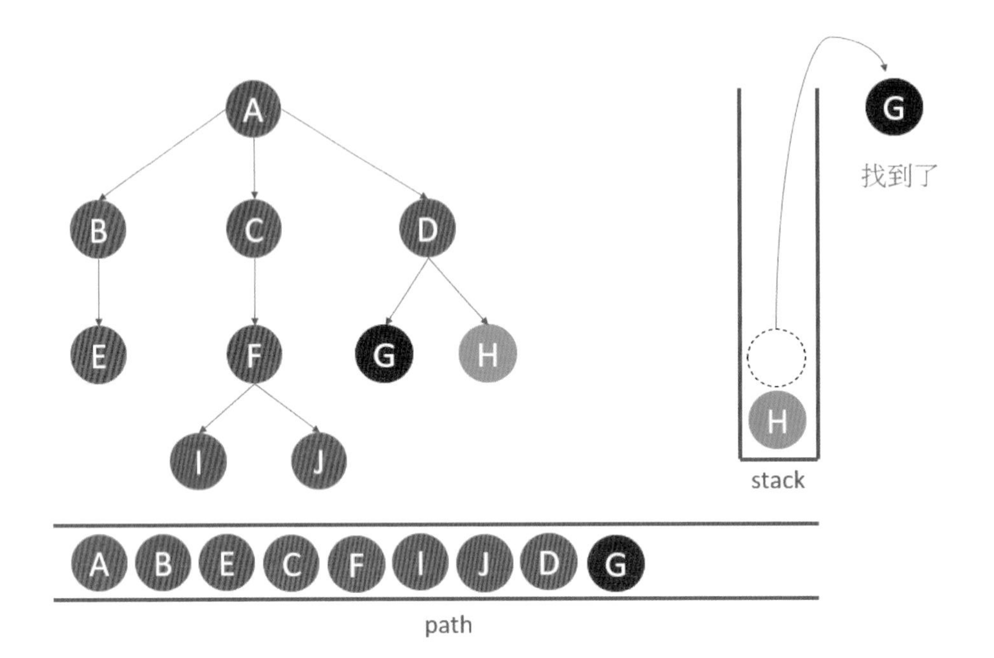

註 如果程式執行過程發生堆疊是空的，表示搜尋失敗。

13-4-2　深度優先搜尋演算法實例

程式實例 ch13_9.py：將 13-4-1 節的深度優先搜尋用 Python 實作，讀者需留意上述是有方向性的圖形。

```
 1  # ch13_9.py
 2  def dfs(graph, start, goal):
 3      ''' 深度優先搜尋法 '''
 4      path = []                                  # 拜訪過的節點
 5      stack = [start]                            # 模擬堆疊
 6      while stack:
 7          node = stack.pop()                     # pop堆疊
 8          path.append(node)                      # 加入已拜訪行列
 9          if node == goal:                       # 如果找到了
10              print('找到了')
11              return path
12          for n in graph[node]:                  # 將相鄰節點放入佇列
13              stack.append(n)
14      return "找不到"
15
16  graph = {'A':['D', 'C', 'B'],
17           'B':['E'],
```

```
18              'C':['F'],
19              'D':['H', 'G'],
20              'E':[],
21              'F':['J', 'I'],
22              'G':[],
23              'H':[],
24              'I':[],
25              'J':[]
26             }
27  print(dfs(graph,'A','G'))
```

執行結果

```
==================== RESTART: D:/Algorithm/ch13/ch13_9.py ====================
找到了
['A', 'B', 'E', 'C', 'F', 'I', 'J', 'D', 'G']
```

讀者需留意上述第 16 行定義 graph 的 'A' 鍵的值時，'D'、'C'、'B' 的位置如果不同，將造成進入堆疊的順序不同，會產生不同的拜訪順序，這個觀念可以應用在鍵 key 的值 value 是由多個元素組成的情況。

程式實例 ch13_10.py：使用遞迴方式遍歷下列無方向圖形的節點。

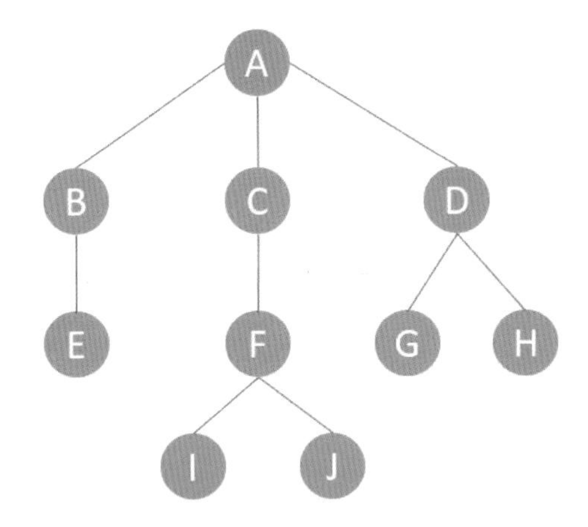


```
1  # ch13_10.py
2  def dfs(graph, node, path=[]):
3      ''' 深度優先搜尋法 '''
4      path += [node]                          # 路徑
5      for n in graph[node]:                   # 將相鄰節點放入佇列
6          if n not in path:
7              path = dfs(graph, n, path)
```

```
8        return path
9
10   graph = {'A':['B', 'C', 'D'],
11            'B':['A', 'E'],
12            'C':['A', 'F'],
13            'D':['A', 'G', 'H'],
14            'E':['B'],
15            'F':['C', 'I', 'J'],
16            'G':['D'],
17            'H':['D'],
18            'I':['F'],
19            'J':['F']
20           }
21   print(dfs(graph,'A'))
```

執行結果

```
=================== RESTART: D:\Algorithm\ch13\ch13_10.py ===================
['A', 'B', 'E', 'C', 'F', 'I', 'J', 'D', 'G', 'H']
```

上述第 7 行是遞迴函數呼叫，讀者可以比較與 ch13_9.py 的差異。

其實第 11 章的迷宮程式就是使用深度優先搜尋的實例，

13-5 習題

1. 重新設計 ch13_4.py，在做搜尋時必須列出搜尋名單，同時列出目前搜尋的人。

```
===================== RESTART: D:/Algorithm/ex/ex13_1.py =====================
目前搜尋串列名單 :  deque(['Ivan', 'Ira', 'Kevin'])
Ivan   不是Banana經銷商
目前搜尋串列名單 :  deque(['Ira', 'Kevin', 'Peter'])
Ira    不是Banana經銷商
目前搜尋串列名單 :  deque(['Kevin', 'Peter', 'Banana'])
Kevin  不是Banana經銷商
目前搜尋串列名單 :  deque(['Peter', 'Banana', 'Mary'])
Peter  不是Banana經銷商
目前搜尋串列名單 :  deque(['Banana', 'Mary'])
Banana 是香蕉經銷商
列出已搜尋名單 :  ['Ivan', 'Ira', 'Kevin', 'Peter']
```

2. 請使用下列無向圖形，起點是 F，終點是 G，使用深度優先搜尋，最後列出搜尋路徑。

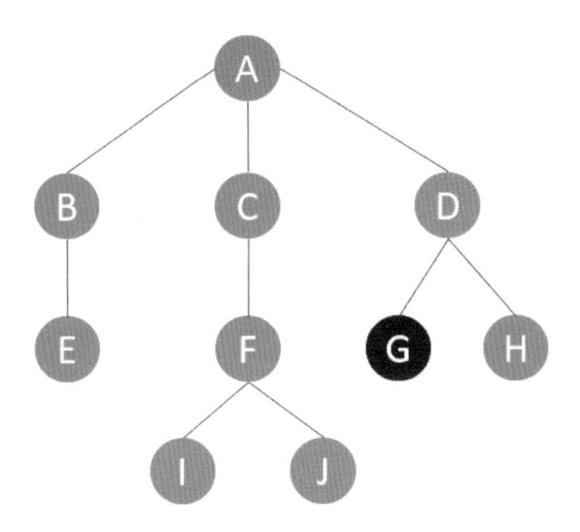


```
==================== RESTART: D:/Algorithm/ch13/ex13_2.py ====================
找到了
['F', 'J', 'I', 'C', 'A', 'D', 'H', 'G']
```

第十四章
圖形理論之最短路徑演算法

14-1 戴克斯特拉 (Dijkstra's) 演算法

戴克斯特拉演算法 (Dijkstra's Algorithm) 是由荷蘭計算機科學家戴克斯特拉在 1956 年發明的演算法，同時在 1959 年在期刊上發表，這個演算法類似廣度優先搜尋的方法，主要是用在計算權重圖形之間的最短距離。

這個演算法初期主要用在找權重圖形間任意 2 點的最短距離，現在則是用在計算從一個節點到所有其他節點的最短距離。

14-1-1 最短路徑與最快路徑問題

有一個無向圖形如下，假設起點是 A，終點是 G：

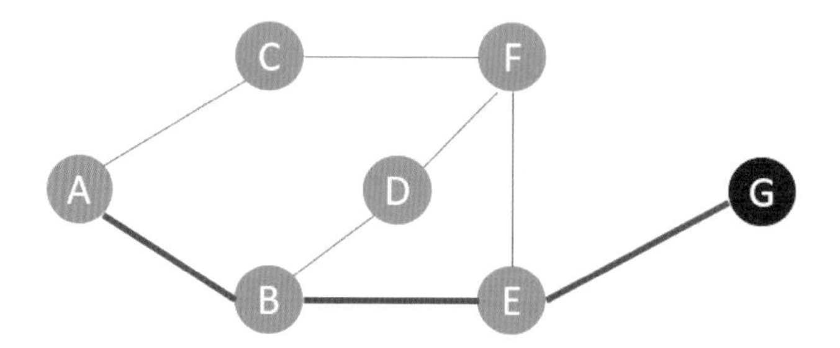

若是使用廣度優先搜尋法，可以得到 A – B – E – G 是 3 段路徑這是最短路徑，其實上述是最短路徑，但是不一定是最快路徑。如果上述是一個權重圖形，如下所示：

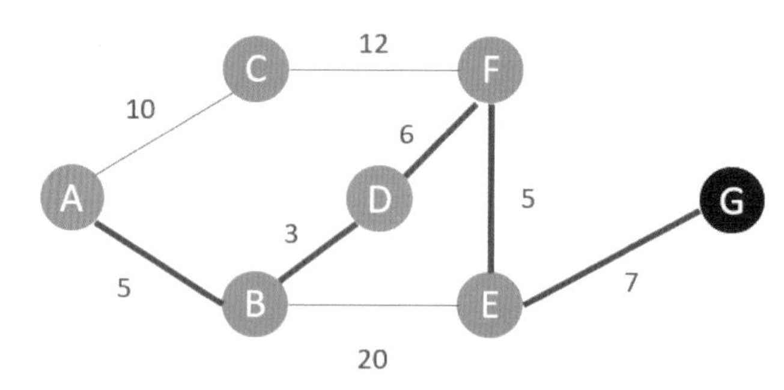

由上述可知到最快路徑是 A – B – D – F – E – G，假設數字是通行時間，此段路徑所需時間是 26 分鐘。原先 A – B – E – G 所需時間則是 32 分鐘。

14-1-2 戴克斯特拉演算法

戴克斯特拉演算法的基本步驟如下：

1：建立一個空串列，假設是 visited，這是記錄拜訪過的節點。

2：建立一個串列，假設是 nodes，這個串列的元素是字典，未來將儲存從起點到任意節點的最短距離。

3：最初化步驟 1 所建的串列 nodes，將串列元素鍵 (key) 的值設為無限大值 INF。

4：將 nodes 的起點元素鍵 (key) 的值設為 0。

5：從起點開始，開始找距離起點最小值的節點，然後更新 nodes 的元素鍵 (key) 的數值。這個步驟必須重複執行，直到所有 nodes 內的無限大值被全部更新，除非該節點無法抵達。註：如果是有向圖形，則可能部分點無法抵達。

上述第 5 個步驟不容易從文字解說，下列將以實例說明，假設有一個權重圖形如下：

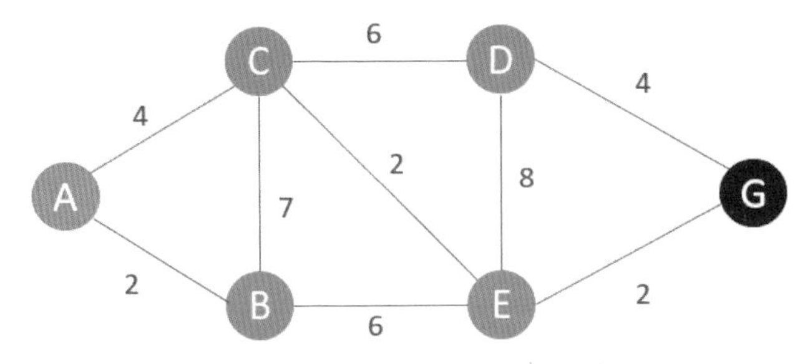

步驟 1：上述起點是 A，終點是 G，現在我們要計算上述每個圖形節點距離 A 點的最短距離。首先建立 nodes 串列，同時將所有鍵的值設為無限大 INF。

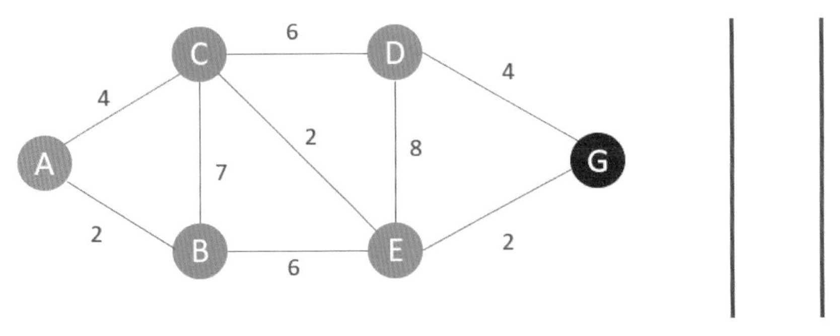

步驟 2：更新 nodes['A'] 的值為 0。

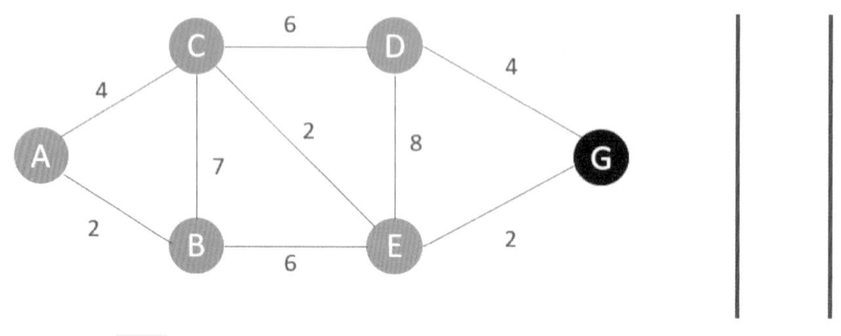

nodes = {‘A’:0, ‘B’:INF, ’C’:INF, ‘D’:INF, ‘E’:INF, ‘G’:INF}　　visited

步驟 3：將起點 A 設為已拜訪，計算目前為起點節點 A 相鄰的節點，同時具有尚未拜訪或稱不在 visited 串列的節點，此時 B 和 C 是選項，對 B 而言是 0+2，結果是 2，由於 2 小於原 nodes['B'] 的 INF 值，所以更新 nodes['B'] 為 2。對 C 而言是 0+4，結果是 4，由於 4 小於 nodes['B'] 的 INF 值，所以更新 nodes['B'] 為 4。

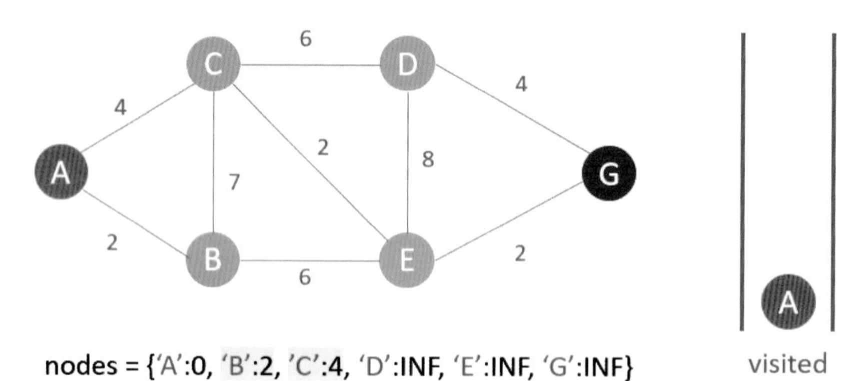

步驟 4：找出不在 visited 串列，nodes 元素中最小的鍵值，此例是 2，2 是 nodes['B'] 的值，所以下一步是拜訪節點 B。

步驟 5：將起點 B 設為已拜訪，計算目前為起點節點 B 相鄰的節點，同時具有尚未拜訪或稱不在 visited 串列的節點，此時 C 和 E 是選項，對 C 而言是 2+7，結果是 9，由於 9 大於原 nodes['C'] 的 4 值，所以不更新。對 E 而言是 2+6，結果是 8，由於 8 小於 nodes['E'] 的 INF 值，所以更新 nodes['E'] 為 8。

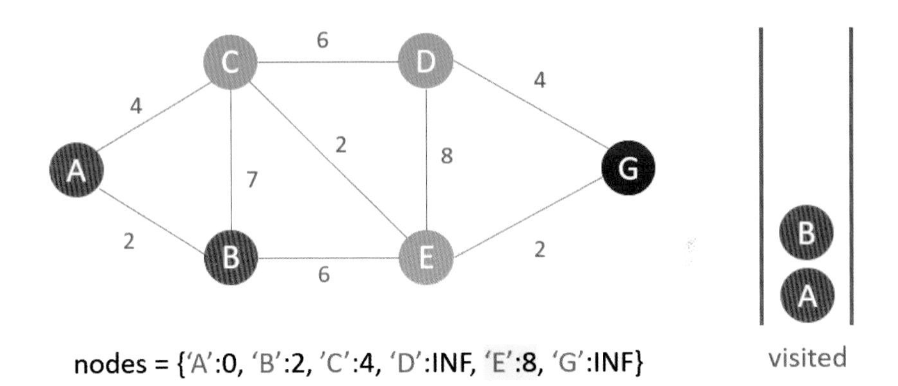

步驟 6：找出不在 visited 串列，nodes 元素中最小的鍵值，此例是 4，4 是 nodes['C'] 的值，所以下一步是拜訪節點 C。

步驟 7：將起點 C 設為已拜訪，計算目前為起點節點 C 相鄰的節點，同時具有尚未拜訪或稱不在 visited 串列的節點，此時 D 和 E 是選項，對 D 而言是 4+6，結果是 10，由於 10 小於原 nodes['D'] 的 INF 值，所以更新 nodes['D'] 為 10。對 E 而言是 4+2，結果是 6，由於 6 小於 nodes['E'] 的 8 值，所以更新 nodes['E'] 為 6。

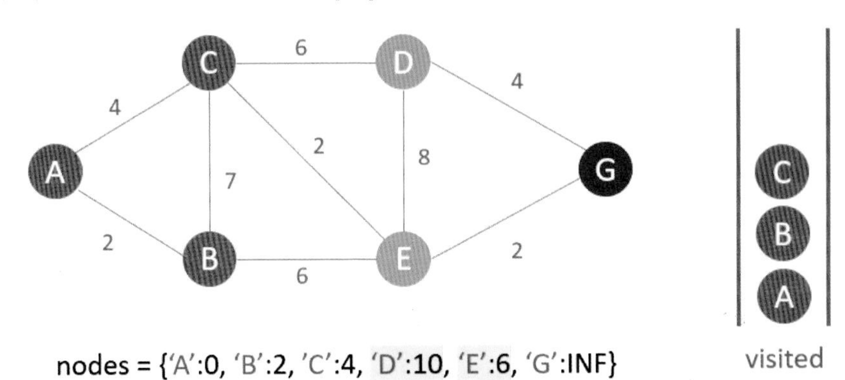

步驟 8：找出不在 visited 串列，nodes 元素中最小的鍵值，此例是 6，6 是 nodes['E'] 的值，所以下一步是拜訪節點 E。

步驟 9：將起點 E 設為已拜訪，計算目前為起點節點 E 相鄰的節點，同時具有尚未拜訪或稱不在 visited 串列的節點，此時 D 和 G 是選項，對 D 而言是 6+8，結果是 14，由於 14 大於原 nodes['D'] 的 10 值，所以不更新。對 G 而言是 6+2，結果是 8，由於 8 小於 nodes['G'] 的 INF 值，所以更新 nodes['G'] 為 8。

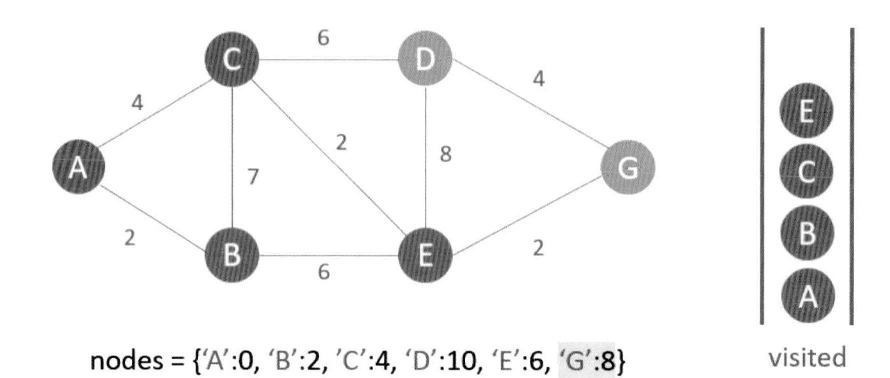

步驟 10：找出不在 visited 串列，nodes 元素中最小的鍵值，此例是 8，8 是 nodes['G'] 的值，所以下一步是拜訪節點 G。

步驟 11：將起點 G 設為已拜訪，計算目前為起點節點 G 相鄰的節點，同時具有尚未拜訪或稱不在 visited 串列的節點，此時 D 是選項，對 D 而言是 8+4，結果是 12，由於 12 大於 nodes['G'] 的 8 值，所以不更新。

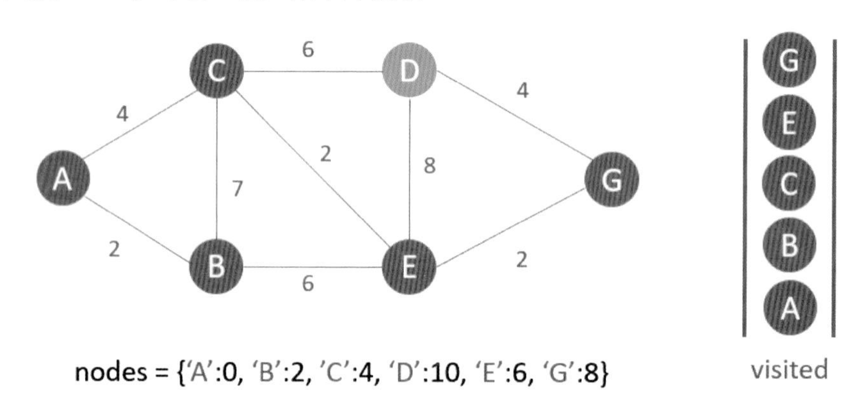

上述就是戴克斯特拉演算法執行結果。

14-1-3　Python 程式實作

程式實例 ch14_1.py：使用 Python 實作 14-1-2 節的戴克斯特拉演算法。

```
1  # ch14_1.py
2  import math                                          # 要導入極大值 math.inf
3  def dijkstra(graph, start):
4      visited = []
5      index = start
6      nodes = dict((i, math.inf) for i in graph)   # 設定節點為最大值
7      nodes[start] = 0                                 # 設定起點為start
```

```
8
9       while len(visited) < len(graph):            # 有幾個節點就執行幾次
10          visited.append(index)
11          for i in graph[index]:
12              new_cost = nodes[index] + graph[index][i]   # 新路徑距離
13              if  new_cost < nodes[i]:            # 新路徑如果比較短
14                  nodes[i] = new_cost             # 採用新路徑
15
16          next = math.inf
17          for n in nodes:                         # 從串列中找出下一個節點
18              if n in visited:                    # 如果已拜訪回到for選下一個
19                  continue
20              if nodes[n] < next:                 # 找出新的最小權重節點
21                  next = nodes[n]
22                  index = n
23      return nodes
24
25  graph = {'A':{'A':0, 'B':2, 'C':4},
26           'B':{'B':0, 'C':7, 'E':6},
27           'C':{'C':0, 'D':6, 'E':2},
28           'D':{'D':0, 'E':8, 'G':4},
29           'E':{'E':0, 'G':2},
30           'G':{'G':0}
31          }
32  rtn = dijkstra(graph, 'A')
33  print(rtn)
```

執行結果

```
==================== RESTART: D:/Algorithm/ch14/ch14_1.py ====================
{'A': 0, 'B': 2, 'C': 4, 'D': 10, 'E': 6, 'G': 8}
```

14-2 貝爾曼 - 福特 (Bellman-Ford) 演算法

這個演算法也是計算最短路徑的演算法，是由美國應用數學家理查．貝爾曼 (Richard Bellman, 1920-1984) 和萊斯特．福特 (Lester Ford) 創立的，有的人也將此演算法稱 Moore-Bellman-Ford 演算法，因為 Edward F. Moore 也對此演算法有做出貢獻。

若是將這個與上一節介紹的戴克斯特拉演算法類似，都是以鬆弛 (relaxation) 操作為基礎，也就是估計最短的路徑值逐漸被更加精準的值取代，這兩個方法最大差異在戴克斯特拉演算法是以選取尚未被處理具有最小權值的相鄰邊節點做鬆弛操作。貝爾曼福特演算法是對所有的邊做鬆弛操作，如果圖有 V 個節點，則執行 V-1 次，在每個節點處理時同時須對節點的邊線數量 E 做迴圈操作，貝爾曼福特演算法的優點除了簡單，另外可以處理權值是負值，缺點是時間複雜度過高 O(|V||E|)，不過這個時間複雜

度是最壞狀況，如果不是複雜圖形，只要次一迴圈不再有鬆弛時，就可以進入下一回合進入是否有負迴圈。

程式實例 ch14_2.py：使用與 ch14_1.py 相同的圖形數據，但是使用貝爾曼 - 福特演算法，讀者可以看到可以獲得相同的結果。

```
1  # ch14_2.py
2  import math                                     # 要導入極大值 math.inf
3  def get_edges(graph):
4      ''' 建立邊線資訊 '''
5      n1 = []                                     # 線段的節點1
6      n2 = []                                     # 線段的節點2
7      weight = []                                 # 定義線段權重串列
8      for i in graph:                             # 為每一個線段建立兩端的節點串列
9          for j in graph[i]:
10             if graph[i][j] != 0:
11                 weight.append(graph[i][j])
12                 n1.append(i)
13                 n2.append(j)
14     return n1, n2, weight
15
16 def bellman_ford(graph, start):
17     n1, n2, weight = get_edges(graph)
18     nodes = dict((i, math.inf) for i in graph)
19     nodes[start] = 0
20     for times in range(len(graph) - 1): # 執行迴圈len(graph)-1次
21         cycle = 0
22         for i in range(len(weight)):
23             new_cost = nodes[n1[i]] + weight[i]       # 新的路徑花費
24             if  new_cost < nodes[n2[i]]:              # 新路徑如果比較短
25                 nodes[n2[i]] = new_cost               # 採用新路徑
26                 cycle = 1
27         if cycle == 0:                          # 如果沒有更改結束for迴圈
28             break
29     flag = 0
30 # 下一個迴圈是檢查是否存在負權重的迴圈
31     for i in range(len(nodes)):                 # 對每條邊線在執行一次鬆弛操作
32         if nodes[n1[i]] + weight[i] < nodes[n2[i]]:
33             flag = 1
34             break
35     if flag:                                    # 如果有變化表示有負權重的迴圈
36         return '圖形含負權重的迴圈'
37     return nodes
38
39 graph = {'A':{'A':0, 'B':2, 'C':4},
40          'B':{'B':0, 'C':7, 'E':6},
```

執行結果

```
==================== RESTART: D:\Algorithm\ch14\ch14_2.py ===================
{'A': 0, 'B': 2, 'C': 4, 'D': 10, 'E': 6, 'G': 8}
```

有一個圖形含負權重如下：

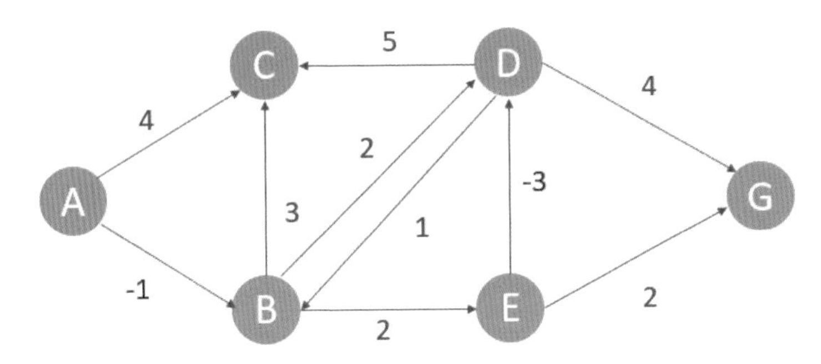

程式實例 ch14_3.py：使用上述有向圖形數據，此圖形含負權重，但是使用貝爾曼 - 福特演算法，計算從節點 A 到各點的最短路徑。下列筆者只列出圖形數據，其他程式內容與 ch14_2.py 相同。

```
39 graph = {'A':{'A':0, 'B':-1, 'C':4},
40          'B':{'B':0, 'C':3, 'D':2, 'E':2},
41          'C':{'C':0},
42          'D':{'D':0, 'B':1, 'C':5, 'G':4},
43          'E':{'E':0, 'D':-3, 'E':2},
44          'G':{'G':0}
45         }
```

執行結果

```
=================== RESTART: D:\Algorithm\ch14\ch14_3.py ====================
{'A': 0, 'B': -1, 'C': 2, 'D': -2, 'E': 1, 'G': 2}
```

下列是有向圖形數據節點 B 和 D 之間有負權重迴圈的情況。

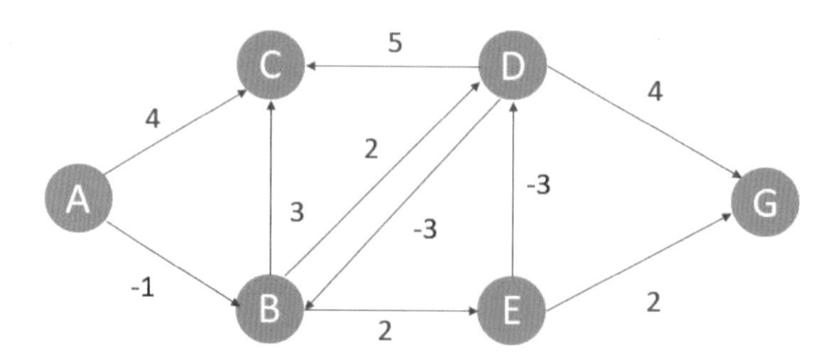

程式實例 ch14_4.py：使用上述有向圖形數據，此圖形含負權重迴圈，但是使用貝爾曼 - 福特演算法，計算從節點 A 到各點的最短路徑。下列筆者只列出圖形數據，其他程式內容與 ch14_2.py 相同。

```
39  graph = {'A':{'A':0, 'B':-1, 'C':4},
40             'B':{'B':0, 'C':3, 'D':2, 'E':2},
41             'C':{'C':0},
42             'D':{'D':0, 'B':-4, 'C':5, 'G':4},
43             'E':{'E':0, 'D':-3, 'E':2},
44             'G':{'G':0}
45            }
```

執行結果

```
==================== RESTART: D:/Algorithm/ch14/ch14_4.py ====================
圖形含負權重的迴圈
```

14-3 A* 演算法

A* 可以念成 A star，這是由戴克斯特拉演算法衍生而來的演算法，戴克斯特拉演算法在計算最小路徑時，可以計算起點到各頂點的最短路徑，即使是很遠的節點也會做運算，所以即使已經找到目標節點仍須做這些偏遠節點的運算，因此造成資源的浪費。

假設有一個迷宮圖形如下，S 代表起點 (start)，G 代表目標點 (goal)，黃色是通道，白色是牆壁：

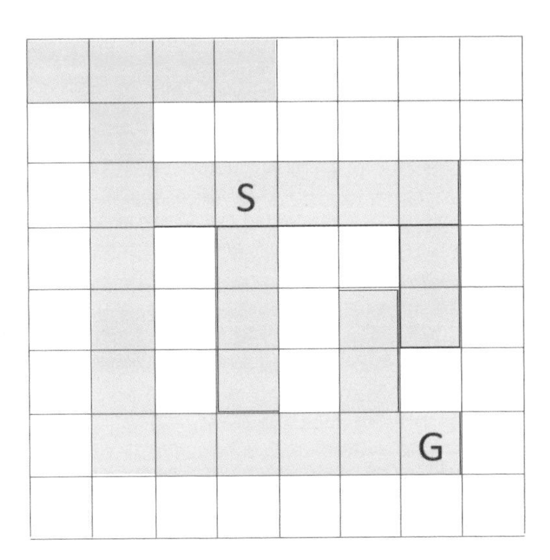

假設每一格權重是 1，下圖是權重圖形。

5	4	5	6	7	8		
	3						
	2	1	S	1	2	3	
	3		1			4	
	4		2		6	5	
	5		3		7		
	6	5	4	5	6	G	

當使用戴克斯特拉演算法時，上述黃色通道除了灰色底的 8 外，每個點都會被計算，而實際經過位置如下：

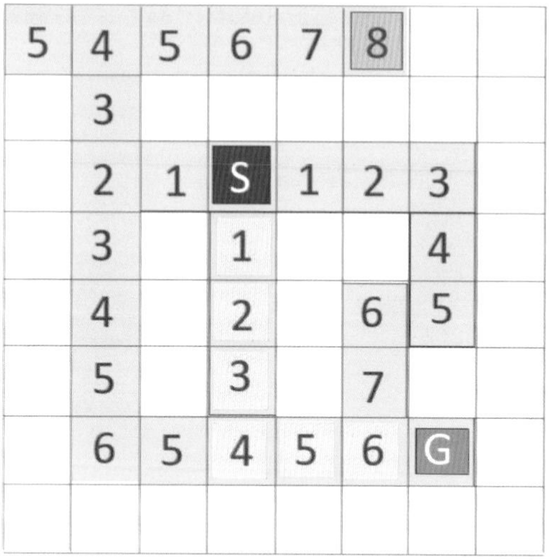

5	4	5	6	7	8		
	3						
	2	1	S	1	2	3	
	3		1			4	
	4		2		6	5	
	5		3		7		
	6	5	4	5	6	G	

A* 演算法精神是除了計算原先的花費 (cost)g(n)，另外增加計算試探權重 (heuristic weight)，所謂的試探權重是已知目標節點，從目標節點估算每個可搜尋節點與目標節點的距離，可以用 h(n) 代表，所以 A* 演算法計算每個節點的花費是使用下列公式：

f(n) = g(n) + h(n)

g(n) 是起點到各節點的距離，h(n) 是目標節點到各節點的距離，如果 h(n) 等於 0，則是戴克斯特拉演算法。

至於 h(n) 我們稱評估函數，如果 h(n) 不大於目標節點到頂點的距離，則一定可以計算最短路徑。如果 h(n) 太小會造成要計算的節點變多，效率會變差。如果 h(n) 大於目前節點到目標點的距離，計算比較快但是不保證可以找到最短路徑。有下列 3 種的計算 h(n) 評估函數的方式，假設目前節點位置是 (x1, y1)，目標點位置是 (x2, y2)：

- 歐幾里德距離

$$\sqrt{(x1 - x2)^2 + (y1 - y2)^2}$$

- 曼哈頓距離

$|x1 - x2| + |y1 - y2|$

- 切比雪夫距離

$\max(|x1 - x2|, |y1 - y2|)$

假設筆者使用歐幾里德距離，這是從目標點開始計算，計算結果 h(n) 放在道路空格右下角，原先權重 g(n) 放在左下角，中央是放置計算結果 f(n)。

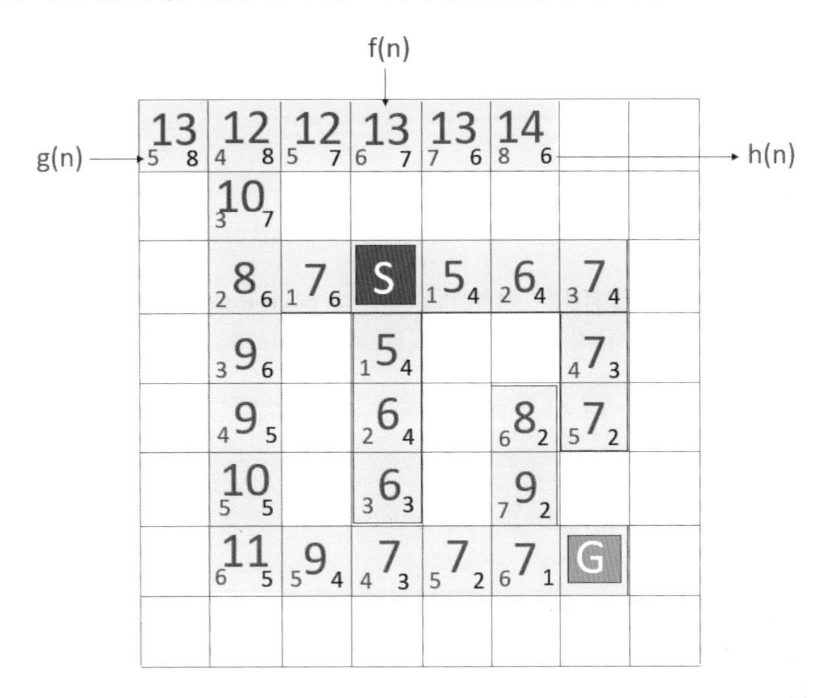

由於每次會找出最小權重的點，下圖列出只有紅色框內的節點被拜訪，然後就抵達終點了。

從上述可以看到 A* 演算法效率比戴克斯特拉演算法好很多，這個演算法常用在遊戲設計追逐玩家的運算。

14-4 習題

1. ch14_1.py 筆者使用有向圖形定義 graph 圖形節點，請改為無向圖形方式定義 graph 圖形節點，重做此程式。

```
===================== RESTART: D:/Algorithm/ex/ex14_1.py =====================
{'A': 0, 'B': 2, 'C': 4, 'D': 10, 'E': 6, 'G': 8}
```

2. 請重新設計 ch14_1.py，然後可以輸入任意節點，此程式可以計算輸入節點至各點的最短距離。

```
===================== RESTART: D:/Algorithm/ex/ex14_2.py =====================
請輸入起點 : C
{'A': 4, 'B': 6, 'C': 0, 'D': 6, 'E': 2, 'G': 4}
>>>
===================== RESTART: D:/Algorithm/ex/ex14_2.py =====================
請輸入起點 : E
{'A': 6, 'B': 6, 'C': 2, 'D': 6, 'E': 0, 'G': 2}
>>>
===================== RESTART: D:/Algorithm/ex/ex14_2.py =====================
請輸入起點 : G
{'A': 8, 'B': 8, 'C': 4, 'D': 4, 'E': 2, 'G': 0}
```

3. 有一個圖形含負權重如下：

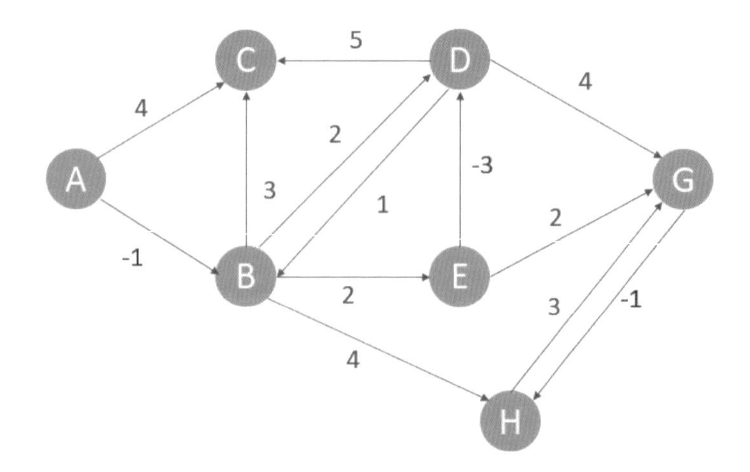

請使用貝爾曼 - 福特演算法，請在螢幕輸入起點，然後可以計算此起點到任一節點的最短路徑。

```
===================== RESTART: D:\Algorithm\ex\ex14_3.py =====================
請輸入起點 : A
{'A': 0, 'B': -1, 'C': 2, 'D': -2, 'E': 1, 'G': 2, 'H': 1}
>>>
===================== RESTART: D:\Algorithm\ex\ex14_3.py =====================
請輸入起點 : D
{'A': inf, 'B': 1, 'C': 4, 'D': 0, 'E': 3, 'G': 4, 'H': 3}
```

上述 'A':inf，代表沒有路徑可以抵達。

第十五章
貪婪演算法
(Greedy Algorithm)

貪婪演算法 (greedy algorithm) 又稱貪心演算法，精神是在每個局部現況採取最好的選擇 (local optimal solution)，期待最後可以得到整體最好的結果 (global optimal solution)，不過讀者必須留意貪婪演算法是可以獲得一個滿意的結果，但是不一定可以得到整體最好的結果。

15-1 選課分析

15-1-1 問題分析

假設有一個班級希望課程可以盡可能的排滿，下列是課程表。

課程名稱	開始時間	下課時間
化學	12:00	13:00
英文	9:00	11:00
數學	8:00	10:00
計概	10:00	12:00
物理	11:00	13:00

從上述表可以得到有些課程的上課時間是衝突的，所以只能在課程間取捨，碰上這類問題建議先將課程以下課時間排序，如下所示：

課程名稱	開始時間	下課時間
數學	8:00	10:00
英文	9:00	11:00
計概	10:00	12:00
物理	11:00	13:00
化學	12:00	13:00

下列是課程的時間表：

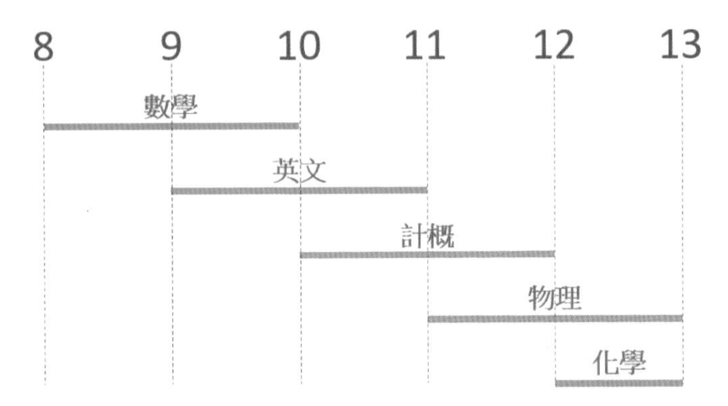

15-1-2　演算法分析

演算法步驟如下：

1：將課程依下課時間排序，方便分析。

2：挑出最早下課的課程當做第一堂必上的課程，由於步驟 1 已經依下課時間排序，所以索引 0 是第一堂課。

3：挑出第一節下課後才開始而且是最早結束的課程當作接著的課程，由於已經排序下課時間，所以第一個出現上一節下課以後的課程就是下一節課。註：下課時間一到可以立即上課，不考慮銜接時間。

4：重複步驟 3

經過上述分析，可以知道最早下課是數學，所以第一堂所選的課程是數學，如下：

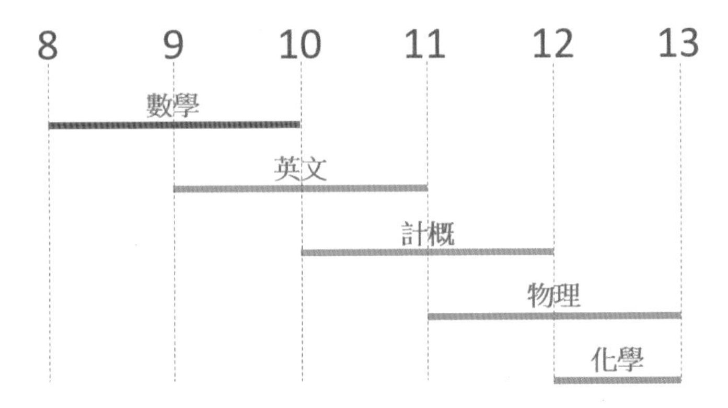

數學課的下課是 10 點，10 點以後開始且最先結束的課程是計概，所以第二堂課如下：

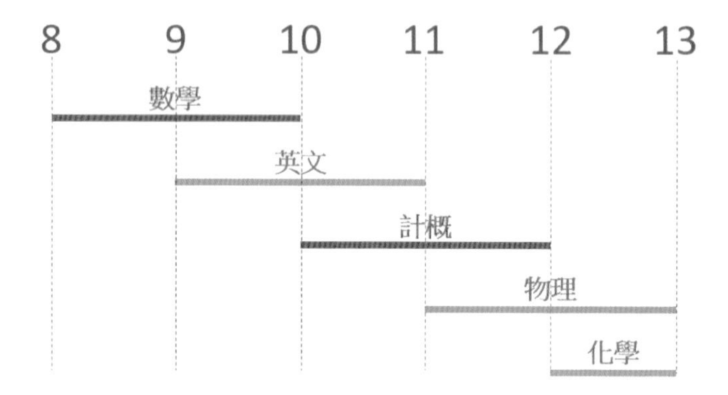

計概課的下課是 12 點，12 點以後開始且最先結束的課程是化學，所以第三堂課如下：

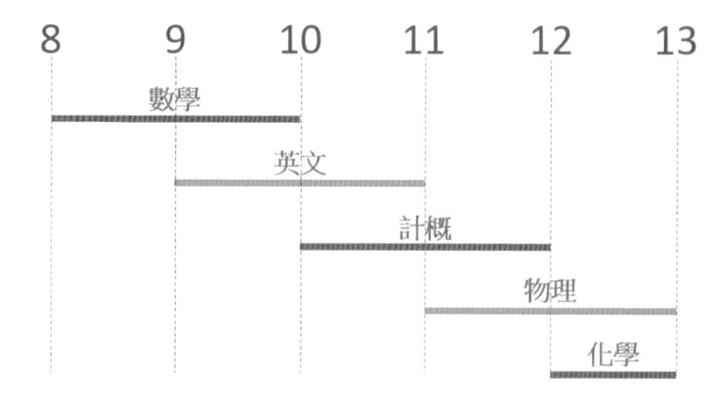

15-1-3　Python 程式實作

程式實例 ch15_1.py：選課程的實作，這個程式首先將選課依照下課時間排序，然後列出所有排序結果的課程列表，最後會列出貪婪演算法的排課結果。

```
1  # ch15_1.py
2  def greedy(course):
3      ''' 課程的貪婪演算法 '''
4      length = len(course)                                # 課程數量
5      course_list = []                                    # 儲存結果
6      course_list.append(course[0])                       # 第一節課
7      course_end_time = course_list[0][1][1]              # 第一節課下課時間
8      for i in range(1, length):                          # 貪婪選課
9          if course[i][1][0] >= course_end_time:          # 上課時間晚於或等於
```

```
10            course_list.append(course[i])             # 加入貪婪選課
11            course_end_time = course[i][1][1]         # 新的下課時間
12        return course_list
13
14    course = {'化學':(12, 13),                          # 定義課程時間
15              '英文':(9, 11),
16              '數學':(8, 10),
17              '計概':(10, 12),
18              '物理':(11, 13),
19             }
20
21    cs = sorted(course.items(), key=lambda item:item[1][1]) # 課程時間排序
22    print('所有課程依下課時間排序如下')
23    print('課程', '    開始時間 ', '  下課時間')
24    for i in range(len(cs)):
25        print(f"{cs[i][0]}{cs[i][1][0]:7d}:00{cs[i][1][1]:8d}:00")
26
27    s = greedy(cs)                                      # 呼叫貪婪選課
28    print('貪婪排課時間如下')
29    print('課程', '    開始時間 ', '  下課時間')
30    for i in range(len(s)):
31        print(f"{s[i][0]}{s[i][1][0]:7d}:00{s[i][1][1]:8d}:00")
```

執行結果

```
==================== RESTART: D:/Algorithm/ch15/ch15_1.py ====================
所有課程排序時間如下
課程    開始時間    下課時間
數學      8:00     10:00
英文      9:00     11:00
計概     10:00     12:00
物理     11:00     13:00
化學     12:00     13:00
貪婪排課時間如下
課程    開始時間    下課時間
數學      8:00     10:00
計概     10:00     12:00
化學     12:00     13:00
```

15-2 背包問題 – 貪婪演算法不是最完美的結果

背包問題 (Knapsack problem) 是由 Merkle 和 Hellman 在 1978 年提出，這也是一個演算法領域的經典問題，本節使用貪婪演算法處理此問題，下一章筆者會使用動態規劃法求精確的解答。

15-2-1　問題分析

有一個小偷帶了一個背包可以裝下 1 公斤的貨物不被發現，現在到一個賣場，有下列物件可以選擇：

1：Acer 筆電：價值 40000 元，重 0.8 公斤。

2：Asus 筆電：價值 35000 元，重 0.7 公斤。

3：iPhone 手機：價值 38000 元，重 0.3 公斤。

4：iWatch 手錶：價值 15000 元，重 0.1 公斤。

5：Go Pro 攝影：價值 12000 元，重 0.1 公斤。

15-2-2　演算法分析

若是用貪婪演算法處理上述問題，其步驟如下：

1：挑最貴的同時可以放入背包的商品。

2：挑選剩下最貴同時可以放入背包的商品。

3：重複步驟 2，直到沒商品可以放入背包。

15-2-3　Python 實作

程式實例 ch15_2.py：背包問題的實作，這個程式首先將所有商品依照價格排序，然後列出排序結果的商品，最後會列出貪婪演算法的選取商品結果。這個程式在設計時由於是從最貴的商品開始選取，因為排序是將最貴的商品放在串列最末端，所以第 8-11 行的迴圈是從後面往前執行。

```
1  # ch15_2.py
2  def greedy(things):
3      ''' 商品貪婪演算法 '''
4      length = len(things)                                  # 商品數量
5      things_list = []                                      # 儲存結果
6      things_list.append(things[length-1])                  # 第一個商品
7      weights = things[length-1][1][1]
8      for i in range(length-2, -1, -1):                     # 貪婪選商品
9          if things[i][1][1] + weights <= max_weight:       # 所選商品可放入背包
10             things_list.append(things[i])                 # 加入貪婪背包
11             weights += things[i][1][1]                    # 新的背包重量
```

```
12      return things_list
13
14  things = {'iWatch手錶':(15000, 0.1),                     # 定義商品
15            'Asus  筆電':(35000, 0.7),
16            'iPhone手機':(38000, 0.3),
17            'Acer  筆電':(40000, 0.8),
18            'Go Pro攝影':(12000, 0.1),
19           }
20
21  max_weight = 1
22  th = sorted(things.items(), key=lambda item:item[1][0])  # 商品依價值排序
23  print('所有商品依價值排序如下')
24  print('商品', '        商品價格 ', '  商品重量')
25  for i in range(len(th)):
26      print(f"{th[i][0]:8s}{th[i][1][0]:10d}{th[i][1][1]:10.2f}")
27
28  t = greedy(th)                                             # 呼叫貪婪選商品
29  print('貪婪選擇商品如下')
30  print('商品', '        商品價格 ', '  商品重量')
31  for i in range(len(t)):
32      print(f"{t[i][0]:8s}{t[i][1][0]:10d}{t[i][1][1]:10.2f}")
```

執行結果

```
==================== RESTART: D:\Algorithm\ch15\ch15_2.py ====================
所有商品依價值排序如下
商品          商品價格    商品重量
Go Pro攝影      12000       0.10
iWatch手錶      15000       0.10
Asus  筆電      35000       0.70
iPhone手機      38000       0.30
Acer  筆電      40000       0.80
貪婪選擇商品如下
商品          商品價格    商品重量
Acer  筆電      40000       0.80
iWatch手錶      15000       0.10
Go Pro攝影      12000       0.10
```

上述貪婪選擇法可以得到 67000 元的商品，這個問題其實最佳的商品選擇是 Asus 筆電和 iPhone 手機，可以獲得 73000 元的商品，所以筆者在本章開始解釋貪婪演算法簡單好用，可以得到滿意的結果，但是不一定是最佳的結果。

15-3 電台選擇

15-3-1 問題分析

假設想要在台灣買收音機電台廣播的廣告，在台灣大部分的收音機電台是有地域性限制，如果全部收音機電台都買廣告費用太貴，這時我們要找出儘可能較少的電台數量，但是此廣告可以讓全台聽眾可以收到，下列是一份收音機電台清單。

電台名稱	廣播區域
電台 1	新竹、台中、嘉義
電台 2	基隆、新竹、台北
電台 3	桃園、台中、台南
電台 4	台中、嘉義
電台 5	台南、高雄

每家電台有覆蓋一些城市，部分是重疊的，現在想使用最少的電台數量，挑出可以覆蓋基隆、台北、桃園、新竹、台中、嘉義、台南、高雄區域。

假設有 N 個電台，則電台的子集合數量是 2^N，所以若想要計算電台的可能組合所需時間複雜度是 $O(2^N)$。假設電腦每秒可以執行 100 次組合，下列是各種電台數量所需時間。

電台數	所需時間
5	0.32 秒
10	10.24 秒
20	約 2 小時 54 分鐘
30	約 124 年

只是小小的 30 個電台就需要用超過我們一輩子的時間去組合，所以如何用貪婪方法快速求解這個問題，也是演算法重要的工作。

15-3-2 演算法分析

使用貪婪演算法基本步驟如下：

1：選擇一家廣播電視台，這個廣播電視台可以覆蓋目前最多的城市。

2：重複步驟 1。

設計這類的程式建議可以使用集合，儲存城市資料，因為使用集合可以很方便將所選電台所覆蓋的城市，從城市列表中刪除。假設電台使用字典儲存，城市使用集合儲存。即使是使用貪婪演算法，這個程式也需要使用雙層迴圈，每個外層迴圈從現有電台找出可以覆蓋最多城市的電台，這個工作交由內層迴圈去比對執行。當所有城市被覆蓋，就是外部迴圈的結束條件。

❑ 第一個外部迴圈

下面集合名稱是配合下一小節的程式實例，第 1 個內部迴圈執行初，整個內容如下：

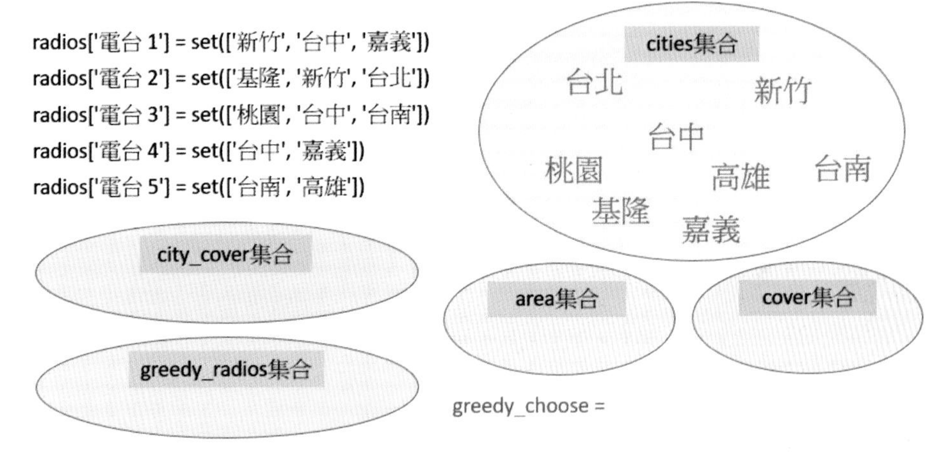
radios['電台 1'] = set(['新竹', '台中', '嘉義'])
radios['電台 2'] = set(['基隆', '新竹', '台北'])
radios['電台 3'] = set(['桃園', '台中', '台南'])
radios['電台 4'] = set(['台中', '嘉義'])
radios['電台 5'] = set(['台南', '高雄'])
cities集合
台北
新竹
台中
桃園
高雄
台南
基隆
嘉義
city_cover集合
area集合
cover集合
greedy_radios集合
greedy_choose =

內部迴圈執行上半部分，整個內容如下：

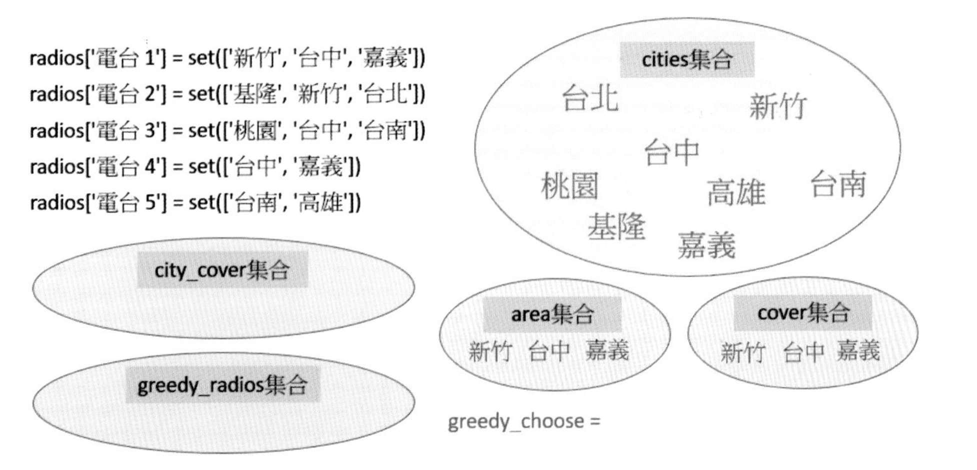
radios['電台 1'] = set(['新竹', '台中', '嘉義'])
radios['電台 2'] = set(['基隆', '新竹', '台北'])
radios['電台 3'] = set(['桃園', '台中', '台南'])
radios['電台 4'] = set(['台中', '嘉義'])
radios['電台 5'] = set(['台南', '高雄'])
cities集合
台北
新竹
台中
桃園
高雄
台南
基隆
嘉義
city_cover集合
area集合
新竹 台中 嘉義
cover集合
新竹 台中 嘉義
greedy_radios集合
greedy_choose =

內部迴圈執行下半部分，city_cover 集合增加新竹、台中、嘉義，greedy_choose 變數是電台 1，整個內容如下：

radios['電台 1'] = set(['新竹', '台中', '嘉義'])
radios['電台 2'] = set(['基隆', '新竹', '台北'])
radios['電台 3'] = set(['桃園', '台中', '台南'])
radios['電台 4'] = set(['台中', '嘉義'])
radios['電台 5'] = set(['台南', '高雄'])
cities集合
台北
新竹
台中
桃園
高雄
台南
基隆
嘉義
city_cover集合
新竹 台中 嘉義
area集合
新竹 台中 嘉義
cover集合
新竹 台中 嘉義
greedy_radios集合
greedy_choose = 電台 1

由於電台 1 可以覆蓋最多城市，所以其他內部迴圈沒有影響，離開內層迴圈前，greedy_radios 集合增加電台 1、cities 集合的城市數量將減少新竹、台中、嘉義，因為已經被覆蓋了，整個內容更新如下：

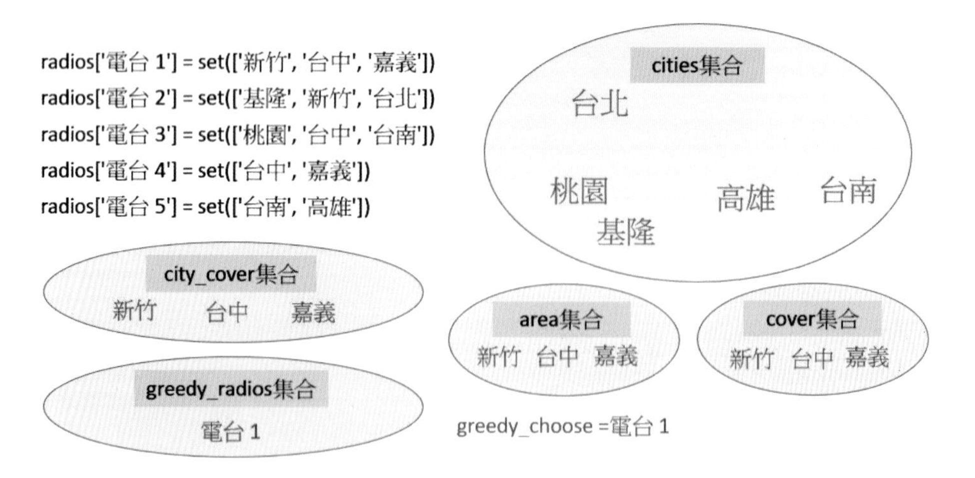
radios['電台 1'] = set(['新竹', '台中', '嘉義'])
radios['電台 2'] = set(['基隆', '新竹', '台北'])
radios['電台 3'] = set(['桃園', '台中', '台南'])
radios['電台 4'] = set(['台中', '嘉義'])
radios['電台 5'] = set(['台南', '高雄'])
cities集合
台北
桃園
高雄
台南
基隆
city_cover集合
新竹 台中 嘉義
area集合
新竹 台中 嘉義
cover集合
新竹 台中 嘉義
greedy_radios集合
電台 1
greedy_choose =電台 1

❑ 第二個外部迴圈

內部迴圈執行上半部分，雖然 area 集合有基隆、新竹、台北，但是 cities 集合已經沒有新竹，所以 cover 集合只有基隆和台北，整個內容如下：

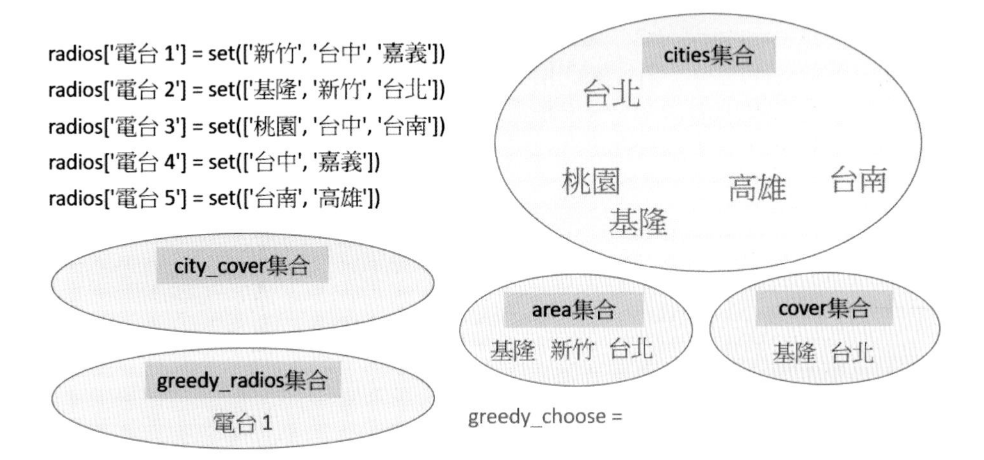
radios['電台 1'] = set(['新竹', '台中', '嘉義'])
radios['電台 2'] = set(['基隆', '新竹', '台北'])
radios['電台 3'] = set(['桃園', '台中', '台南'])
radios['電台 4'] = set(['台中', '嘉義'])
radios['電台 5'] = set(['台南', '高雄'])
cities集合
台北
桃園
高雄
台南
基隆
city_cover集合
area集合
基隆 新竹 台北
cover集合
基隆 台北
greedy_radios集合
電台 1
greedy_choose =

內部迴圈執行下半部分，city_cover 集合增加基隆、台北，greedy_choose 變數是電台 2，整個內容如下：

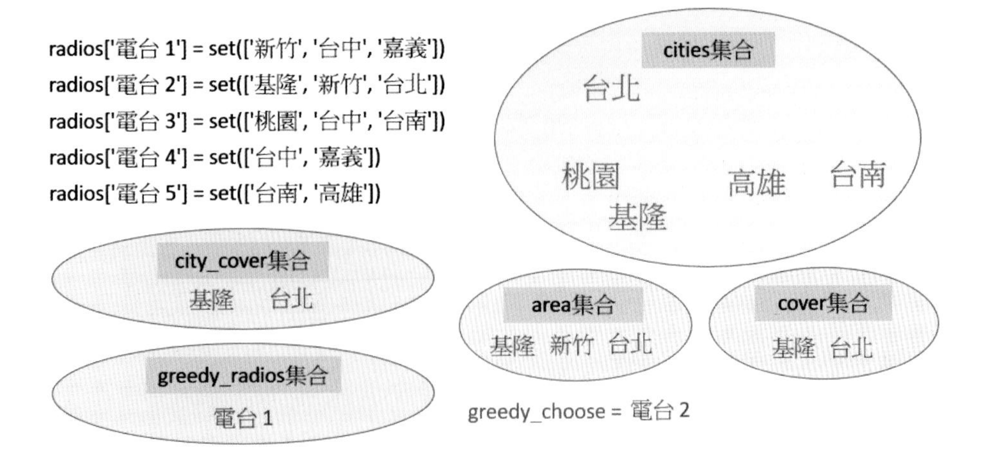
radios['電台 1'] = set(['新竹', '台中', '嘉義'])
radios['電台 2'] = set(['基隆', '新竹', '台北'])
radios['電台 3'] = set(['桃園', '台中', '台南'])
radios['電台 4'] = set(['台中', '嘉義'])
radios['電台 5'] = set(['台南', '高雄'])
cities集合
台北
桃園
高雄
台南
基隆
city_cover集合
基隆 台北
area集合
基隆 新竹 台北
cover集合
基隆 台北
greedy_radios集合
電台 1
greedy_choose = 電台 2

由於電台 2 可以覆蓋最多城市，所以其他內部迴圈沒有影響，離開內層迴圈前，greedy_radios 集合增加電台 2、cities 集合的城市數量將減少基隆和台北，因為已經被覆蓋了，整個內容更新如下：

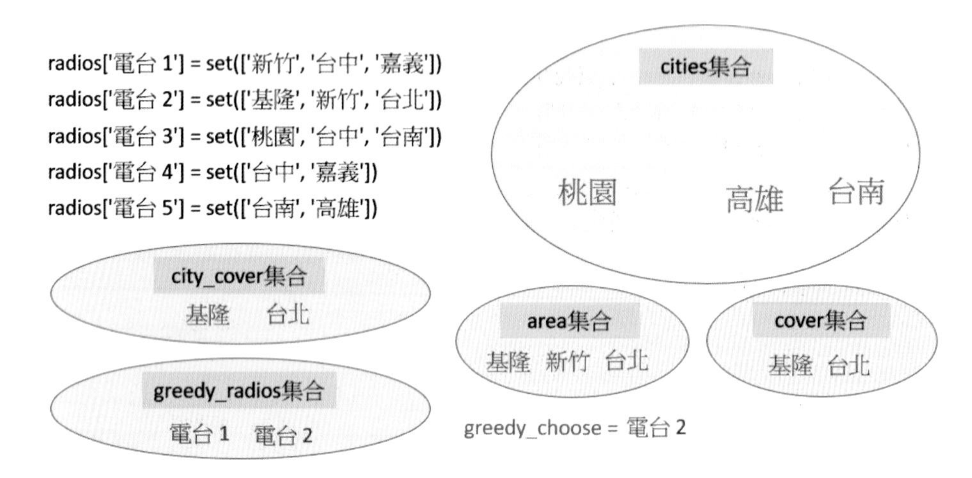
radios['電台 1'] = set(['新竹', '台中', '嘉義'])
radios['電台 2'] = set(['基隆', '新竹', '台北'])
radios['電台 3'] = set(['桃園', '台中', '台南'])
radios['電台 4'] = set(['台中', '嘉義'])
radios['電台 5'] = set(['台南', '高雄'])
cities集合
桃園 高雄 台南
city_cover集合
基隆 台北
greedy_radios集合
電台 1 電台 2
area集合
基隆 新竹 台北
cover集合
基隆 台北
greedy_choose = 電台 2

❑ 第三個外部迴圈

內部迴圈執行上半部分，雖然 area 集合有桃園、台中、台南，但是 cities 集合已經沒有台中，所以 cover 集合只有桃園和台南，整個內容如下：

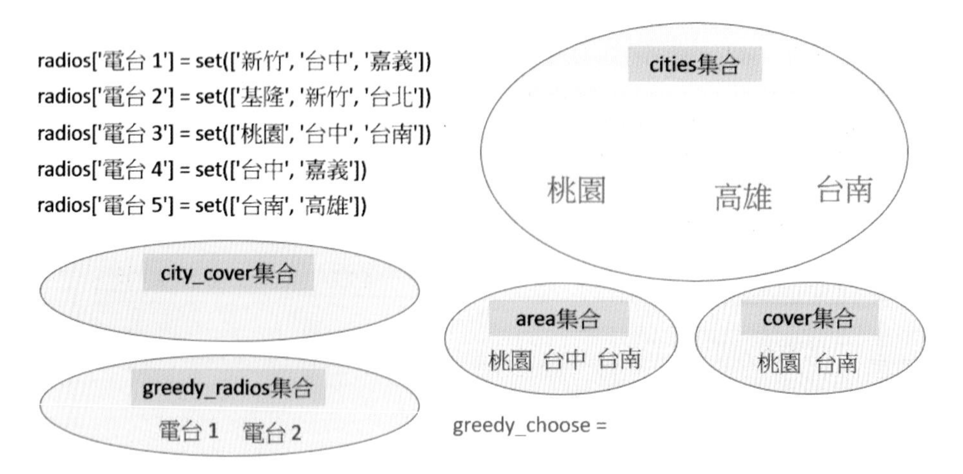
radios['電台 1'] = set(['新竹', '台中', '嘉義'])
radios['電台 2'] = set(['基隆', '新竹', '台北'])
radios['電台 3'] = set(['桃園', '台中', '台南'])
radios['電台 4'] = set(['台中', '嘉義'])
radios['電台 5'] = set(['台南', '高雄'])
cities集合
桃園 高雄 台南
city_cover集合
greedy_radios集合
電台 1 電台 2
area集合
桃園 台中 台南
cover集合
桃園 台南
greedy_choose =

內部迴圈執行下半部分，city_cover 集合增加桃園、台南，greedy_choose 變數是電台 3，整個內容如下：

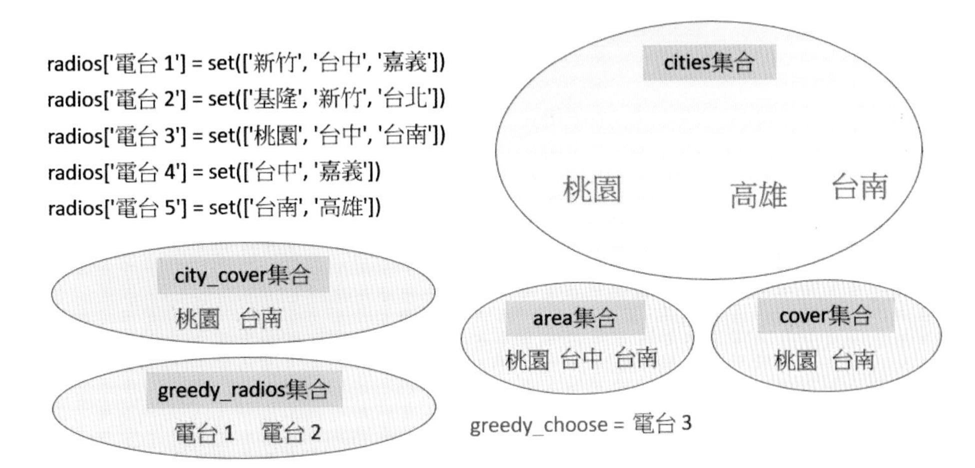
radios['電台 1'] = set(['新竹', '台中', '嘉義'])
radios['電台 2'] = set(['基隆', '新竹', '台北'])
radios['電台 3'] = set(['桃園', '台中', '台南'])
radios['電台 4'] = set(['台中', '嘉義'])
radios['電台 5'] = set(['台南', '高雄'])
cities集合
桃園 高雄 台南
city_cover集合
桃園 台南
area集合
桃園 台中 台南
cover集合
桃園 台南
greedy_radios集合
電台 1 電台 2
greedy_choose = 電台 3

由於電台 3 可以覆蓋最多城市，所以其他內部迴圈沒有影響，離開內層迴圈前，greedy_radios 集合增加電台 3、cities 集合的城市數量將減少桃園和台南，因為已經被覆蓋了，整個內容更新如下：

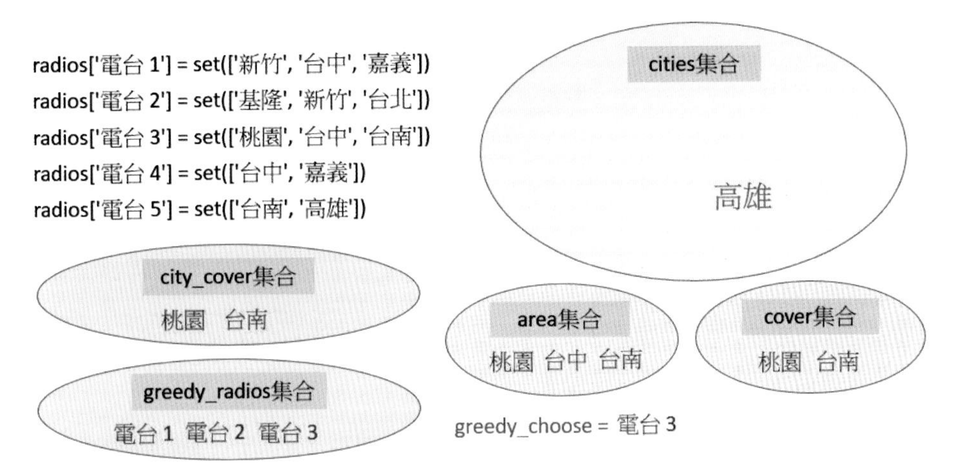
radios['電台 1'] = set(['新竹', '台中', '嘉義'])
radios['電台 2'] = set(['基隆', '新竹', '台北'])
radios['電台 3'] = set(['桃園', '台中', '台南'])
radios['電台 4'] = set(['台中', '嘉義'])
radios['電台 5'] = set(['台南', '高雄'])
cities集合
高雄
city_cover集合
桃園 台南
area集合
桃園 台中 台南
cover集合
桃園 台南
greedy_radios集合
電台 1 電台 2 電台 3
greedy_choose = 電台 3

❑ 第四個外部迴圈

內部迴圈執行上半部分，雖然 area 集合有台中、嘉義，但是 cities 集合已經沒有台中和嘉義，所以 cover 集合是空集合，整個內容如下：

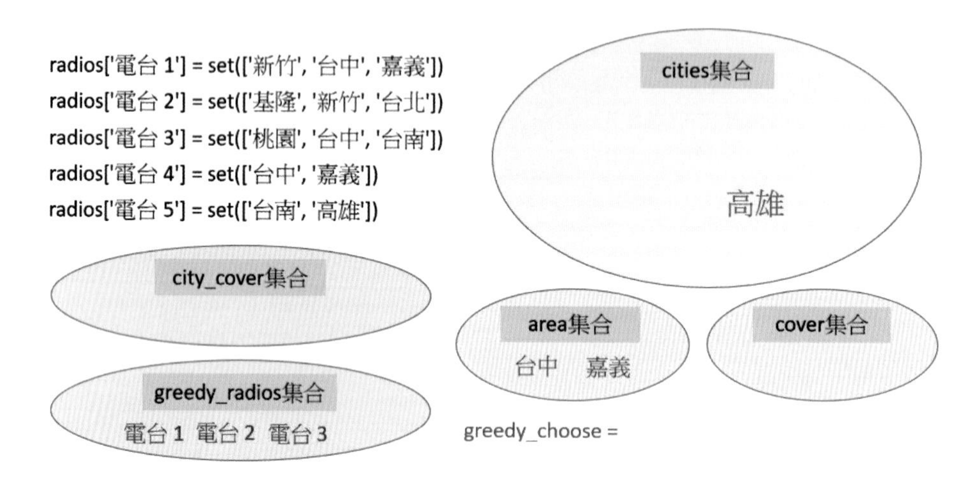
radios['電台 1'] = set(['新竹', '台中', '嘉義'])
radios['電台 2'] = set(['基隆', '新竹', '台北'])
radios['電台 3'] = set(['桃園', '台中', '台南'])
radios['電台 4'] = set(['台中', '嘉義'])
radios['電台 5'] = set(['台南', '高雄'])
cities集合
高雄
city_cover集合
area集合
台中　嘉義
cover集合
greedy_radios集合
電台 1　電台 2　電台 3
greedy_choose =

所以這次迴圈沒有任何成果。

❑ 第五個外部迴圈

內部迴圈執行上半部分，雖然 area 集合有台南、高雄，但是 cities 集合已經沒有台南，所以 cover 集合只有高雄，整個內容如下：

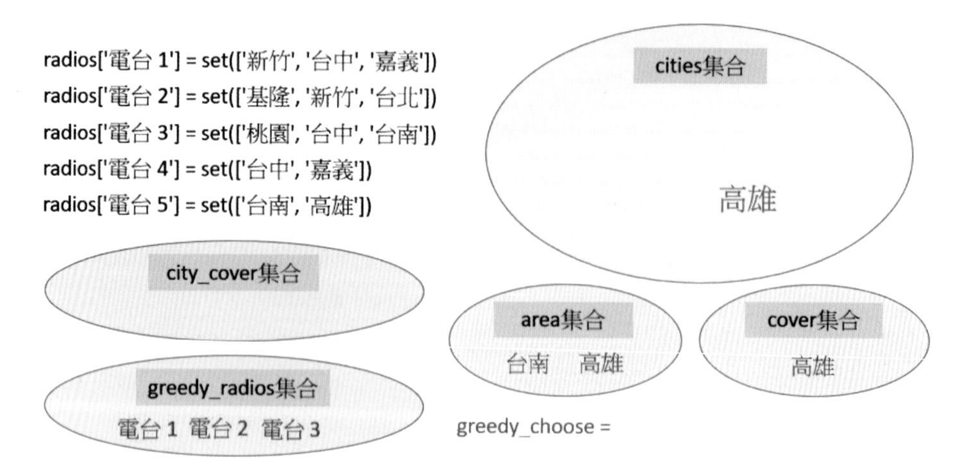
radios['電台 1'] = set(['新竹', '台中', '嘉義'])
radios['電台 2'] = set(['基隆', '新竹', '台北'])
radios['電台 3'] = set(['桃園', '台中', '台南'])
radios['電台 4'] = set(['台中', '嘉義'])
radios['電台 5'] = set(['台南', '高雄'])
cities集合
高雄
city_cover集合
area集合
台南　高雄
cover集合
高雄
greedy_radios集合
電台 1　電台 2　電台 3
greedy_choose =

內部迴圈執行下半部分，city_cover 集合增加高雄，greedy_choose 變數是電台 5，整個內容如下：

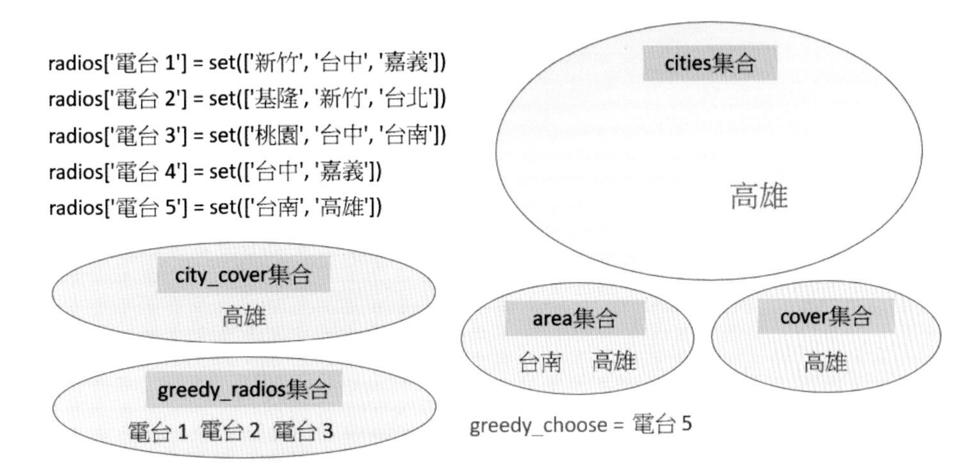
radios['電台 1'] = set(['新竹', '台中', '嘉義'])
radios['電台 2'] = set(['基隆', '新竹', '台北'])
radios['電台 3'] = set(['桃園', '台中', '台南'])
radios['電台 4'] = set(['台中', '嘉義'])
radios['電台 5'] = set(['台南', '高雄'])
cities集合
高雄
city_cover集合
高雄
area集合
台南 高雄
cover集合
高雄
greedy_radios集合
電台 1 電台 2 電台 3
greedy_choose = 電台 5

由於電台 5 可以覆蓋唯一城市高雄，所以其他內部迴圈沒有影響，離開內層迴圈前，greedy_radios 集合增加電台 5、cities 集合的城市數量將減少高雄，因為已經被覆蓋了，整個內容更新如下：

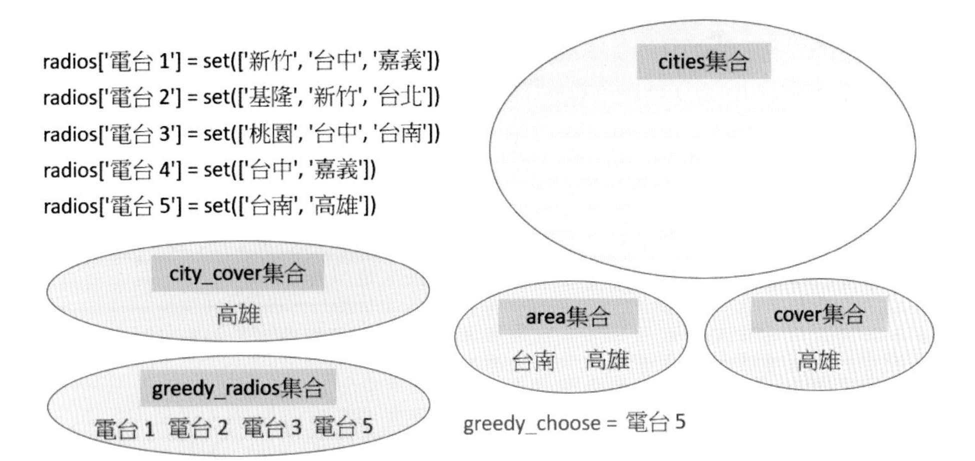
radios['電台 1'] = set(['新竹', '台中', '嘉義'])
radios['電台 2'] = set(['基隆', '新竹', '台北'])
radios['電台 3'] = set(['桃園', '台中', '台南'])
radios['電台 4'] = set(['台中', '嘉義'])
radios['電台 5'] = set(['台南', '高雄'])
cities集合
city_cover集合
高雄
area集合
台南 高雄
cover集合
高雄
greedy_radios集合
電台 1 電台 2 電台 3 電台 5
greedy_choose = 電台 5

由於 cities 集合已經沒有城市，程式迴離開外部 while 迴圈，這也表示所有城市已經被所選的電台覆蓋了。

15-3-3　Python 實作

程式實例 ch15_3.py：完成 15-3-2 有關電台覆蓋各城市的貪婪演算法。

```
1  # ch15_3.py
2  def greedy(radios, cities):
3      ''' 貪婪演算法 '''
4      greedy_radios = set()                        # 最終電台的選擇
5      while cities:                                # 還有城市沒有覆蓋迴圈繼續
6          greedy_choose = None                     # 最初化選擇
7          city_cover = set()                       # 暫存
8          for radio, area in radios.items():       # 檢查每一個電台
9              cover = cities & area                # 選擇可以覆蓋城市
10             if len(cover) > len(city_cover):     # 如果可以覆蓋更多則取代
11                 greedy_choose = radio            # 目前所選電台
12                 city_cover = cover
13         cities -= city_cover                     # 將被覆蓋城市從集合刪除
14         greedy_radios.add(greedy_choose)         # 將所選電台加入
15     return greedy_radios                         # 傳回電台
16
17 cities = set(['台北', '基隆', '桃園', '新竹',       # 期待廣播覆蓋區域
18               '台中', '嘉義', '台南', '高雄']
19              )
20
21 radios = {}
22 radios['電台 1'] = set(['新竹', '台中', '嘉義'])
23 radios['電台 2'] = set(['基隆', '新竹', '台北'])
24 radios['電台 3'] = set(['桃園', '台中', '台南'])
25 radios['電台 4'] = set(['台中', '嘉義'])
26 radios['電台 5'] = set(['台南', '高雄'])
27
28 print(greedy(radios, cities))                    # 電台, 城市
```

執行結果

```
==================== RESTART: D:\Algorithm\ch15\ch15_3.py ====================
{'電台 5', '電台 2', '電台 1', '電台 3'}
```

15-4 業務員旅行

15-4-1　問題分析

業務員旅行是演算法領域一個非常著名的問題，許多人在思考業務員如何從拜訪不同的城市中，找出最短的拜訪路徑，下列將逐步分析。

- 2 個城市

假設有新竹、竹東，2 個城市，拜訪方式有 2 個選擇。

❑ 3 個城市

假設現在多了一個城市竹北，從竹北出發，從 2 個城市可以知道有 2 條路徑。從新竹或竹東出發也可以有 2 條路徑，所以可以有 6 條拜訪方式。

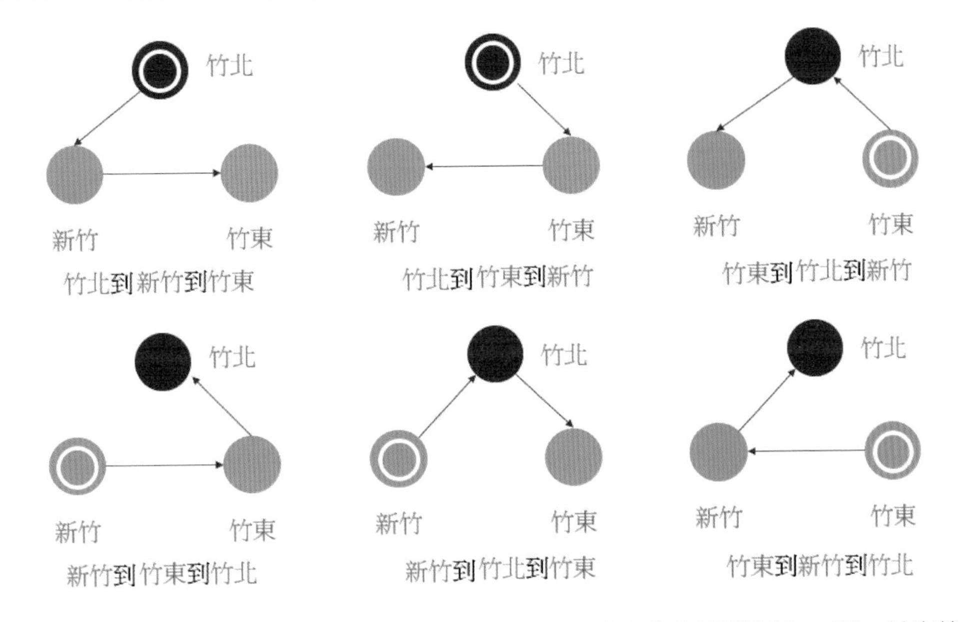

如果再細想，2 個城市的拜訪路徑有 2 種，3 個城市的拜訪路徑有 6 種，其實符合階乘公式：

```
2! = 1 * 2 = 2
3! = 1 * 2 * 3 = 6
```

❑ 4 個城市

比 3 個城市多了一個城市，所以拜訪路徑選擇總數如下：

```
4! = 1 * 2 * 3 * 4 = 24
```

總共有 24 條拜訪路徑，如果有 5 個或 6 個城市要拜訪，拜訪路徑選擇總數如下：

5! = 1 * 2 * 3 * 4 * 5 = 120
6! = 1 * 2 * 3 * 4 * 5 * 6 = 720

相當於假設拜訪 N 個城市，業務員旅行的演算法時間複雜度是 N!，第 1 章筆者有敘述 N! 的時間複雜度，當拜訪城市達到 30 個，假設超級電腦每秒可以處理 10 兆個路徑，若想計算每種可能路徑需要 8411 億年，才可以得到解答，所以尋求精確答案是非常困難。這時貪婪演算法變得非常重要，使用貪婪演算法可以尋求每個局部狀況的最佳解，再由此推導較佳的解，也可以說是近似解。

15-4-2 演算法分析

貪婪演算法應用在業務員旅行步驟如下：

1：任選拜訪起點城市。

2：在目前城市選擇要拜訪城市的最近城市。

3：重複步驟 2。

假設業務員要拜訪下列 5 個城市，下列是城市與路徑圖。

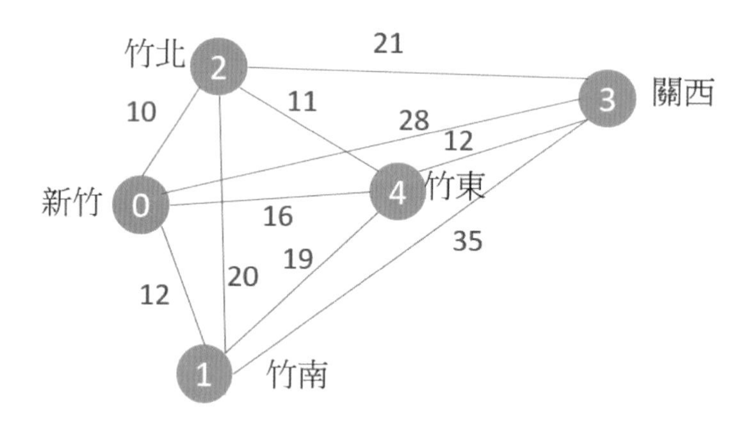

筆者使用 0, 1, … , 4 分別代表 5 個城市，這是因為未來將使用矩陣代表各城市間的距離，上述城市與路徑圖可以用下列矩陣代表。

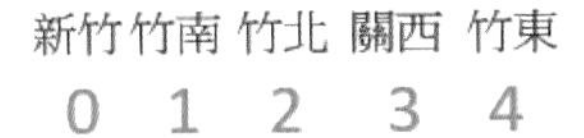


```
新竹 0    0, 12, 10, 28, 16
竹南 1   12,  0, 20, 35, 19
竹北 2   10, 20,  0, 21, 11
關西 3   28, 35, 21,  0, 12
竹東 4   16, 19, 11, 12,  0
```

程式設計多cities串列(陣列)未來可以了解每一個索引值所代表的城市

cities = ['新竹', '竹南', '竹北', '關西', '竹東']

假設業務員旅行從新竹開始，使用貪婪演算法，處理方式如下：

❑ 步驟 1，外部迴圈 1

選擇距離起點城市新竹最短路徑城市，因為使用串列內建 min( ) 可以獲得路徑最小值，在建立路徑二維陣列時，是將相同城市的路徑設為 0，讀者看對角線 (0, 0) 至 (4, 4) 可以得到上述觀念。所以第一步是先將此新竹對新竹的對角線路徑設為無限大 INF，如下所示：

```
        新竹 竹南 竹北 關西 竹東
         0    1    2    3    4

新竹 0   INF, 12, 10, 28, 16
竹南 1   12,   0, 20, 35, 19
竹北 2   10,  20,  0, 21, 11     distance = 0  ←—— 已拜訪距離
關西 3   28,  35, 21,  0, 12     visited = ['新竹' ]  ←—— 已拜訪城市
竹東 4   16,  19, 11, 12,  0     cities = ['新竹', '竹南', '竹北', '關西', '竹東']
```

由新竹索引 0，可以看到最近距離是 10 公里，可以由此 10 公里推導出這是索引 2 的竹北，所以選擇先拜訪竹北，整個圖形路徑畫面如下：

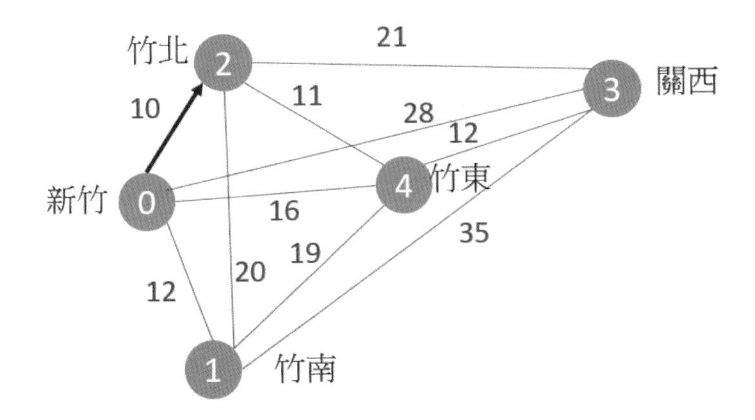

程式內部結構變化，其實還有一個重點是將所有新竹相關路徑設為 INF，這樣未來就不會有城市可以回到新竹，如下所示：

```
           新竹 竹南 竹北 關西 竹東
            0    1    2    3    4

新竹  0    INF,INF,INF,INF,INF
竹南  1    INF,  0, 20, 35, 19
竹北  2    INF, 20,  0, 21, 11     distance = 10
關西  3    INF, 35, 21,  0, 12     visited = ['新竹', '竹北' ]
竹東  4    INF, 19, 11, 12,  0     cities = ['新竹', '竹南', '竹北', '關西', '竹東']
```

同時將起點程式改為竹北。

- 步驟 2，外部迴圈 2

選擇距離竹北最短路徑城市，因為使用串列內建 min( ) 可以獲得路徑最小值，在建立路徑二維陣列時，是將相同城市的路徑設為 0，讀者看對角線 (0, 0) 至 (4, 4) 可以得到上述觀念。所以下一步是先將此竹北對竹北的對角線路徑設為無限大 INF，如下所示：

```
           新竹 竹南 竹北 關西 竹東
            0    1    2    3    4

新竹  0    INF,INF,INF,INF,INF
竹南  1    INF,  0, 20, 35, 19
竹北  2    INF, 20,INF, 21, 11     distance = 10
關西  3    INF, 35, 21,  0, 12     visited = ['新竹', '竹北' ]
竹東  4    INF, 19, 11, 12,  0     cities = ['新竹', '竹南', '竹北', '關西', '竹東']
```

由竹北索引 2，可以看到最近距離是 11 公里，可以由此 11 公里推導出這是索引 4 的竹東，所以選擇拜訪竹東，整個圖形路徑畫面如下：

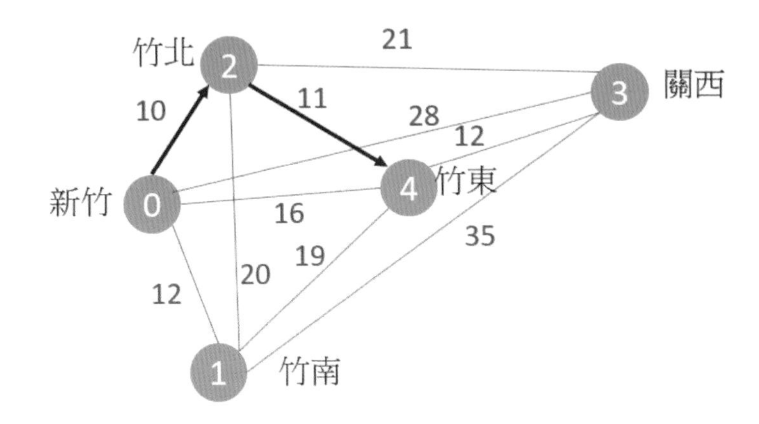

程式內部結構變化，其實還有一個重點是將所有竹北相關路徑設為 INF，這樣未來就不會有城市可以回到竹北，如下所示：

		新竹 0	竹南 1	竹北 2	關西 3	竹東 4	
新竹	0	INF	INF	INF	INF	INF	
竹南	1	INF	0	INF	35	19	
竹北	2	INF	INF	INF	INF	INF	distance = 21
關西	3	INF	35	INF	0	12	visited = ['新竹', '竹北', '竹東']
竹東	4	INF	19	INF	12	0	cities = ['新竹', '竹南', '竹北', '關西', '竹東']

❑ 步驟 3，外部迴圈 3

選擇距離竹東最短路徑城市，因為使用串列內建 min( ) 可以獲得路徑最小值，在建立路徑二維陣列時，是將相同城市的路徑設為 0，讀者看對角線 (0, 0) 至 (4, 4) 可以得到上述觀念。所以下一步是先將此竹東對竹東的對角線路徑設為無限大 INF，如下所示：

		新竹 0	竹南 1	竹北 2	關西 3	竹東 4	
新竹	0	INF	INF	INF	INF	INF	
竹南	1	INF	0	INF	35	19	
竹北	2	INF	INF	INF	INF	INF	distance = 21
關西	3	INF	35	INF	0	12	visited = ['新竹', '竹北', '竹東']
竹東	4	INF	19	INF	12	INF	cities = ['新竹', '竹南', '竹北', '關西', '竹東']

由竹東索引 4，可以看到最近距離是 12 公里，可以由此 12 公里推導出這是索引 3 的關西，所以選擇拜訪關西，整個圖形路徑畫面如下：

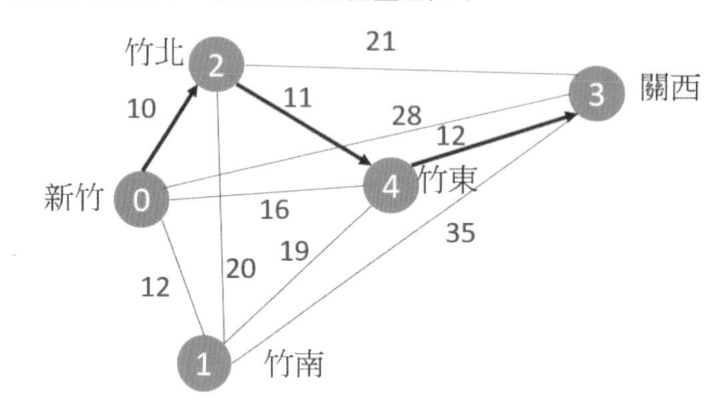

程式內部結構變化，其實還有一個重點是將所有竹東相關路徑設為 INF，這樣未來就不會有城市可以回到竹東，如下所示：

		新竹 0	竹南 1	竹北 2	關西 3	竹東 4	
新竹	0	INF	INF	INF	INF	INF	
竹南	1	INF	0	INF	35	INF	
竹北	2	INF	INF	INF	INF	INF	distance = 33
關西	3	INF	35	INF	0	INF	visited = ['新竹', '竹北', '竹東', '關西']
竹東	4	INF	INF	INF	INF	INF	cities = ['新竹', '竹南', '竹北', '關西', '竹東']

❑ 步驟 4，外部迴圈 4

選擇距離關西最短路徑城市，因為使用串列內建 min( ) 可以獲得路徑最小值，在建立路徑二維陣列時，是將相同城市的路徑設為 0，讀者看對角線 (0, 0) 至 (4, 4) 可以得到上述觀念。所以下一步是先將此關西對關西的對角線路徑設為無限大 INF，如下所示：

		新竹 0	竹南 1	竹北 2	關西 3	竹東 4	
新竹	0	INF	INF	INF	INF	INF	
竹南	1	INF	0	INF	35	INF	
竹北	2	INF	INF	INF	INF	INF	distance = 33
關西	3	INF	35	INF	INF	INF	visited = ['新竹', '竹北', '竹東', '關西']
竹東	4	INF	INF	INF	INF	INF	cities = ['新竹', '竹南', '竹北', '關西', '竹東']

由關西索引 3，可以看到最近距離是 35 公里，可以由此 35 公里推導出這是索引 1 的竹南，所以選擇拜訪竹南，整個圖形路徑畫面如下：

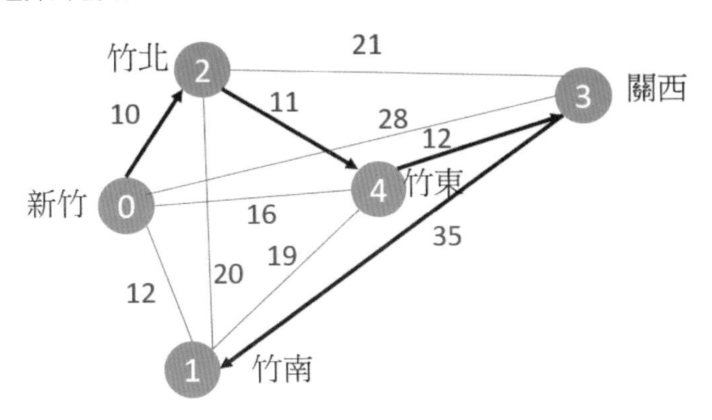

程式實例 ch15_4.py：完成前一小節的演算法。

```
1  # ch15_4.py
2  import math
3  def greedy(graph, cities, start):
4      ''' 貪婪演算法計算業務員旅行 '''
5      visited = []                                  # 儲存已拜訪城市
6      visited.append(start)                         # 儲存起點城市
7      start_i = cities.index(start)                 # 獲得起點城市的索引
8      distance = 0                                  # 旅行距離
9      for outer in range(len(cities) - 1):          # 尋找最近城市
10         graph[start_i][start_i] = math.inf        # 將自己城市距離設為極大值
11         min_dist = min(graph[start_i])            # 找出最短路徑
12         distance += min_dist                      # 更新總路程距離
13         end_i = graph[start_i].index(min_dist)    # 最短距離城市的索引
14         visited.append(cities[end_i])             # 將最短距離城市列入已拜訪
15         for inner in range(len(graph)):           # 將已拜訪城市距離改為極大值
16             graph[start_i][inner] = math.inf
17             graph[inner][start_i] = math.inf
18         start_i = end_i                           # 將下一個城市改為新的起點
19     return distance, visited
20
21 cities = ['新竹', '竹南', '竹北', '關西', '竹東']
22 graph = [[0, 12, 10, 28, 16],
23          [12, 0, 20, 35, 19],
24          [10, 20, 0, 21, 11],
25          [28, 35, 21, 0, 12],
26          [16, 19, 11, 12, 0]
27         ]
28
29 dist, visited = greedy(graph, cities, '新竹')
30 print('拜訪順序 : ', visited)
31 print('拜訪距離 : ', dist)
```

執行結果

```
==================== RESTART: D:\Algorithm\ch15\ch15_4.py ====================
拜訪順序 :  ['新竹', '竹北', '竹東', '關西', '竹南']
拜訪距離 :  68
```

這個程式如果更改起始城市將獲得不一樣的結果，例如：ch15_4_1.py 是從關西當作拜訪起點城市，可以得到下列結果。

```
=================== RESTART: D:/Algorithm/ch15/ch15_4_1.py ===================
拜訪順序 :  ['關西', '竹東', '竹北', '新竹', '竹南']
拜訪距離 :  45
```

15-5 NP-Complete 問題

在學習演算法時，常可以看到有些問題無法透過簡單的演算法獲得解答，這類的問題稱 NP-Complete 問題。

實例 1：15-3 節所述的電台覆蓋的問題，時間複雜度是$O(2^N)$，當電台數達到 30 個時，假設電腦每秒可以處理 100 次組合，也需要約 124 年，才可以得到最佳解答。

實例 2：15-4 節所述的業務員旅行問題，時間複雜度是 O(N!)，當拜訪城市達到 30 個，假設超級電腦每秒可以處理 10 兆個路徑，若想計算每種可能路徑需要 8411 億年，才可以得到解答，所以尋求精確答案是非常困難。

上述實例就是所謂的 NP-Complete 問題，當碰上這類問題時，可以不用尋求最佳解答，這時本章所述使用貪婪演算法計算近似解，就是簡單的最佳解法。

15-6 習題

1. 請擴充設計 ch15_1.py，擴充課程結果如下：

課程名稱	開始時間	下課時間
化學	12:00	13:00
英文	9:00	11:00
數學	8:00	10:00
計概	10:00	12:00
物理	11:00	13:00
會計	08:00	09:00
統計	13:00	14:00
音樂	14:00	15:00
美術	12:00	13:00

```
===================== RESTART: D:/Algorithm/ex/ex15_1.py =====================
所有課程依下課時間排序如下
課程    開始時間    下課時間
會計     8:00        9:00
數學     8:00       10:00
英文     9:00       11:00
計概    10:00       12:00
化學    12:00       13:00
物理    11:00       13:00
美術    12:00       13:00
統計    13:00       14:00
音樂    14:00       15:00
貪婪排課時間如下
課程    開始時間    下課時間
會計     8:00        9:00
英文     9:00       11:00
化學    12:00       13:00
統計    13:00       14:00
音樂    14:00       15:00
```

2. 請擴充修改 ch15_2.py，擴充商品如下：

6：Google 眼鏡：價值 20000 元，重 0.12 公斤。

7：Garmin 手錶：價值 10000 元，重 0.1 公斤。

```
==================== RESTART: D:/Algorithm/ex/ex15_2.py ====================
所有商品依價值排序如下
商品          商品價格    商品重量
Garmin手錶      10000       0.10
Go Pro攝影      12000       0.10
iWatch手錶      15000       0.10
Google眼鏡      20000       0.12
Asus  筆電      35000       0.70
iPhone手機      38000       0.30
Acer  筆電      40000       0.80
貪婪選擇商品如下
商品          商品價格    商品重量
Acer  筆電      40000       0.80
Google眼鏡      20000       0.12
```

3. 請擴充修改 ch15_3.py，新增必須覆蓋花蓮、雲林、台東、南投、苗栗，電台以及廣播區域如下：

電台名稱	廣播區域
電台 1	新竹、台中、嘉義
電台 2	基隆、新竹、台北
電台 3	桃園、台中、台南
電台 4	台中、南投、嘉義
電台 5	台南、高雄、屏東
電台 6	宜蘭、花蓮、台東
電台 7	苗栗、雲林、嘉義、南投

```
=================== RESTART: D:\Algorithm\ch15\ch15_3.py ===================
{'電台 7', '電台 6', '電台 2', '電台 3', '電台 5'}
```

註 執行結果的順序不一定上述相同，這是正常，因為集合特性是沒有順序。

4. 請擴充程式實例 ch15_4.py，由螢幕輸入業務員拜訪的起點城市，然後測試這 5 個城市，列出執行結果。

```
===================== RESTART: D:/Algorithm/ex/ex15_4.py =====================
請輸入開始城市起點 : 新竹
拜訪順序 :  ['新竹', '竹北', '竹東', '關西', '竹南']
拜訪距離 :  68
>>>
===================== RESTART: D:/Algorithm/ex/ex15_4.py =====================
請輸入開始城市起點 : 關西
拜訪順序 :  ['關西', '竹東', '竹北', '新竹', '竹南']
拜訪距離 :  45
>>>
===================== RESTART: D:/Algorithm/ex/ex15_4.py =====================
請輸入開始城市起點 : 竹東
拜訪順序 :  ['竹東', '竹北', '新竹', '竹南', '關西']
拜訪距離 :  68
>>>
===================== RESTART: D:/Algorithm/ex/ex15_4.py =====================
請輸入開始城市起點 : 竹南
拜訪順序 :  ['竹南', '新竹', '竹北', '竹東', '關西']
拜訪距離 :  45
>>>
===================== RESTART: D:/Algorithm/ex/ex15_4.py =====================
請輸入開始城市起點 : 竹北
拜訪順序 :  ['竹北', '新竹', '竹南', '竹東', '關西']
拜訪距離 :  53
```

5. 有一個城市地圖資訊如下：

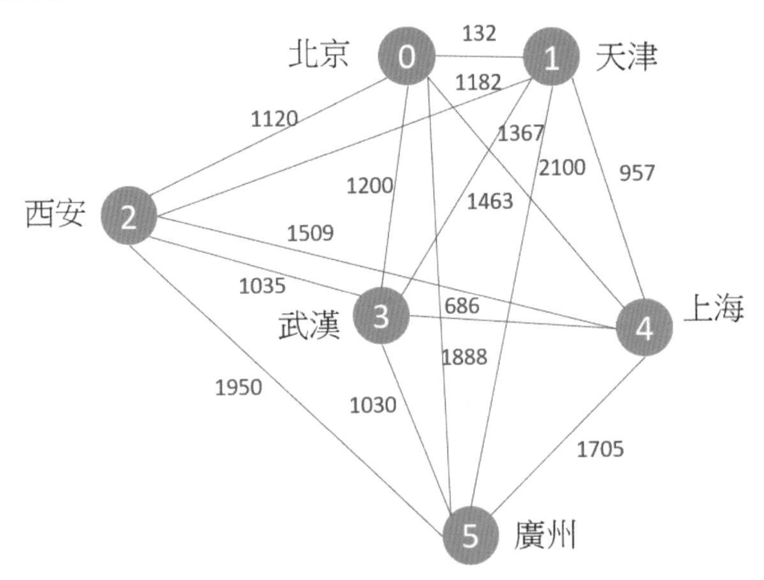

業務員必須拜訪這 6 個城市，請參考 ch15_4_1py 使用貪婪演算法，可以輸入任意起點城市，然後列出最適當的拜訪路線與最後旅行距離。

```
==================== RESTART: D:/Algorithm/ex/ex15_5.py ====================
請輸入開始城市起點 : 北京
拜訪順序 :  ['北京', '天津', '上海', '武漢', '廣州', '西安']
拜訪距離 :  4755
>>>
==================== RESTART: D:/Algorithm/ex/ex15_5.py ====================
請輸入開始城市起點 : 天津
拜訪順序 :  ['天津', '北京', '西安', '武漢', '上海', '廣州']
拜訪距離 :  4678
>>>
==================== RESTART: D:/Algorithm/ex/ex15_5.py ====================
請輸入開始城市起點 : 西安
拜訪順序 :  ['西安', '武漢', '上海', '天津', '北京', '廣州']
拜訪距離 :  4698
>>>
==================== RESTART: D:/Algorithm/ex/ex15_5.py ====================
請輸入開始城市起點 : 武漢
拜訪順序 :  ['武漢', '上海', '天津', '北京', '西安', '廣州']
拜訪距離 :  4845
>>>
==================== RESTART: D:/Algorithm/ex/ex15_5.py ====================
請輸入開始城市起點 : 上海
拜訪順序 :  ['上海', '武漢', '廣州', '北京', '天津', '西安']
拜訪距離 :  4918
>>>
==================== RESTART: D:/Algorithm/ex/ex15_5.py ====================
請輸入開始城市起點 : 廣州
拜訪順序 :  ['廣州', '武漢', '上海', '天津', '北京', '西安']
拜訪距離 :  3925
```

第十六章

動態規劃演算法

這一章主要目的是教導讀者將問題分成子問題，再使用動態規劃解演算法的問題。

16-1 再談背包問題 – 動態規劃演算法

第 15-2 節筆者有說明背包問題使用貪婪演算法處理，貪婪演算法可以很快處理問題，同時獲得近似解，本節筆者將逐步教導讀者獲得更好的解決方案。

為了方便解說，筆者簡化問題將商品適度修改如下：

1：電視：價值 40000 元，重 3 公斤。

2：音響：價值 50000 元，重 4 公斤。

3：筆電：價值 20000 元，重 1 公斤。

背包只能裝 4 公斤的商品，現在想要拿走背包可以裝得下，同時是最高價值的商品。

16-1-1 簡單同時正確的演算法但是耗時

其實一個很簡單的方法是，列出每一種組合，然後將符合背包重量的組合挑出，最後選擇價值最高的組合即可。

- 商品只有 1 件

假設只有電視，有 2 種組合：

組合 1：沒有商品，也就是不帶走商品。

組合 2：帶走電視，相當於帶走價值 40000 元的電視。

- 商品有 2 件

假設有電視和筆電，有 4 種組合：

組合 1：沒有商品，也就是不帶走商品。

組合 2：帶走電視。

組合 3：帶走筆電。

組合 4：帶走電視和筆電。

❑ 商品有 3 件

假設有電視、筆電和音響，有 8 種組合：

組合 1：沒有商品，也就是不帶走商品。

組合 2：帶走電視。

組合 3：帶走筆電。

組合 4：帶走音響。

組合 5：帶走電視和筆電。

組合 6：帶走電視和音響。

組合 7：帶走筆電和音響。

組合 8：帶走電視、筆電和音響。

上述解決方法是從各種組合中挑出可以符合重量需求的組合，然後計算最高價值商品的組合，真是一個簡單易懂的方法。

其實從上面分析，可以知道商品組合是 2^N 問題，所以當商品數量變多時，系統會有執行效率的問題。

1 個項目有 2 個組合。

2 個項目有 4 個組合。

3 個項目有 8 個組合。

4 個項目有 16 個組合。

5 個項目有 32 個組合。

10 個項目有 1024 個組合。

20 個項目有 1048576 個組合。

30 個項目有 1073741824 個組合，約 10 億個組合。

其實若是將商品組合稱是一個集合，上述列出所有商品組合稱是此集合的子集合。下列是筆者使用 Python 程式解上述問題，筆者從簡單程式觀念說起。

程式實例 ch16_1.py：串列內有 a, b, c 等 3 個元素，使用程式設計這個串列元素的子集合 (也可稱所有子集合)。

```
1  # ch16_1.py
2  def subset_generator(data):
3      ''' 子集合生成函數, data須是可迭代物件 '''
4      final_subset = [[]]              # 空集合也算是子集合
5      for item in data:
6          final_subset.extend([subset + [item] for subset in final_subset])
7      return final_subset
8
9
10 data = ['a', 'b', 'c']
11 subset = subset_generator(data)
12 for s in subset:
13     print(s)
```

執行結果

```
==================== RESTART: D:/Algorithm/ch16/ch16_1.py ====================
[]
['a']
['b']
['a', 'b']
['c']
['a', 'c']
['b', 'c']
['a', 'b', 'c']
```

上述的 subset_generator( ) 的參數可以放可迭代物件，即可產生商品的所有子集合組合，表示我們已經設計出所有元素的組合，現在可以參考上述觀念設計背包問題最好的組合。

程式實例 ch16_2.py：實作背包問題最好的組合，計算所有背包組合的價值，再挑出最高價值的組合。

```
1  # ch16_2.py
2  def subset_generator(data):
3      final_subset = [[]]                    # 空集合也算是子集合
4      for item in data:
5          final_subset.extend([subset + [item] for subset in final_subset])
6      return final_subset
7
8  data = ['電視', '音響', '筆電']
9  value = [40000, 50000, 20000]
10 weight = [3, 4, 1]
```

```
11 bags = subset_generator(data)
12 max_value = 0                              # 商品總值
13 for bag in bags:                           # 處理組合商品
14     if bag:                                # 如果不是空集合
15         w_sum = 0                          # 組合商品總重量
16         v_sum = 0                          # 組合商品總價值
17         for b in bag:                      # 拆解商品
18             i = data.index(b)              # 了解商品在data的索引
19             w_sum += weight[i]             # 加總商品數量
20             v_sum += value[i]              # 加總商品價值
21             if w_sum <= 4:                 # 如果商品總重量小於4公斤
22                 if v_sum > max_value:      # 如果總價值大於目前最大價值
23                     max_value = v_sum      # 更新最大價值
24                     product = bag          # 紀錄商品
25
26 print(f'商品組合 = {product},\n商品價值 = {max_value}')
```

執行結果

```
==================== RESTART: D:/Algorithm/ch16/ch16_2.py ====================
商品組合 = ['電視', '筆電'],
商品價值 = 60000
```

16-1-2 動態規劃演算法

上一節所述的方法可以解背包問題，但是碰上資料量多時，會有效率問題，上一章所介紹的貪婪演算法可以得到近似解但不是最好的解答，這一節所介紹的動態規劃演算法則可以得到最好的解答。

	1 公斤	2 公斤	3 公斤	4 公斤
筆電 (N)				
音響 (S)				
電視 (T)				

這一節將從表格開始逐一說明步驟，我們可以為電視、筆電和音響建立下列表格。上述每一個列 (row) 代表一個產品，每一個欄 (column) 代表 1 到 4 公斤的背包。在計算子背包時，我們需要使用上述欄位，表格一開始是空的，當我們逐步填入表格時，最後就可以得到全部解答。

❑ 筆電

第一步是將筆電填入表格，此筆電價值 20000 元，第 1 個欄位是 1 公斤重，可以填入，結果如下：

	1 公斤	2 公斤	3 公斤	4 公斤
筆電 (N)	20000 元 (N)			
音響 (S)				
電視 (T)				

至今我們得到 1 公斤的背包可以獲得最大的價值是 20000 元的筆電，我們可以依此類推將筆電填入 2、3、4 公斤的背包，如下所示。

	1 公斤	2 公斤	3 公斤	4 公斤
筆電 (N)	20000 元 (N)	20000 元 (N)	20000 元 (N)	20000 元 (N)
音響 (S)				
電視 (T)				

就上述第 1 列而言即使是 4 公斤的背包，最大價值是 20000 元。

❑ 音響

現在看第 2 列，這是音響列，表示可以放筆電或音響，這時必須依背包大小放入最有價值的商品。第 1 欄位是 1 公斤重的背包，音響是 4 公斤，裝不下音響所以 1 公斤重的背包最大價值仍是 20000 萬元的筆電。

	1 公斤	2 公斤	3 公斤	4 公斤
筆電 (N)	20000 元 (N)	20000 元 (N)	20000 元 (N)	20000 元 (N)
音響 (S)	20000 元 (N)			
電視 (T)				

對於 2 公斤和 3 公斤的背包而言也是一樣，裝不下 4 公斤重的背包，所以最高價值依舊是 20000 元的筆電。

	1 公斤	2 公斤	3 公斤	4 公斤
筆電 (N)	20000 元 (N)	20000 元 (N)	20000 元 (N)	20000 元 (N)
音響 (S)	20000 元 (N)	20000 元 (N)	20000 元 (N)	
電視 (T)				

對於 4 公斤重的背包而言，可以裝價值 50000 元的音響，所以應該裝音響這樣可以獲得最大價值。

	1 公斤	2 公斤	3 公斤	4 公斤
筆電 (N)	20000 元 (N)	20000 元 (N)	20000 元 (N)	20000 元 (N)
音響 (S)	20000 元 (N)	20000 元 (N)	20000 元 (N)	50000 元 (S)
電視 (T)				

❑ 電視

現在我們放置電視，由於電視是 3 公斤重，無法放入 1 公斤和 2 公斤的背包，所以這 2 個欄位的高價值仍是 20000 元。

	1 公斤	2 公斤	3 公斤	4 公斤
筆電 (N)	20000 元 (N)	20000 元 (N)	20000 元 (N)	20000 元 (N)
音響 (S)	20000 元 (N)	20000 元 (N)	20000 元 (N)	50000 元 (S)
電視 (T)	20000 元 (N)	20000 元 (N)		

對 3 公斤的背包而言，原先可以存放最大價值是 20000 元的筆電，由於電視價值是 40000 元，所以最新 3 公斤重的背包可以放入價值 40000 元的電視，如下所示：

	1 公斤	2 公斤	3 公斤	4 公斤
筆電 (N)	20000 元 (N)	20000 元 (N)	20000 元 (N)	20000 元 (N)
音響 (S)	20000 元 (N)	20000 元 (N)	20000 元	50000 元 (S)
電視 (T)	20000 元 (N)	20000 元 (N)	40000 元 (T)	

對於 4 公斤重的背包而言，目前所放的最大價值是 50000 元的音響，如果放入電視，整個價值比較如下：

50000 元的音響 vs 40000 元的電視

可是電視只有 3 公斤重，所以更正確的考量應該如下：

50000 元的音響 vs (40000 元的電視 + 1 公斤的空間)

這時要考慮什麼商品可以放入此 1 公斤的空間，如下所示：

	1 公斤	2 公斤	3 公斤	4 公斤
筆電 (N)	20000 元 (N)	20000 元 (N)	20000 元 (N)	20000 元 (N)
音響 (S)	20000 元 (N)	20000 元 (N)	20000 元 (N)	50000 元 (S)
電視 (T)	20000 元 (N)	20000 元 (N)	40000 元 (T)	

從上表可知，可以用 20000 元的筆電填入此 1 公斤的背包空間，所以實際考量應該如下：

50000 元的音響 vs (40000 元的電視 + 20000 元的筆電)

下列是最後表格呈現的方式。

	1 公斤	2 公斤	3 公斤	4 公斤
筆電 (N)	20000 元 (N)	20000 元 (N)	20000 元 (N)	20000 元 (N)
音響 (S)	20000 元 (N)	20000 元 (N)	20000 元 (N)	50000 元 (S)
電視 (T)	20000 元 (N)	20000 元 (N)	40000 元 (T)	60000 元 (N+T)

由上述推導，我們可以得到 4 公斤背包可以呈現最大的價值是 60000 元 (N+T)，也就是筆電加電視。處理上述表格時，筆者是用口述，其實在填入所有的表格時，皆是使用下列 2 個公式，然後取最大值。

表格[row][col] = Max [
1 : 先前最大值(表格[row – 1][col])
2 : 目前項目最大值 + 剩餘空間價值
]

↑ 表格[row-1][col-此項目的重量]

16-1-3 動態演算法延伸探討

上述我們獲得了解答，讀者可能會想假設有第 4 樣商品，上述理論是否仍可行，現在我們假設手機價值 25000 元，此手機重 1 公斤。

- 手機

此時表格如下：

	1 公斤	2 公斤	3 公斤	4 公斤
筆電 (N)	20000 元 (N)	20000 元 (N)	20000 元 (N)	20000 元 (N)
音響 (S)	20000 元 (N)	20000 元 (N)	20000 元 (N)	50000 元 (S)
電視 (T)	20000 元 (N)	20000 元 (N)	40000 元 (T)	60000 元 (N+T)
手機 (P)				

對於 1 公斤重的背包而言，手機是 1 公斤重符合放入規則，由於手機價值 25000 元超過原先價值 20000 元的筆電，所以可以在 1 公斤重的背包改放價值 25000 元的手機。

	1 公斤	2 公斤	3 公斤	4 公斤
筆電 (N)	20000 元 (N)	20000 元 (N)	20000 元 (N)	20000 元 (N)
音響 (S)	20000 元 (N)	20000 元 (N)	20000 元 (N)	50000 元 (S)
電視 (T)	20000 元 (N)	20000 元 (N)	40000 元 (T)	60000 元 (N+T)
手機 (P)	25000 元 (P)			

對於 2 公斤重的背包，可以改放筆電 + 手機，此時 2 公斤重的背包獲得價值提升。

	1 公斤	2 公斤	3 公斤	4 公斤
筆電 (N)	20000 元 (N)	20000 元 (N)	20000 元 (N)	20000 元 (N)
音響 (S)	20000 元 (N)	20000 元 (N)	20000 元 (N)	50000 元 (S)
電視 (T)	20000 元 (N)	20000 元 (N)	40000 元 (T)	60000 元 (N+T)
手機 (P)	25000 元 (P)	45000 元 (N+P)		

對於 3 公斤重的背包，可以放價值 45000 元的筆電 + 手機。

	1 公斤	2 公斤	3 公斤	4 公斤
筆電 (N)	20000 元 (N)	20000 元 (N)	20000 元 (N)	20000 元 (N)
音響 (S)	20000 元 (N)	20000 元 (N)	20000 元 (N)	50000 元 (S)
電視 (T)	20000 元 (N)	20000 元 (N)	40000 元 (T)	60000 元 (N+T)
手機 (P)	25000 元 (P)	45000 元 (N+P)	45000 元 (N+P)	

最後 4 公斤背包的考量如下：

60000 元的 (筆電 + 電視) vs (25000 元的手機 + 3 公斤的空間)

這時可以看到先前 3 公斤最高價值是 40000 元 (T)，加上 250000 元 (P)，總價值是 65000 元，高於原先最高價值 60000 元 (N+T)，所以下列是最後結果。

	1 公斤	2 公斤	3 公斤	4 公斤
筆電 (N)	20000 元 (N)	20000 元 (N)	20000 元 (N)	20000 元 (N)
音響 (S)	20000 元 (N)	20000 元 (N)	20000 元 (N)	50000 元 (S)
電視 (T)	20000 元 (N)	20000 元 (N)	40000 元 (T)	60000 元 (N+T)
手機 (P)	25000 元 (P)	45000 元 (N+P)	45000 元 (N+P)	65000 元 (T+P)

上述填入表格的觀念主要是將問題切割成子問題，所以欄位背包重量是以目前最小單位重量作依據，假設商品手機是 0.5 公斤之類，則表格必須為此單位的商品增加符合重量的欄位如下所示：

	0.5	1.0	1.5	2.0	2.5	3.0	3.5	4.0
筆電								
音響								
電視								
手機								

16-1-4 存放順序也不影響結果

下列是筆者更改存放順序的表格。

	1 公斤	2 公斤	3 公斤	4 公斤
音響 (S)	0	0	0	50000 元 (S)
電視 (T)	0	0	40000 元 (T)	50000 元 (S)
筆電 (N)	20000 元 (N)	20000 元 (N)	40000 元 (T)	60000 元 (T+N)

16-1-5 Python 程式實作

程式實例 ch16_3.py：背包問題，這是將下列商品放入 4 公斤背包的，計算最大價值的實作。

1：筆電：價值 20000 元，重 1 公斤。

2：音響：價值 50000 元，重 4 公斤。

3：電視：價值 40000 元，重 3 公斤。

4：手機：價值 25000 元，重 1 公斤。

```
1  # ch16_3.py
2  def knapsack(W, wt, val):
3      ''' 動態規劃演算法 '''
4      n = len(val)
5      table = [[0 for x in range(W + 1)] for x in range(n + 1)]   # 最初化表格
6      for r in range(n + 1):                                     # 填入表格row
7          for c in range(W + 1):                                 # 填入表格column
8              if r == 0 or c == 0:
9                  table[r][c] = 0
10             elif wt[r-1] <= c:
11                 table[r][c] = max(val[r-1] + table[r-1][c-wt[r-1]], table[r-1][c])
12             else:
13                 table[r][c] = table[r-1][c]
14     return table[n][W]
15
16 value = [20000,50000,40000,25000]                               # 商品價值
17 weight = [1, 4, 3, 1]                                           # 商品重量
18 bag_weight = 4                                                  # 背包可容重量
19 print('商品價值 : ', knapsack(bag_weight, weight, value))
```

執行結果

```
==================== RESTART: D:\Algorithm\ch16\ch16_3.py ====================
商品價值 :  65000
```

當然設計上述程式另一個輸出重點是列出所有最高價值的商品，讀者可以在 knapsack( ) 函數內另建一個儲存商品的表格，每個表格元素未來會放置許多商品，所以此表格元素可用串列，至於設計方式將是各位的習題。

16-2 旅遊行程的安排

16-2-1 旅遊行程觀念

筆者想去北京旅行，北京是首都也是文化古城，想去的景點非常多，但是旅遊時間有限，只有 2 天，筆者列了一份清單如下：

景點	時間	點評分數
頤和園	0.5 天	7
天壇	0.5 天	6
故宮	1 天	9
萬里長城	2 天	9
圓明園	0.5 天	8

假設我們計畫在北京旅遊 2 天，這 2 天想逛最多點評總分數，這類問題也可以使用動態規劃演算法計算。

	0.5 天	1 天	1.5 天	2 天
頤和園	7(頤)	7(頤)	7(頤)	7(頤)
天壇	7(頤)	13(頤 + 天)	13(頤 + 天)	13(頤 + 天)
故宮	7(頤)	13(頤 + 天)	16(頤 + 故)	22(頤 + 天 + 故)
萬里長城	7(頤)	13(頤 + 天)	16(頤 + 故)	22(頤 + 天 + 故)
圓明園	8(圓)	15(頤 + 圓)	21(頤 + 天 + 圓)	24(頤 + 故 + 圓)

16-2-2 Python 程式實作

由於在使用串列模擬索引時必須是整數，所以設計程式時，每個欄位必須整數化，程式實作時可以將每個欄位天數乘 2，點評分數則不變，如下所示：

	(0.5*2)=1	(1*2)=2	(1.5*2)=3	(2*2)=4
頤和園	7(頤)	7(頤)	7(頤)	7(頤)
天壇	7(頤)	13(頤 + 天)	13(頤 + 天)	13(頤 + 天)
故宮	7(頤)	13(頤 + 天)	16(頤 + 故)	22(頤 + 天 + 故)
萬里長城	7(頤)	13(頤 + 天)	16(頤 + 故)	22(頤 + 天 + 故)
圓明園	8(圓)	15(頤 + 圓)	21(頤 + 天 + 圓)	24(頤 + 故 + 圓)

程式實例 ch16_4.py：實作前一節的旅遊行程規劃。

```
1  # ch16_4.py
2  def traveling(W, wt, val):
3      ''' 動態規劃演算法 '''
4      n = len(val)
5      table = [[0 for x in range(W + 1)] for x in range(n + 1)]   # 最初化表格
6      for r in range(n + 1):                                      # 填入表格row
7          for c in range(W + 1):                                  # 填入表格column
8              if r == 0 or c == 0:
9                  table[r][c] = 0
10             elif wt[r-1] <= c:
11                 table[r][c] = max(val[r-1] + table[r-1][c-wt[r-1]], table[r-1][c])
12             else:
13                 table[r][c] = table[r-1][c]
14     return table[n][W]
15
16 value = [7, 6, 9, 9, 8]                                         # 旅遊點評分數
17 weight = [1, 1, 2, 4, 1]                                        # 單項景點所需天數
18 travel_weight = 4                                               # 總旅遊天數
19 print('旅遊點評總分 = ', traveling(travel_weight, weight, value))
```

執行結果

```
==================== RESTART: D:/Algorithm/ch16/ch16_4.py ====================
旅遊點評總分 =  24
```

16-3 挖金礦問題

有 10 個人力要去挖金礦，其中有 5 座礦山，假設各個金礦一天產值如下：

礦山 A：每天產值 10 公斤，需要 3 個人力。

礦山 B：每天產值 16 公斤，需要 4 個人力。

礦山 C：每天產值 20 公斤，需要 3 個人力。

礦山 D：每天產值 22 公斤，需要 5 個人力。

礦山 E：每天產值 25 公斤，需要 5 個人力。

接著思考要如何調配人力，以達到每天最大金礦產值。其實這是動態規劃的問題，可以使用下表表達題目。

	1 人	2 人	3 人	4 人	5 人	6 人	7 人	8 人	9 人	10 人
礦山 A										
礦山 B										
礦山 C										
礦山 D										
礦山 E										

讀者可以參考前面觀念填入上述表格內容。

程式實例 ch16_5.py：計算金礦最大產值。

```
1  # ch16_5.py
2  def gold(W, wt, val):
3      ''' 動態規劃演算法 '''
4      n = len(val)
5      table = [[0 for x in range(W + 1)] for x in range(n + 1)]   # 最初化表格
6      for r in range(n + 1):                                       # 填入表格row
7          for c in range(W + 1):                                   # 填入表格column
8              if r == 0 or c == 0:
9                  table[r][c] = 0
10             elif wt[r-1] <= c:
11                 table[r][c] = max(val[r-1] + table[r-1][c-wt[r-1]], table[r-1][c])
12             else:
13                 table[r][c] = table[r-1][c]
14     return table[n][W]
15
16 value = [10, 16, 20, 22, 25]                                     # 金礦產值
17 weight = [3, 4, 3, 5, 5]                                         # 單項金礦所需人力
18 gold_weight = 10                                                 # 總人力
19 print(f'最大產值 = {gold(gold_weight, weight, value)} 公斤')
```

執行結果

```
==================== RESTART: D:\Algorithm\ch16\ch16_5.py ====================
最大產值 = 47 公斤
```

16-4 最長共用子字串

16-4-1 最長共用子字串 (Longest Common Substring)

Word 有拼字檢查功能，如果我們拼字錯誤，Word 的字典會找不到此字，同時推測與輸入類似的單字，這時 Word 就會提出建議單字，一般是建議類似的單字，也就是不同字之間有最長共用子字串的單字。

要處理最長共用子字串，可以使用表格，可以讓整個步驟細節簡單清楚。例如：有 2 個單字分別是 test 和 text，我們可以建立下列表格。

	t	e	s	t
t				
e				
x				
t				

然後將每一列的字母與每一行的字母做比較，如果不相同則填 0，如果相同則填上左上角的值加 1。註：最左上角 (0, 0) 位置，左上角不存在，因為 t 等於 t，這裡填 1。

	t	e	s	t
t	1			
e				
x				
t				

第 0 列的結果如下：

	t	e	s	t
t	1	0	0	1
e				
x				
t				

填滿整個表格之後的結果如下：

	t	e	s	t
t	1	0	0	1
e	0	2	0	0
x	0	0	0	0
t	1	0	0	1

現在表格內的最大值就是最長共用子字串的長度。

程式設計時，處理表格內容的演算法如下：

```
if word1[x] == word2[y]:
    cell[x][y] = cell[x-1][y-1] + 1
else:
    cell[x][y] = 0
```

這個演算法的缺點是最左上角字母相同時，會有問題，所以實際設計程式可以設計下列表格，最左上角先填上 0。

		t	e	s	t
	0				
t					
e					
x					
t					

這時可以得到下列最長子字串表格。

		t	e	s	t
	0	0	0	0	0
t	0	1	0	0	1
e	0	0	2	0	0
x	0	0	0	0	0
t	0	1	0	0	1

程式實例 ch16_6.py：列出最長共用子字串的長度。

```
1  # ch16_6.py
2
3  def longest_common_substring(word1, word2):
4      # 建立表格
5      cell = [[0] * (1 + len(word2)) for i in range (1 + len(word1))]
6      longest = 0                           # 預設最長共用子字串長度
7      for x in range(1, 1 + len(word1)):
8          for y in range(1, 1 + len(word2)):
9              if word1[x-1] == word2[y-1]:
10                 cell[x][y] = cell[x - 1][y - 1] + 1
11                 if cell[x][y] > longest:
12                     longest = cell[x][y]
13     return longest
14 wd1 = 'python'
15 wd2 = 'pythonic'
16 lcs = longest_common_substring(wd1, wd2)
17 print(f"{wd1} 和 {wd2} 的最長共用子字串長度是 {lcs}")
18 wd3 = 'substring'
19 wd4 = 'strings'
20 lcs = longest_common_substring(wd3, wd4)
21 print(f"{wd3} 和 {wd4} 的最長共用子字串長度是 {lcs}")
```

執行結果

```
==================== RESTART: D:\Algorithm\ch16\ch16_6.py ====================
python 和 pythonic 的最長共用子字串長度是 6
substring 和 strings 的最長共用子字串長度是 6
```

上述程式第 5 行是建立表格。如果要輸出最長共用子字串的內容，可以記錄最長共用子字串位置的 x 索引，假設此索引是 x_longest_index，則可以知道最長共用子字串的原先字串切片區間是：

(x_longest_index – longest) : x_longest_index

程式實例 ch16_7.py：輸出最長共用子字串的內容。

```
1  # ch16_7.py
2
3  def longest_common_substring(word1, word2):
4      # 建立表格
5      cell = [[0] * (1 + len(word2)) for i in range (1 + len(word1))]
6      longest = 0                                  # 預設最長共用子字串長度
7      x_longest_index = 0                          # 最長子字串長度的 x 索引
8      for x in range(1, 1 + len(word1)):
9          for y in range(1, 1 + len(word2)):
10             if word1[x-1] == word2[y-1]:
11                 cell[x][y] = cell[x - 1][y - 1] + 1
12                 if cell[x][y] > longest:
13                     longest = cell[x][y]         # 最長共用子字串長度
14                     x_longest_index = x          # 最長子字串長度的 x 索引
15     return word1[x_longest_index - longest:x_longest_index]
16 wd1 = 'python'
17 wd2 = 'pythonic'
18 substr = longest_common_substring(wd1, wd2)
19 print(f"{wd1} 和 {wd2} 的最長共用子字串內容是 {substr}")
20 wd3 = 'substring'
21 wd4 = 'strings'
22 substr = longest_common_substring(wd3, wd4)
23 print(f"{wd3} 和 {wd4} 的最長共用子字串內容是 {substr}")
```

執行結果

```
===================== RESTART: D:\Algorithm\ch16\ch16_7.py =====================
python 和 pythonic 的最長共用子字串內容是 python
substring 和 strings 的最長共用子字串內容是 string
```

16-4-2　最長共用子序列 (Longest Common Subsequence)

請再一次參考輸入 text 和 test 字串的表格，如下所示：

	t	e	s	t
t				
e				
x				
t				

上述 te 是彼此共用的子字串，這兩個單字的第 4 個字母 t 也是相同，只是這不是最長共用子字串。所謂最長共用子序列是指兩個字串共用的字母序列數，即使刪除部分字母，不會改變剩餘字母的相對順序，若是以上述 text 和 test 字串而言，最長共用子序列是 3。

最長共用子序列的演算法是，將每一列的字母與每一行的字母做比較，如果相同則填上左上角的值加 1，如果不相同則取左邊和上方儲存格的最大值。若是以上述 text 和 test 字串為例，所獲得的表格如下：

	t	e	s	t
t	1	1	1	1
e	1	2	2	2
x	1	2	2	2
t	1	2	2	3

程式設計時，處理表格內容的演算法如下：

```
if word1[x] == word2[y]:
    cell[x][y] = cell[x-1][y-1] + 1
else:
    cell[x][y] = max(cell[x-1][y], cell[x][y-1])
```

這個演算法的缺點是最左上角字母相同時，會有問題，所以實際設計程式可以設計下列表格，最左上角先填上 0。

		t	e	s	t
	0				
t					
e					
x					
t					

這時可以得到下列最長子序列表格。

		t	e	s	t
	0	0	0	0	0
t	0	1	1	1	1
e	0	1	2	2	2
x	0	1	2	2	2
t	0	1	2	2	3

程式實例 ch16_8.py：設計最長共用子序列的長度。

```
1  # ch16_8.py
2  
3  def longest_common_substring(word1, word2):
4      # 建立表格
5      cell = [[0] * (1 + len(word2)) for i in range (1 + len(word1))]
6      longest = 0                                  # 預設最長共用子序列長度
7      for x in range(1, 1 + len(word1)):
8          for y in range(1, 1 + len(word2)):
9              if word1[x-1] == word2[y-1]:    # 字母相同
10                 cell[x][y] = cell[x - 1][y - 1] + 1     # 左上方值 +1
11                 if cell[x][y] > longest:
12                     longest = cell[x][y]    # 計算最大值
13             else:
14                 # 取上方與左邊最大值
15                 cell[x][y] = max(cell[x-1][y], cell[x][y-1])
16     return longest
17 wd1 = 'test'
18 wd2 = 'text'
19 lcs = longest_common_substring(wd1, wd2)
20 print(f"{wd1} 和 {wd2} 的最長共用子序列長度是 {lcs}")
21 wd3 = 'abcde'
22 wd4 = 'ace'
23 lcs = longest_common_substring(wd3, wd4)
24 print(f"{wd3} 和 {wd4} 的最長共用子序列長度是 {lcs}")
25 wd5 = 'abc'
26 wd6 = 'def'
27 lcs = longest_common_substring(wd5, wd6)
28 print(f"{wd5} 和 {wd6} 的最長共用子序列長度是 {lcs}")
```

執行結果

```
==================== RESTART: D:\Algorithm\ch16\ch16_8.py ====================
test 和 text 的最長共用子序列長度是 3
abcde 和 ace 的最長共用子序列長度是 3
abc 和 def 的最長共用子序列長度是 0
```

16-5 習題

1. 有一個小偷帶了可容納 5 公斤重的背包進了水果賣場，目前水果市價如下：

A ：釋迦：價值 800 元，重 5 公斤。

B ：西瓜：價值 200 元，重 3 公斤。

C ：玉荷包：價值 600 元，重 2 公斤

D ：蘋果：價值 700 元，重 2 公斤。

E ：黑金剛 (蓮霧)：400 元，重 3 公斤。

F ：番茄：100 元，重 1 公斤。

上述單一水果不可分拆，請參考 ch16_2.py，計算小偷應該如何偷取水果才可以獲得背包容量的最大價值。

```
==================== RESTART: D:/Algorithm/ex/ex16_1.py ====================
商品組合 = ['玉荷包', '蘋果', '番茄'],
商品價值 = 1400
```

2. 請參考 ch16_3.py 的動態規劃觀念重新設計前一個習題。

```
==================== RESTART: D:\Algorithm\ex\ex16_2.py ====================
最高價值 :  1400
商品組合 :  ['番茄', '蘋果', '玉荷包']
```

3. 擴充設計 ch16_3.py，增加輸出最高價值的商品組合。

```
==================== RESTART: D:/Algorithm/ex/ex16_3.py ====================
最高價值 :  65000
商品組合 :  ['手機', '電視']
```

4. 擴充設計 ch16_4.py，增加輸出最高價值旅遊點評地點。

```
==================== RESTART: D:/Algorithm/ex/ex16_4.py ====================
旅遊點評總分 :  24
旅遊景點組合 :  ['圓明園', '故宮', '頤和園']
```

5. 請擴充設計 ch16_5.py，列出應該開挖哪幾個金礦可以有最大產值。

```
==================== RESTART: D:/Algorithm/ex/ex16_5.py ====================
最大產值 = 47 公斤
礦山組合 :  ['礦山 E', '礦山 D']
```

6：組合設計 ch16_6.py 和 ch16_7.py，可以輸出最長共用子字串長度和內容。

```
==================== RESTART: D:\Algorithm\ex\ex16_6.py ====================
python 和 pythonic 的最長共用子字串長度是 6
python 和 pythonic 的最長共用子字串內容是 python
substring 和 strings 的最長共用子字串長度是 6
substring 和 strings 的最長共用子字串內容是 string
```

第十七章
資料加密到資訊安全演算法

本章將從資料安全觀念開始說明，然後介紹加密方法，逐步進入目前熱門的資訊安全演算法。

17-1 資料安全與資料加密

17-1-1 認識資料安全的專有名詞

❑ 竊聽 (wiretap)

傳送方 A(sender) 將資訊傳遞給接收方 B(receiver)，在過程中被駭客 C 截取，這就是稱竊聽。

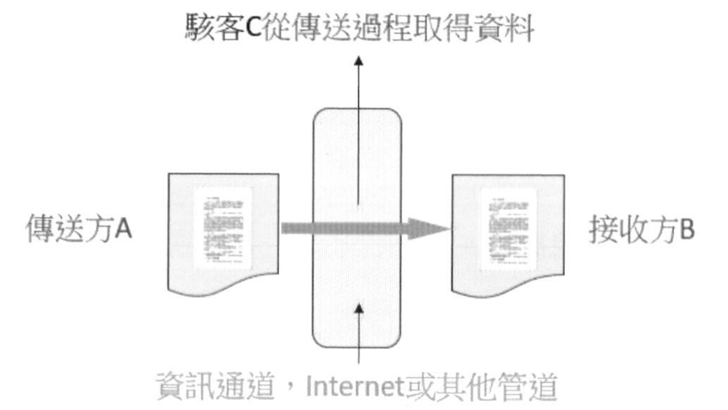

這個問題可以用資料加密方式解決。

❑ 竄改 (tamper)

傳送方 A(sender) 將資訊傳遞給接收方 B(receiver)，在過程中被駭客 C 修改，這就是稱篡改。

駭客C從傳送過程取得與更改資料

傳送方A

接收方B

資訊通道，Internet或其他管道

可以用數位簽章 (17-9 節) 或訊息鑑別碼 (17-8 節) 方式解決。

- 電子詐騙 (E-Fruad)

傳送方 A(sender) 將資訊傳遞給接收方 B(receiver)，在過程中接收方 B 被駭客 C 偽裝。

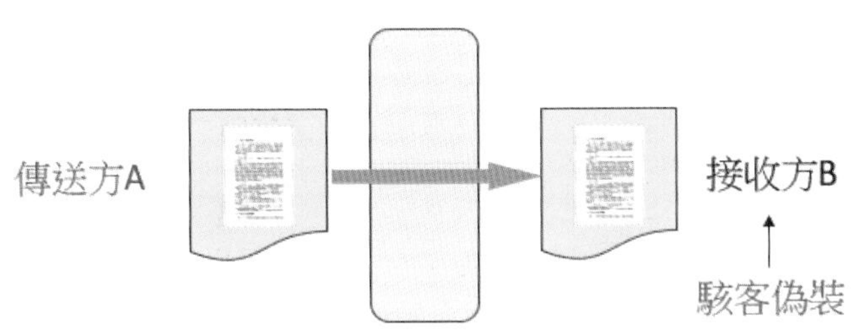

或是傳送方 A(sender) 將資訊傳遞給接收方 B(receiver)，在過程中傳送方 A 被駭客 C 偽裝。

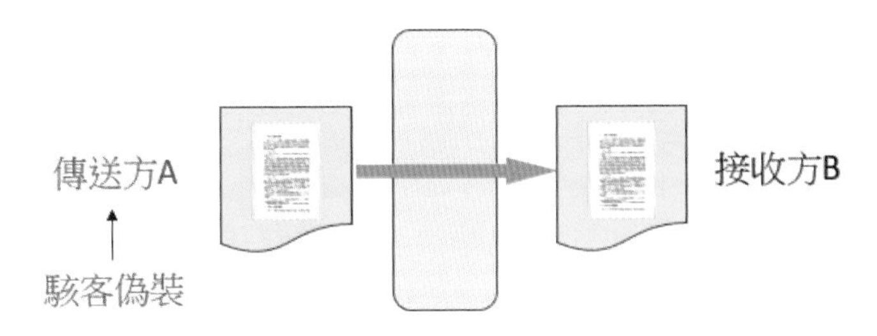

可以用數位簽章或訊息鑑別碼方式解決。

- 拒絕 (repudiation)

傳送方 A(sender) 將合作資訊傳送給接收方 B(receiver)，事後卻說沒有傳遞該資訊，造成糾紛。

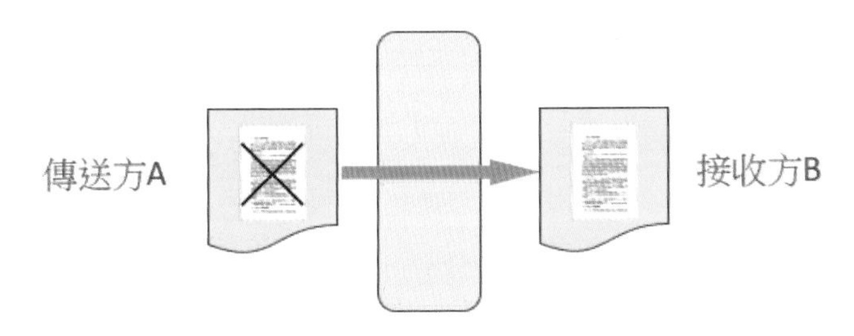

可以用數位簽章方式解決。

17-1-2 加密

電腦時代我們常常使用文字、圖像、多媒體資料，其實這些資料在電腦內部皆是以是 0 或 1 的方式儲存。

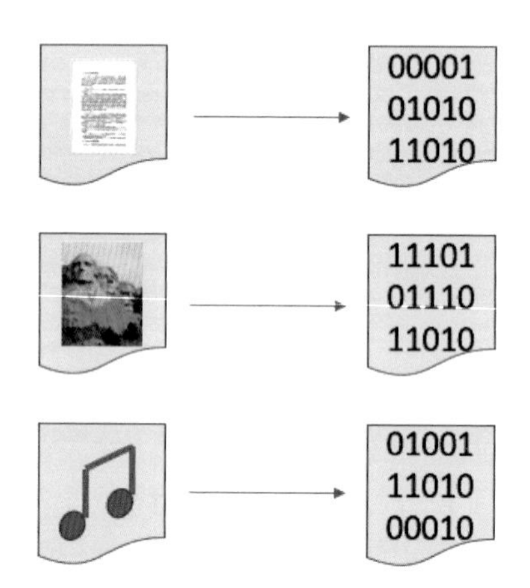

即使是以 0 或 1 的方式儲存，在傳送過程中仍可能被截取使用，本節將講述這方面的基本知識。

如果資料沒有加密我們稱原始文件 (plain text)，資料傳送過程可能出現下列狀況。也就是被駭客取得，駭客可以解讀資料。

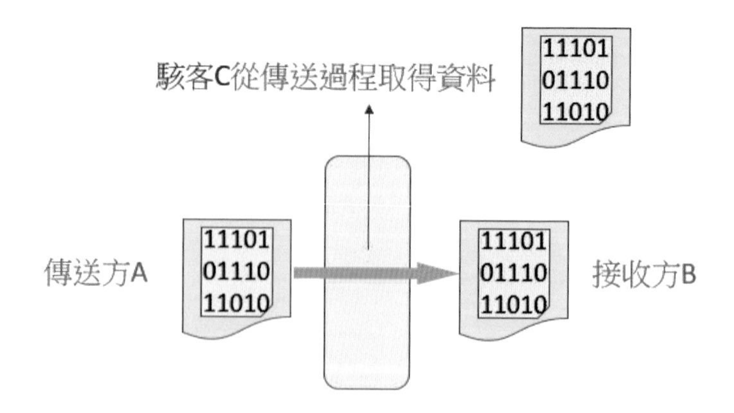

如果將原始文件加密，我們稱此文件為加密文件 (cipher text)，經過加密的文件一般很難解密，所以即使駭客取得資料其實比較沒有關係。未來幾節筆者會介紹一些加密 / 解密的方法，與相關知識。

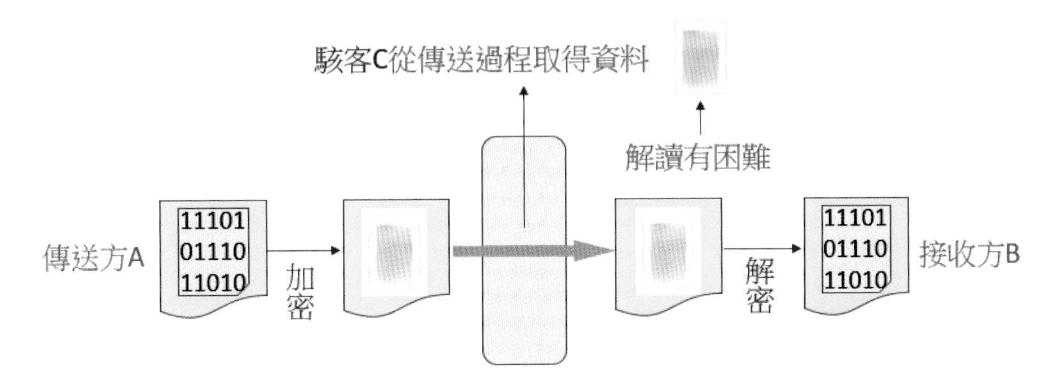

簡單的說加密就是針對數據做一種運算，將數據轉成一般人無法理解的數據，至於採用的運算方法，我們稱之為金鑰 (key)。

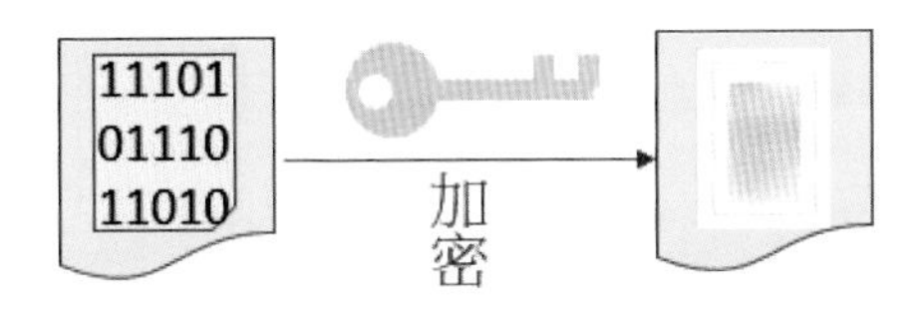

反之解密就是用金鑰 (key) 將數據解成一般人可以理解的數據。

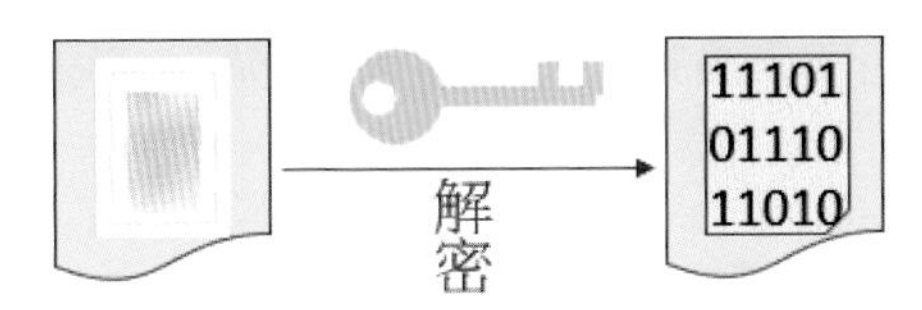

其實我們也可以自己設計金鑰，接下來的小節筆者會教你設計金鑰，也會介紹目前已有可靠的金鑰。其實設計金鑰也稱加密技術，一個好的金鑰是不容易被解的。

17-2 摩斯密碼 (Morse code)

摩斯密碼是美國人艾爾菲德．維爾 (Alfred Vail, 1807 – 1859) 與布里斯．摩斯 (Breese Morse, 1791 – 1872) 在 1836 年發明的，這是一種時通時斷訊號代碼，可以使用無線電訊號傳遞，透過不同的排列組合表達不同的英文子母、數字和標點符號。

其實也可以稱此為一種密碼處理方式，下列是英文字母的摩斯密碼表。

A：.-　B：-…　C：-.-.　D：-..　E：.
F：..-.　G：--.　H：….　I：..　J：.---
K：-.-　L：.-..　M：--　N：-.　O：---
P：.--.　Q：--.-　R：.-.　S：…　T：-
U：..-　V：…-　W：.--　X：-..-　Y：-.—
Z：--..

下列是阿拉伯數字的摩斯密碼表。

1：　.----　2：　..---　3：　…--　4：….-　5：…..
6：-….　7：--…　8：---..　9：----.　10：-----

註 摩斯密碼由一個點 (–) 和一劃 (-) 組成，其中點是一個單位，劃是三個單位。程式設計時，點 (–) 用 . 代替，劃 (-) 用 - 代替。

處理摩斯密碼可以建立字典，再做轉譯。也可以為摩斯密碼建立一個串列或元組，直接使用英文字母 A 的 Unicode 碼值是 65 的特性，將碼值減去 65，就可以獲得此摩斯密碼。

程式實例 ch17_1.py：使用字典建立摩斯密碼，然後輸入一個英文字，這個程式可以輸出摩斯密碼。

```
1  # ch17_1.py
2  morse_code = {'A':'.-', 'B':'-...', 'C':'-.-.','D':'-..','E':'.',
3                'F':'..-.', 'G':'--.', 'H':'....', 'I':'..', 'J':'.---',
4                'K':'-.-', 'L':'.-..','M':'--', 'N':'-.','O':'---',
5                'P':'.--.','Q':'--.-','R':'.-.','S':'...','T':'-',
6                'U':'..-','V':'...-','W':'.--','X':'-..-','Y':'-.--',
7                'Z':'--..'}
8
9  wd = input("請輸入大寫英文字: ")
10 for c in wd:
11     print(morse_code[c])
```

執行結果

```
==================== RESTART: D:/Algorithm/ch17/ch17_1.py ====================
請輸入大寫英文字: ABC
.-
-...
-.-.
```

17-3 凱薩密碼

公元前約 50 年凱薩被公認發明了凱薩密碼，主要是防止部隊傳送的資訊遭到敵方讀取。

凱薩密碼的加密觀念是將每個英文字母往後移，對應至不同字母，只要記住所對應的字母，未來就可以解密。例如：將每個英文字母往後移 3 個次序，實例是將 A 對應 D、B 對應 E、C 對應 F，原先的 X 對應 A、Y 對應 B、Z 對應 C 整個觀念如下所示：

A	B	C	D	…	V	W	X	Y	Z
D	E	F	G	…	Y	Z	A	B	C

所以現在我們需要的就是設計 " ABC … XYZ" 字母可以對應 " DEF … ABC"，可以參考下列實例完成。

或是你讓 " DEF … ABC" 對應 " ABC … XYZ" 也可以。

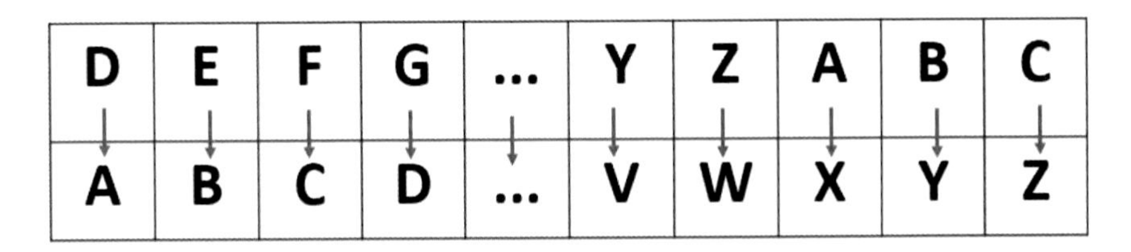

實例 1：建立 ABC … Z 字母的字串，然後使用切片取得前 3 個英文字母，與後 23 個英文字母。最後組合，可以得到新的字母排序。

```
>>> abc = 'ABCDEFGHIJKLMNOPQRSTUVWXYZ'
>>> front3 = abc[:3]
>>> end23 = abc[3:]
>>> subText = end23 + front3
>>> print(subText)
DEFGHIJKLMNOPQRSTUVWXYZABC
```

在 Python 資料結構中，要執行加密可以使用字典的功能，觀念是將原始字元當作鍵 (key)，加密結果當作值 (value)，這樣就可以達到加密的目的，若是要讓字母往前移 3 個字元，相當於要建立下列字典。

```
encrypt = {'a':'d', 'b':'e', 'c':'f', 'd':'g', … , 'x':'a', 'y':'b', 'z':'c'}
```

程式實例 ch17_2.py：設計一個加密程式，使用 "abc" 和 "python" 做測試。

```
1  # ch17_2.py
2  abc = 'abcdefghijklmnopqrstuvwxyz'
3  encry_dict = {}
4  front3 = abc[:3]
5  end23 = abc[3:]
6  subText = end23 + front3
7  encry_dict = dict(zip(abc, subText))      # 建立字典
8  print("列印編碼字典\n", encry_dict)         # 列印字典
9
10 msgTest = input("請輸入原始字串 : ")
11
12 cipher = []
13 for i in msgTest:                          # 執行每個字元加密
14     v = encry_dict[i]                      # 加密
15     cipher.append(v)                       # 加密結果
16 ciphertext = ''.join(cipher)               # 將串列轉成字串
17
18 print("原始字串 ", msgTest)
19 print("加密字串 ", ciphertext)
```

執行結果

```
==================== RESTART: D:/Algorithm/ch17/ch17_2.py ====================
列印編碼字典
 {'a': 'd', 'b': 'e', 'c': 'f', 'd': 'g', 'e': 'h', 'f': 'i', 'g': 'j', 'h': 'k'
, 'i': 'l', 'j': 'm', 'k': 'n', 'l': 'o', 'm': 'p', 'n': 'q', 'o': 'r', 'p': 's'
, 'q': 't', 'r': 'u', 's': 'v', 't': 'w', 'u': 'x', 'v': 'y', 'w': 'z', 'x': 'a'
, 'y': 'b', 'z': 'c'}
請輸入原始字串 : abc
原始字串  abc
加密字串  def
>>>
==================== RESTART: D:/Algorithm/ch17/ch17_2.py ====================
列印編碼字典
 {'a': 'd', 'b': 'e', 'c': 'f', 'd': 'g', 'e': 'h', 'f': 'i', 'g': 'j', 'h': 'k'
, 'i': 'l', 'j': 'm', 'k': 'n', 'l': 'o', 'm': 'p', 'n': 'q', 'o': 'r', 'p': 's'
, 'q': 't', 'r': 'u', 's': 'v', 't': 'w', 'u': 'x', 'v': 'y', 'w': 'z', 'x': 'a'
, 'y': 'b', 'z': 'c'}
請輸入原始字串 : python
原始字串  python
加密字串  sbwkrq
```

對於凱薩密碼而言，也可以使用餘數方式處理加密與解密，首先將字母用數字取代，A=0、B=1、 … Z=25，如果字母位移量是 n，則字母加密方式如下：

$$E_n(x) = (x + n) \bmod 26$$

解密字母如下：

En(x) = (x- n) mod 26

17-4 再談文件加密技術

有一個模組 string，這個模組有一個屬性是 printable，這個屬性可以列出所有 ASCII 的可以列印字元。

```
>>> import string
>>> string.printable
'0123456789abcdefghijklmnopqrstuvwxyzABCDEFGHIJKLMNOPQRSTUVWXYZ!"#$%&\'()*+,-./:
;<=>?@[\\]^_`{|}~ \t\n\r\x0b\x0c'
```

上述字串最大的優點是可以處理所有的文件內容，所以我們在加密編碼時已經可以應用在所有文件。在上述字元中最後幾個是逸出字元，在做編碼加密時我們可以將這些字元排除。

```
>>> abc = string.printable[:-5]
>>> abc
'0123456789abcdefghijklmnopqrstuvwxyzABCDEFGHIJKLMNOPQRSTUVWXYZ!"#$%&\'()*+,-./:
;<=>?@[\\]^_`{|}~ '
```

程式實例 ch17_3.py：設計一個加密函數，然後為字串執行加密，所加密的字串在第 16 行設定，這是 Python 之禪的內容 (可以在 Python Shell 環境輸入 import this" 就可以看到 Python 之禪完整的內容)。

```
 1  # ch17_3.py
 2  import string
 3
 4  def encrypt(text, encryDict):                # 加密文件
 5      cipher = []
 6      for i in text:                           # 執行每個字元加密
 7          v = encryDict[i]                     # 加密
 8          cipher.append(v)                     # 加密結果
 9      return ''.join(cipher)                   # 將串列轉成字串
10
11  abc = string.printable[:-5]                  # 取消不可列印字元
12  subText = abc[-3:] + abc[:-3]                # 加密字串
13  encry_dict = dict(zip(subText, abc))         # 建立字典
14  print("列印編碼字典\n", encry_dict)           # 列印字典
15
16  msg = 'If the implementation is easy to explain, it may be a good idea.'
17  ciphertext = encrypt(msg, encry_dict)
18
19  print("原始字串 ", msg)
20  print("加密字串 ", ciphertext)
```

執行結果

```
===================== RESTART: D:/Algorithm/ch17/ch17_3.py =====================
列印編碼字典
 {'}': '0', '~': '1', ' ': '2', '0': '3', '1': '4', '2': '5', '3': '6', '4': '7'
, '5': '8', '6': '9', '7': 'a', '8': 'b', '9': 'c', 'a': 'd', 'b': 'e', 'c': 'f'
, 'd': 'g', 'e': 'h', 'f': 'i', 'g': 'j', 'h': 'k', 'i': 'l', 'j': 'm', 'k': 'n'
, 'l': 'o', 'm': 'p', 'n': 'q', 'o': 'r', 'p': 's', 'q': 't', 'r': 'u', 's': 'v'
, 't': 'w', 'u': 'x', 'v': 'y', 'w': 'z', 'x': 'A', 'y': 'B', 'z': 'C', 'A': 'D'
, 'B': 'E', 'C': 'F', 'D': 'G', 'E': 'H', 'F': 'I', 'G': 'J', 'H': 'K', 'I': 'L'
, 'J': 'M', 'K': 'N', 'L': 'O', 'M': 'P', 'N': 'Q', 'O': 'R', 'P': 'S', 'Q': 'T'
, 'R': 'U', 'S': 'V', 'T': 'W', 'U': 'X', 'V': 'Y', 'W': 'Z', 'X': '!', 'Y': '"'
, 'Z': '#', '!': '$', '"': '%', '#': '&', '$': "'", '%': '(', '&': ')', "'": '*'
, '(': '+', ')': ',', '*': '-', '+': '.', ',': '/', '-': ':', '.': ';', '/': '<'
, ':': '=', ';': '>', '<': '?', '=': '@', '>': '[', '?': '\\', '@': ']', '[': '^
', '\\': '_', ']': '`', '^': '{', '_': '|', '`': '}', '{': '~', '|': ' '}
原始字串  If the implementation is easy to explain, it may be a good idea.
加密字串  Li2wkh2lpsohphqwdwlrq2lv2hdvB2wr2hAsodlq/2lw2pdB2eh2d2jrrg2lghd;
```

可以加密就可以解密，解密的字典基本上是將加密字典的鍵與值對掉即可，如下所示：至於完整的程式設計將是讀者的習題。

```
decry_dict = dict(zip(abc, subText))
```

17-5 全天下只有你可以解的加密程式？你也可能無法解？

上述加密字元間有一定規律，所以若是碰上高手是可以解此加密規則，如果你想設計一個只有你自己可以解的加密程式，在程式實例 ch17_3.py 第 12 行可以使用下列方式處理。

```
newAbc = abc[:]                    # 產生新字串拷貝
abllist = list(newAbc)             # 字串轉成串列
random.shuffle(abclist)            # 重排串列內容
subText = ''.join(abclist)         # 串列轉成字串
```

上述相當於打亂字元的對應順序，如果你這樣做就必需將上述 subText 儲存至資料庫內，也就是保存字元打亂的順序，否則連你未來也無法解此加密結果。

程式實例 ch17_4.py：無法解的加密程式，這個程式每次執行皆會有不同的加密效果。

```
1  # ch17_4.py
2  import string
3  import random
4  def encrypt(text, encryDict):                # 加密文件
5      cipher = []
6      for i in text:                           # 執行每個字元加密
7          v = encryDict[i]                     # 加密
8          cipher.append(v)                     # 加密結果
9      return ''.join(cipher)                   # 將串列轉成字串
10
11 abc = string.printable[:-5]                  # 取消不可列印字元
12 newAbc = abc[:]                              # 產生新字串拷貝
13 abclist = list(newAbc)                       # 轉成串列
14 random.shuffle(abclist)                      # 打亂串列順序
15 subText = ''.join(abclist)                   # 轉成字串
16 encry_dict = dict(zip(subText, abc))         # 建立字典
17 print("列印編碼字典\n", encry_dict)           # 列印字典
18
19 msg = 'If the implementation is easy to explain, it may be a good idea.'
20 ciphertext = encrypt(msg, encry_dict)
21
22 print("原始字串 ", msg)
23 print("加密字串 ", ciphertext)
```

執行結果

```
==================== RESTART: D:/Algorithm/ch17/ch17_4.py ====================
列印編碼字典
 {'-': '0', 'H': '1', 'n': '2', 'M': '3', '7': '4', 'Z': '5', '#': '6', 'y': '7'
, '{': '8', 'V': '9', '"': 'a', 'U': 'b', 'T': 'c', 'S': 'd', 'L': 'e', 'x': 'f'
, 'z': 'g', "'": 'h', '\\': 'i', '(': 'j', 'w': 'k', 'k': 'l', 'q': 'm', '>': 'n
', 'b': 'o', '`': 'p', 's': 'q', 'e': 'r', '$': 's', 'D': 't', '~': 'u', ' ': 'v
', 'E': 'w', '=': 'x', 'm': 'y', ';': 'z', '?': 'A', 'g': 'B', '6': 'C', 'd': 'D
', 'A': 'E', 'v': 'F', 'P': 'G', '+': 'H', '0': 'I', 'o': 'J', '!': 'K', '}': 'L
', '%': 'M', '@': 'N', '^': 'O', 'p': 'P', ')': 'Q', '_': 'R', ':': 'S', ',': 'T
', 'u': 'U', 'G': 'V', 'K': 'W', 'C': 'X', 'O': 'Y', '2': 'Z', 'Y': '!', 'i': '"
', '5': '#', '4': '$', '9': '%', ']': '&', 'J': "'", 'j': '(', 'r': ')', '[': '*
', 'a': '+', 'c': ',', '.': '-', 'f': '.', 'F': '/', 'R': ':', 'I': ';', '<': '<
', 'X': '=', '*': '>', '/': '?', '3': '@', 't': '[', '1': '\\', '|': ']', 'B': '
^', 'N': '_', '&': '`', 'W': '{', '8': '|', 'l': '}', 'Q': '~', 'h': ' '}
原始字串  If the implementation is easy to explain, it may be a good idea.
加密字串  ;.v[ rv"yP}ryr2[+["J2v"qvr+q7v[JvrfP}+"2Tv"[vy+7vorv+vBJJDv"Dr+-
```

17-6 雜湊函數與 SHA 家族

17-6-1 再談雜湊函數

在 8-8 節筆者已有雜湊函數的實例解說，其實雜湊函數更重要功能是將輸入資料轉成固定長度的 16 進位值，這個數值也稱雜湊碼或雜湊值或哈希值，一般長度是 128 位元，有的雜湊函數可以產生 256 為元或更長的位元，當用 16 進位顯示時此雜湊值的長度是 32。可以用下圖想像雜湊函數。

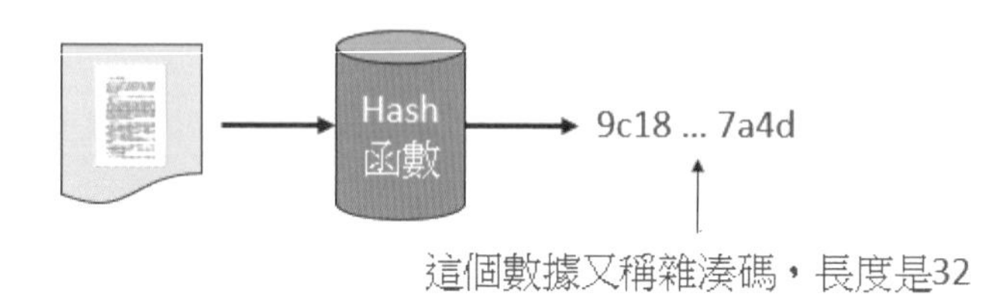

雜湊函數有幾個特色：

1：不論輸入文字長短，所產生的雜湊碼長度一定相同。

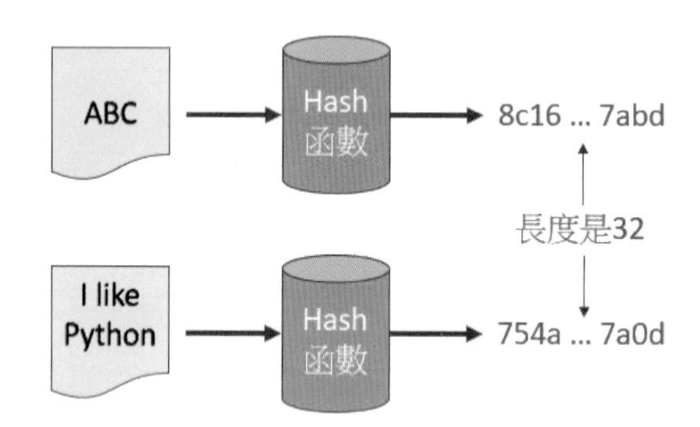

2：輸入相同的文字可以產生相同的雜湊碼。

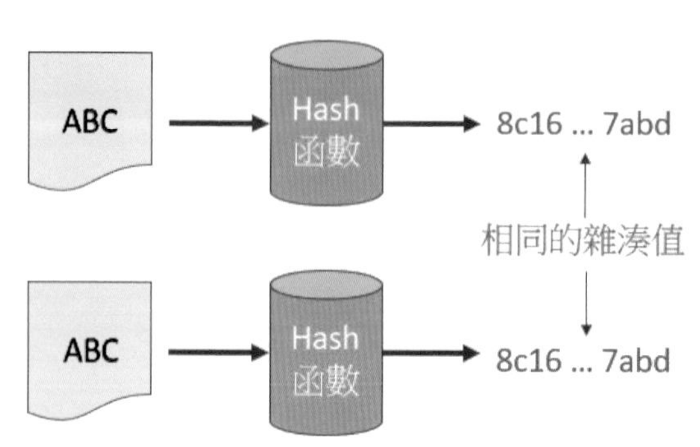

3：即使輸入類似的文字，仍會產生完全無關，差距很大的雜湊碼。

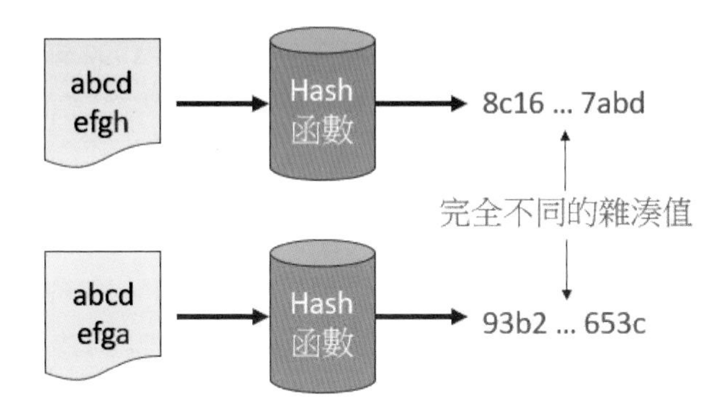

4：無法由雜湊碼逆推原始文字。

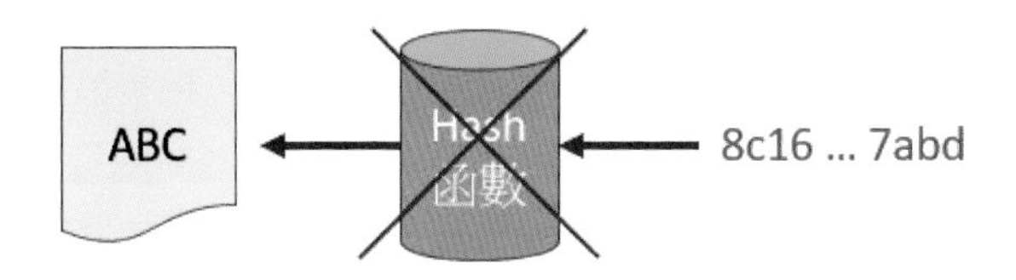

5：相同文字使用不同的雜湊函數將產生不同的雜湊碼。

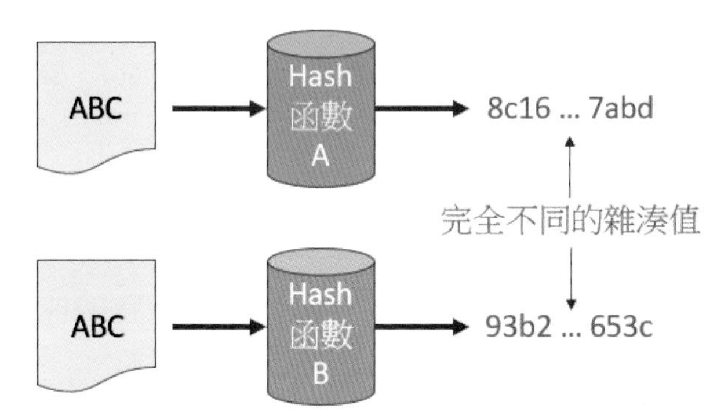

目前一般市面上的商用資料庫系統，當要求使用者建立帳號與密碼時，其實是將使用者所建立的密碼使用雜湊函數產生雜湊值，然後儲存在系統內，即使駭客盜了系統的使用者雜湊值密碼，因為無法逆推原始文字，所以是沒有用的。

當使用者輸入帳號與密碼要進入系統時，系統其實是將密碼轉成雜湊碼，然後與系統的雜湊碼做比對。所以如果我們使用系統忘記密碼，許多情況是需要重設密碼，因為系統並不保留原始密碼文字。

17-6-2　MD5(Message-Digest Algorithm)

Message-Digest Algorithm 可以稱訊息摘要演算法，在 1992 年由美國密碼學家羅納德・李維斯特 (Ronald Linn Rivest) 設計。原理觀念如下：

將一段文字運算變為一個固定 128 位元長度的值。

這是曾經被廣泛使用的密碼雜湊函數，在 1996 年被證實有弱點可以破解，2004 年則被證實 MD5 無法防止碰撞 (collision)，2009 年被中國科學院的謝濤和馮登國破解了碰撞抵抗，不建議使用在安全認證，8-8-1 節所介紹的 md5( ) 方法就是使用此觀念設計的模組函數。

17-6-3　SHA 家族

SHA 的全名是 Secure Hash Algorithm，全名是安全雜湊演算法，這是由美國國家安全局 (National Security Agency，簡稱 NSA) 所設計，並由美國國家標準與技術研究院 (National Institute of Standards and Technology，簡稱 NIST) 發布，SHA 家族演算法主要功能是計算一段資訊所對應固定長度字串的演算法。目前發布的幾個標準版本如下：

- ❑ SHA-0

1993 年發表，當時稱安全雜湊標準 Secure Hash Standard，但是發表後很快被撤回。

- ❑ SHA-1

1995 年發表，許多安全協定中被廣泛使用，例如：TLS、SSL，曾被視為是 MD5 的後繼者，但是在 2000 年後 SHA-1 的安全性已經受到考驗，許多加密場合也不再使用，2017 年則被荷蘭密碼研究小組 CWI 和 Google 破解了碰撞抵抗。

- ❑ SHA-2

2001 年發表，包含了 SHA-224、SHA-256、SHA-384、SHA-512、SHA-512/224、SHA-512/256。這是目前廣泛使用的安全雜湊演算法，至今尚未被破解。

- ❑ SHA-3

2015 年發表，這個演算法並不是要取代 SHA-2，因為目前 SHA-2 並沒有明顯的弱點，也未被攻破。只是 NIST 感覺需要與先前不同的演算法技術而發表。

下列是不同雜湊演算法的函數對比表：

演算法		輸出雜湊值長度	最大輸入訊息長度
MD5		128	無限
SHA-0		160	264 - 1
SHA-1		160	264 - 1
SHA-2	SHA-224	224	264 - 1
	SHA-256	256	264 - 1
	SHA-384	384	2128 - 1
	SHA-512	512	2128 - 1
	SHA-512/224	224	2128 - 1
	SHA-512/256	256	2128 - 1
SHA-3	SHA3-224	224	無限
	SHA3-256	256	無限
	SHA3-384	384	無限
	SHA3-512	512	無限
	SHAKE128	d(arbitary)	無限
	SHAKE256	d(arbitary)	無限

在 ch8_8.py 筆者列出了 import hashlib 模組時，Python 環境可以使用的雜湊函數，其中有 SHA-2 的 sha256( )，這個函數可以輸出 256 位元組的雜湊碼，下列是實例。

程式實例 ch17_5.py：觀察 SHA-2 的 sha256( ) 輸出的雜湊碼。

```
1  # ch17_5.py
2  import hashlib
3
4  data = hashlib.sha256()                                  # 建立data物件
5  data.update(b'Ming-Chi Institute of Technology')         # 更新data物件內容
6
7  print('Hash Value = ', data.hexdigest())
8  print(type(data))                                        # 列出data資料型態
9  print(type(data.hexdigest()))                            # 列出雜湊碼資料型態
```

執行結果

```
==================== RESTART: D:/Algorithm/ch17/ch17_5.py ====================
Hash Value =  76556e296f91785e1c4ffd8f8b9aa88198af9f7e2ab99ee6cd15c0b54cc78985
<class '_hashlib.HASH'>
<class 'str'>
```

其中有 SHA-3 的 sha3_384( )，這個函數可以輸出 384 位元組的雜湊碼，下列是實例。

程式實例 ch17_6.py：觀察 SHA-3 的 sha3_384( ) 輸出的雜湊碼。

```
1  # ch17_6.py
2  import hashlib
3
4  data = hashlib.sha3_384()                                # 建立data物件
5  data.update(b'Ming-Chi Institute of Technology')         # 更新data物件內容
6
7  print('Hash Value = ', data.hexdigest())
8  print(type(data))                                        # 列出data資料型態
9  print(type(data.hexdigest()))                            # 列出雜湊碼資料型態
```

執行結果

```
==================== RESTART: D:/Algorithm/ch17/ch17_6.py ====================
Hash Value =  875593ef12e8c4402b1d83920a5b168b8bad3709eb4b57217d97a44dba54a32aa1
c685aac8875fb339cf2589d2c9a98b
<class '_sha3.sha3_384'>
<class 'str'>
```

在上述敘述筆者有說明即使是非常類似的字串，也可以產生相當不同的雜湊碼，下列是實例。

程式實例 ch17_7.py：使用 sha256( ) 函數測試，2 個類似字串產生完全不同的雜湊碼結果，2 個字串只是第 1 個字母使用大小寫不同的結果。

```
1  # ch17_7.py
2  import hashlib
3
4  data1 = hashlib.sha256()                                 # 建立data物件
5  data1.update(b'Ming-Chi Institute of Technology')        # 更新data物件內容
6  print('Hash Value = ', data1.hexdigest())
7
8  data2 = hashlib.sha256()                                 # 建立data物件
9  data2.update(b'ming-Chi Institute of Technology')        # 更新data物件內容
10 print('Hash Value = ', data2.hexdigest())
```

執行結果

```
==================== RESTART: D:/Algorithm/ch17/ch17_7.py ====================
Hash Value =  76556e296f91785e1c4ffd8f8b9aa88198af9f7e2ab99ee6cd15c0b54cc78985
Hash Value =  dd9ddd4ea2065646c1791f39fb2cdf85f8dddbc6a0aee4f1eb16715b168300af
```

這一小節筆者完全解釋了 SHA 雜湊函數家族，未來讀者若要將資料加密可以多加利用，最後提醒 MD5 和 SHA-1 會有安全疑慮，請盡量使用 SHA-2 的雜湊函數。

程式實例 ch17_8.py：建立一個帳號和密碼，然後將字串密碼使用雜湊函數 sha256( ) 轉成雜湊碼，最後測試帳號。

```
1  # ch17_8.py
2  import hashlib
3
4  def create_password(pwd):
5      data = hashlib.sha256()                          # 建立data物件
6      data.update(pwd.encode('utf-8'))                 # 更新data物件內容
7      return data.hexdigest()
8
9  acc = input('請建立帳號 : ')
10 pwd = input('請輸入密碼 : ')
11 account = {}
12 account[acc] = create_password(pwd)
13
14 print('歡迎進入系統')
15 userid = input('請輸入帳號 : ')
16 password = input('請輸入密碼 : ')
17 if userid in account:
18     if account[userid] == create_password(password):
19         print('歡迎進入系統')
20     else:
21         print('密碼錯誤')
22 else:
23     print('帳號錯誤')
```

執行結果

```
==================== RESTART: D:/Algorithm/ch17/ch17_8.py ====================
請建立帳號 : cshung
請輸入密碼 : 007
歡迎進入系統
請輸入帳號 : k
請輸入密碼 : 007
帳號錯誤
>>>
==================== RESTART: D:/Algorithm/ch17/ch17_8.py ====================
請建立帳號 : cshung
請輸入密碼 : 007
歡迎進入系統
請輸入帳號 : cshung
請輸入密碼 : 008
密碼錯誤
>>>
==================== RESTART: D:/Algorithm/ch17/ch17_8.py ====================
請建立帳號 : cshung
請輸入密碼 : 007
歡迎進入系統
請輸入帳號 : cshung
請輸入密碼 : 007
歡迎進入系統
```

17-7 金鑰密碼

前一節筆者介紹了資料加密的方法，在實務應用上可以將加密與解密分成下列 2 種：

1： 對稱金鑰密碼 (Symmetric-key algorithm)

2： 公開金鑰密碼 (Public-key cryptography)

這一節將分成 2 個小節說明。

17-7-1 對稱金鑰密碼

對稱金鑰密碼演算法又稱對稱加密、私鑰加密或共享加密。這是密碼學的一種加密演算法，基本原則是加密和解密使用相同的密鑰，或是兩者可以簡單相互推算的密鑰。

假設傳送方 A 要傳送文件至接收方 B，如下所示：

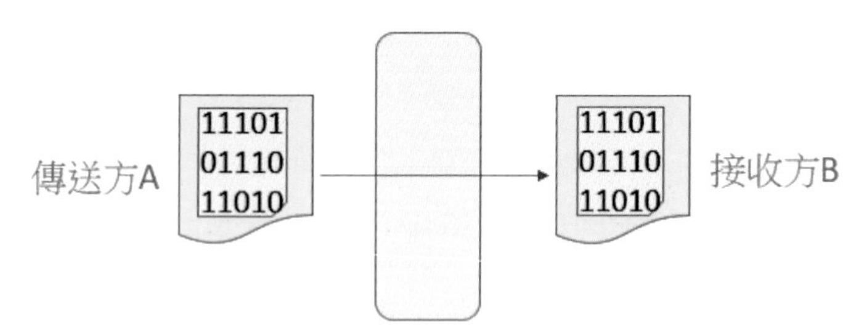

這個文件可能在傳送過程被駭客截取，如下所示：

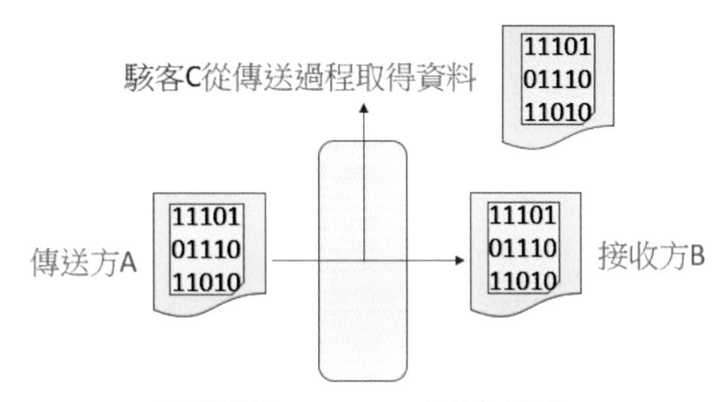

❑ 對稱金鑰密碼系統的優點

當使用對稱金鑰密碼系統，傳送方可以將文件用金鑰加密，接收方可以使用相同的金鑰解密，所以可以順利讀取文件。由於文件已經由金鑰加密，所以不用擔心駭客從 Internet 中取得資料，整個說明可以參考下圖。

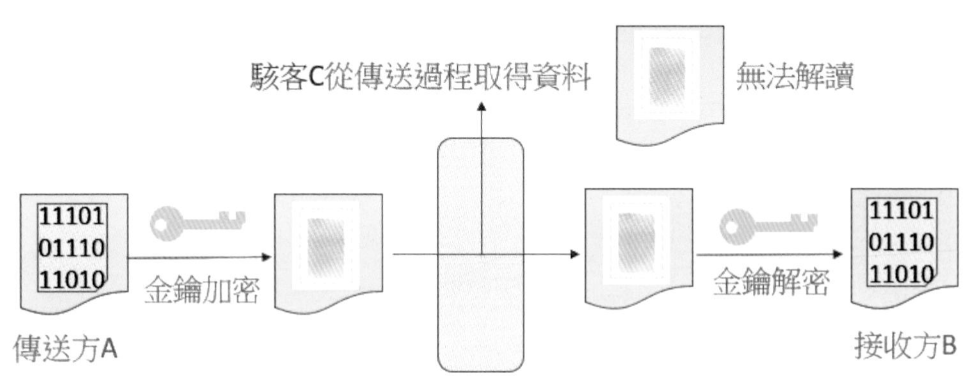

❑ 對稱金鑰密碼系統的問題

假設傳送方 A 過去和接收方 B 沒有直接往來，這時傳送方 A 先傳送金鑰加密過的文件給接收方 B。

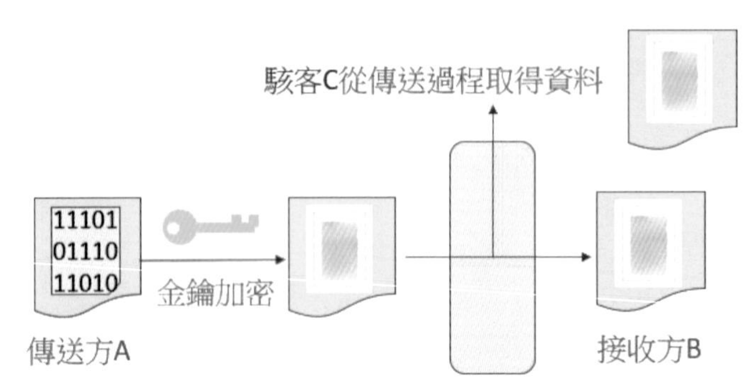

這時接收方 B 和可能從中截取文件的駭客皆取得金鑰加密過的文件，駭客 C 和接收方 B 皆無法讀取。接下來傳送方 A 要傳送金鑰給接收方 B，如下所示：

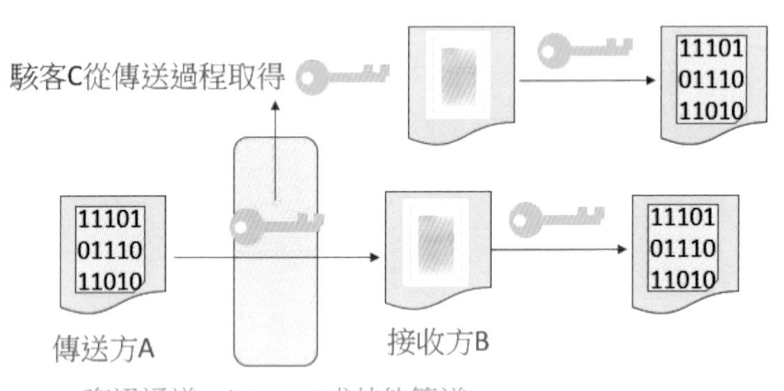

上述雖然接收方 B 可以取得金鑰解讀加密過的文件，現在問題是駭客 C 也可能從傳遞過程取得金鑰，可以解讀先前用金鑰加密的文件。這類問題，我們稱金鑰傳送困難。

❑ 二次世界大戰的恩尼格瑪密碼機 (Enigma)

Enigma 密碼機又稱奇迷機或謎式密碼機，這是使用對稱金鑰密碼系統的密碼機，這個商用版本密碼機在 1932 年先由波蘭科學家根據恩尼格瑪機的原理破解它，但是德國軍方使用的是軍用版本，這個軍用版本最後被英國天才數學家艾倫．圖靈 (Alan

Turing, 1912 - 1945) 領導的小組 (Hut 7) 破解，這對同盟國在二次世界大戰取得軍事情報重大勝利，也加速最終同盟國的勝利。

❑ 圖靈獎 (Turing Award)

這是美國電腦學會在 1966 年開始頒發在計算機領域最最大貢獻的人，這個獎項的地位相當於計算機領域的諾貝爾獎，這個獎項就是紀念以他的名字艾倫．圖靈 (Alan Turing) 而設。

17-7-2 公開金鑰密碼

公開金鑰密碼又稱非對稱式密碼 (Asymmetric cryptography)，這是密碼學的一個演算法，主要是有 2 個金鑰：

公開金鑰：用於加密。

私密金鑰：用於解密。

使用公開金鑰加密的文件，必須使用相對應的私密金鑰才可以解密得到原始文件內容，由於需要使用不同的金鑰，所以稱非對稱加密。

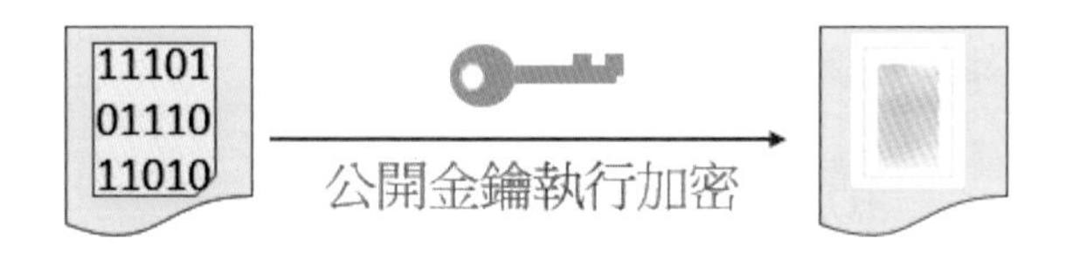

公開金鑰可以公開，但是私密金鑰則是要由使用者自行保管，絕不向外透露即使是可以信任的其他人。目前最常用的公開金鑰演算法是 RSA 演算法，這 1977 年是由發明人羅納德．李維斯特 (Ron Rivest)、阿迪．薩默爾 (Adi Shamir)、倫納德．阿德曼 (Leonard

Adleman) 等 3 人在麻省理工學院工作時共同提出，這個演算法是用他們的姓氏字首而來，他們 3 人在 2002 年獲得圖靈獎。

假設傳送方 A 要將文件傳送給 B，觀念如下：

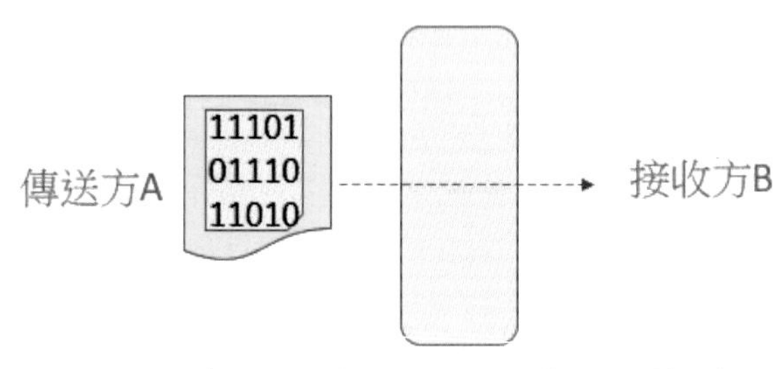

首先接收方 B 要有公開金鑰 (用綠色表示) 和私密金鑰 (用紅色表示)。

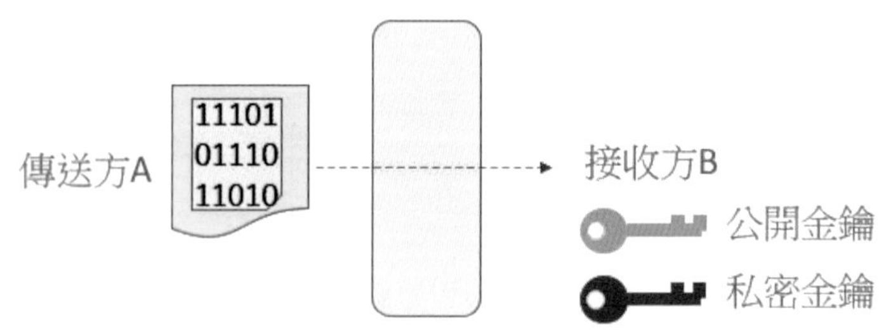

接收方 B 先將公開金鑰給傳送方 A，如下所示：

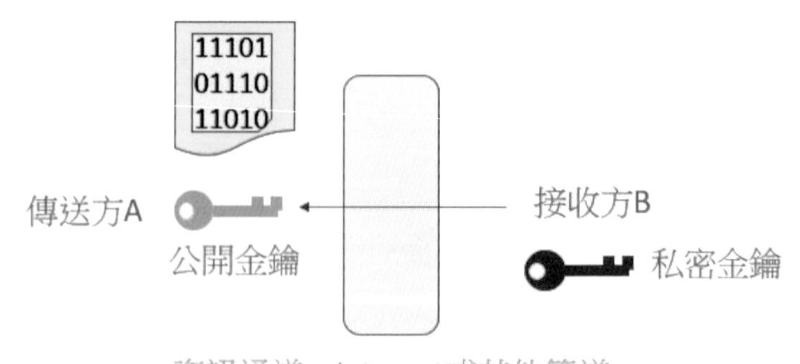

傳送方 A 使用公開金鑰對文件加密，然後將加密後的文件傳送給接收方 B。

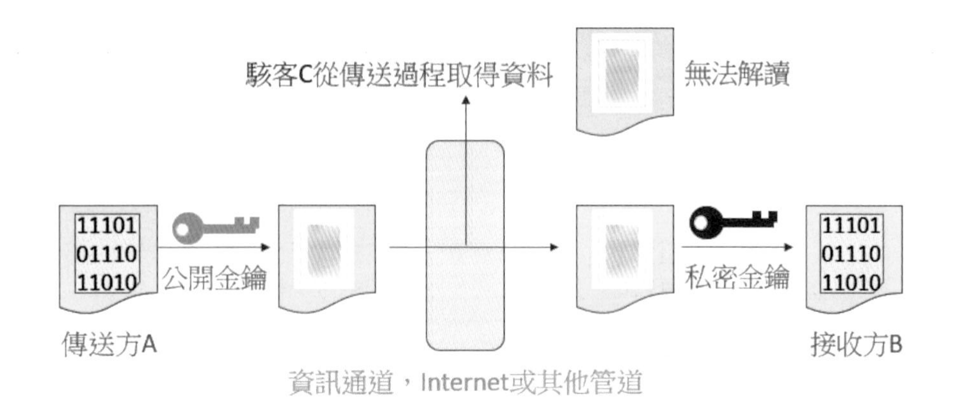

當接收方 B 收到加密文件後可以使用私密金鑰獲知文件內容，在傳送過程駭客 C 即使截取使用公開金鑰加密的文件，因為沒有私密金鑰所以無法解讀文件。

- 公開金鑰的可能問題

傳送方 A 要將文件傳送給接收方 B。

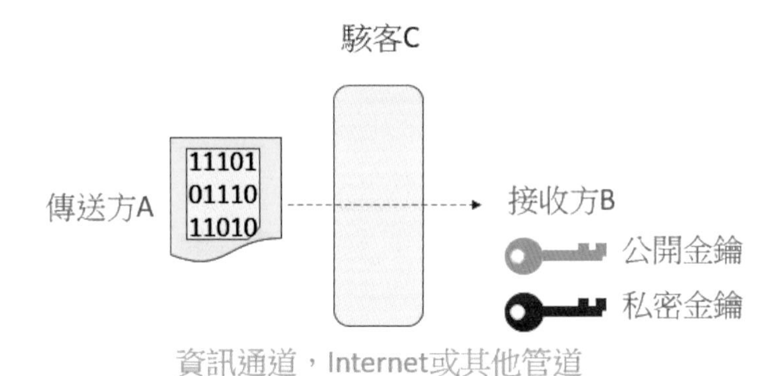

駭客 C 也製作了公開金鑰和私密金鑰。

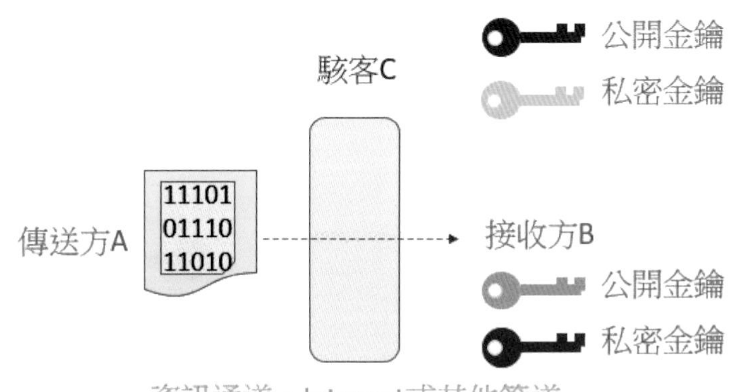

當接收方 B 傳送公開金鑰給傳送方 A 時，如下所示：

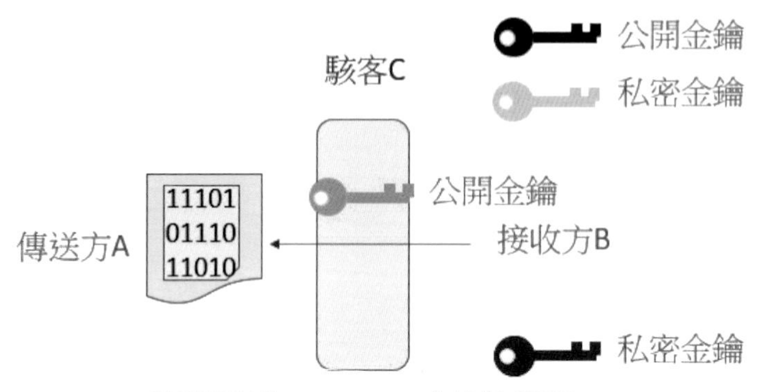

這個公開金鑰被駭客 C 調包。

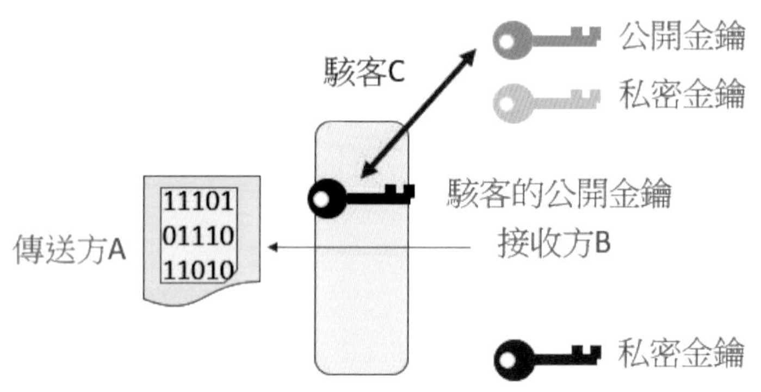

A 收到公開金鑰，因為公開金鑰沒有註明這是誰的，所以 A 不知道已經被調包了。

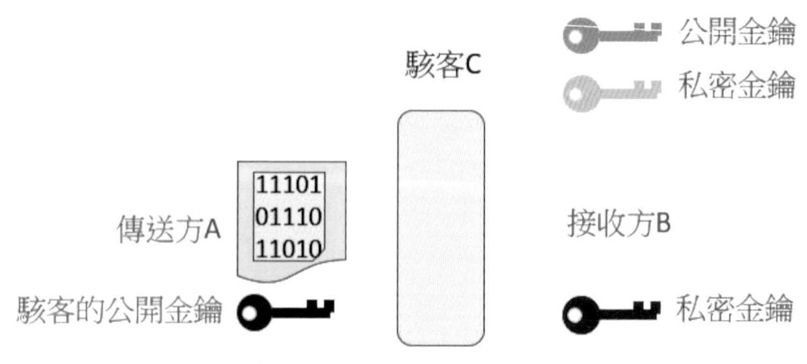

A 使用駭客的公開金鑰為文件加密，然後將加密結果的文件要傳給 B，可是中間被駭客 C 截取。

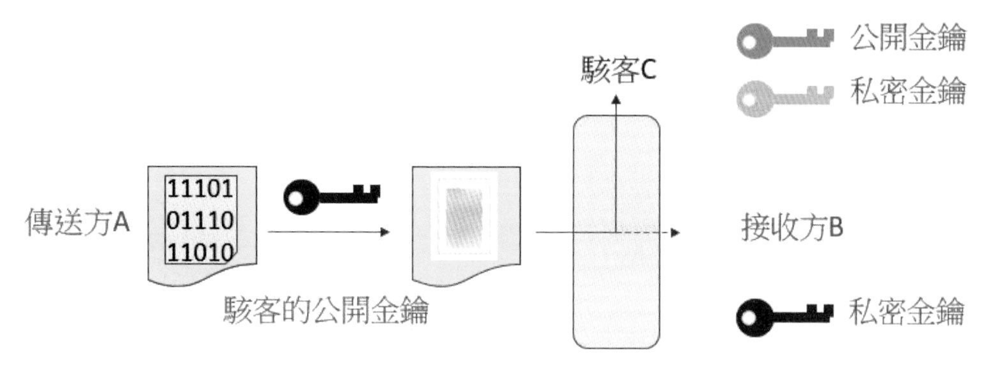

駭客 C 可以用自己的私密金鑰解密，所以駭客 C 獲得了文件內容。

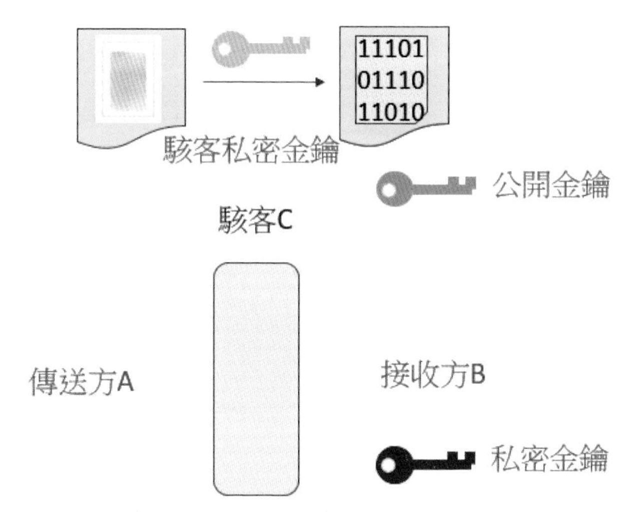

接著駭客 C 使用 B 的公開金鑰為所獲得的文件加密。

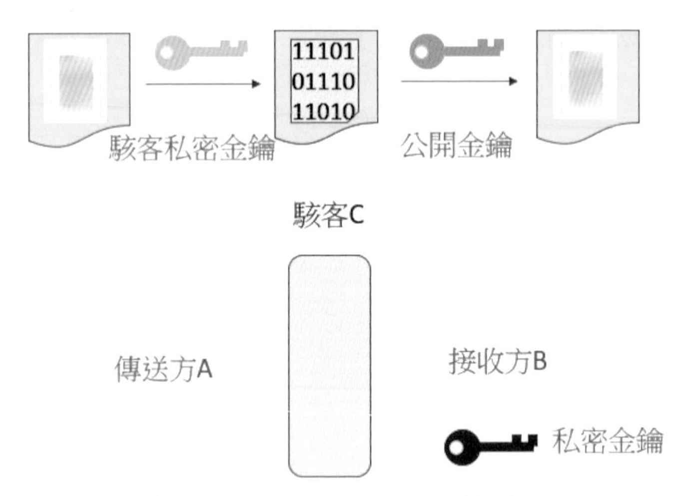

然後駭客 C 將加密文件傳給接收方 B。

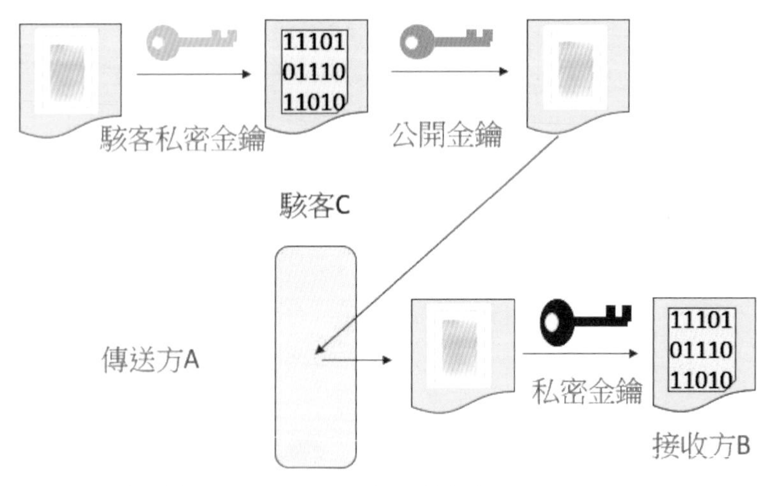

接收方 B 收到加密文件，使用自己的私密金鑰可以解密看到文件完整的內容，但是接收方 B 不知道文件已經被偷窺了。像這種行為在密碼學和電腦安全領域稱中間人攻擊 (Man-in-the-middle attack，簡稱 MITM)，這種攻擊主要是通訊雙方缺乏相互認證，目前大多數的加密協定都有特殊認證方法，以防止被中間人攻擊。例如：SSL 協定可以驗證參與通訊的雙方使用的憑證是否由權威認證機構頒發，同時可以雙向認證，這牽涉數位憑證 (Digital certificate)，將在 17-10 節解說。

17-8 訊息鑑別碼 (Message authentication code)

訊息鑑別碼 (Message authentication code，簡稱 MAC)，也可以稱為訊息認證碼或是檔案訊息鑑別碼。所謂的訊息鑑別碼是指經過特定演算法後產生的一小段資訊，這一小段資訊可以檢查訊息的完整性，也可以作為身份認證。

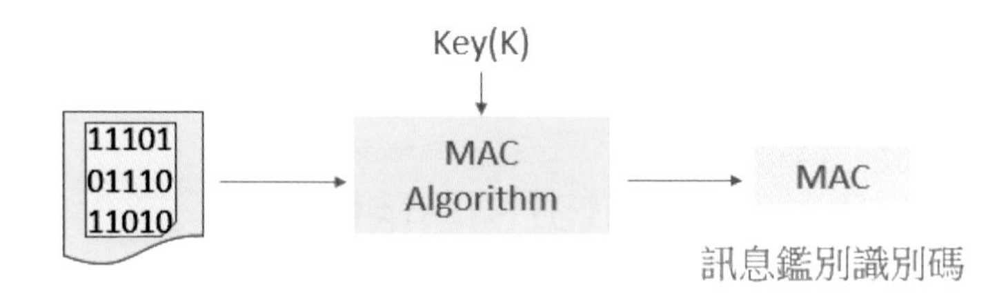

上述計算 MAC 碼的演算法其實也是一個雜湊函數，其實 MAC 碼就是一個雜湊碼，未來傳送文件時可以將訊息鑑別碼 (MAC) 附在文件內傳送。

接收方收到文件後，可以使用演算法計算這段文件的訊息鑑別碼。

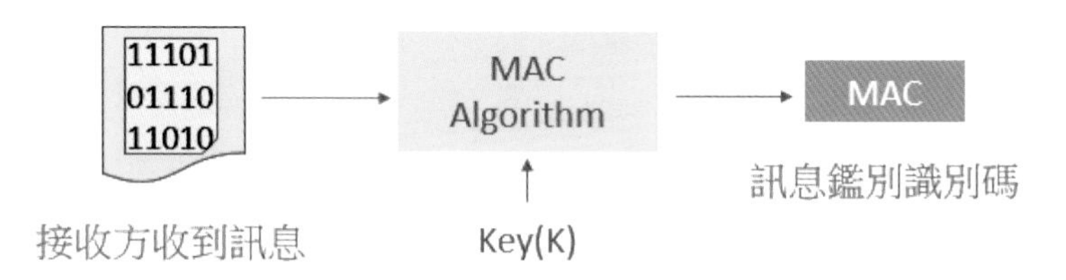

接收方接著比較傳送方的 MAC 與自己計算的 MAC。

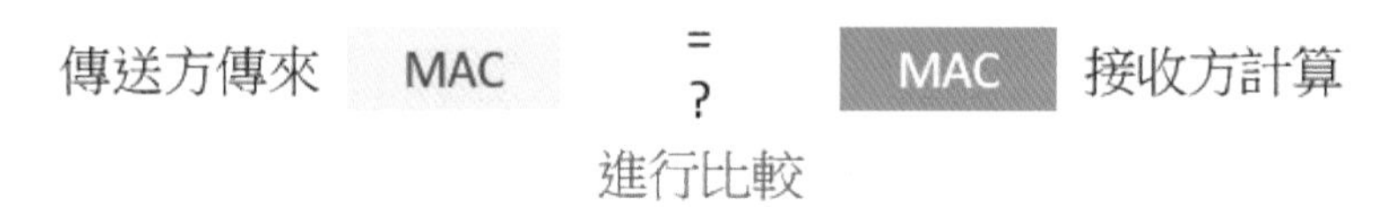

如果得到相同的訊息識別碼 MAC，表示此接收文件是沒有問題，否則表示訊息有被竄改。訊息鑑別碼無法對文件進行保密，所以在使用時也都是先將文件用金鑰加密，然後再計算 MAC 碼。

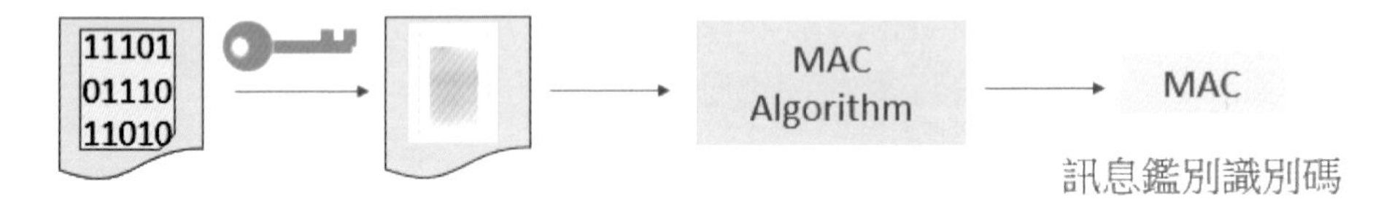

17-9 數位簽章 (Digital Signature)

數位簽章這是一種類似在文件上簽名的技術，簡單說數位簽章是傳送方才能用演算法對文件加密所形成的電子簽章，具有確認身份、驗證訊息完整性以及具有不可抵賴性。數位簽章的製作方式比較特別的是使用私鑰加密，相當於產生簽名或稱數位簽章，使用公鑰解密，相當於驗證簽名或稱驗證數位簽章。

假設 A 要傳送文件給 B。

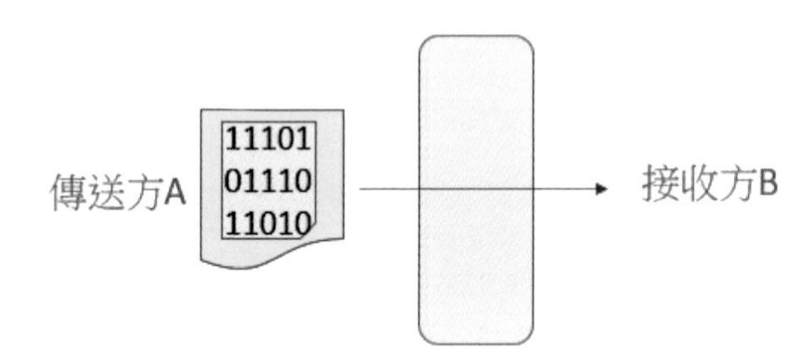

A 在訊息內加上自己才能製作的數位簽章。

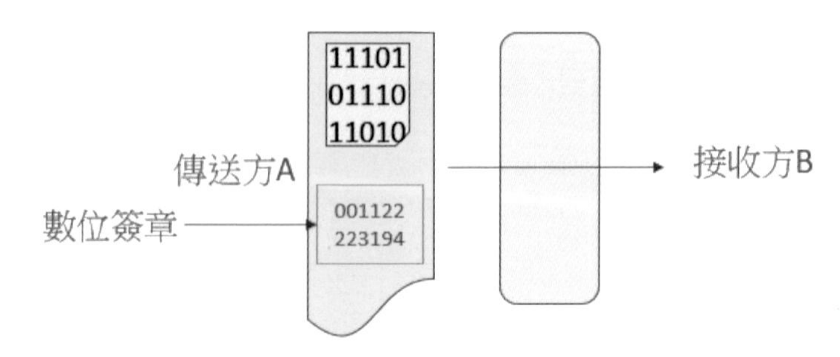

B 收到文件後可以由數位簽章確定是不是由 A 傳送的。

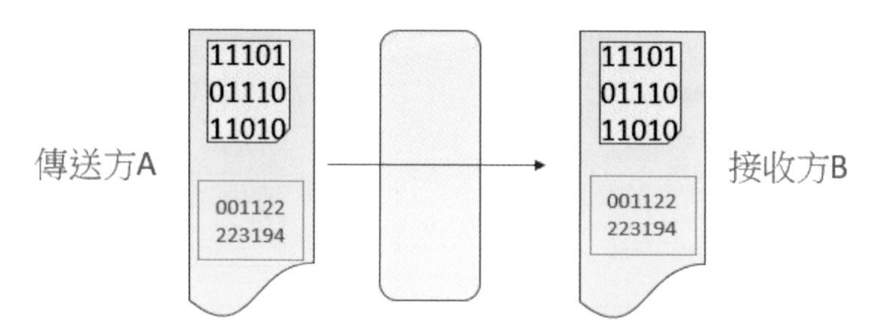

B 是可以驗證數位簽章的真實性，但是無法製作此文件的數位簽章。

接下來看製作數位簽章與傳遞的方式，傳送方 A 必須有公開金鑰與私密金鑰。

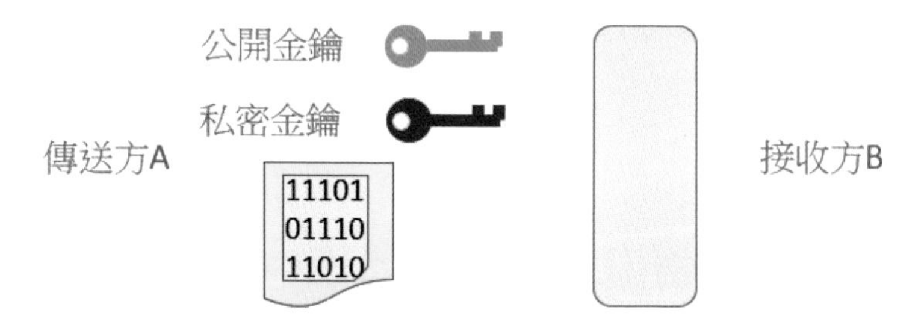

A 將公開金鑰傳送給 B。

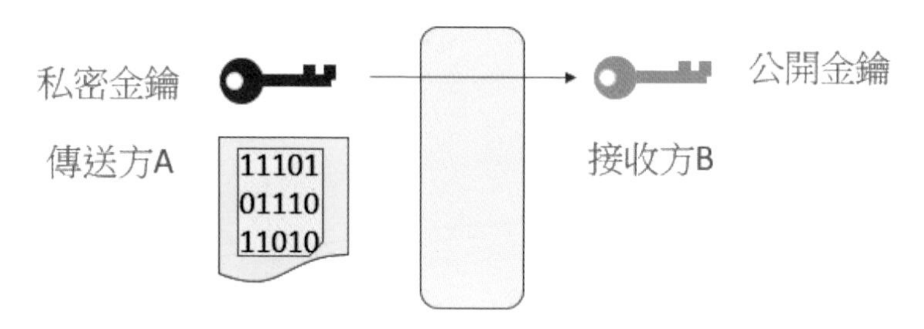

A 用私密金鑰加密，同時文件產生數位簽章。

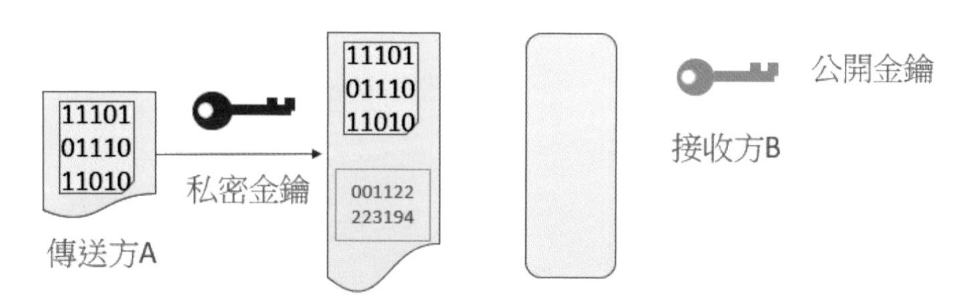

A 將含數位簽章的文件給 B。

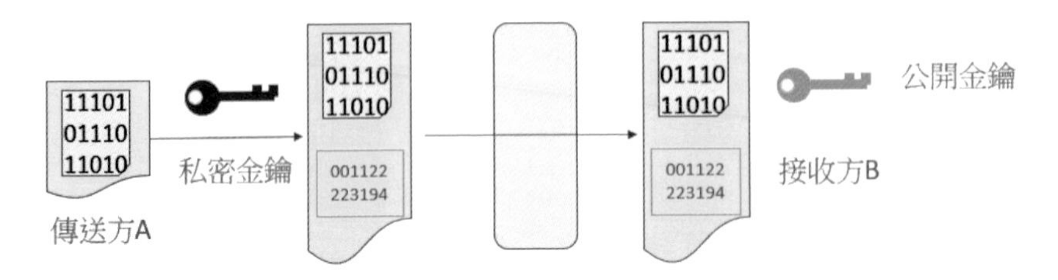

B 使用公開金鑰解密此文件和驗證數位簽章。

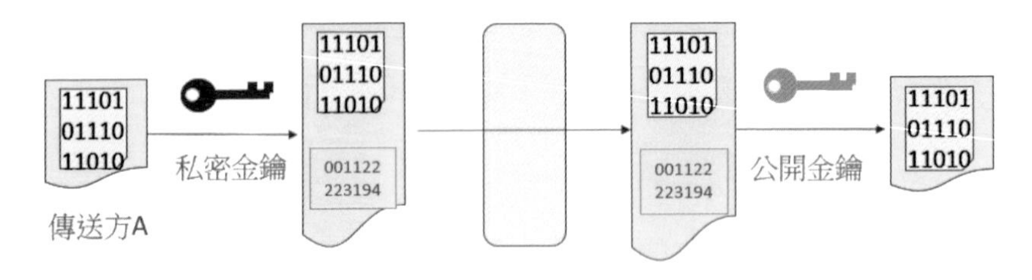

17-10 數位憑證 (Digital certificate)

數位憑證又稱公開金鑰認證 (Public key certificate) 或身份憑證 (Identity certificate)，主要是用來證明使用者身份，可參考下圖。

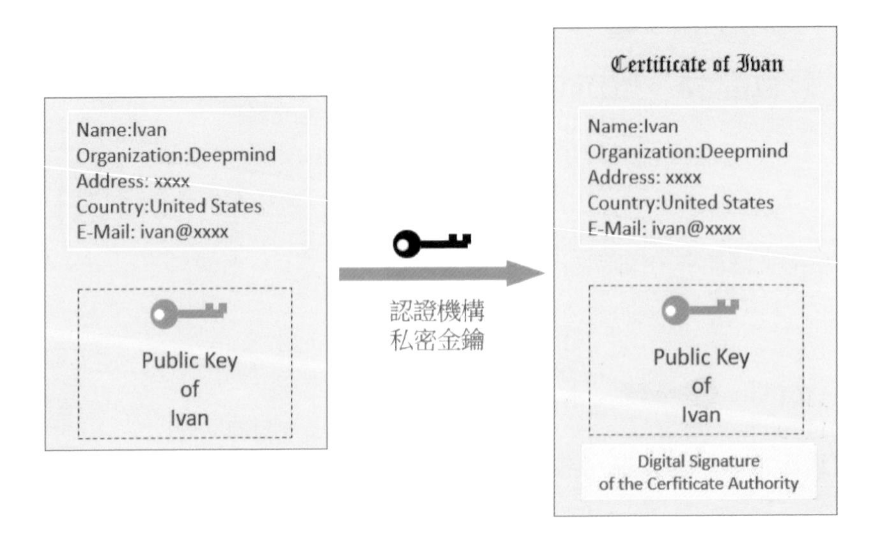

數位簽章和公開金鑰機制最大的問題是無法確定是通訊方身份，所以有一個數位憑證的認證機構 (Certificate authority，簡稱 CA) 對通訊方身份認證，就成了數位安全很重要的部分。擁有數位憑證人，可以憑認證機構給的證明，向其他人表明身份，方便取得一些服務。

❑ 數位憑證取得方式

假設 Ivan 要將公開金鑰給 Peter。

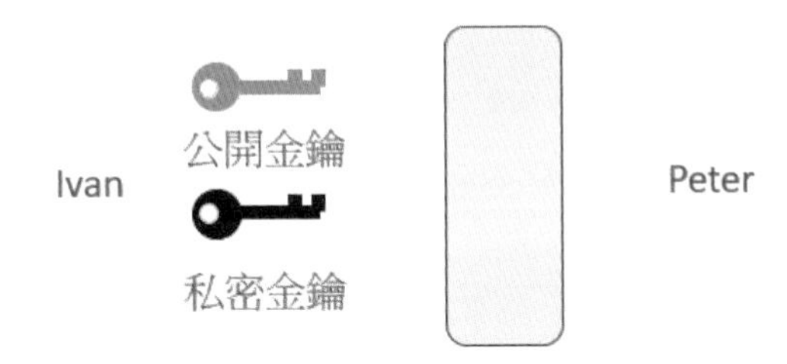

為了向 Peter 證明公開金鑰是自己的，首先 Ivan 要向認證機構取得數位憑證，由認證機構證明公開金鑰 (public key) 是自己。

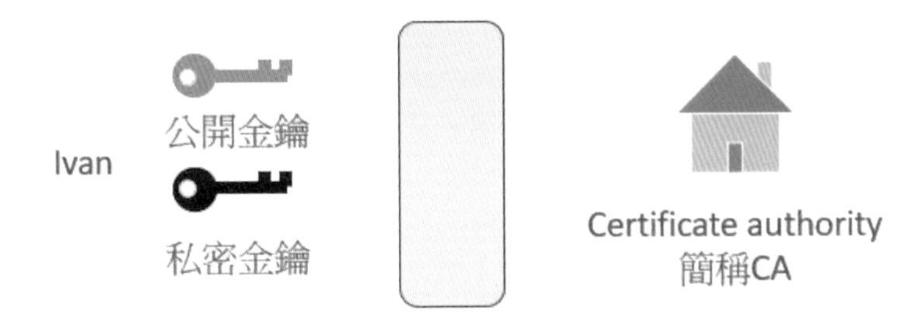

Ivan 必須將個人訊息 (例如：姓名 Name、電子郵件 E-Mail、組織 Organization、地址 Address、國別 Country)、與公開金鑰傳給認證機構。

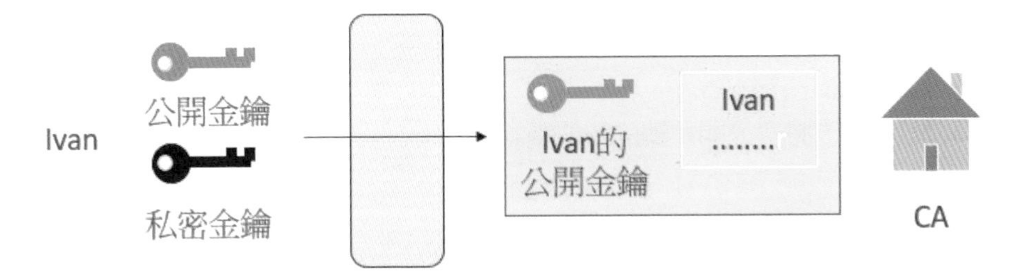

認證機構 CA 確認 Ivan 的身份後，使用認證機構的私密金鑰將 Ivan 所傳來的資訊加密做成含認證機構數位簽章的數位憑證。

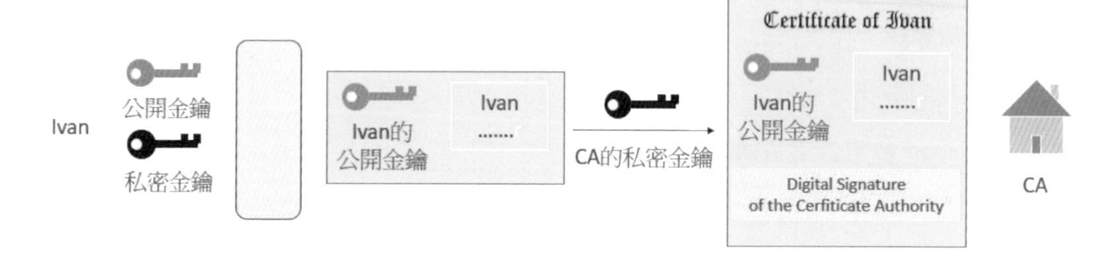

最後認證機構將此數位憑證傳給 Ivan。

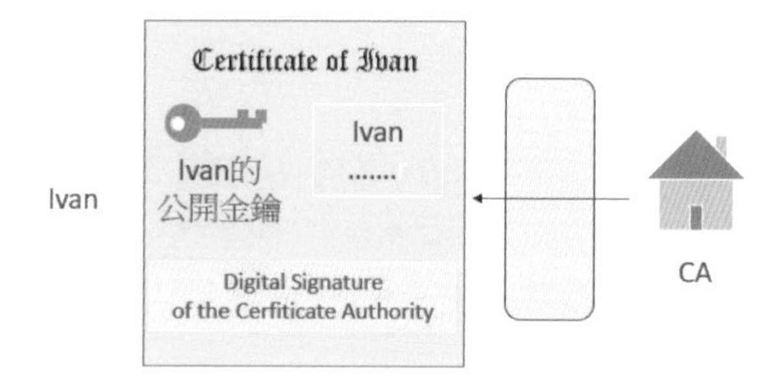

❑ Ivan 將取得數位憑證給 Peter

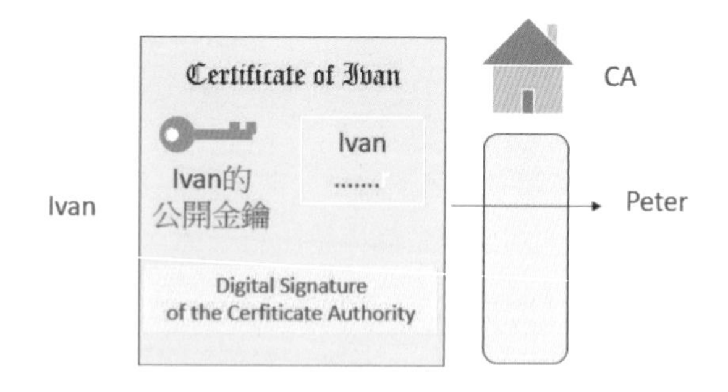

下列是 Ivan 改將含公開金鑰的數位憑證給 Peter。

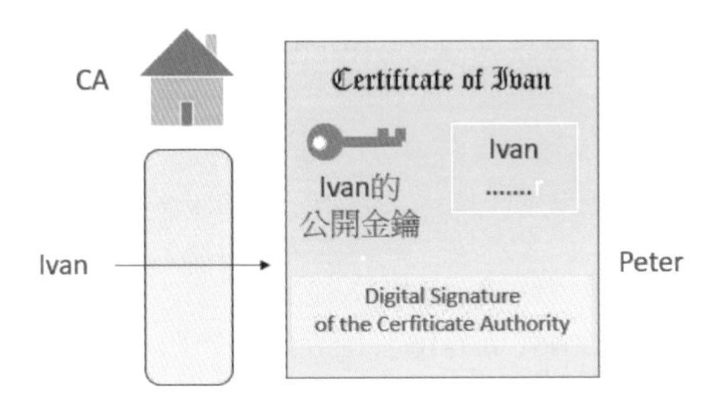

❑ Peter 向認證機構查證

Peter 收到 Ivan 的數位憑證，數位憑證是否是真的，Peter 必須向認證機構查詢，方法是必須取得認證機構的公開金鑰驗證。

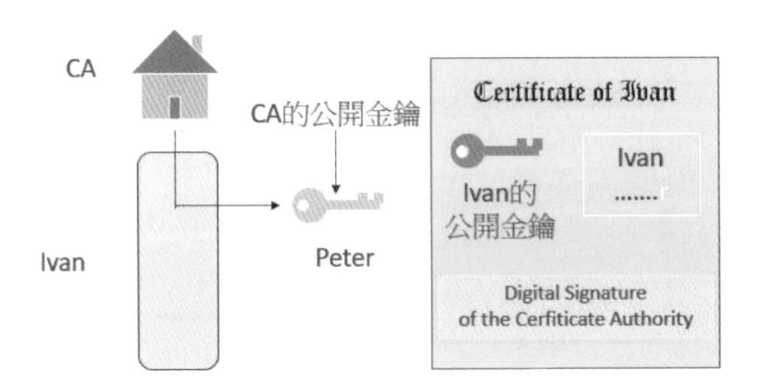

從憑證機構的公開金鑰驗證此數位憑證，如果沒有錯誤，Peter 就可以由此數位憑證中取出 Ivan 的公開金鑰。

17-11 習題

1. 請建立大寫英文字母摩斯字典，然後輸入英文字，可以輸出摩斯密碼。

```
==================== RESTART: D:/Algorithm/ex/ex17_1.py ====================
請輸入大寫英文字: ABC
.-
-...
-.-.
>>>
==================== RESTART: D:/Algorithm/ex/ex17_1.py ====================
請輸入大寫英文字: XYZ
-..-
-.--
--..
```

2. 請擴充 ch17_2.py，處理成可以加密英文大小寫，基本精神是讓 abc 字串是 'abc … xyz ABC … XYZ' 加密成 'def … abc'。另外讓 z 和 A 之間空一格，這是讓空格也執行加密。這時 a 將加密為 d、b 將加密為 e、c 將加密為 f，A 將加密為 D、B 將加密為 E、C 將加密為 F，但是 X 將加密為 a，Y 將加密為 b，Z 將加密為 c。

```
==================== RESTART: D:/Algorithm/ex/ex17_2.py ====================
列印編碼字典
 {'a': 'd', 'b': 'e', 'c': 'f', 'd': 'g', 'e': 'h', 'f': 'i', 'g': 'j', 'h': 'k'
, 'i': 'l', 'j': 'm', 'k': 'n', 'l': 'o', 'm': 'p', 'n': 'q', 'o': 'r', 'p': 's'
, 'q': 't', 'r': 'u', 's': 'v', 't': 'w', 'u': 'x', 'v': 'y', 'w': 'z', 'x': ' '
, 'y': 'A', 'z': 'B', ' ': 'C', 'A': 'D', 'B': 'E', 'C': 'F', 'D': 'G', 'E': 'H'
, 'F': 'I', 'G': 'J', 'H': 'K', 'I': 'L', 'J': 'M', 'K': 'N', 'L': 'O', 'M': 'P'
, 'N': 'Q', 'O': 'R', 'P': 'S', 'Q': 'T', 'R': 'U', 'S': 'V', 'T': 'W', 'U': 'X'
, 'V': 'Y', 'W': 'Z', 'X': 'a', 'Y': 'b', 'Z': 'c'}
請輸入原始字串 : ABCXYZ
原始字串  ABCXYZ
加密字串  DEFabc
>>>
==================== RESTART: D:/Algorithm/ex/ex17_2.py ====================
列印編碼字典
 {'a': 'd', 'b': 'e', 'c': 'f', 'd': 'g', 'e': 'h', 'f': 'i', 'g': 'j', 'h': 'k'
, 'i': 'l', 'j': 'm', 'k': 'n', 'l': 'o', 'm': 'p', 'n': 'q', 'o': 'r', 'p': 's'
, 'q': 't', 'r': 'u', 's': 'v', 't': 'w', 'u': 'x', 'v': 'y', 'w': 'z', 'x': ' '
, 'y': 'A', 'z': 'B', ' ': 'C', 'A': 'D', 'B': 'E', 'C': 'F', 'D': 'G', 'E': 'H'
, 'F': 'I', 'G': 'J', 'H': 'K', 'I': 'L', 'J': 'M', 'K': 'N', 'L': 'O', 'M': 'P'
, 'N': 'Q', 'O': 'R', 'P': 'S', 'Q': 'T', 'R': 'U', 'S': 'V', 'T': 'W', 'U': 'X'
, 'V': 'Y', 'W': 'Z', 'X': 'a', 'Y': 'b', 'Z': 'c'}
請輸入原始字串 : I like Python
原始字串  I like Python
加密字串  LColnhCSAwkrq
```

3. 擴充程式實例 ch17_3.py，多設計一個解密函數，將加密結果字串解密。

```
==================== RESTART: D:/Algorithm/ex/ex17_3.py ====================
列印解碼字典
 {'0': '}', '1': '~', '2': ' ', '3': '0', '4': '1', '5': '2', '6': '3', '7': '4'
, '8': '5', '9': '6', 'a': '7', 'b': '8', 'c': '9', 'd': 'a', 'e': 'b', 'f': 'c'
, 'g': 'd', 'h': 'e', 'i': 'f', 'j': 'g', 'k': 'h', 'l': 'i', 'm': 'j', 'n': 'k'
, 'o': 'l', 'p': 'm', 'q': 'n', 'r': 'o', 's': 'p', 't': 'q', 'u': 'r', 'v': 's'
, 'w': 't', 'x': 'u', 'y': 'v', 'z': 'w', 'A': 'x', 'B': 'y', 'C': 'z', 'D': 'A'
, 'E': 'B', 'F': 'C', 'G': 'D', 'H': 'E', 'I': 'F', 'J': 'G', 'K': 'H', 'L': 'I'
, 'M': 'J', 'N': 'K', 'O': 'L', 'P': 'M', 'Q': 'N', 'R': 'O', 'S': 'P', 'T': 'Q'
, 'U': 'R', 'V': 'S', 'W': 'T', 'X': 'U', 'Y': 'V', 'Z': 'W', '!': 'X', '"': 'Y'
, '#': 'Z', '$': '!', '%': '"', '&': '#', "'": '$', '(': '%', ')': '&', '*': "'"
, '+': '(', ',': ')', '-': '*', '.': '+', '/': ',', ':': '-', ';': '.', '<': '/'
, '=': ':', '>': ';', '?': '<', '@': '=', '[': '>', '\\': '?', ']': '@', '^': '['
, '_': '\\', '`': ']', '{': '^', '|': '_', '}': '`', '~': '{', ' ': '|'}
原始字串  If the implementation is easy to explain, it may be a good idea.
加密字串  Li2wkh2lpsohphqwdwlrq2lv2hdvB2wr2hAsodlq/2lw2pdB2eh2d2jrrg2lghd;
解密字串  If the implementation is easy to explain, it may be a good idea.
```

4. 擴充程式實例 ch17_4.py，多設計一個解密函數，將加密結果字串解密。

```
==================== RESTART: D:/Algorithm/ex/ex17_4.py ====================
列印解碼字典
 {'0': 'V', '1': 'P', '2': '[', '3': '2', '4': 'g', '5': 'w', '6': '~', '7': 'J'
, '8': '3', '9': 'v', 'a': 'Q', 'b': ')', 'c': 'F', 'd': '8', 'e': 's', 'f': '"'
, 'g': 'G', 'h': 'o', 'i': '`', 'j': 'K', 'k': '9', 'l': 'a', 'm': '%', 'n': ','
, 'o': 'n', 'p': 'k', 'q': 'p', 'r': '#', 's': '/', 't': '$', 'u': 'u', 'v': 'l'
, 'w': '}', 'x': '+', 'y': 'm', 'z': ';', 'A': "'", 'B': '\\', 'C': 'z', 'D': 'B
', 'E': 'i', 'F': 'j', 'G': 'f', 'H': '=', 'I': '0', 'J': 'A', 'K': ':', 'L': 'Y
', 'M': 'e', 'N': 'S', 'O': '>', 'P': '<', 'Q': '6', 'R': 'C', 'S': 'T', 'T': '*
', 'U': 'y', 'V': 'x', 'W': 'I', 'X': '^', 'Y': '!', 'Z': '(', '!': 'L', '"': '{
', '#': '5', '$': '-', '%': '7', '&': 'c', "'": 'U', '(': 'd', ')': 'h', '*': 'b
', '+': ' ', ',': 'q', '-': 'R', '.': 'W', '/': 'E', ':': '|', ';': 'H', '<': 't
', '=': '?', '>': '@', '?': '4', '@': 'O', '[': '_', '\\': 'M', ']': 'l', '^': '
N', '_': 'X', '`': '.', '{': 'r', '|': ']', '}': '&', '~': 'Z', ' ': 'D'}
原始字串  If the implementation is easy to explain, it may be a good idea.
加密字串  WG+<)M+Eyq]MyMo<l<Eho+Ee+MleU+<h+MVq]lEon+E<+ylU+*M+l+4hh(+E(Ml`
解密字串  If the implementation is easy to explain, it may be a good idea.
```

5. 使用相同的字串：

Ming-Chi Institute of Technology

分別用不同的雜湊函數 md5( )、sha256( )、sha512( ) 執行加密處理，最後列出雜湊值。

```
==================== RESTART: D:/Algorithm/ex/ex17_5.py ====================
md5    =  a99b82d55f9039e73c32be18fb8956e8
sha256 =  76556e296f91785e1c4ffd8f8b9aa88198af9f7e2ab99ee6cd15c0b54cc78985
sha512 =  cf287a5ef6e5ecc02c0c88c0973e62dc993b4ac073e252ead8e48c61fe7d3f1f98f535
b6176b2e65c7da0e7d7018c008ff522996d42bc962d93d9d0a824125d1
```

第十八章

人工智慧破冰之旅 -KNN 和 K-means 演算法演算法

18-1 將畢氏定理應用在性向測試

18-2 電影分類

18-3 選舉造勢與銷售烤香腸

18-4 K-means 演算法

18-5 習題

KNN 的全名是 K-Nearest Neighbor，中文可以翻譯為 K- 近鄰演算法或最近鄰居法，這是一種用於分類和迴歸的統計方法，本章筆者將知識化成淺顯的觀念，用最白話方式講解將此演算法應用在人工智慧基礎。

18-1 將畢氏定理應用在性向測試

18-1-1 問題核心分析

有一家公司的人力部門錄取了一位新進員工，同時為新進員工做了英文和社會的性向測驗，這位新進員工的得分，分別是英文 60 分、社會 55 分。

公司的編輯部門有人力需求，參考過去編輯部門員工的性向測驗，英文是 80 分，社會是 60 分。

行銷部門也有人力需求，參考過去行銷部門員工的性向測驗，英文是 40 分，社會是 80 分。

如果你是主管，應該將新進員工先轉給哪一個部門？

這類問題可以使用座標軸做分析，我們可以將 x 軸定義為英文，y 軸定義為社會，整個座標說明如下：

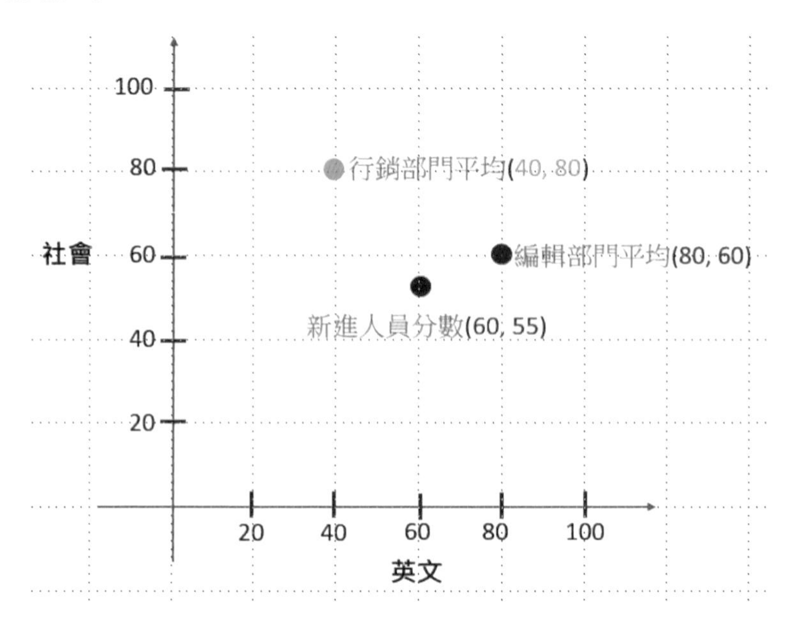

這時可以使用新進人員的分數點比較靠近哪一個部門平均分數點，然後將此新進人員安插至性向比較接近的部門。

18-1-2 數據運算

❑ 計算新進人員分數和編輯部門平均分數的距離

可以使用畢氏定理執行新進人員分數與編輯部門平均分數的距離分析：

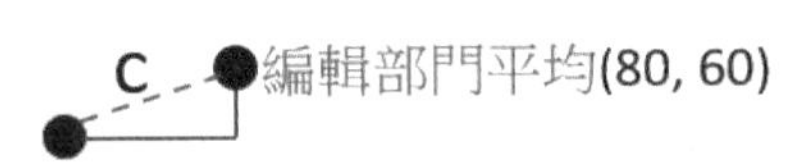

計算方式如下：

$$c^2 = (80 - 60)^2 + (60 - 55)^2 = 425$$

開根號可以得到下列距離結果。

c = 20.6155

❑ 計算新進人員分數和行銷部門平均分數的距離

可以使用畢氏定理執行新進人員分數與行銷部門平均分數的距離分析：

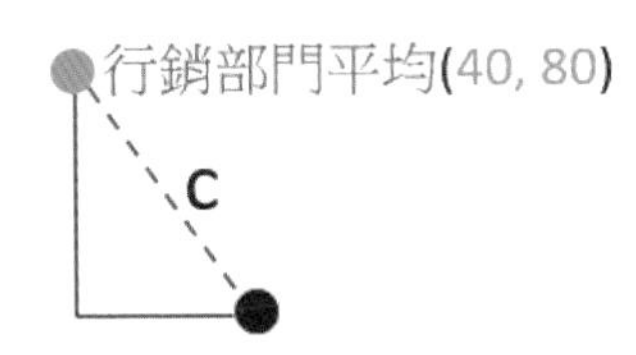

計算方式如下：

$$c^2 = (40 - 60)^2 + (80 - 55)^2 = 1025$$

開根號可以得到下列距離結果。

c = 32.0156

❑ 結論

因為新進人員的性向測驗分數與編輯部門比較接近，所以新進人員比較適合進入編輯部門。

18-1-3 將畢氏定理應用在三維空間

假設一家公司新進人員的性向測驗除了英文、社會，另外還有數學，這時可以使用三度空間的座標表示：

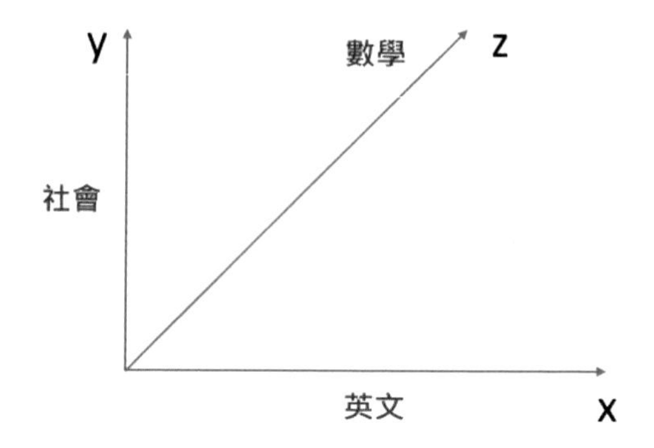

這個時候畢氏定理仍可以應用，此時距離公式如下：

$$\sqrt{(dist\_x)^2 + (dist\_y)^2 + (dist\_z)^2}$$

在此例，可以用下列方式表達：

$$\sqrt{(英文差距)^2 + (社會差距)^2 + (數學差距)^2}$$

上述觀念主要是說明在三維空間下，要計算 2 點的距離，可以計算 x、y、z 軸的差距的平方，先相加，最後開根號即可以獲得兩點的距離。

18-2 電影分類

每年皆有許多電影上市，也有一些視頻公司不斷在自己頻道上推出新片上市，同時有些視頻公司追蹤到用戶所看影片，同時可以推薦類似電影給用戶。這一節筆者就是要解說使用 Python 加上 KNN 演算法，判斷相類似的影片。

18-2-1 規劃特徵值

首先我們可以將影片分成下列特徵 (feature)，每個特徵給予 0-10 的分數，如果影片某特徵很強烈則給 10 分，如果幾乎無此特徵則給 0 分，下列是筆者自訂的特徵表。未來讀者熟悉後，可以自訂這部分特徵表。

影片名稱	愛情、親情	跨國拍攝	出現刀、槍	飛車追逐	動畫
xxx	0-10	0-10	0-10	0-10	0-10

下列是筆者針對影片玩命關頭打分數的特徵表。

影片名稱	愛情、親情	跨國拍攝	出現刀、槍	飛車追逐	動畫
玩命關頭	5	7	8	10	2

上述針對影片特徵打分數，又稱特徵提取 (feature extraction)，此外，特徵定義越精確，對未來分類可以更精準。下列是筆者針對最近影片的特徵表。

影片名稱	愛情、親情	跨國拍攝	出現刀、槍	飛車追逐	動畫
復仇者聯盟	2	8	8	5	6
決戰中途島	5	6	9	2	5
冰雪奇緣	8	2	0	0	10
雙子殺手	5	8	8	8	3

18-2-2 將 KNN 演算法應用在電影分類的精神

有了影片特徵表後，如果我們想要計算某部影片與玩命關頭的相似度，可以使用畢氏定理觀念。在計算公式中，如果我們使用 2 部影片與玩命關頭做比較，則稱 2 近鄰演算法，上述我們使用 4 部影片與玩命關頭做比較，則稱 4 近鄰演算法。例如：下列是計算復仇者聯盟與玩命關頭的相似度公式：

$$\text{dist} = \sqrt{(5-2)^2 + (7-8)^2 + (8-8)^2 + (10-5)^2 + (2-6)^2}$$

上述 dist 是兩部影片的相似度，接著我們可以為 4 部影片用同樣方法計算與玩命關頭之相似度，dist 值越低代表兩部影片相似度越高，所以我們可以經由計算獲得其他 4 部影片與玩命關頭的相似度。

18-2-3　專案程式實作

程式實例 ch18_1.py：列出 4 部影片與玩命關頭的相似度，同時列出那一部影片與玩命關頭的相似度最高。

```
1  # ch18_1.py
2  import math
3
4  film = [5, 7, 8, 10, 2]                    # 玩命關頭特徵值
5  film_titles = [                            # 比較影片片名
6      '復仇者聯盟',
7      '決戰中途島',
8      '冰雪奇緣',
9      '雙子殺手',
10 ]
11 film_features = [                          # 比較影片特徵值
12     [2, 8, 8, 5, 6],
13     [5, 6, 9, 2, 5],
14     [8, 2, 0, 0, 10],
15     [5, 8, 8, 8, 3],
16 ]
17
18 dist = []                                  # 儲存影片相似度值
19 for f in film_features:
20     distances = 0
21     for i in range(len(f)):
22         distances += (film[i] - f[i]) ** 2
23     dist.append(math.sqrt(distances))
24
25 min_ = min(dist)                           # 求最小值
26 min_index = dist.index(min_)               # 最小值的索引
27
28 print(f"與玩命關頭最相似的電影 : {film_titles[min_index]}")
29 print(f"相似度值 : {dist[min_index]}")
30 for i in range(len(dist)):
31     print(f"影片 : {film_titles[i]}, 相似度 : {dist[i]:6.2f}")
```

執行結果

```
==================== RESTART: D:\Algorithm\ch18\ch18_1.py ====================
與玩命關頭最相似的電影 : 雙子殺手
相似度值 : 2.449489742783178
影片 : 復仇者聯盟, 相似度 :   7.14
影片 : 決戰中途島, 相似度 :   8.66
影片 : 冰雪奇緣, 相似度 :  16.19
影片 : 雙子殺手, 相似度 :   2.45
```

從上述可以得到雙子殺手與玩命關頭最相似，冰雪奇緣與玩命關頭差距最遠。

18-2-4　電影分類結論

了解以上結果，其實還是要提醒電影特徵值的項目與評分，最為關鍵，只要有良好的篩選機制，我們可以獲得很好的結果，如果您從事影片推薦工作，可以由本程式篩選出類似影片推薦給讀者。

18-3 選舉造勢與銷售烤香腸

台灣選舉在造勢的場合也是流動攤商最喜歡的聚集地，攤商最希望的是準備充足的食物，活動結束可以完售，賺一筆錢。熱門的食物是烤香腸，到底需準備多少香腸常是攤商老闆要思考的問題。

18-3-1 規劃特徵值表

其實我們可以將這一個問題也使用 KNN 演算法處理，下列是筆者針對此設計的特徵值表，其中幾個特徵值觀念如下，假日指數指的是平日或週末，週一至週五評分為 0，週六為 2(第 2 天仍是休假日，所以參加的人更多)，週日或放假的節日為 1。造勢力度是指媒體報導此活動或活動行銷力度可以分為 0 – 5 分，數值越大造勢力度更強。氣候指數是指天候狀況，如果下雨或天氣太熱可能參加的人會少，適溫則參加的人會多，筆者一樣分成 0 – 5 分，數值越大表示氣候佳參加活動的人會更多。最後我們也列出過往銷售紀錄，由過去銷售紀錄再計算可能的銷售，然後依此準備香腸。

假日指數	造勢力度	氣候指數	過往紀錄
0-2	0-5	0-5	實際銷量

如果過往紀錄是週六，造勢力度是 3，氣候指數是 3，可以銷售 200 條香腸，此時可以用下列函數表示：

f(1, 3, 3) = 200

下列是一些過往的紀錄：

f(0, 3, 3) = 100
f(1, 4, 2) = 180
f(0, 1, 1) = 50
f(1, 3, 5) = 165
f(2, 4, 3) = 250
f(2, 3, 1) = 170
f(2, 4, 3) = 275
f(1, 5, 5) = 320
f(2, 5, 5) = 350
f(1, 5, 4) = 300
f(2, 2, 4) = 230
f(2, 5, 1) = 210

在程式設計中，我們使用串列紀錄數字，如果函數是 f(1, 3, 3) = 200，串列內容是 [1, 3, 3, 200]。

18-3-2　迴歸方法

明天 12 月 29 日星期天，天氣預報氣溫指數是 2，有一個強力的造勢場所評分是 5，這時函數是 f(1, 5, 2)，現在攤商碰上的問題需要準備多少香腸。這類問題我們可以取 K 組近鄰值，然後求這 K 組數值的平均值即可，這個就是迴歸 (Regression)。

18-3-3　專案程式實作

程式實例 ch18_2.py：列出需準備多少烤香腸，此例筆者取 5 組近鄰值。

```
1  # ch18_2.py
2  import math
3  
4  def knn(record, target, k):
5      ''' 計算k組近鄰值, 以list回傳數量和距離 '''
6      distances = []                                # 儲存紀錄與目標的距離
7      record_number = []                            # 儲存紀錄的烤香腸數量
8  
9      for r in record:                              # 計算過往紀錄與目標的距離
10         tmp = 0
11         for i in range(len(target)-1):
12             tmp += (target[i] - r[i]) ** 2
13         dist = math.sqrt(tmp)
14         distances.append(dist)                    # 儲存距離
15         record_number.append(r[len(target)-1])    # 儲存烤香腸數量
16 
17     knn_number = []                               # 儲存k組烤香腸數量
18     knn_distances = []                            # 儲存k組距離值
19     for i in range(k):                            # k代表取k組近鄰值
20         min_value = min(distances)                # 計算最小值
21         min_index = distances.index(min_value)    # 計算最小值索引
22         # 將香腸數量分別儲存至knn_number串列
23         knn_number.append(record_number.pop(min_index))
24         # 將距離分別儲存至knn_distances
25         knn_distances.append(distances.pop(min_index))
26     return knn_number,knn_distances
27 
28 def regression(knn_num):
29     ''' 計算迴歸值 '''
30     return int(sum(knn_num)/len(knn_num))
31 
32 target = [1, 5, 2, 'value']            # value是需計算的值
33 # 過往紀錄
34 record = [
35     [0, 3, 3, 100],
36     [2, 4, 3, 250],
37     [2, 5, 6, 350],
38     [1, 4, 2, 180],
39     [2, 3, 1, 170],
40     [1, 5, 4, 300],
```

```
41        [0, 1, 1, 50],
42        [2, 4, 3, 275],
43        [2, 2, 4, 230],
44        [1, 3, 5, 165],
45        [1, 5, 5, 320],
46        [2, 5, 1, 210],
47    ]
48
49    k = 5                                   # 設定k組最相鄰的值
50    k_nn = knn(record, target, k)
51    print(f"需準備 {regression(k_nn[0])} 條烤香腸")
52    for i in range(k):
53        print(f"k組近鄰的距離 {k_nn[1][i]:6.4f}, 銷售數量 {k_nn[0][i]}")
```

執行結果

```
===================== RESTART: D:\Algorithm\ch18\ch18_2.py =====================
需準備 243 條烤香腸
k組近鄰的距離 1.0000, 銷售數量 180
k組近鄰的距離 1.4142, 銷售數量 210
k組近鄰的距離 1.7321, 銷售數量 250
k組近鄰的距離 1.7321, 銷售數量 275
k組近鄰的距離 2.0000, 銷售數量 300
```

經過上述運算，我們得到須在明天造勢場所準備 243 條香腸。

18-4 K-means 演算法

當數據很多時，可以將類似的數據分成不同的群集 (cluster)，這樣可以方便未來的操作。例如：一個班級有 50 個學生，可能有些人數學強、有些人英文好、有些人社會學科好，為了方便因才施教，可以根據成績將學生分群集上課。

18-4-1 演算法基礎

在演算法的觀念中，K-means 可以將數據分群集，依據的是數據間的距離，這個距離可以使用畢氏定理計算。整個 K-means 演算法使用步驟如下：

1：收集所有數據，假設有 100 個數據。

2：決定分群集的數量，假設分成 3 個群集。

3：可以使用隨機數方式產生 3 個群集中心的位置。

4：將所有 100 個數據依照與群集中心的距離分到最近的群集中心，所以 100 個數據就分成 3 組了。

5：重新計算各群組的群集中心位置，可以使用平均值。

6：重複步驟 4 和 5，直到群集中心位置不再改變，其實在重複步驟 4 和 5 的過程又稱收斂過程，下列左圖和右圖分別是使用不同隨機數種子植 (seed)，群集收斂過程的結果。

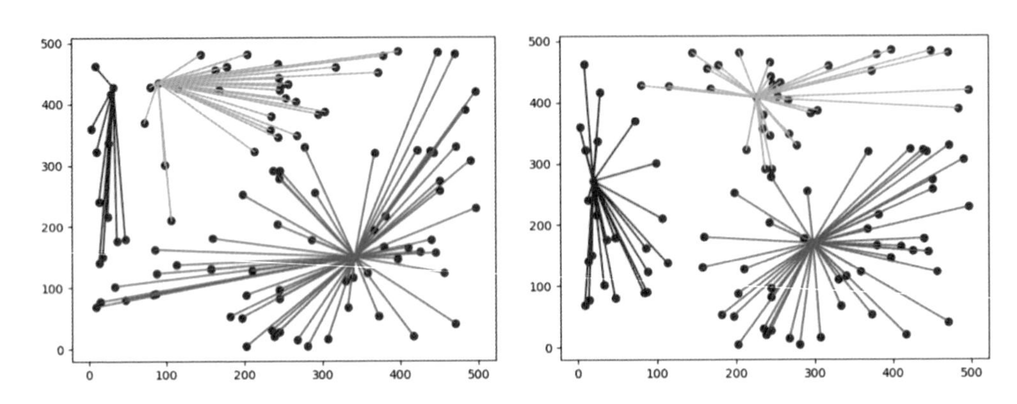

這個演算法的時間複雜度是 O(NKR)，N 是數據數量、K 是群集數量、R 是重複次數。

18-4-2　程式實作

如果筆者直接設計一個 K-means 演算法的程式可能比較複雜，筆者將分段設計程式方便讀者理解。

程式實例 ch18_3.py：使用隨機數方法設計一個程式可以產生 50 個元素點和 3 個群集中心點，群集中心的點是用紅色顯示，由於是使用隨機種子數是 35（第 17 行），所以本程式每次執行結果皆相同。

```
1  # ch18_3.py
2  import numpy as np
3  import matplotlib.pyplot as plt
4
5  def kmeans(x, y, cx, cy):
6      ''' 目前功能只是繪群集元素點 '''
7      plt.scatter(x, y, color='b')                # 繪製元素點
8      plt.scatter(cx, cy, color='r')              # 用紅色繪群集中心
9      plt.show()
10
11 # 群集中心, 元素的數量, 數據最大範圍
12 cluster_number = 3                              # 群集中心數量
13 seeds = 50                                      # 元素數量
14 limits = 100                                    # 值在(100, 100)內
15
16 # 使用隨機數建立seeds數量的種子元素
17 np.random.seed(35)                              # 隨機數種子植 35
18 x = np.random.randint(0, limits, seeds)
19 y = np.random.randint(0, limits, seeds)
```

```
20  # 使用隨機數建立cluster_number數量的群集中心
21  cluster_x = np.random.randint(0, limits, cluster_number)
22  cluster_y = np.random.randint(0, limits, cluster_number)
23
24  kmeans(x, y, cluster_x, cluster_y)
```

執行結果

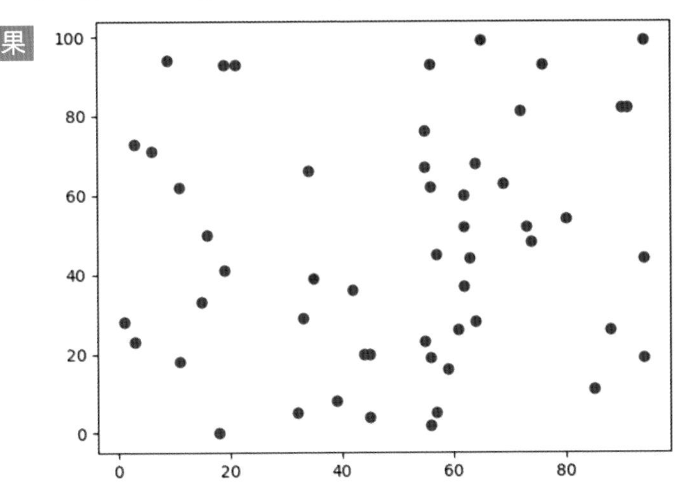

程式實例 ch18_4.py：擴充 ch18_3.py，使用隨機數方法設計一個程式可以產生 50 個元素點和 3 個群集中心點，群集中心的點是用紅色顯示，由於是使用隨機種子數是 35（第 44 行），所以本程式每次執行結果皆相同。使用隨機數產生的群集中心，將各群集的元素點與群集中心連線，這樣讀者可以更了解分群集結果。

```
1   # ch18_4.py
2   import numpy as np
3   import matplotlib.pyplot as plt
4
5   def length(x1, y1, x2, y2):
6       ''' 計算2點之間的距離 '''
7       return int(((x1-x2)**2 + (y1-y2)**2)**0.5)
8
9   def clustering(x, y, cx, cy):
10      ''' 對元素執行分群 '''
11      clusters = []
12      for i in range(cluster_number):           # 建立群集
13          clusters.append([])
14      for i in range(seeds):                    # 為每個點找群集
15          distance = INF                        # 設定最初距離
16          for j in range(cluster_number):       # 計算每個點與群集中心的距離
17              dist = length(x[i], y[i], cx[j], cy[j])
18              if dist < distance:
19                  distance = dist
20                  cluster_index = j             # 分群的索引
21          clusters[cluster_index].append([x[i], y[i]]) # 此點加入此索引的群集
22      return clusters
23
```

```
24 def kmeans(x, y, cx, cy):
25     ''' 建立群集和繪製各群集點和線條'''
26     clusters = clustering(x, y, cx, cy)
27     plt.scatter(x, y, color='b')           # 繪製元素點
28     plt.scatter(cx, cy, color='r')         # 用紅色繪群集中心
29
30     c = ['r', 'g', 'y']                    # 群集的線條顏色
31     for index, node in enumerate(clusters): # 為每個群集中心建立線條
32         linex = []                         # 線條的 x 座標
33         liney = []                                  # 線條的 y 座標
34         for n in node:
35             linex.append([n[0], cx[index]]) # 建立線條x座標串列
36             liney.append([n[1], cy[index]]) # 建立線條y座標串列
37         color_c = c[index]                 # 選擇顏色
38         for i in range(len(linex)):
39             plt.plot(linex[i], liney[i], color=color_c) # 為第i群集繪線條
40     plt.show()
42 # 群集中心, 元素的數量, 數據最大範圍
43 INF = np.Infinity                          # 假設最大距離
44 np.random.seed(35)                         # 隨機數種子植 35
45 cluster_number = 3                         # 群集中心數量
46 seeds = 50                                 # 元素數量
47 limits = 100                               # 值在(100, 100)內
48 # 使用隨機數建立seeds數量的種子元素
49 x = np.random.randint(0, limits, seeds)
50 y = np.random.randint(0, limits, seeds)
51 # 使用隨機數建立cluster_number數量的群集中心
52 cluster_x = np.random.randint(0, limits, cluster_number)
53 cluster_y = np.random.randint(0, limits, cluster_number)
54
55 kmeans(x, y, cluster_x, cluster_y)
```

執行結果

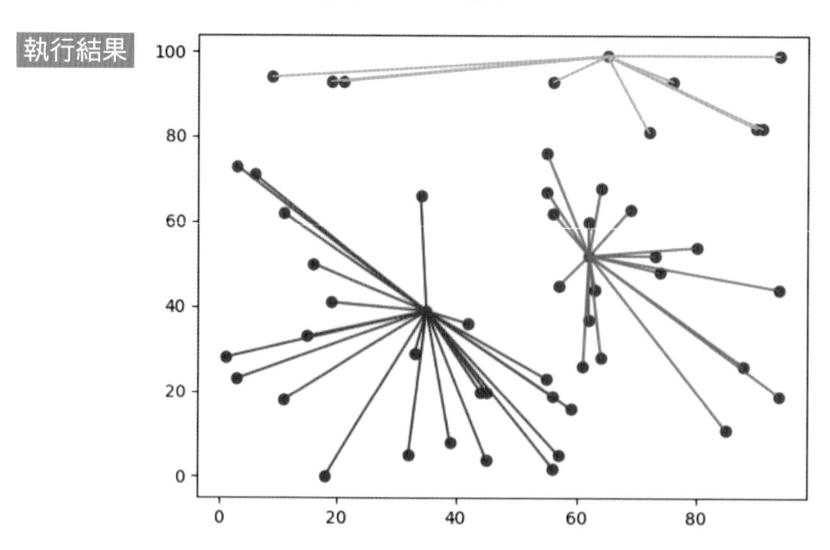

上述是第一次依照隨機數分群集，下一步是計算 3 個群集的 (x, y) 座標軸的平均值當作群集中心，如果群集中心位置不再改變整個數據就算是分類完成。

程式實例 ch18_5.py：擴充 ch18_4.py 計算完整的群集，同時列出結果。

```
1  # ch18_5.py
2  import numpy as np
3  import matplotlib.pyplot as plt
4
5  def length(x1, y1, x2, y2):
6      ''' 計算2點之間的距離 '''
7      return int(((x1-x2)**2 + (y1-y2)**2)**0.5)
8
9  def clustering(x, y, cx, cy):
10     ''' 對元素執行分群 '''
11     clusters = []
12     for i in range(cluster_number):           # 建立群集
13         clusters.append([])
14     for i in range(seeds):                    # 為每個點找群集
15         distance = INF                        # 設定最初距離
16         for j in range(cluster_number):       # 計算每個點與群集中心的距離
17             dist = length(x[i], y[i], cx[j], cy[j])
18             if dist < distance:
19                 distance = dist
20                 cluster_index = j             # 分群的索引
21         clusters[cluster_index].append([x[i], y[i]]) # 此點加入此索引的群集
22     return clusters
23
24 def kmeans(x, y, cx, cy):
25     ''' 建立群集和繪製各群集點和線條'''
26     clusters = clustering(x, y, cx, cy)
27     plt.scatter(x, y, color='b')              # 繪製元素點
28     plt.scatter(cx, cy, color='r')            # 用紅色繪群集中心
29
30     c = ['r', 'g', 'y']                       # 群集的線條顏色
31     for index, node in enumerate(clusters):   # 為每個群集中心建立線條
32         linex = []                            # 線條的 x 座標
33         liney = []                            # 線條的 y 座標
34         for n in node:
35             linex.append([n[0], cx[index]])   # 建立線條x座標串列
36             liney.append([n[1], cy[index]])   # 建立線條y座標串列
37         color_c = c[index]                    # 選擇顏色
38         for i in range(len(linex)):
39             plt.plot(linex[i], liney[i], color=color_c) # 為第i群集繪線條
40     plt.show()
41     return clusters
42
43 def get_new_cluster(clusters):
44     ''' 計算各群集中心的點 '''
45     new_x = []                                # 新群集中心 x 座標
46     new_y = []                                # 新群集中心 y 座標
47     for index, node in enumerate(clusters):   # 逐步計算各群集
48         nx, ny = 0, 0
49         for n in node:
50             nx += n[0]
51             ny += n[1]
52         new_x.append([])
53         new_x[index] = int(nx / len(node))    # 計算群集中心 x 座標
54         new_y.append([])
55         new_y[index] = int(ny / len(node))    # 計算群集中心 y 座標
56     return new_x, new_y
57
```

```
58  # 群集中心，元素的數量，數據最大範圍
59  INF = np.Infinity                          # 假設最大距離
60  np.random.seed(35)                         # 隨機數種子值 35
61  cluster_number = 3                         # 群集中心數量
62  seeds = 50                                 # 元素數量
63  limits = 100                               # 值在(100, 100)內
64  # 使用隨機數建立seeds數量的種子元素
65  x = np.random.randint(0, limits, seeds)
66  y = np.random.randint(0, limits, seeds)
67  # 使用隨機數建立cluster_number數量的群集中心
68  cluster_x = np.random.randint(0, limits, cluster_number)
69  cluster_y = np.random.randint(0, limits, cluster_number)
70
71  clusters = kmeans(x, y, cluster_x, cluster_y)
72
73  while True:                                # 收斂迴圈
74      new_x, new_y = get_new_cluster(clusters)
75      x_list = list(cluster_x)               # 將np.array轉成串列
76      y_list = list(cluster_y)               # 將np.array轉成串列
77      if new_x == x_list and new_y == y_list: # 如果相同代表收斂完成
78          break
79      else:
80          cluster_x = new_x                  # 否則重新收斂
81          cluster_y = new_y
82          clusters = kmeans(x, y, cluster_x, cluster_y)
```

執行結果　下列是第 1 次分群，按右上方關閉鈕可以產生第 2 次分群結果。

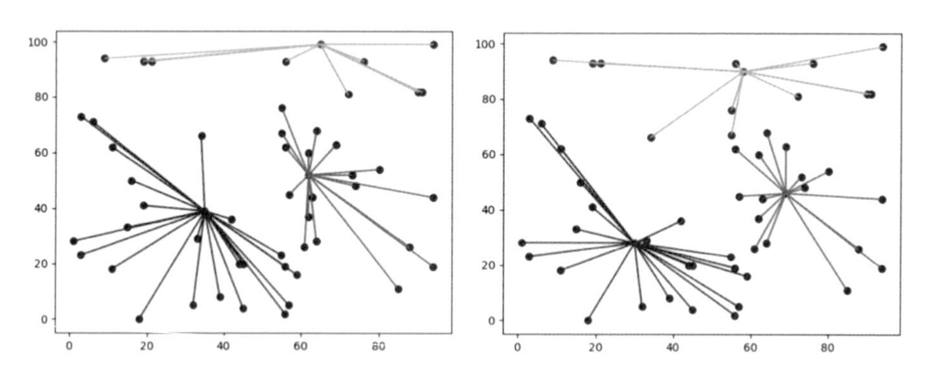

下列是第 3 和 4 次分群結果。

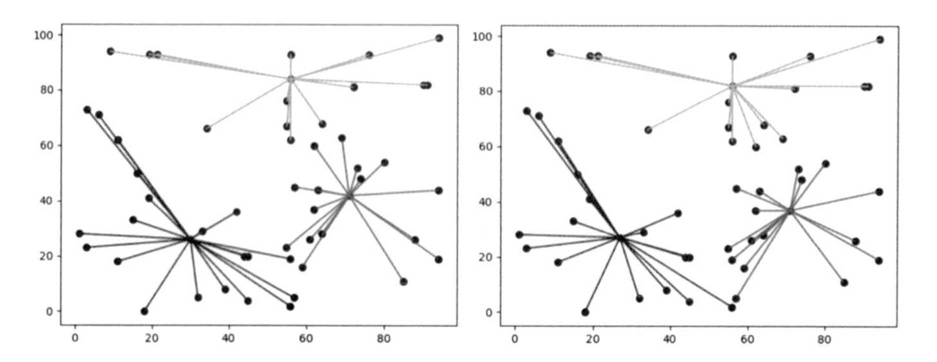

下列是第 5 和 6 次分群結果。

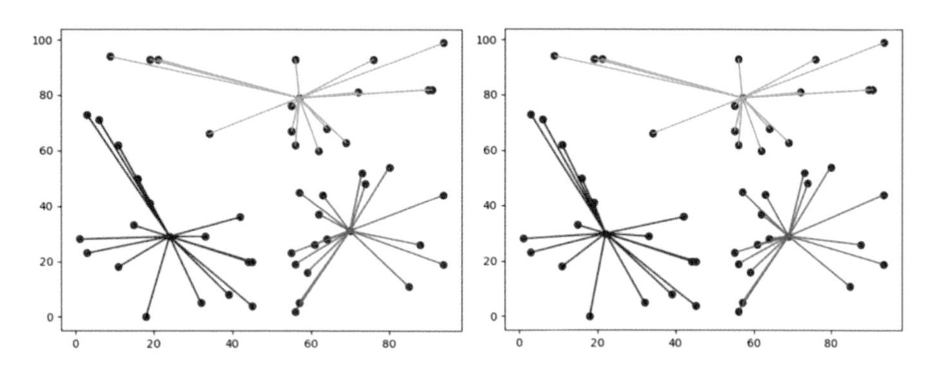

由於第 5 次和第 6 次分群結果中心點相同所以程式結束，相當於分群完成。

18-5 習題實作題

1： 參考 18-2 節，增加特徵值欄位背景年代，指的是故事背景的年代，此特徵值對個影片得分如下：

玩命關頭：8

復仇者聯盟：10

決戰中途島：6

冰雪奇緣：2

雙子殺手：8

請計算那一部電影和玩命關頭最相似，同時列出所有影片與玩命關頭的相似度。

```
====================== RESTART: D:\Algorithm\ex\ex18_1.py ======================
與玩命關頭最相似的電影 :  雙子殺手
相似度值 :  2.449489742783178
影片 : 復仇者聯盟, 相似度 :   7.42
影片 : 決戰中途島, 相似度 :   8.89
影片 : 冰雪奇緣, 相似度 :  17.26
影片 : 雙子殺手, 相似度 :   2.45
```

2： 請將程式實例 ch18_5.py 改為 100 個點，數據範圍是 500，請列出 K-means 的分群過程，下列是第 1 和 2 次分群結果。

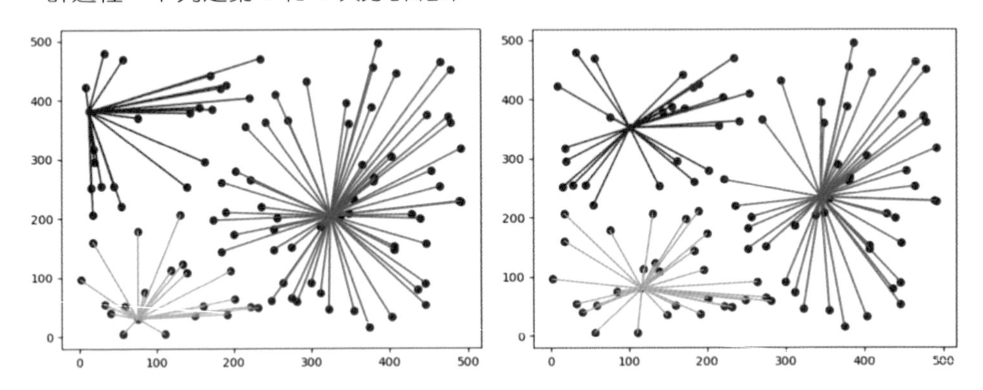

下列是第 3 和 4 次分群結果。

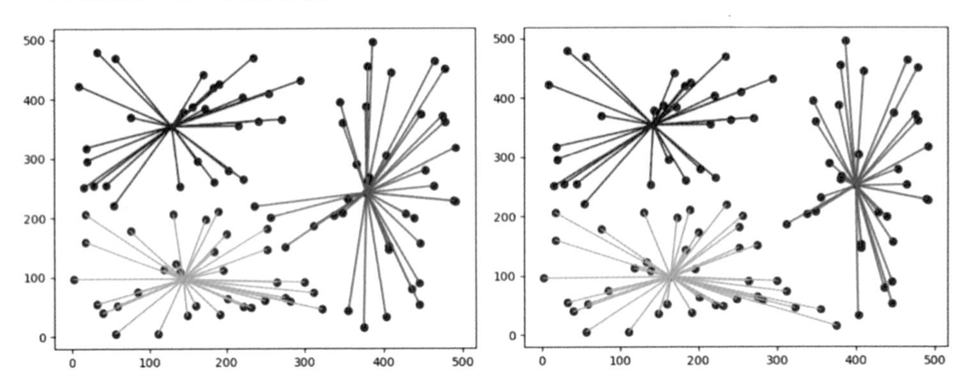

下列是第 5 和 6 次分群結果。

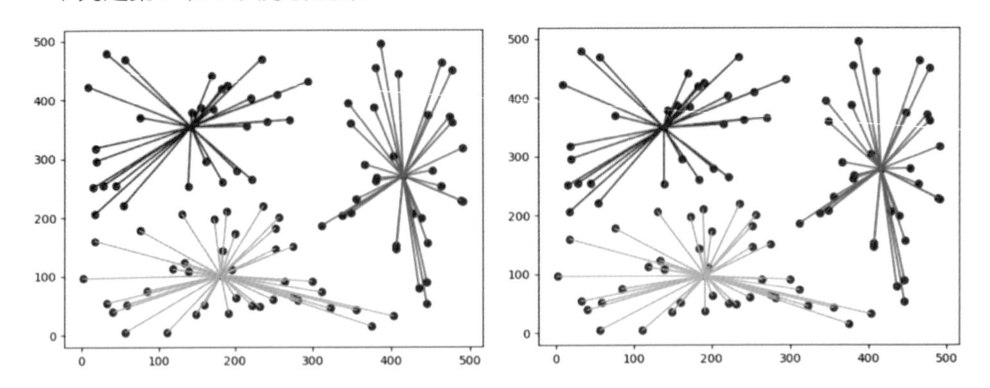

第十九章
常見職場面試的演算法

常聽朋友敘述在應徵 Python 程式設計師時，會碰上一些問題，題目初看不困難，可是一時就是無法回答，這章將列出常見考題同時使用 Python 實作。

19-1 自動販賣機找零錢的問題

社會進步自動販賣機到處可見，如果投入金錢大於商品價格，自動販賣機必須找零錢，這一節的實例是計算如何找零錢。

例如：如果商品是 120 元，當消費者投入 1000 元鈔票後，必須找零錢 880 元，自動販賣機可以找 880 個一元硬幣，法律上是可行的，但是一定會引起客訴，比較合理的找零方式是使用最少的紙鈔和硬幣找零。這一節將從簡單說起，假設自動販賣機可以找 500 元、100 元紙鈔，50 元、10 元、5 元和 1 元硬幣。

程式實例 ch19_1.py：此類程式一般是假設投入 1000 元紙鈔，這個實例只是列出商品金額和輸出找零金額。

```
1  # ch19_1.py
2  money = eval(input('輸入金額 : '))
3  price = input('商品金額 : ')
4  change = int(money) - int(price)
5  print(f"找零金額 : {change}")
```

執行結果

```
==================== RESTART: D:/Algorithm/ch19/ch19_1.py ====================
輸入金額 : 1000
商品金額 : 125
找零金額 : 875
```

上述程式只是計算找零金額，接下來我們必須精確計算使用最少的紙鈔和硬幣找零。

程式實例 ch19_2.py：假設輸入是 1000 元，精確計算使用最少的紙鈔和硬幣找零。

```
1  # ch19_2.py
2  money = eval(input('輸入金額 : '))
3  price = input('商品金額 : ')
4  change = int(money) - int(price)
5  print("找零結果如下 :")
6  n500 = change // 500            # 找零500元紙鈔
7  q500 = change % 500             # 餘額
8  print(f'500元紙鈔 : {n500}')
9
10 n100 = q500 // 100              # 找零100元紙鈔
11 q100 = q500 % 100               # 餘額
12 print(f'100元紙鈔 : {n100}')
```

```
13
14 n50 = q100 // 50                # 找零50元硬幣
15 q50 = q100 % 50                 # 餘額
16 print(f'50元硬幣 : {n50}')
17
18 n10 = q50 // 10                 # 找零10元硬幣
19 q10 = q50 % 10                  # 餘額
20 print(f'10元硬幣 : {n10}')
21
22 n5 = q10 // 5                   # 找零5元硬幣
23 q5 = q10 % 5                    # 餘額
24 print(f'5元硬幣 : {n5}')
25
26 print(f'1元硬幣 : {q5}')    # 找零1元硬幣
```

執行結果

```
===================== RESTART: D:/Algorithm/ch19/ch19_2.py =====================
輸入金額 : 1000
商品金額 : 122
找零結果如下 :
500元紙鈔 : 1
100元紙鈔 : 3
50元硬幣 : 1
10元硬幣 : 2
5元硬幣 : 1
1元硬幣 : 3
```

註 上述程式設計時，分別計算找零金額和餘額，其實可以使用 divmod( ) 取代，這將是讀者的習題。

程式實例 ch19_3.py：使用迴圈方式簡化上述程式設計。

```
1  # ch19_3.py
2  money = eval(input('輸入金額 : '))
3  price = input('商品金額 : ')
4  change = int(money) - int(price)
5  print("找零結果如下 :")
6
7  coin = [500, 100, 50, 10, 5, 1]
8  wd = ["500元紙鈔", "100元紙鈔", "50元硬幣",
9        "10元硬幣", "5元硬幣", "1元硬幣"]
10
11 for c, w in zip(coin,wd):
12     r = change // c
13     change %= c
14     print(f"{w} : {r}")
```

執行結果

```
===================== RESTART: D:/Algorithm/ch19/ch19_3.py =====================
輸入金額 : 1000
商品金額 : 122
找零結果如下 :
500元紙鈔 : 1
100元紙鈔 : 3
50元硬幣 : 1
10元硬幣 : 2
5元硬幣 : 1
1元硬幣 : 3
```

19-2 基數轉換

19-2-1 10 進位與與 2 進位

這一節將講解數字基數轉換程式設計的觀念，下列是轉換觀念表。

10 進位	2 進位	10 進位	2 進位
0	0	8	1000
1	1	9	1001
2	10	10	1010
3	11	11	1011
4	100	12	1100
5	101	13	1101
6	110	14	1110
7	111	15	1111

19-2-2 10 進位轉 2 進位

某一 10 進位數字要轉換成 2 進位，步驟如下：

1：將數字除以 2。

2：記錄餘數，加入 2 進位開頭。

3：如果商大於 0，回到步驟 1。

下列是流程圖。

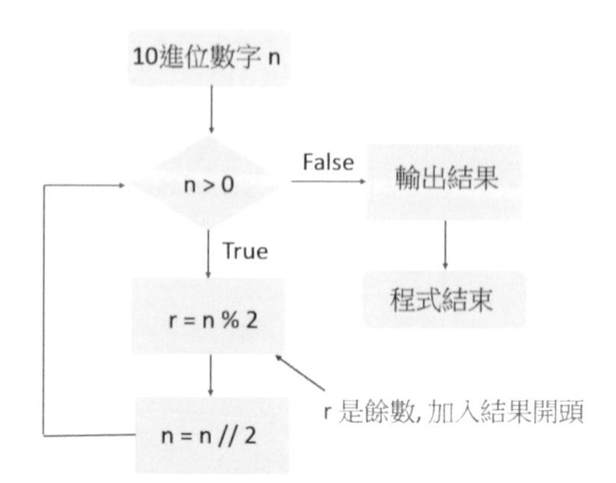

程式實例 ch19_4.py：輸入 10 進位整數，這個程式會轉成 2 進位輸出。

```
1  # ch19_4.py
2  n = eval(input('輸入整數 n = '))
3
4  r = ''                              # 結果字串
5  while n > 0:
6      r = str(n % 2) + r
7      n //= 2
8  print(r)
```

執行結果

```
==================== RESTART: D:/Algorithm/ch19/ch19_4.py ====================
輸入整數 n = 9
1001
>>>
==================== RESTART: D:/Algorithm/ch19/ch19_4.py ====================
輸入整數 n = 16
10000
```

19-2-3 2 進位轉 10 進位

在 10 進位觀念中，假設有 1 個數字是 567，則 7 是個位數，6 是 10 位數，5 是百位數，觀念如下：

$$567 = 5 * 10^2 + 6 * 10^1 + 7 * 10^0$$

對一個 2 進位數字，假設 2 進位數字是 10101，此數字的總和觀念如下：

$$10101 = 1 * 2^4 + 0 * 2^3 + 1 * 2^2 + 0 * 2^1 + 1 * 2^0$$

程式實例 ch19_5.py：將 2 進位數字轉 10 進位數字。

```
1  # ch19_5.py
2
3  n = '10001'
4  r = 0
5  for i in range(len(n)):
6      r += int(n[i]) * (2 ** (len(n) - i - 1))
7  print(f"{n} = {r}")
```

執行結果

```
==================== RESTART: D:/Algorithm/ch19/ch19_5.py ====================
10001 = 17
```

19-3 質數 (Prime number) 測試

傳統數學質數 n 的條件是除了 1 和它本身外，沒有其它因數。此外，有關質數相關條件是 2 是質數，所以整個條件說明如下：

- 2 是質數。
- n 不可被 2 至 n-1 的數字整除。

碰上這類問題可以使用 for … else 迴圈處理，語法如下：

```
for var in 可迭代物件：
    if 條件運算式：            # 如果條件運算式是 True 則離開 for 迴圈
        程式碼區塊 1
        break
```

程式實例 ch19_6.py：設計 isPrime( ) 函數，這個函數可以回應所輸入的數字是否質數，如果是傳回 True，否則傳回 False。

```
1  # ch19_6.py
2  def isPrime(num):
3      """ 測試num是否質數 """
4      for n in range(2, num):
5          if num % n == 0:
6              return False
7      return True
8
9  num = int(input("請輸入大於1的整數做質數測試 = "))
10 if isPrime(num):
11     print(f"{num} 是質數")
12 else:
13     print(f"{num} 不是質數")
```

執行結果

```
==================== RESTART: D:\Algorithm\ch19\ch19_6.py ====================
請輸入大於1的整數做質數測試 = 12
12 不是質數
>>>
==================== RESTART: D:\Algorithm\ch19\ch19_6.py ====================
請輸入大於1的整數做質數測試 = 13
13 是質數
```

上述實例是從 2 到 (n-1) 做測試，其實任一數字可以從 n 到平方根的數字間找尋即可知道是否質數，這樣可以大幅度縮減搜尋時間，特別是應用到大數字的質數搜尋時，可以減少許多搜尋時間。

程式實例 ch19_7.py：改良 ch19_6.py，這個程式最重要是第 5 行。

```
1  # ch19_7.py
2  import math
3  def isPrime(num):
4      """ 測試num是否質數 """
5      for n in range(2, int(math.sqrt(num))+1):
6          if num % n == 0:
7              return False
8      return True
9
10 num = int(input("請輸入大於1的整數做質數測試 = "))
11 if isPrime(num):
12     print(f"{num} 是質數")
13 else:
14     print(f"{num} 不是質數")
```

執行結果

```
===================== RESTART: D:/Algorithm/ch19/ch19_7.py =====================
請輸入大於1的整數做質數測試 = 97
97 是質數
>>>
===================== RESTART: D:/Algorithm/ch19/ch19_7.py =====================
請輸入大於1的整數做質數測試 = 98
98 不是質數
```

程式實例 ch19_8.py：列出 1 – 100 間的所有質數。

```
1  # ch19_8.py
2  import math
3  def isPrime(num):
4      """ 測試num是否質數 """
5      for n in range(2, int(math.sqrt(num))+1):
6          if num % n == 0:
7              return False
8      return True
9
10 print("以下是 1 - 100 間所有質數")
11 for i in range(2,101):
12     if isPrime(i):
13         print(i, end="\t")
```

執行結果

```
===================== RESTART: D:/Algorithm/ch19/ch19_8.py =====================
以下是 1 - 100 間所有質數
2       3       5       7       11      13      17      19      23      29
31      37      41      43      47      53      59      61      67      71
73      79      83      89      97
```

第 17 章筆者有提到金鑰演算法 RSA 演算法，就是使用非常大的質數觀念。

19-4 回文 (Palindrome) 演算法

在程式設計有一個常用的名詞 " 回文 (palindrome)"，從左右兩邊往內移動，如果相同就一直比對到中央，如果全部相同就是回文，否則不是回文。例如：下列是回文：

x	# 從左讀是 x，從右讀是 x
abccba	# 從左讀至中央是 abc，從右讀到中央也是 abc
radar	# 從左讀至中央是 rad，從右讀到中央也是 rad

例如：下列不是回文。

python	# 從左讀至中央是 pyt，從右讀到中央是 noh

程式實例 ch19_9.py：測試一系列字串是否回文。

```
1  # ch19_9.py
2  from collections import deque
3
4  def palindrome(word):
5      wd = deque(word)
6      while len(wd) > 1:
7          if wd.pop() != wd.popleft():
8              return False
9      return True
10
11 print('x      是回文 : ', palindrome("x"))
12 print('abccba 是回文 : ', palindrome("abccba"))
13 print('radar  是回文 : ', palindrome("radar"))
14 print('python 是回文 : ', palindrome("python"))
```

執行結果

```
==================== RESTART: D:\Algorithm\ch19\ch19_9.py ====================
x      是回文 :  True
abccba 是回文 :  True
radar  是回文 :  True
python 是回文 :  False
```

其實如果仔細看回文定義，可以知道如果一個字串與反轉字串是相同內容的字串，這就是回文。例如：

radar	# 反轉也是 radar
abccba	# 反轉也是 abccba

如果反轉字串結果不相同，就不是回文。例如：

python	# 反轉是 nohtyp

有關使用反轉字串設計的回文函數，將是讀者的習題。

19-5 歐幾里德演算法

歐幾里德是古希臘的數學家，在數學中歐幾里德演算法主要是求最大公因數的方法 (Great Common Divisor)，也稱最大公約數。這個方法就是我們在國中時期所學的輾轉相除法，這個演算法最早是出現在歐幾里德的幾何原本。這一節筆者除了解釋此演算法也將使用 Python 完成此演算法。

19-5-1 土地區塊劃分

假設有一塊土地長是 40 公尺寬是 16 公尺，如果我們想要將此土地劃分成許多正方形土地，同時不要浪費土地，則最大的正方形土地邊長是多少？

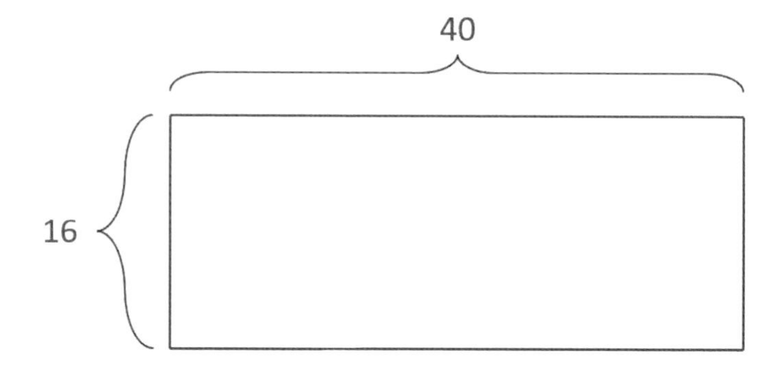

其實這類問題在數學中就是最大公因數的問題，土地的邊長就是任意 2 個要計算最大公因數的數值。上述我們可以將較長邊除以短邊，相當於 40 除以 16，可以得到餘數是 8，此時土地劃分如下：

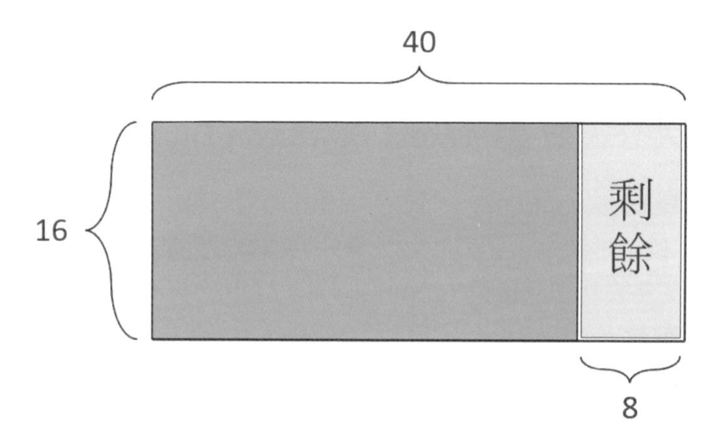

如果餘數不是 0，將剩餘土地執行較長邊除以較短邊，相當於 16 除以 8，可以得到商是 2，餘數是 0。

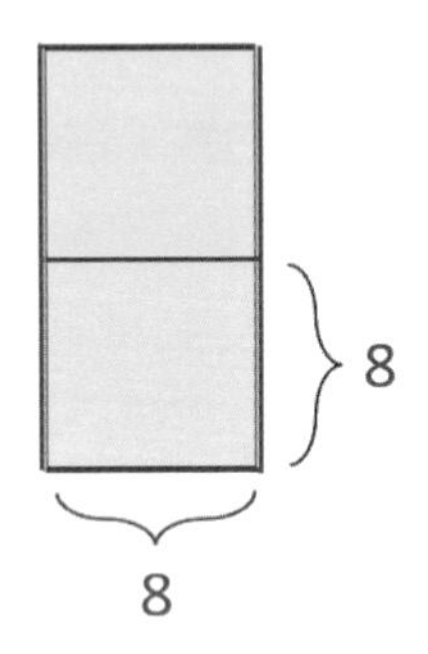

現在餘數是 0，這時的商是 8，這個 8 就是最大公因數，也就是土地的邊長，如果劃分土地可以得到下列結果。

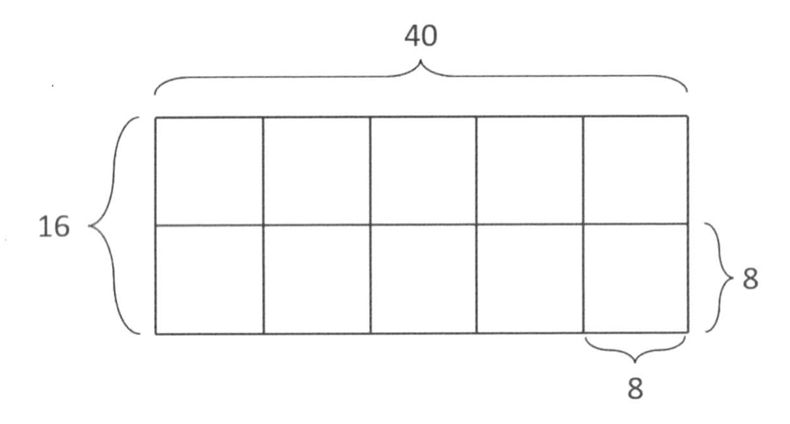

也就是說 16 x 48 的土地，用邊長 8(8 是最大公因數) 劃分，可以得到不浪費土地條件下的最大土地區塊。

19-5-2 最大公因數 (Greatest Common Divisor)

有 2 個數字分別是 n1 和 n2，所謂的公因數是可以被 n1 和 n2 整除的數字，1 是它們的公因數，但不是最大公因數。假設最大公因數是 gcd，找尋最大公因數可以從 n=2, 3, … 開始，每次找到比較大的公因數時將此 n 設給 gcd，直到 n 大於 n1 或 n2，最後的 gcd 值就是最大公因數。

程式實例 ch19_10.py：設計最大公因數 gcd 函數，然後輸入 2 筆數字做測試。

```
1  # ch19_10.py
2  def gcd(n1, n2):
3      g = 1                                    # 最初化最大公約數
4      n = 2                                    # 從2開始檢測
5      while n <= n1 and n <= n2:
6          if n1 % n == 0 and n2 % n == 0:
7              g = n                            # 新最大公約數
8          n += 1
9      return g
10
11 n1, n2 = eval(input("請輸入2個整數值 : "))
12 print("最大公約數是 : ", gcd(n1,n2))
```

執行結果

```
==================== RESTART: D:\Algorithm\ch19\ch19_10.py ====================
請輸入2個整數值 : 16, 40
最大公約數是 :  8
>>>
==================== RESTART: D:\Algorithm\ch19\ch19_10.py ====================
請輸入2個整數值 : 99, 33
最大公約數是 :  33
```

上述是先設定最大公因數 gcd 是 1，用 n 等於 2 當除數開始測試，每次迴圈加 1 方式測試是否是最大公因數。

19-5-3 輾轉相除法

輾轉相除法就是歐幾里德演算法的原意，有 2 個數使用輾轉相除法求最大公因數，步驟如下：

1：計算較大的數。

2：讓較大的數當作被除數，較小的數當作除數。

3：兩數相除。

4：兩數相除的餘數當作下一次的除數，原除數變被除數，如此循環直到餘數為 0，當餘數為 0 時，這時的除數就是最大公因數。

假設兩個數字分別是 40 和 16，則最大公因數的計算方式如下：

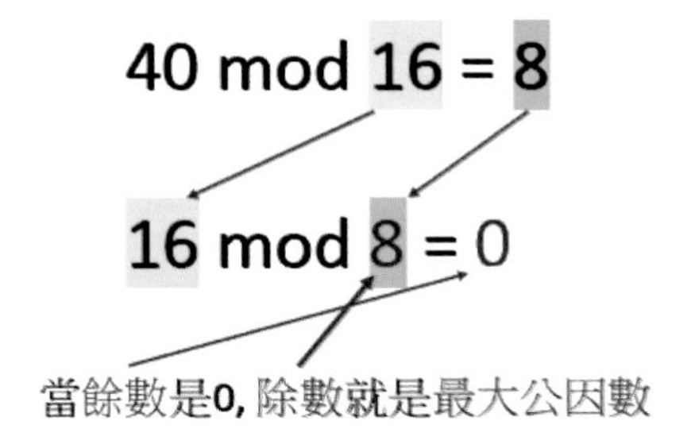
40 mod 16 = 8
16 mod 8 = 0
當餘數是0, 除數就是最大公因數

程式實例 ch19_11 .py：使用輾轉相除法，計算輸入 2 個數字的最大公因數 (GCD)。

```
1  # ch19_11.py
2  def gcd(a, b):
3      '輾轉相除法求最大公約數'
4      if a < b:
5          a, b = b, a
6      while b != 0:
7          tmp = a % b
8          a = b
9          b = tmp
10     return a
11
12 a, b = eval(input("請輸入2個整數值 : "))
13 print("最大公約數是 : ", gcd(a, b))
```

執行結果

```
==================== RESTART: D:\Algorithm\ch19\ch19_11.py ====================
請輸入2個整數值 : 16, 40
最大公約數是 :  8
>>>
==================== RESTART: D:\Algorithm\ch19\ch19_11.py ====================
請輸入2個整數值 : 99, 33
最大公約數是 :  33
```

19-5-4　遞迴函數設計處理歐幾里德算法

其實如果讀者更熟練 Python，可以使用遞迴函數設計，函數只要一行，這將是讀者的習題。

19-6 最小公倍數 (Least Common Multiple)

其實最小公倍數 (英文簡稱 lcm) 就是兩數相乘除以 gcd，公式如下：

a * b / gcd

程式實例 ch19_12.py：擴充 ch19_11.py 功能，同時計算最小公倍數。

```
1  # ch19_12.py
2  def gcd(a, b):
3      '輾轉相除法求最大公約數'
4      if a < b:
5          a, b = b, a
6      while b != 0:
7          tmp = a % b
8          a = b
9          b = tmp
10     return a
11
```

```
12  def lcm(a, b):
13      return a*b // gcd(a, b)
14
15  a, b = eval(input("請輸入2個整數值 : "))
16  print("最大公約數是 : ", gcd(a, b))
17  print("最小公倍數是 : ", lcm(a, b))
```

執行結果

```
==================== RESTART: D:\Algorithm\ch19\ch19_12.py ====================
請輸入2個整數值 : 8, 12
最大公約數是 :  4
最小公倍數是 :  24
```

19-7 雞兔同籠的問題

古代孫子算經有一句話，" 今有雞兔同籠，上有三十五頭，下有百足，問雞兔各幾何？ "，這是古代的數學問題，表示有 35 個頭，100 隻腳，然後籠子裡面有幾隻雞與幾隻兔子。雞有 1 隻頭、2 隻腳，兔子有 1 隻頭、4 隻腳。我們可以使用基礎數學解此題目，也可以使用迴圈解此題目。

使用迴圈計算時，我們可以先假設雞 (chicken) 有 0 隻，兔子 (rabbit) 有 35 隻，然後計算腳的數量，如果所獲得腳的數量不符合，可以每次增加 1 隻雞。

程式實例 ch19_13.py：使用迴圈解雞兔同龍的問題。

```
1  # ch19_13.py
2  chicken = 0
3  while True:
4      rabbit = 35 - chicken                        # 頭的總數
5      if 2 * chicken + 4 * rabbit == 100:          # 腳的總數
6          print(f'雞有 {chicken} 隻, 兔有 {rabbit} 隻')
7          break
8      chicken += 1
```

執行結果

```
==================== RESTART: D:/Algorithm/ch19/ch19_13.py ====================
雞有 20 隻, 兔有 15 隻
```

如果使用基礎數學可以用下列公式推導。

chicken + rabbit = 35

2 * chicken + 4 * rabbit = 100

經過計算，可以得到：

chicken = 20
rabbit = 15

如果頭用 h 當變數，腳用 f 當變數，則公式如下：

chicken = int(2 * h – f / 2)
rabbit = int(f / 2 – h)

程式實例 ch19_14.py：請輸入腳的數量和頭的數量，本程式會列出雞有幾隻、兔有幾隻。

```
1  # ch19_14.py
2
3  h = eval(input('請輸入頭的數量 : '))
4  f = eval(input('請輸入腳的數量 : '))
5  chicken = int(2 * h - f / 2)
6  rabbit = int(f / 2 - h)
7  print(f'雞有 {chicken} 隻, 兔有 {rabbit} 隻')
```

執行結果

```
==================== RESTART: D:/Algorithm/ch19/ch19_14.py ====================
請輸入頭的數量 : 35
請輸入腳的數量 : 100
雞有 20 隻, 兔有 15 隻
>>>
==================== RESTART: D:/Algorithm/ch19/ch19_14.py ====================
請輸入頭的數量 : 35
請輸入腳的數量 : 94
雞有 23 隻, 兔有 12 隻
```

註 並不是每個輸入皆可以獲得解答，必須是合理的數字。

19-8 網頁排名 PageRank

PageRank 稱網頁排名，這個演算法是以 Google 公司創辦人賴利佩吉 (Larry Page，1973 年 3 月 26 日-) 的名字來命名。1998 年賴利佩吉和謝吉布林 (Sergey Mikhaylovich，1973 年 8 月 21 日-) 共同發表了 The Anatomy of a Large-Scale Hypertextual Web Search Engine 的論文，中文可以翻譯為大規模超連結網頁搜尋引擎，這篇論文敘述了整個 Google 搜尋引擎的架構，當然也包含網頁排名 PageRank 的處理方式。PageRank 網頁排名的基本觀念可以參考下圖。

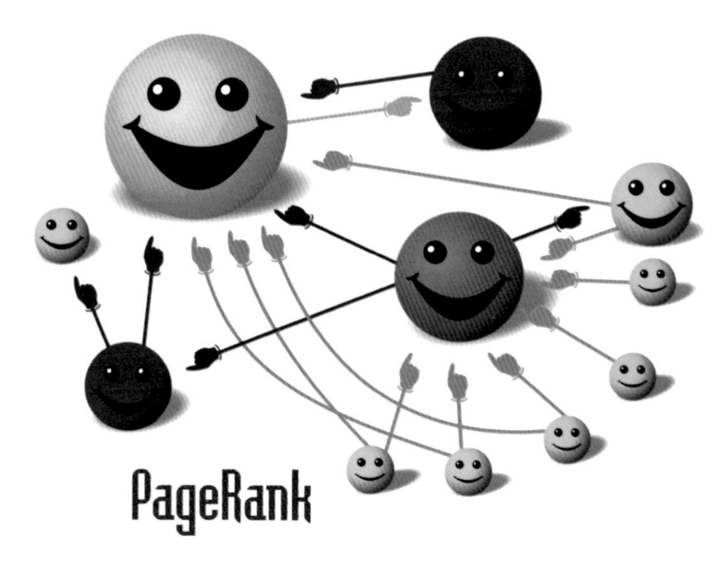

上圖取材維基百科，參考網址如下：
https://onedrive.live.com/?cid=690736F2E8D3BF66&id=690736F2E8D3BF66%2195800&parId=690736F2E8D3BF66%2195756&o=OneUp

上述是卡通概念圖，圖中笑臉的大小相當於網頁排名，此大小與指向該笑臉的數量成正比。

19-8-1 超連結排名的基本觀念

❑ 基礎觀念

網頁排名的基本觀念，是依據網頁之間的連結當作計算基礎。例如：有一系列的網頁連結如下：

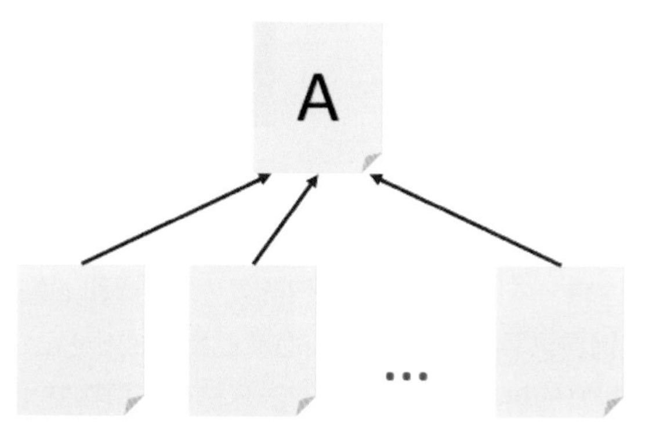

對網頁 A 而言，有下方系列網頁內有超連結可以連結到網頁 A，由連結數多寡，決定此網頁 A 的排序與排名。為了要確定網頁的排名，最基礎的假設是每個網頁的分數是 1，所以被連結的網頁分數可以用被連結數加總計算，可以得到下列統計結果。

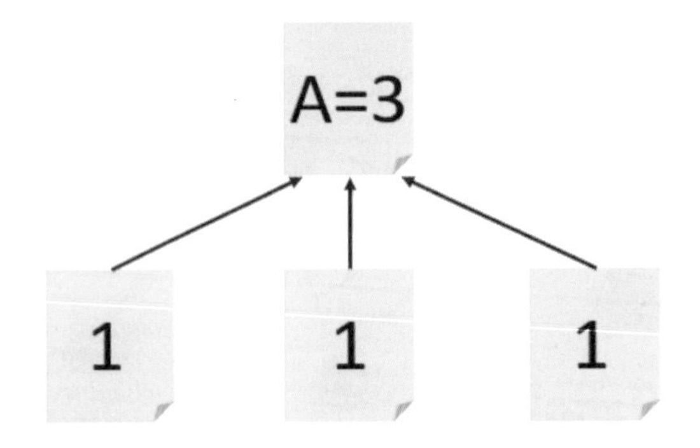

上述超連結技法簡單易懂，不過，假設一個網頁是被一個很重要 (或流量很高) 的網頁推薦，如果依舊採用上述觀念，則整個網頁排名會有失公允。

- ❑ 超連結排名的缺點

可以參考下圖。

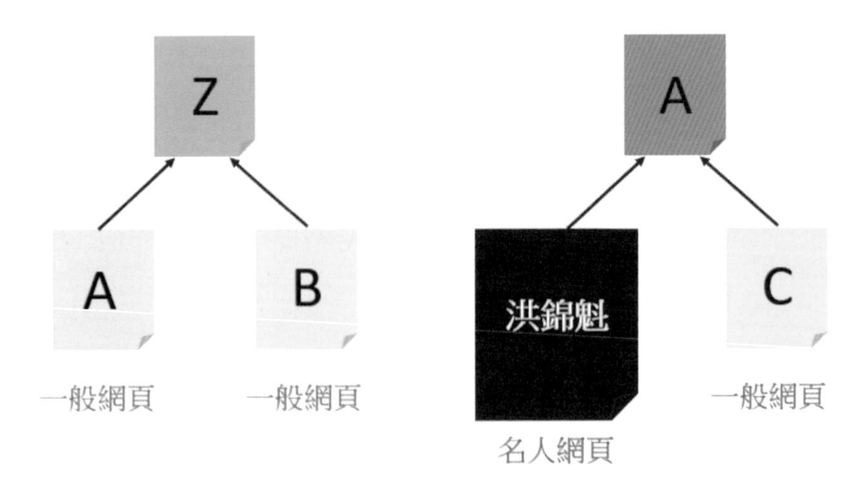

對於 Z 網頁而言，有 2 個一般網頁可以有超連結。A 網頁則有 1 個一般網頁連結，另外有洪錦魁的網頁連結。依照先前用連結數計算，Z 網頁和 A 網頁的排名應當相同，可是 A 網頁是由名人網頁洪錦魁推薦連結，由於此網頁的排名比一般網頁高很多，所以 A 網頁應該要有比較好的排名，但是上述方法無法呈現這個結果。

19-8-2 權威性排名

❑ 基礎觀念

所謂的權威性排名定義是，一般網頁如果沒有外來的超連結，或是有一個排名分數是 1 的連結，此網頁排名分數是 1。如果網頁有外來的連結，則排名分數是外來連結分數的加總。這時我們可以看到下列連結的結果。

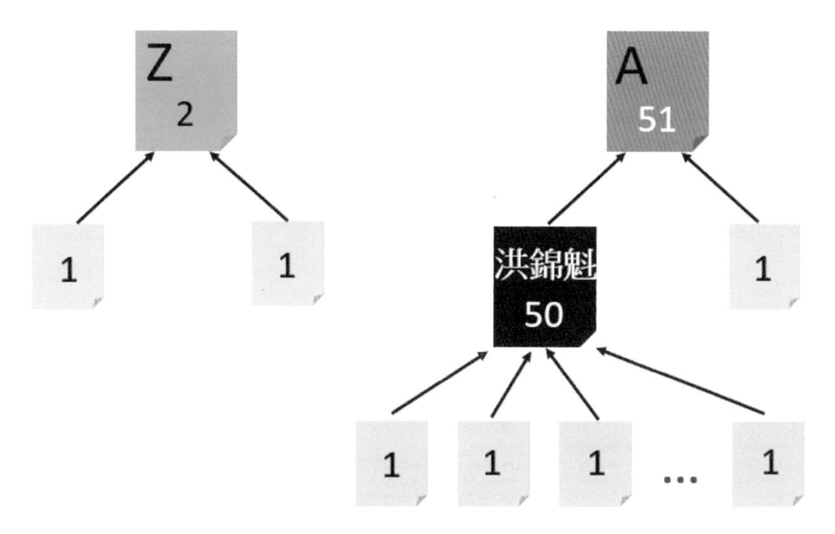

在權威性排名中，可以得到 Z 網頁的排名分數是 2。因為洪錦魁網頁有 50 個連結，所以洪錦魁網頁的排名分數是 50，最後 A 網頁的排名分數是 51。所以雖然 Z 網頁和 A 網頁都是有 2 個連結，但是 A 網頁在 PageRank 的演算法排名中比 Z 網頁有較高的排名。

❑ 權威性排名的缺點

假設有 4 個網頁，彼此的連結如下：

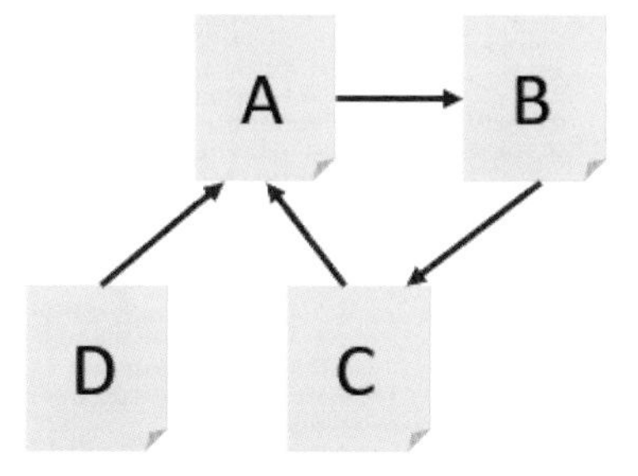

上述 A、B、C 網頁是迴圈，如果從 C、D，再回到 C，開始計算網頁排名分數，可以得到下方左圖，經過一個迴圈之後可以得到下方右圖。

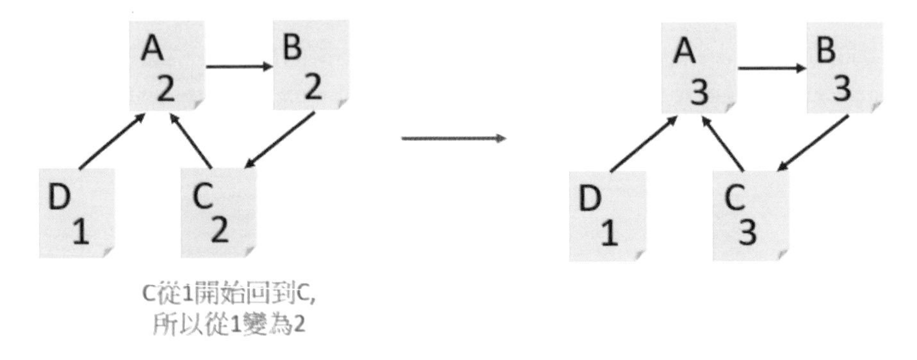

上述最大的缺點是網頁排名分數必須一直更新。

19-8-3　隨機漫遊記法

隨機漫遊記法基礎觀念是，依據定義模擬系列網頁的被拜訪次數，例如：有一系列網頁經過 100 次模擬，可以得到每個網頁被拜訪的次數。

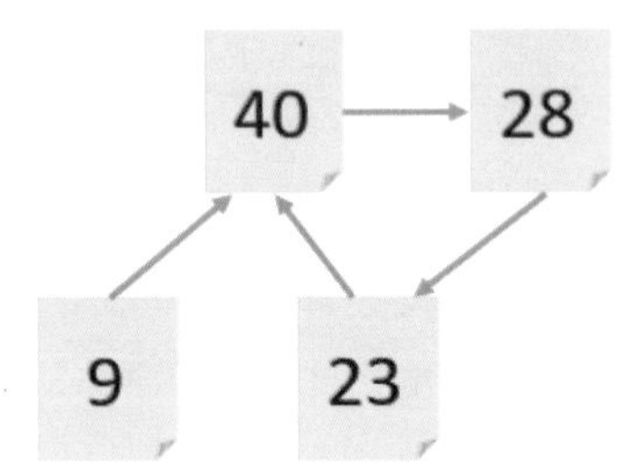

這時我們可以使用百分比當作網頁排名分數，這個百分比是某個時機點該網頁被拜訪次數，下方左圖是用百分比表示。

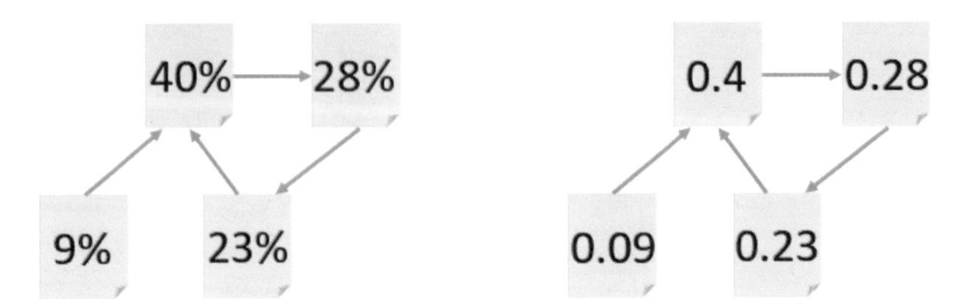

上方右圖是用數字表示網頁的排名分數。如果將上述觀念應用到超連結排名，我們可以得到下列某個瞬間網頁瀏覽可能的結果。

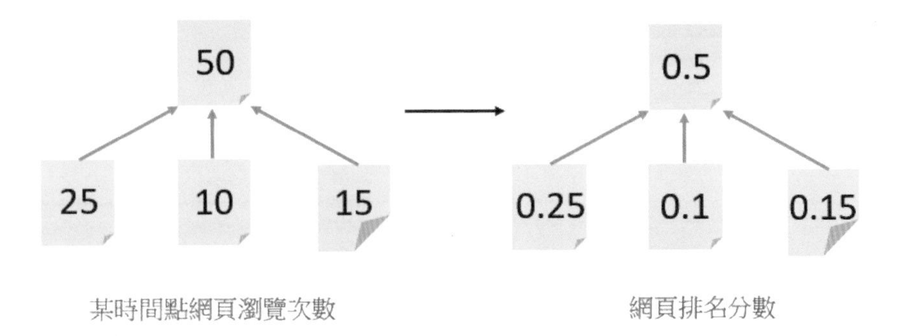

註 上述是 PageRank 演算法基本架構，目前 Google 公司有關排名使用已經更新，同時增加許多廣告元素，投放廣告的企業有比較好的關鍵字排名。

19-9 習題

1： 使用 divmod( ) 重新設計 ch19_2.py。

```
====================== RESTART: D:/Algorithm/ex/ex19_1.py ======================
輸入金額 : 1000
商品金額 : 122
找零結果如下 :
500元紙鈔 : 1
100元紙鈔 : 3
50元硬幣 : 1
10元硬幣 : 2
5元硬幣 : 1
1元硬幣 : 3
```

2： 10 進位轉成 8 進位或是 2 進位數字的應用，這個程式會要求輸入 10 進位數字，然後輸入底數，最後會輸出轉換結果。註：可以建立通用的轉換函數。

```
====================== RESTART: D:/Algorithm/ex/ex19_2.py ======================
輸入整數 n = 10
輸入底數 base = 2
10 base 2 = 1010
>>>
====================== RESTART: D:/Algorithm/ex/ex19_2.py ======================
輸入整數 n = 20
輸入底數 base = 8
20 base 8 = 24
```

3：請輸入一個數字 N，這個程式會輸出所有 2- N 的質數。

```
===================== RESTART: D:\Algorithm\ex\ex19_3.py =====================
請輸入大於1的整數做質數測試 = 10
從 2 至 10 的質數如下 :
[2, 3, 5, 7]
>>>
===================== RESTART: D:\Algorithm\ex\ex19_3.py =====================
請輸入大於1的整數做質數測試 = 100
從 2 至 100 的質數如下 :
[2, 3, 5, 7, 11, 13, 17, 19, 23, 29, 31, 37, 41, 43, 47, 53, 59, 61, 67, 71, 73,
 79, 83, 89, 97]
```

4：請輸入一個字串，這個程式可以判斷這個字串是不是回文，不過回文函數必須使用字串反轉做測試。

```
===================== RESTART: D:\Algorithm\ex\ex19_4.py =====================
請輸入字串 : radar
radar 是回文 : True
>>>
===================== RESTART: D:\Algorithm\ex\ex19_4.py =====================
請輸入字串 : abccba
abccba 是回文 : True
>>>
===================== RESTART: D:\Algorithm\ex\ex19_4.py =====================
請輸入字串 : python
python 是回文 : False
```

5：使用遞迴函數設計歐幾里德演算法。

```
===================== RESTART: D:\Algorithm\ex\ex19_5.py =====================
請輸入2個整數值 : 16, 40
最大公約數是 :  8
>>>
===================== RESTART: D:\Algorithm\ex\ex19_5.py =====================
請輸入2個整數值 : 99, 33
最大公約數是 :  33
```

6：程式實例 ch19_6.py 使用迴圈計算雞與兔的數量，如果頭與腳的數量不對稱，因為第 4 行的 "while True" 迴圈將進入無限迴圈。請修訂上述程式，改為從螢幕輸入頭和腳的數量，如果頭和腳的數量不對稱程式可以回應 "input error!"。

```
===================== RESTART: D:\Algorithm\ex\ex19_6.py =====================
請輸入頭的數量 : 35
請輸入腳的數量 : 100
雞有 20 隻, 兔有 15 隻
>>>
===================== RESTART: D:\Algorithm\ex\ex19_6.py =====================
請輸入頭的數量 : 35
請輸入腳的數量 : 101
input error!
```

第二十章
精選 LeetCode 考題演算法

20-1　爬樓梯問題

20-2　小偷偷物品問題

20-3　粉刷房子問題

20-4　粉刷籬笆的方法

20-5　棒球比賽得分總計

20-6　判斷 2 個矩形是否相交

20-7　分糖果問題

20-8　記錄機器人行走路徑

20-9　設計滿足小孩分餅乾的問題

20-10　賣檸檬汁找錢的問題

LeetCode 網站是全球最著名的演算法考題網站，這個網站除了設計一些演算法考題，也搜集了全球幾個著名公司的考試題目，這一章將舉系列實例作解說。

20-1 爬樓梯問題

程式實例 ch20_1.py：設計 climbStairs(n) 處理爬樓梯問題，參數 n 代表 n 階樓梯，每次可以爬 1 或 2 樓梯，然後設計有多少種爬法可以爬上頂端。

實例 1：

輸入：1

輸出：1

實例 2：

輸入：2

輸出：2

說明：可以有 2 種爬法。

1：1 階 + 1 階

2：2 階

實例 3：

輸入：3

輸出：3

說明：可以有 3 種爬法。

1：1 階 + 1 階 + 1 階

2：1 階 + 2 階

3：2 階 + 1 階

其實如果更進一步分析，如果輸入是 1, 2, 3, 4, 5 可以得到 1, 2, 3, 5, 8，其實這是 Fibonacci 數列，觀念如下：

$F_n = F_{n-1} + F_{n-2} \quad (for\ n \geq 2)$　　# 索引是 n

```
1  # ch20_1.py
2  def climbStairs(n):
3      prev, cur = 1, 1
4      for i in range(1, n):
5          prev, cur = cur, prev + cur
6      return cur
7
8  print(climbStairs(2))
9  print(climbStairs(3))
10 print(climbStairs(4))
11 print(climbStairs(5))
```

執行結果

```
==================== RESTART: D:\Algorithm\ch20\ch20_1.py ====================
2
3
5
8
```

20-2 小偷偷物品問題

程式實例 ch20_2.py：設計 rob(nums) 函數計算最多可以偷多少價值的物品，小偷在偷物品時不可以偷連續的房子。

實例 1：

輸入：[1, 2, 3, 1]

輸出：4

說明：偷第 1 家 (money = 1)，偷第 3 家 (money = 3)，最後可以得到 4。

實例 2：

輸入：[2, 7, 9, 3, 1]

輸出：12

說明：偷第 1 家 (money = 2)，偷第 3 家 (money = 9)，偷第 5 家 (money = 1)，最後可以得到 12。

```
1  # ch20_2.py
2  def rob(nums):
3      prev = cur = 0
4      for money in nums:
5          prev, cur = cur, max(prev + money, cur)
6      return cur
7
8  print(rob([1, 2, 3, 1]))
9  print(rob([2, 7, 9, 3, 1]))
```

執行結果

```
==================== RESTART: D:\Algorithm\ch20\ch20_2.py ====================
4
12
```

上述程式最重要的觀念是第 5 行，prev 是前一次所偷的最高價值，cur 是目前所偷價值，然後新的 cur 要取下列的最大值：

prev + money(現在房間物品的價值)
cur(目前最偷的價值)

20-3 最少經費粉刷房子

程式實例 ch20_3.py：設計 minCost(costs) 函數處理使用最少經費粉刷房子，粉刷房子可以使用 red, blue, green 等 3 種顏色，每一間房子粉刷不同顏色會有不同的價格，同時所有相鄰的房子不可以刷相同的顏色。

粉刷房子的顏色是由用陣列代表，參數 costs 是相關資訊，例如：

costs[0][0]：代表粉刷房子 0，使用 red 顏色的費用。

costs[1][2]：代表粉刷房子 1，使用 green 顏色的費用。

實例 1：

輸入：[[17, 2, 14], [15, 16, 5], [14, 3, 18]]

輸出：10

說明：粉刷房子 0 使用 blue 費用是 2，粉刷房子 1 使用 green 費用是 5，粉刷房子 2 使用 blue 費用是 3。

```
1  # ch20_3.py
2  def minCost(costs):
3      red, blue, green = 0, 0, 0
4      for r, b, g in costs:
5          red,blue,green = r+min(blue,green), b+min(red,green),g+min(red,blue)
6      return min(red, blue, green)
7
8  print(minCost([[17, 2, 14], [15, 16, 5], [14, 3, 18]]))
```

執行結果

```
==================== RESTART: D:\Algorithm\ch20\ch20_3.py ====================
10
```

這個程式最重要是第 4-5 行，這是假設使用 red、blue、green 開始時的最小花費，其中第 5 行必須是同時執行不可拆開執行，第 6 行是最後再取整體最小花費回傳。

20-4 粉刷籬笆的方法

程式實例 ch20_4.py：設計 numWays(n, k) 計算粉刷籬笆 (fence) 方法的總數量，這個函數的第 1 個參數是 n 代表籬笆數量，這個函數的第 2 個參數是 k 代表油漆顏色數量，在粉刷時不可以有超過連續 2 個籬笆使用相同顏色。

實例 1：

輸入：n = 1, k = 2

輸出：2

說明：

	籬笆 1
方法 1	color1
方法 2	color2

實例 2：

輸入：n = 2, k = 2

輸出：4

說明：

	籬笆 1	籬笆 2
方法 1	color1	color1
方法 2	color1	color2
方法 3	color2	color1
方法 4	color2	color2

實例 3：

輸入：n = 3, k = 2

輸出：6

說明：

	籬笆 1	籬笆 2	籬笆 3
方法 1	color1	color1	color2
方法 2	color1	color2	color1
方法 3	color1	color2	color2
方法 4	color2	color1	color1
方法 5	color2	color1	color2
方法 6	color2	color2	color1

```
1  # ch20_4.py
2  def numWays(n, k):
3      if n == 0:
4          return 0
5      if n == 1:                         # 1根籬笆的刷法
6          return k
7      same = k                           # 2根相同顏色刷法
8      diff = k * (k - 1)                 # 2根不相同顏色刷法
9      for i in range(3, n+1):            # 3根籬笆以上的刷法
10         same, diff = diff, (same+diff) * (k - 1)
11     return same + diff                 # 回傳總計
12
13 print(numWays(1, 2))
14 print(numWays(2, 2))
15 print(numWays(3, 2))
16 print(numWays(4, 2))
```

執行結果

```
==================== RESTART: D:\Algorithm\ch20\ch20_4.py ====================
2
4
6
10
```

這個程式設計時，當 n = 2，會有下列 2 種情況：

1：和前一個籬笆相同顏色，有 k*1 種方法，變數命名是 same

2：和前一個籬笆不同顏色，有 k*(k-1) 種方法，變數命名是 diff

對於 n >= 3 而言，因為有條件限制不可以有超過 2 種顏色相同，可以執行下列分析：

1：如果先前 2 種顏色相同，此時可以繪製顏色是 same*(k-1)。

2：如果先前 2 種顏色不相同，此時可以繪製顏色是 diff*(k-1)。

經過上述分析，下一個籬笆繪製相同顏色的變數計算方式如下：

same = diff

繪製不同顏色的變數計算方式如下：

diff = (same + diff) * (k – 1)

最後回傳 same + diff 的總和即可。

20-5 棒球比賽得分總計

程式實例 ch20_5.py：棒球比賽得分總計，請設計 calPoints(ops) 函數執行此工作。參數 ops 規則如下：

1：如果是數字，代表該局得分。

2：如果是 '+'，表示本局得分是前 2 局的和。

3：如果是 'D'，表示本局得分是前 1 局的 2 倍。

4：如果是 'C'，表示前一局的得分無效，將資料移除。

實例 1：

輸入：['3', '2', 'C', 'D', '+']

輸出：15

說明：

第 1 局：得 3 分，總和 sum 是 3 分。

第 2 局：得 2 分，總和 sum 是 5 分。

特別操作：第 2 局得分不算，第 2 局資料被移除，總和 sum 是 3 分。

第 3 局：原第 2 局資料已經移除，所以這局得 6 分，總和 sum 是 9 分。

第 4 局：這是前 2 局的總和，所以這局得 6 分，最後總和是 15 分。

實例 2：

輸入：['3', '-2', '4', 'C', 'D', '9', '+', '+']

輸出：15

說明：

第 1 局：得 3 分，總和 sum 是 3 分。

第 2 局：得 -2 分，總和 sum 是 1 分。

第 3 局：得 4 分，總和 sum 是 5 分。

特別操作：第 3 局得分不算，第 3 局資料被移除，總和 sum 是 1 分。

第 4 局：原第 3 局資料已經移除，所以這局得 -4 分，總和 sum 是 -3 分。

第 5 局：得 9 分，總和 sum 是 6 分。

第 6 局：這是前 2 局的總和，所以這局得 5 分，最後總和是 11 分。

第 7 局：這是前 2 局的總和，所以這局得 14 分，最後總和是 25 分。

```
1  # ch20_5.py
2  def calPoints(ops):
3      score = []
4      for s in ops:
5          if s == '+':            # '+', 得分是前2局的和
6              score.append(score[-1] + score[-2])
7          elif s == 'D':          # 'D',得分是前一局的2倍
8              score.append(score[-1] * 2)
9          elif s == 'C':          # 'C'前一局得分不算
10             score.pop()
11         else:
12             score.append(int(s))
13     return sum(score)
14
15 print(calPoints(['3', '2', 'C', 'D', '+']))
16 print(calPoints(['3','-2','4','C','D','9','+','+']))
```

執行結果

```
==================== RESTART: D:\Algorithm\ch20\ch20_5.py ====================
18
25
```

這一局的設計不難，只要針對串列 ops 的內容，然後執行：

第 5-6 行：碰上 '+' 符號，新的堆疊元素是計算前 2 個堆疊的總和。

第 7-8 行：碰上 'D' 符號，新的堆疊元素是計算前 1 個堆疊的 2 倍。

第 9-10 行：碰上 'C' 符號，刪除堆疊頂端元素。

第 12 行：碰上數字，直接將數字存入堆疊。

20-6 判斷 2 個矩形是否相交

程式實例 ch20_6.py：設計 isRectangleOverlap(rect1, rect2) 函數，參數 rect 是含 4 個元素的串列 [x1, y1, x2, y2]，其中 (x1, y1) 是矩形的左下角座標，(x2, y2) 是矩形的右上角座標，判斷 2 個矩形是否相交。

實例 1

輸入：rect1 = [0, 0, 2, 2], rect2 = [1, 1, 4, 4]

輸出：True

實例 2

輸入：rect2 = [0, 0, 1, 1], rect2 = [1, 0, 2, 2]

輸出：False

如果 2 個矩形不相交，可參考下圖：

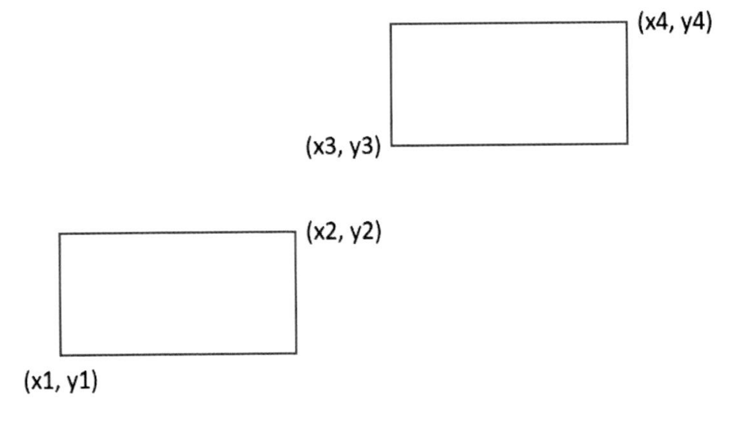

可能情況如下：

1： x2 <= x3，矩形 1 在矩形 2 的左邊。

2： y2 <= y3，矩形 1 在矩形 2 的下邊。

3： x1 >= x4，矩形 1 在矩形 2 的右邊。

4： y1 >= y4，矩形 1 在矩形 2 的上邊。

```
1  # ch20_6.py
2  def isRectangleOverlap(rec1, rec2):
3      x1, y1, x2, y2 = rec1
4      x3, y3, x4, y4 = rec2
5      return not (x2 <= x3 or y2 <= y3 or x1 >= x4 or y1 >= y4)
6
7  print(isRectangleOverlap([0, 0, 2, 2], [1, 1, 4, 4]))
8  print(isRectangleOverlap([0, 0, 1, 1], [1, 0, 2, 2]))
```

執行結果

```
==================== RESTART: D:\Algorithm\ch20\ch20_6.py ====================
True
False
```

當不相交的狀況皆成立時，可以使用 not，這樣可以得到相交結果。

20-7 分糖果問題

程式實例 ch20_7.py：設計 distributeCandies(candies, num_people) 函數，執行分糖果程式設計，candies 是糖果數，num_people 是人數。分糖果的規則是：

1：第 1 個人分 1 顆，第 2 個人分 2 顆，依此類推直到最後第 n 個朋友分 n 顆。

2：然後回到起點，第 1 個人分 n+1 顆，第 2 個人分 n+2 顆，依此類推直到最後第 n 個朋友分 2*n 顆。

3：如果糖果不夠分時，所有糖果分給輪到的人。

實例 1：

輸入：candies = 8, num_people = 4

輸出：[1, 2, 3, 2]

說明：

第 1 回：串列是 [1, 0, 0, 0]，candies = 7

第 2 回：串列是 [1, 2, 0, 0]，candies = 5

第 3 回：串列是 [1, 2, 3, 0]，candies = 2

第 4 回：串列是 [1, 2, 3, 2]，candies = 0

實例 2：

輸入：candies = 12, num_people = 3

輸出：[5, 4, 3]

說明：

第 1 回：串列是 [1, 0, 0]，candies = 11

第 2 回：串列是 [1, 2, 0]，candies = 9

第 3 回：串列是 [1, 2, 3]，candies = 6

第 4 回：串列是 [5, 2, 3]，candies = 2

第 5 回：串列是 [5, 4, 3]，candies = 0

```
1  # ch20_7.py
2  def distributeCandies(candies, num_people):
3      result = [0] * num_people            # 儲存結果串列
4      nxt = 0
5      while candies > 0:
6          result[nxt % num_people] += min(nxt + 1, candies)
7          nxt += 1                         # 下一位
8          candies -= nxt                   # 剩下糖果數
9      return result
10
11 print(distributeCandies(8, 4))
12 print(distributeCandies(12, 3))
```

執行結果

```
==================== RESTART: D:\Algorithm\ch20\ch20_7.py ====================
[1, 2, 3, 2]
[5, 4, 3]
```

上述程式基本上是依據糖果數量執行 while 迴圈，每次分糖果數會增加，使用 nxt 變數設定。總糖果數使用 candies 變數，如果 while candies 大於 0，迴圈就繼續。

20-8 記錄機器人行走路徑

程式實例 ch20_8.py：設計 uniquePaths(m, n) 函數記錄機器人從地圖左上角到地圖右下方有幾種走法，參數 m 是地圖方格的 row，參數 n 是地圖方格的 column，機器人是在地圖 (0, 0) 位置，機器人的終點是在地圖 (m-1, n-1) 位置。

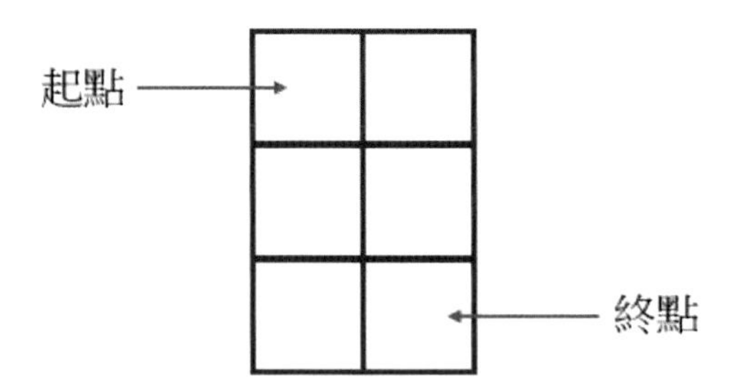

機器人只可以往右走或是往下走，這個程式會要求設計有多少種走法可以走到 (m-1, n-1) 位置。

實例 1：

輸入：m = 3, n = 2

輸出：3

說明：方法如下：

1：right-> down-> down

2：down-> down-> right

3：down-> right-> down

實例 2：

輸入：m = 7, n = 3

輸出：28

```
1  # ch20_8.py
2  def uniquePaths(m, n):
3      map = [[0] * n] * m
4      for i in range(m):
5          for j in range(n):
6              if i == 0 or j == 0:              # 行或列為0
7                  map[i][j] = 1                 # 紀錄只有1種走法
8              else:
9                  # 左邊 +上方走法的和
10                 map[i][j] = map[i - 1][j] + map[i][j - 1]
11     return map[m - 1][n - 1]                  # 傳回走法的和
12
13 print(uniquePaths(3, 2))
14 print(uniquePaths(7, 3))
```

執行結果

```
==================== RESTART: D:\Algorithm\ch20\ch20_8.py ====================
3
28
```

這個程式的設計方式是使用 map 二維陣列記錄機器人有多少種走法，紀錄的方式觀念如下：

1： 凡事 row = 0 或 column = 0，表示走法只有 1 種，可參考第 6 – 7 行。

2： 其他方格的走法則是 " 左邊方格的走法 + 上方方格的走法之和 "，可參考第 10 行。

map[i][j] = map[i-1][j] + map[i][j-1]

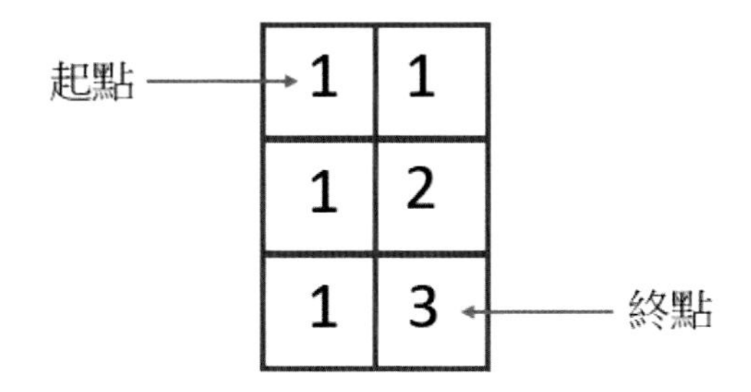

20-9 設計滿足小孩分餅乾的問題

程式實例 ch20_9.py：設計 findContentChildren(greedy, size) 函數然後輸出餅乾可以滿足多少小孩，這個函數有 2 個參數分別是 greedy 和 size，其中 greedy 是貪婪指數串列列出每個小孩期待餅乾的大小，例如：[1, 2, 3] 代表第 1 個小孩期待餅乾大小是 1，第 2 個小孩期待餅乾大小是 2，第 3 個小孩期待餅乾大小是 3。

size 是餅乾大小串列，例如：[1, 1] 代表有 2 塊餅乾，元素 0 餅乾大小是 1，元素 1 餅乾大小是 1。

實例 1：

輸入：greedy = [1, 2, 3], size = [1, 1]

輸出：1

實例 2：

輸入：greedy = [2, 2], size = [1, 2, 3]

輸出：2

```
1  # ch20_9.py
2  def findContentChildren(greedy, size):
3      greedy.sort()                              # 排序greedy串列
4      size.sort()                                # 排序size串列
5      index = 0                                  # size的索引
6      ptr = 0                                    # greedy指標
7      for g in greedy:                           # 遍歷greedy
8          while len(size) > index and g > size[index]: # 如果不滿足g
9              index += 1                         # 索引往後移
10         if index < len(size) and size[index] >= g:  # 如果滿足
11             ptr += 1                           # greedy指標往右移
12             index += 1                         # 索引往後移
13     return ptr
14
15 print(findContentChildren([1, 2, 3], [1, 1]))
16 print(findContentChildren([1, 2], [1, 2, 3]))
17 print(findContentChildren([2, 2], [1, 2, 3]))
18 print(findContentChildren([2, 4], [1, 2, 3]))
```

執行結果

```
==================== RESTART: D:\Algorithm\ch20\ch20_9.py ====================
1
2
2
1
```

這個程式設計方式是先做貪婪 greedy 和大小 size 串列排序，然後使用 g 遍歷貪婪 greedy 串列，和大小 size 串列做比較，如果 size[index] 小於 g 和 index 小於 size 的長度，index 必須加 1 相當於指標往後移，當找到 size[index] 大於等於 g 表示可以滿足一個小孩了，可以離開 while 迴圈。

第 10 – 12 行是將滿足小孩的指標 ptr 加 1，將 index 加 1。

20-10 賣檸檬汁找錢的問題

程式實例 ch20_10.py：設計 lemonadeChange(bills) 處理賣檸檬汁問題，參數 bills 是客戶付款金額的串列，檸檬汁每杯 5 元，剛開始櫃檯沒有零錢，這個題目主要是由 bills 的付款金額列出可否順利完成銷售找錢任務。

這個問題會收到 3 種錢：

1：收到 5 元，銷售順利完成，此時 5 元硬幣加 1。

2：收到 10 元，如果有 5 元硬幣可以找零則銷售成功，此時 5 元硬幣減 1、10 元硬幣加 1，如果沒有 5 元硬幣可以找零則銷售失敗。

3：收到 20 元，如果有 10 元硬幣可以將此硬幣找零付出，然後再找 5 元硬幣。如果沒有 10 元硬幣，則找 3 個 5 元硬幣。如果找零硬幣不足則銷售失敗。

```
1  # ch20_10.py
2  def lemonadeChange(bills):
3      coins = {5:0, 10:0}            # 建立硬幣字典
4      for bill in bills:             # 遍歷顧客所給的錢
5          if bill == 5:              # 如果顧客給5元硬幣
6              coins[5] += 1          # 5元硬幣數量加 1
7          elif bill == 10:           # 如果顧客給10元硬幣
8              if coins[5] == 0:      # 如果5元硬幣數量是 0
9                  return False       # 回應是 False
10             else:
11                 coins[10] += 1     # 10元硬幣數量加 1
12                 coins[5] -= 1      # 5元硬幣數量減 1
13         elif bill == 20:           # 如果顧客給20元
14             if coins[10] > 0:      # 如果有10元硬幣
15                 if coins[5] == 0:  # 如果5元硬幣數量是 0
16                     return False   # 回應是 False
17                 else:
18                     coins[5] -= 1  # 5元硬幣數量減 1
19                     coins[10] -= 1 # 10元硬幣數量減 1
20             else:
21                 if coins[5] < 3:   # 5元硬幣數量少於 3
22                     return False   # 回應是 False
23                 else:
24                     coins[5] -= 3  # 5元硬幣數量減 3
25     return True
26 
27 print(lemonadeChange([5, 5, 5, 10, 20]))
28 print(lemonadeChange([5, 5, 10, 5]))
29 print(lemonadeChange([10, 5, 10]))
30 print(lemonadeChange([5, 5, 20, 10]))
```

執行結果

```
==================== RESTART: D:\Algorithm\ch20\ch20_10.py ====================
True
True
False
False
```

上述第 3 行是建立零錢 5 元和 10 元的硬幣字典 coins，第 4 – 24 行則是遍歷顧客付款的串列 bills，第 5 – 6 行是處理顧客用 5 元支付的狀況。第 7 – 12 行是處理顧客用 10 元支付的狀況。第 5 – 6 行是處理顧客用 5 元支付的狀況。第 13 – 24 行是處理顧客用 20 元支付的狀況。

NOTE

NOTE